정보통신감리실무

채 해 수 저

도서출판 상 학 당

이 책의 머리말

이동통신설비와 전자정부의 사업이 확대되면서 새로운 정보통신설비가 많이 설치되고, 정보통신기술을 활용하여 첨단화·대형화로 발전되어 가는 과정에 정보통신감리원의 업무도 증가하고 있어 정보통신설비의 설치현장마다 감리원이 중요해지고 있다.

「정보통신공사업법」 제6조 통신기술기준에 적합하게 설계하여야 하고, 감리원은 설계도서 및 관련 규정에 적합하게 공사를 감리하여야 한다는 내용과 같이 정보통신감리원은 정보통신분야의 여러 규정을 많이 알아야 감리를 수행할 수 있다.

「정보통신공사업법」 제8조 발주자는 용역업자에게 공사의 감리를 발주하여야 하고, 공사의 감리를 발주받은 용역업자는 감리원에게 그 공사에 대하여 감리를 하게 하여야 한다는 규정 또한 정보통신감리원에게만 감리업무를 하도록 법으로 보장해 주고 있다.

공공기관은 감리용역을 발주하기 전 발주처의 업무수행 담당자(사업감독자)는 일상감사를 마치고 사업을 발주하는 제도로 업무수행 담당자에게 일상감사를 잘 준비하도록 설명하였다.

「정보통신공사업법」 제8조 제2항 공사의 감리를 발주받은 용역업자가 감리원을 배치하는 경우에는 발주자의 확인을 받아 그 배치현황을 특별시장·광역시장·특별자치시장·도지사 또는 특별자치도지사에게 신고하도록 2018년 12월 24일부터 시행하고 있다. 배치 이후 혼돈이 많은 부분 중의 하나인 「정보통신공사업법」 시행령 제8조의2 감리원의 업무범위 중 착공 전 도면검토업무와 준공도면 검토업무를 수행하기 쉽도록 도면검토 결과서를 예시하였다.

설계용역감독, 시공감독, 장비구매감독, 감리용역감독 등의 업무를 수행하는 과정에 계약심사, 일상감사요청, 설계변경, 기성처리, 시공관리, 준공처리업무 분야 현장감사에서 많이 지적되고 있는 감사정보를 제공하였으며 감리원과 감독자들께서 참고하기를 바란다.

끝으로 정보통신감리원은 정보통신기술과 감독자와의 협력으로 감리업무를 수행할 수 있도록 이 책에서 감리원과 감독자의 업무수행 내용을 상세하게 해설하였으며, 이 책이 출판되도록 협조해 주신 도서출판 상학당의 남승우 대표님께 감사드리며 무궁한 발전을 기원한다.

저자 씀

이 책의 차례

제 4 장 정보통신공사의 착공전 감리업무 / 121

제 5 장 감리용역 착수단계업무 / 193

제 6 장 정보통신공사 안전관리업무 / 257

제 7 장 감리원의 보고업무 / 283

제1장 정보통신감리용역 발주

1.1 감리용역의 발주

1.1.1 감리용역의 발주 관련 법

① 정보통신공사업법 감리 발주「정보통신공사업법」제8조 ①항 발주자는 용역업자에게 공사의 감리를 발주하어야 한다.

② 정보통신공사업법제2조(정의) 이 법에서 사용하는 용어의 뜻은 다음과 같다.
7. "용역업자"란「엔지니어링산업 진흥법」제21조제1항에 따라 엔지니어링사업자로 신고하거나「기술사법」제6조에 따라 기술사사무소의 개설자로 등록한 자로서 통신 · 전자 · 정보처리 등 대통령령으로 정하는 정보통신 관련 분야의 자격을 보유하고 용역업을 경영하는 자를 말한다.

③ 정보통신공사업법제76조(벌칙) 다음 각 호의 어느 하나에 해당하는 자는 500만원 이하의 벌금에 처한다. 3. 제8조제1항을 위반하여 발주한 자

④ "감리"란 정보통신공사에 대하여 발주자의 위탁을 받은 용역업자가 설계도서 및 관련 규정의 내용대로 시공되는지를 감독하고, 품질관리 · 시공관리 및 안전관리에 대한지도 등에 관한 발주자의 권한을 대행하는 것을 말한다.

⑤ "감리원(監理員)"이란 정보통신공사의 감리에 관한 기술 또는 기능을 가진 사람으로서 제8조에 따라 과학기술정보통신부장관의 인정을 받은 사람을 말한다.

⑥ 계약법에서 감리시행 규정 : 각 중앙관서의 장, 지방자치단체의 장 또는 계약담당

자는 공사 · 물품 · 용역 등의 계약을 체결한 경우에 그 계약을 적절하게 이행하도록 하기 위하여 필요하다고 인정하면 계약서 · 설계서 및 그 밖의 관계 서류에 따라 감독하거나 소속 공무원 등에게 그 사무를 위임하여 감독하게 하여야 한다. 다만 대통령령으로 정하는 계약의 경우에는 전문기관을 따로 지정하여 감독하게 할 수 있다.

[근거] 국가를 당사자로 하는 계약에 관한 법률 제13조①항
지방자치단체를 당사자로 하는 계약에 관한 법률 제16조①항

1.1.2 감리원의 업무 수행

① 정보통신설비의 설치과정에 시공자의 계약의무, 통신 시스템 납품자의 계약의무, 용역감리자의 계약의무를 성실히 이행하여야 한다.
② 감독자와 감리원은 공사와 구매의 대금이 지출되는 과정에도 감리원의 확인이 필요하고 국가와 「지방자치단체를 당사자로 하는 계약에 관한 법률」과 기타 정부가 고시한 계약규정을 이해하고 감독(감리)를 수행하여야 한다.
③ 물가의 변동, 설계의 변경(물량변경), 시공방식의 변경, 공사기간(납품기간)의 변경, 감리용역기간의 변경 등 발주처와 시공사, 감리자와 계약변경이 발생하면 그에 따른 감리원은 정확하게 그 업무를 수행하여야 한다.

1.1.3 정보통신감리업무 수행자격

① 「엔지니어링 산업진흥법」 제21조제1항에 따라 엔지니어링 사업자로 신고하거나 「기술사법」 제6조에 따라 기술사사무소의 개설자로 등록한 자로서 통신 · 전자 · 정보처리 등 대통령령으로 정하는 정보통신 관련 분야의 자격을 보유하고 용역업을 경영하는 자의 소속 직원의 정보통신감리원이어야 한다.
② 감리원은 수시 또는 필요한 때 현장에 초급 이상의 정보통신감리원자격이 있는 자가 해당 공사기간 동안 감리업무를 수행하여야 한다.

감사정보	비 고
1. 발주기관 건축감독관이 전기와 통신은 유사한 공사로 잘못 판단하여 전기감리업자에게 통신감리를 같이 하도록 하여 준공처리를 하였다. 2. 정기감사에서 감리발주는 정보통신공사업법 제8조제1항에 정보통신감리용역업자에게 발주하지 않고 무자격자에게 발주를 하였으니 그 사유를 제출요구	

1.1.4 감리용역 발주를 위한 엔지니어링 사업대가 기준 이해

정보통신감리용역을 발주할 때는 엔지니어링 사업대가 기준을 준수하여 용역비용을 산출하여야 하고, 대가기준은 다음의 내용으로 고시하여 운영되고 있다.

1. 근거와 목적

① 근거 : [시행 2019. 1. 28.] [산업통상자원부고시 제2019-20호] 「엔지니어링 산업진흥법」 제31조제2항의 규정에 따라 엔지니어링 사업대가의 기준에 관한 사항 고시
② 목적 : 「엔지니어링 산업진흥법」 제31조제2항에 따라 엔지니어링 사업의 대가의 기준을 정함을 목적

2. 적 용

「엔지니어링 산업진흥법」 제2조제4호에 따른 엔지니어링 사업자(이하 "엔지니어링 사업자" 라 한다)가 같은 법 제2조제7호 각 목 및 시행령 제5조의 각 호의 자(이하 "발주청" 이라 한다)로부터 엔지니어링 사업을 수탁할 경우에는 이 기준에 따라 엔지니어링 사업대가를 산출한다.

3. 사용하는 용어의 뜻

① "실비정액가산방식"이란 직접인건비, 직접경비, 제경비, 기술료와 부가가치세를 합산하여 대가를 산출하는 방식을 말한다.
② "공사비요율에 의한 방식"이란 공사비에 일정요율을 곱하여 산출한 금액에 추가업무비용과 부가가치세를 합산하여 대가를 산출하는 방식을 말한다.
③ "공사비"란 발주청의 공사비 총 예정금액(자재대 포함) 중 용지비, 보상비, 법률 수속비 및 부가가치세를 제외한 일체의 금액을 말한다.
④ "시공상세도작성비"란 관련 법령에 따라 당해 목적물의 시공을 위하여 도면, 시방서 및 작업계획 등에 따른 시공상세도를 작성하는데 소요되는 비용을 말한다.
⑤ "시공상세도작성비"란 관련법령에 따라 당해 목적물의 시공을 위하여 도면, 시방서 및 작업계획 등에 따른 시공상세도를 작성하는데 소요되는 비용을 말한다.
⑥ "품셈"이란 발주청에서 대가를 산정하기 위한 기준으로 단위작업에 소요되는 인력수, 재료량, 장비량을 말한다.
⑦ "표준품셈"이란 표준품셈 관리기관이 제30조에 따라 공표한 품셈을 말한다.
⑧ "표준품셈 관리기관"이란 품셈의 제정, 개정, 연구, 조사, 해석, 보급 등 품셈에 대한 전반적인 업무를 효율적으로 운영하기 위한 기관으로서 제26조에 따라 산업통상자원부장관이 지정한 기관을 말한다.

4. 대가산출의 기본원칙

① 대가의 산출은 실비정액가산방식을 적용함을 원칙으로 한다. 다만 발주청이 엔지니어링 사업의 특성을 고려하여 실비정액가산방식을 적용함이 적절하지 아니하다고 판단하는 경우 공사비요율에 의한 방식을 적용할 수 있다.

② 제1항 단서에도 불구하고 다음 각호의 사유에 해당하는 경우 실비정액가산방식을 적용하여야 한다.

1) 최근 3년간 발주청의 관할구역 및 인접 시 · 군 · 구에 당해 사업과 유사한 사업에 대하여 실비정액가산방식을 적용한 사업이 있는 경우

2) 엔지니어링사업자가 실비정액가산방식 적용에 필요한 견적서 등을 발주청에 제공하여 거래 실례가격을 추산할 수 있는 경우

③ 실비정액가산방식 또는 공사비요율에 의한 방식으로 대가의 산출이 불가능한 구매, 조달, 노-하우의 전수 등의 엔지니어링사업에 대한 대가는 계약당사자가 합의하여 정한다.

④ 부가가치세는 「부가가치세법」에서 정하는 바에 따라 계상한다.

⑤ 실비정액가산방식 또는 공사비요율에 의한 방식으로 대가의 산출이 불가능한 구매 · 조달 · 기술 전수 등의 엔지니어링 사업에 대한 대가는 계약당사자가 합의하여 정한다.

⑥ 부가가치세는 「부가가치세법」에서 정하는 바에 따라 계상한다.

5. 대가의 조정

① 다음 각 호의 어느 하나에 해당하는 경우에는 대가를 조정한다.

1) 계약을 체결한 날부터 90일 이상 경과하고 물가의 변동으로 입찰일을 기준으로 한 당초의 대가에 비하여 100분의 3 이상 증감되었다고 인정될 경우(다만 천재 · 지변 또는 원자재 가격급등으로 당해 기간 내에 계약금액을 조정하지 아니하고는 계약이행이 곤란한 시 계약을 체결한 날 또는 직전 조정기준일로부터 90일 이내에도 계약금액을 조정할 수 있다)

2) 발주청의 요구에 따른 업무변경이 있는 경우

3) 엔지니어링 사업계약에 있어 사업기간, 사업규모 변경 등 계약의 내용이 변경된 경우

4) 계약당사자 간에 합의하여 특별히 정한 경우

② 제1항에서 규정된 사항에 대해서는 「국가를 당사자로 하는 계약에 관한 법률」, 「지방자치단체를 당사자로 하는 계약에 관한 법률」의 금액조정에 관한 규정을 준용한다.

6. 대가의 준용

전력시설물의 설계 및 감리, 농어촌정비사업의 측량 · 설계 및 공사감리의 위탁, 소프트웨어 개발용역, 측량용역 등 다른 법령에서 그 대가기준(원가계산기준)을 규정하고 있는 경우에는 그 법령이 정하는 기준에 따른다.

7. 실비정액가산방식의 직접인건비

실비정액가산방식의 직접인건비란 해당 엔지니어링 사업의 업무에 직접 종사하는 엔지니어링 기술자의 인건비로서 투입된 인원수에 엔지니어링 기술자의 기술등급별 노임단가를 곱하여 계산한다. 이 경우 엔지니어링 기술자의 투입인원수 및 기술등급별 노임단가의 산출은 다음 각 호를 적용한다.

① 투입인원수를 산출하는 경우에는 지식경제부장관이 인가한 표준품셈을 우선 적용한다. 다만 인가된 표준품셈이 존재하지 않거나 업무의 특성상 필요한 경우에는 견적 등 적절한 산출방식을 적용할 수 있다.

② 노임단가를 산출하는 경우에는 기본급 · 퇴직급여충당금 · 회사가 부담하는 산업재해보상보험료, 국민연금, 건강보험료, 고용보험료, 퇴직연금급여 등이 포함된 한국엔지니어링협회가 「통계법」에 따라 조사 · 공표한 임금실태 조사보고서에 따른다. 다만 건설상주감리의 경우에는 계약당사자가 협의하여 한국건설감리협회가 「통계법」에 따라 조사 · 공표한 노임단가를 적용할 수 있다.

8. 실비정액가산방식의 직접경비

직접경비란 당해 업무수행과 관련이 있는 경비로서 여비(발주청 관계자 여비는 제외함), 특수자료비(특허, 노하우 등의 사용료), 제출 도서의 인쇄 및 청사진비, 측량비, 토질 및 재료비 등의 시험비 또는 조사비, 모형제작비, 다른 전문기술자에 대한 자문비 또는 위탁비와 현장에 지출되는 경비(직접인건비에 포함되지 아니한 보조원의 급여와 현장사무실의 운영비를 말한다) 등을 포함하며, 그 실제 소요비용을 말한다. 다만 공사감리 또는 현장에 상주해야 하는 엔지니어링 사업의 경우 주재비는 상주 직접인건비의 30%로 하고 국내 출장여비는 비상주 직접인건비의 10%로 한다.

9. 실비정액가산방식의 제경비

① 제경비란 직접비(직접인건비와 직접경비)에 포함되지 아니하고 엔지니어링 사업자의 행정운영을 위한 기획, 경영, 총무 분야 등에서 발생하는 간접경비로서 임원 · 서무 · 경리직원 등의 급여, 사무실비, 사무용 소모품비, 비품비, 기계기구의 수선 및 상각비, 통신운반비, 회의비, 공과금, 운영활동에 소요되는 비용 등을 포

함하며 직접인건비의 110~120%로 계산한다. 다만 관련 법령에 따라 계약상대자의 과실로 인하여 발생한 손해에 대한 손해배상보험료 또는 손해배상공제료는 별도로 계산한다.

② 제1항의 경비 중에서도 해당 엔지니어링 사업의 수행을 위하여 직접적인 필요에 따라 발생한 비목에 관하여는 직접경비로 계산한다.

10. 실비정액가산방식의 기술료

기술료란 엔지니어링 사업자가 개발 · 보유한 기술의 사용 및 기술축적을 위한 대가로서 조사연구비, 기술개발비, 기술훈련비 및 이윤 등을 포함하며 직접인건비에 제경비(단 제9조제1항 단서에 따른 손해배상보험료 또는 손해배상공제료는 제외함)를 합한 금액의 20~40%로 계산한다.

11. 실비정액가산방식의 엔지니어링 기술자의 기술등급 및 자격기준

엔지니어링 기술자의 기술등급 및 자격기준은 법 제2조제6호 및 시행령 제4조에 따른 〈표 1-1〉과 같다.

〈표 1-1〉 엔지니어링 기술자(엔지니어링 기술산업법 시행령 제4조 관련)

가. 기술계 엔지니어링 기술자

구분 / 기술등급	국가기술자격자	학력자
기술사	해당 전문분야의 관련 기술사자격을 가진 사람	
특급기술자	1) 해당 전문분야와 관련된 기사자격을 가진 사람으로서 해당 전문분야와 관련된 업무를 10년 이상 수행한 사람 2) 해당 전문분야와 관련된 산업기사자격을 가진 사람으로서 해당 전문분야와 관련된 업무를 13년 이상 수행한 사람	
고급기술자	1) 해당 전문분야와 관련된 기사자격을 가진 사람으로서 해당 전문분야와 관련된 업무를 7년 이상 수행한 사람 2) 해당 전문분야와 관련된 산업기사자격을 가진 사람으로서 해당 전문분야와 관련된 업무를 10년 이상 수행한 사람	
중급기술자	1) 해당 전문분야와 관련된 기사자격을 가진 사람으로서 해당 전문분야와 관련된 업무를 4년 이상 수행한 사람 2) 해당 전문분야와 관련된 산업기사자격을 가진 사람으로서 해당 전문분야와 관련된 업무를 7년 이상 수행한 사람	1) 해당 전문분야와 관련된 박사학위를 가진 사람 2) 해당 전문분야와 관련된 석사학위를 가진 사람으로서 해당 전문분야와 관련된 업무를 3년 이상 수행한 사람

구분 기술등급	국가기술자격자	학력자
중급기술자		3) 해당 전문분야와 관련된 학사학위를 가진 사람으로서 해당 전문분야와 관련된 업무를 6년 이상 수행한 사람 4) 해당 전문분야와 관련된 전문대학을 졸업한 사람으로서 해당 전문분야와 관련된 업무를 9년 이상 수행한 사람
초급기술자	1) 해당 전문분야와 관련된 기사자격을 가진 사람 2) 해당 전문분야와 관련된 산업기사자격을 가진 사람으로서 해당 전문분야와 관련된 업무를 2년 이상 수행한 사람	1) 해당 전문분야와 관련된 석사학위를 가진 사람 2) 해당 전문분야와 관련된 학사학위를 가진 사람 3) 해당 전문분야와 관련된 전문대학을 졸업한 사람으로서 해당 전문분야와 관련된 업무를 3년 이상 수행한 사람

나. 숙련기술계 엔지니어링 기술자

구분 기술등급	국가기술자격자	학력자
고급숙련 기술자	1) 해당 전문분야의 관련 기능장 자격을 가진 사람 2) 해당 전문분야의 관련 산업기사 자격을 가진 사람으로서 4년 이상 해당 기능분야의 관련 업무를 수행한 사람 3) 해당 전문분야의 관련 기능사 자격을 가진 사람으로서 7년 이상 해당 전문분야의 관련 업무를 수행한 사람 4) 해당 전문분야의 관련 기능사보자격을 가진 사람으로서 10년 이상 해당 전문분야의 관련 업무를 수행한 사람	
중급숙련 기술자	1) 해당 전문분야의 관련 산업기사 자격을 가진 사람 2) 해당 전문분야의 관련 기능사 자격을 가진 사람으로서 3년 이상 해당 전문분야의 관련 업무를 수행한 사람 3) 해당 전문분야의 관련 기능사보 자격을 가진 사람으로서 5년 이상 해당 전문분야의 관련 업무를 수행한 사람	
초급숙련 기술자	1) 해당 전문분야의 관련 기능사 자격을 가진 사람 2) 해당 전문분야의 관련 기능사보 자격을 가진 사람으로서 2년 이상 해당 전문분야의 관련 업무를 수행한 사람	고등학교를 졸업한 사람으로서 1년 이상 해당 전문분야의 관련 업무를 수행한 사람

〈비고〉

1. 위 표의 "국가기술자격자"란의 각 자격은 「국가기술자격법」에 따른 국가기술자격의 종목 중 별표 1의 전문분야와 관련되는 종목의 국가기술자격을 말한다.
2. 위 표에서 "학력자"란의 각 학력은 다음 각 목의 어느 하나에 해당하는 학력을 말한다.
   가. 「초·중등교육법」 또는 「고등교육법」에 따른 학교에서 엔지니어링기술 관련 학과의 정해진 과정의 이수와 졸업에 따라 취득한 학력
   나. 그 밖의 관계 법령에 따라 국내외에서 받은 가목과 같은 수준 이상의 학력
3. 위 표에서 "해당 전문분야"란 별표 1의 전문분야를 말한다.
4. 외국인의 경우에는 당사자의 기술자격 또는 학력·경력에 따라 위 표에 상응하는 자격기준을 가진 것으로 본다.
5. 위 표에 따른 엔지니어링기술자의 관련 자격·학력 및 경력(자격·학력 보유 전후의 경력 등에 대한 인정기준을 포함한다)의 인정범위 등 세부기준은 산업통상자원부장관이 정하여 고시한다.

12. 엔지니어링 기술자 노임단가의 적용기준

① 엔지니어링 기술자 노임단가의 적용기준은 1일 8시간으로 하며, 1개월의 일수는 「근로기준법」 및 「통계법」에 따라 한국엔지니어링협회가 조사·공표하는 임금실태 조사보고서에 따른다. 다만 토요 휴무제를 시행하는 경우와 1일 8시간을 초과하는 경우에는 「근로기준법」을 적용한다.

② 출장일수는 근무일수에 가산하며, 이 경우 수탁자의 사업소를 출발한 날로부터 귀사한 날까지를 계산한다.

③ 엔지니어링 사업 수행기간 중 「민방위기본법」 또는 「향토예비군설치법」에 따른 훈련기간과 「국가기술자격법」 등에 따른 교육기간은 해당 엔지니어링 사업을 수행한 일수에 산입하다.

13. 공사비요율에 의한 방식 요율

공사비요율에 의한 방식을 적용할 경우 통신부문의 요율은 기본설계·실시설계 및 공사감리 업무단위별로 구분하여 〈표 1-2〉 통신부문의 요율 적용한다.

〈표 1-2〉 통신부문의 요율

공사비	업무별 요율(%)								
	기본설계				실시설계				공사감리
	그룹 1	그룹 2	그룹 3	그룹 4	그룹 1	그룹 2	그룹 3	그룹 4	
5천만원 이하	2.27	4.15	5.02	5.63	6.82	12.46	15.07	16.89	2.70
1억원 이하	2.13	3.89	4.71	5.28	6.41	11.72	14.18	15.89	2.53
2억원 이하	1.70	3.10	3.76	4.21	5.10	9.31	11.27	12.63	2.02
3억원 이하	1.55	2.83	3.42	3.84	4.65	8.50	10.29	11.53	1.84
5억원 이하	1.41	2.58	3.12	3.49	4.21	7.70	9.32	10.44	1.68

공사비	업무별 요율(%)								
	기본설계				실시설계				공사감리
	그룹 1	그룹 2	그룹 3	그룹 4	그룹 1	그룹 2	그룹 3	그룹 4	
10억원 이하	1.24	2.27	2.75	3.08	3.73	6.81	8.24	9.23	1.48
20억원 이하	1.15	2.10	2.54	2.85	3.42	6.25	7.56	8.47	1.36
30억원 이하	1.10	2.02	2.44	2.74	3.30	6.04	7.30	8.18	1.31
50억원 이하	1.08	1.98	2.39	2.68	3.25	5.93	7.18	8.05	1.29
100억원 이하	1.05	1.92	2.32	2.60	3.16	5.78	7.00	7.84	1.25
200억원 이하	1.02	1.87	2.26	2.53	3.07	5.61	6.79	7.61	1.22
300억원 이하	1.01	1.85	2.23	2.50	3.05	5.57	6.74	7.55	1.21
500억원 이하	1.00	1.83	2.21	2.48	2.98	5.45	6.59	7.39	1.18
1,000억원 이하	0.98	1.79	2.16	2.42	2.94	5.38	6.50	7.29	1.16
2,000억원 이하	0.97	1.76	2.14	2.39	2.89	5.27	6.38	7.15	1.14
3,000억원 이하	0.95	1.74	2.11	2.37	2.84	5.18	6.27	7.03	1.13
5,000억원 이하	0.94	1.72	2.09	2.34	2.80	5.12	6.20	6.95	1.11
5,000억원 초과	1.732x -0.088	3.167x -0.088	3.8294x -0.088	4.2933x -0.088	5.2029x -0.089	9.509x -0.089	11.506x -0.089	12.891x -0.089	2.3088x -0.0271 -0.00262

〈비고〉

1. “통신부문”이란 「엔지니어링산업 진흥법 시행령」 별표 1의 기술부문 및 전문부야 구분표의 정보통신부문과 산업 부문의 소방·방재 분야를 말한다.
2. “공사감리”란 비상주 감리를 말한다.
3. 5,000억원 초과의 경우 공식에 의해 산출된 요율은 소수점 셋째자리에서 반올림한다.
4. 기본설계, 실시설계 및 공사감리의 업무범위는 제14조와 같다.
5. 그룹별 분류는 다음과 같다. 다만 산업부문의 소방·방재 분야는 그룹 2를 적용한다.

① 제1항에도 불구하고 업무단계별로 구분하여 발주하지 않는 기본설계와 실시설계 요율은 다음 각 호와 같다.

1) 기본설계와 실시설계를 동시에 발주하는 경우에는 통신부문의 경우 해당 실시설계요율의 1.27배 적용한다.
2) 타당성조사와 기본설계를 동시에 발주하는 경우에는 통신부문의 경우 해당 기본설계 요율의 1.18배 적용한다.
3) 기본설계를 시행하지 않은 실시설계를 발주하는 경우에는 통신부문의 경우 해당 실시설계 요율의 1.18배 적용한다.
4) 타당성 조사를 시행하지 않은 기본설계를 발주하는 경우에는 통신부문의 경우 해당 기본설계 요율의 1.09배 적용한다.

구 분	대분류	세부공사
그룹 1	방송설비	방송국설비공사
그룹 2	통신설비	교환설비공사, 전송설비공사, 구내설비공사 고정무선통신설비공사
그룹 3	통신설비	선로설비공사, 별정통신설비공사
	방송설비	방송전송, 선로설비공사
	정보설비	정보매체설비공사
	기타설비	정보통신전용 전기시설설비공사
그룹 4	통신설비	이동통신설비공사, 위성통신설비공사
	정보설비	정보제어, 보안설비공사, 정보망설비공사 철도통신, 신호설비공사 항공(항행,보안,전산) 및 항만통신설비공사
	유시티설비공사	유시티설비공사

14. 공사비요율에 의한 방식 업무범위

공사비요율에 의한 방식을 적용하는 기본설계 · 실시설계 및 공사감리의 업무범위는 다음 각 호와 같다.

1) 기본설계

① 설계개요 및 법령 등 각종 기준 검토
② 예비타당성 조사, 타당성 조사 및 기본계획 결과의 검토
③ 설계요강의 결정 및 설계지침의 작성
④ 기본적인 구조물 형식의 비교 · 검토
⑤ 구조물 형식별 적용공법의 비교 · 검토
⑥ 기술적 대안 비교 · 검토
⑦ 대안별 시설물의 규모, 경제성 및 현장 적용 타당성 검토
⑧ 시설물의 기능별 배치 검토
⑨ 개략공사비 및 기본공정표 작성
⑩ 주요 자재 · 장비 사용성 검토
⑪ 설계도서 및 개략 공사시방서 작성
⑫ 설계설명서 및 계략계산서 작성
⑬ 기본설계와 관련된 보고서, 복사비 및 인쇄비

2) 실시설계

① 설계개요 및 법령 등 각종 기준 검토
② 기본설계 결과의 검토
③ 설계요강의 결정 및 설계지침의 작성
④ 구조물 형식결정 및 설계
⑤ 구조물별 적용 공법결정 및 설계
⑥ 시설물의 기능별 배치 결정
⑦ 공사비 및 공사기간 산정
⑧ 상세공정표의 작성
⑨ 시방서, 물량내역서, 단가규정 및 구조 및 수리계산서의 작성
⑩ 실시설계와 관련된 보고서, 복사비 및 인쇄비

3) 공사감리

① 시공계획 및 공정표 검토
② 시공도 검토
③ 시공자가 제시하는 시험성과표 검토
④ 공정 및 기성고 사정
⑤ 시공자가 제시하는 내역서, 구조 및 수리계산서 검토
⑥ 기성도 및 준공도 검토

15. 공사비요율에 의한 방식 요율조정

요율은 다음의 사항을 참고하여 10%의 범위에 대한 증액 또는 감액을 할 수 있으나, 발주청은 사업대가의 삭감으로 인하여 부실한 설계 및 감리 등이 발생하지 않도록 적정한 대가를 지급하기 위하여 노력하여야 한다.
① 기획 및 설계의 난이도
② 비교설계의 유무
③ 도면 기타 자료작성의 복잡성
④ 제출자료의 수량 등

16. 공사비요율에 의한 방식 대가조정의 제한

발주청은 엔지니어링 사업자가 엔지니어링 사업을 수행함에 있어 새로운 기술개발 또는 도입된 기술의 소화 개량으로 공사비를 절감한 경우에는 이를 이유로 대가를 감액 조정할 수 없다.

17. 공사비요율에 의한 방식 추가업무비용

① 공사비요율에 의한 방식을 적용하는 공사감리방식의 업무범위에 포함되지 않는 업무로서 다음 각 호의 어느 하나에 해당하는 경우를 추가업무로 본다. 이 경우 해당 추가업무에 대하여는 별도로 그 대가를 지급하여야 한다.

1) 발주청의 요구에 의한 추가업무
2) 엔지니어링 사업자의 책임에 귀속되지 아니하는 사유로 인한 추가업무
3) 그 밖에 발주청의 승인을 얻어 수행한 추가업무

② 제1항에 따른 추가업무의 종류는 다음 각 호와 같다.

1) 각종 측량
2) 각종 조사, 시험 및 검사
3) 공사감리를 위하여 현장에 근무하는 기술자의 제비용
4) 주민의견 수렴 및 각종 인·허가에 필요한 서류 작성
5) 입목축적조사서 등 각종 조사서 작성
6) 사전재해영향검토, 자연경관영향검토, 생태환경조사 등 사전환경성 검토
7) 문화재 지표조사
8) 전파환경 분석 및 보고서 작성
9) 운영계획 등 각종 계획서 작성
10) 통신장비의 운용 및 인터페이스 등 통신 소프트웨어 분석
11) 수리모형실험 및 수치모델 실험 및 시뮬레이션
12) LEED, IBS, TAB 및 EMP 등 각종 공인인증을 위한 업무
13) BIM 설계업무(추가 성과품을 제공하는 경우에 한함)
14) 모형제작, 투시도 또는 조감도 작성
15) 제14조 업무범위에 해당하지 않는 보고서 작성, 복사비 및 인쇄비
16) 용지도 작성비 및 보상물 작성비(용지비 및 보상물 감정업무 제외)
17) 항공사진 촬영(원격조정 무인헬기 포함)
18) 특수자료비(특허, 노하우 등의 사용료)
19) 홍보영상 제작
20) 관련 법령에 따라 계약상대자의 과실로 인하여 발생한 손해에 대한 손해배상보험료 또는 손해배상공제료
21) 그 밖의 위 각 호에 준하는 추가업무

③ 제2항제2호부터 13호까지의 비용은 실비정액가산방식에 따라 비용을 산출하며, 같은 항 제14호부터 제20호까지의 비용은 실제 소요된 비용만을 지급한다. 제21호의 비용은 업무의 성격에 따라 각 호의 비용산출에 준하여 정한다.

18. 공사비요율에 의한 방식 요율적용의 특례

여러 부문의 기술이 복합된 엔지니어링 사업은 실비정액가산방식에 따라 산출한다.

19. 공사비요율에 의한 방식 공사비가 중간에 있을 때의 요율

공사비가 요율표의 각 단위 중간에 있을 때의 요율은 직선보간법에 따라 다음과 같이 산정한다.

〈직선보간법 산정식〉

$$y = y1 - \frac{(x - x2)(y1 - y2)}{x1 - x2}$$

x : 당해 금액, $x1$: 큰 금액, $x2$: 작은 금액

y : 당해 공사비요율, $y1$: 작은 금액요율, $y2$: 큰 금액요율

20. 표준품셈의 관리기관 지정

① 산업통상자원부장관은 제7조에 따른 품셈의 관리 등을 위해 법 제33조에 따라 설립된 협회 등 엔지니어링관련 기관 및 단체 중 다음 각 호의 요건을 갖춘 자를 엔지니어링 표준품셈 관리기관(이하 '관리기관'이라 한다)으로 지정할 수 있다.

1) 다음 어느 하나에 해당하는 전담인력 3명 이상을 보유할 것

가. 과학기술 분야의 박사학위를 소지한 사람

나. 과학기술 분야의 석사학위 소지자로서 연구기관 또는 「고등교육법」 제2조에 따른 대학에서 연구원 또는 전임강사 이상의 직(職)에 6년 이상 종사한 경력이 있는 사람

다. 과학기술 분야의 학사학위 소지자로서 「엔지니어링산업 진흥법 시행령」 제4조에 따른 고급기술자 이상인 사람

라. 학사학위 소자자로서 엔지니어링산업 관련 법인이나 단체에서 엔지니어링기술에 관한 업무에 9년 이상 종사한 경력이 있는 자

2) 엔지니어링품셈 관련 전담 조직을 갖추고 있을 것

가. 엔지니어링산업과 관련된 업무를 주된 업무로 하며, 영리 목적이 아닌 사업을 목적으로 할 것

나. 표준품셈 관리 외의 업무를 함으로써 품셈관리 업무가 불공정하게 수행될 우려가 없을 것

다. 통계법 제15조에 따라 통계작성지정기관으로 지정된 기관일 것

② 관리기관의 장은 품셈의 제정 및 개정, 연구, 조사, 해석 및 보급 등 표준 품셈에 대한 전반적인 업무를 효율적으로 운영하기 위한 운영지침을 마련하여 산업통상자원부장관의 승인을 받아야 한다.

③ 산업통상자원부장관은 관리기관의 고의로 인한 업무태만 또는 공신력에 있어 물의를 야기하는 등 지속적인 업무수행이 부적절하다고 인정될 때에는 관리기관의 지정을 철회하거나 취소할 수 있다.

1.1.5 정보통신감리용역 과업요청서 내용 이해

① 정보통신공사의 감리용역 입찰시 과업요청서는 기본적인 내용을 규정하고 있다.

② 감리용역 과업요청서서는 정보통신공사 감리업무 수행기준의 내용을 위주로 발주기관에서 작성하여 감리수행을 세부적으로 요구하고 있다.

1) 용역명 : ㅇㅇ신축정보통신공사의 정보통신감리용역
2) 용역의 목적 : (   )신청사 신축에 있어 정보통신설비의 설치를 위한 정보통신 감리업무를 수행하는데 필요한 세부 절차와 방법을 규정함으로써 감리업무의 원활한 수행은 물론 공사품질의 향상 목적에있다.
3) 용역개요
   가. 용 역 명 :
   나. 사업위치 :
   다. 연 면 적 :
   라. 층 수 : 지하 1층, 지상 2층
   마. 공사의 종류 : 구내통신선로설비공사, 방송공동수신설비공사, 이동통신구내선로설비공사, 음향설비설치공사, CCTV설비설치공사, 네트워크장비설치공사
   바. 공사기간 : 365일(착공일로부터 준공시까지)
4) 감리용역 기간
   가. 감리용역 기간은 착수일로부터 (   )일까지 한다.
   나. 작업이 불가능하였을 때나 발주기관의 지시에 의하여 작업이 중단되었을 경우에는 그 기간을 연장한다.
   나. 설계변경 등에 의한 공사중지 사유로 준공예정일보다 지연될 경우 감리기간은 연장되며, 감리용역비의 증액은 없는 것으로 한다.
   다. 발주청이 인정하는 경우외 감리기간의 산정은 공사중지 명령이 있을 경우 당해 감리기간은 제외된다.
5) 정보통신감리업무 수행자격
   「엔지니어링 산업진흥법」 제21조제1항에 따라 엔지니어링 사업자로 신고하거나 「기술사법」 제6조에 따라 기술사사무소의 개설자로 등록한 자로서 통신·전자·정보처리 등 정보통신 관련 분야의 자격을 보유하고 용역업을 경영하는 자.

③ 정보통신감리원에 대한 업무수행 요구의 일반적 사항은 다음과 같다.

제1부 정보통신감리원의 업무수행 일반적 사항

제1조 감리용역의 범위 ① 감리용역은 본 공사 및 관급자재(○○○설비 등) 기타 부대공사 전 분야에 대한 시공점검, 확인사항 등의 모든 사항으로 본 과업지시서에 명시되지 않은 사항은 관계법령 및 규정에 따른다.

② 정보통신공사업법에 의한 정보통신감리로 하며, 감리수행업무는 본 과업수행요구서 규정에서 정하는 규정을 준수하여야 한다.

③ 감리기간이 아니더라도 당면한 문제점 협의, 전체 또는 분야별 공정회의, 기술검토 등 발주청 및 감독이 필요 요구 시에는 현장에서 감리업무를 수행하여야 한다.

④ 본 공사와 관련하여 전문기관 등에 자문요구 시에는 감리자는 적극적으로 추진하여야 한다.

⑤ 감리자는 당해 공사의 설계변경 사항이 발생하는 경우에는 변경 설계도서를 발주자에게 제출

제2조(적용범위) 정보통신설비설치와 정보통신장비구매 설치현장에 정보통신감리업무를 수행하도록 감리용역 발주자와 감리자가 감리업무를 수행함에 있어 감리요령, 절차, 시공확인 및 점검, 검사 등 감리업무 전반에 대하여 적용하며 이 과업수행요구서에 명시되지 않은 사항은 관계 법령 등에 따른다.

제3조(정의) 과업수행에 사용하는 용어의 뜻은 다음 각 호와 같다.

1. "정보통신설비"란 법 제2조제1호 및 영 제2조제1항에 따라 유선, 무선, 광선, 그 밖의 전자적 방식으로 부호 · 문자 · 음향 또는 영상 등의 정보를 저장 · 제어 · 처리하거나 송수신하기 위한 기계 · 기구(器具) · 선로(線路) 및 그밖에 필요한 설비를 말한다.
2. "용역"이란 법 제2조제5호에 따라 다른 사람의 위탁을 받아 공사에 관한 조사, 설계, 감리, 사업관리 및 유지관리 등의 역무를 수행하는 것을 말한다.
3. "용역업"이란 법 제2조제6호에 따라 용역을 영업으로 하는 것을 말한다.
4. "용역업자"란 법 제2조제7호 및 영 제3조에서 정의한 "용역업자"를 말하며, 「엔지니어링산업 진흥법」 제21조제1항에 따라 엔지니어링사업자로 신고하거나 「기술사법」 제6조에 따라 기술사사무소의 개설자로 등록한 자로서 통신 · 전자 · 정보처리 등 영으로 정하는 정보통신 관련 분야의 자격을 보유하고 용역업을 경영하는 자를 말한다.
5. "정보통신공사업자"(이하 "공사업자"라 한다)란 법 제2조제4호에 따라 특별시장 · 광역시장 · 특별자치시장 · 도지사 또는 특별자치도지사(이하 "시 · 도지사"라 한다)에게 정보통신공사업의 등록을 하고 공사업을 경영하는 자를 말한다.
6. "정보통신기술자"란 법 제2조제16호에 따라 「국가기술자격법」 에 따라 정보통신 관련 분야의 기술자격을 취득한 사람과 정보통신설비에 관한 기술 또는 기능을 가진 사람으로서 법 제39조에 따라 과학기술정보통신부장관의 인정을 받은 사람을 말한다.
7. "현장대리인"이란 법 제33조에 따라 현장에 배치된 정보통신기술자로서, 공사업자로부터 계약의 이행과 관련한 권한과 책임을 위임받아 공사의 시공관리와 그 밖의 기술상의 관리를 하는 사람을 말한다.
8. "발주자"란 법 제2조제11호에 따라 공사(용역을 포함한다. 이하 이 조에서 같다)를 공사업자(용역업자를 포함한다. 이하 이 조에서 같다)에게 도급하는 자를 말한다.
9. "설계"란 법 제2조제8호에 따라 공사에 관한 계획서, 설계도면, 설계설명서, 공사비명세서, 기술계산서 및 이와 관련된 서류(이하 "설계도서"라 한다)를 작성하는 행위를 말한다.

10. "지원업무담당자"란 감리업무 수행에 따른 업무 연락 및 문제점 파악, 민원해결, 용지보상 지원, 기타 필요한 업무를 수행하게 하기 위하여 발주자가 지정한 발주자의 소속 직원을 말한다.
11. "감리"란 법 제2조제9호에 따른 공사에 대하여 발주자의 위탁을 받은 용역업자가 설계도서 및 그 밖의 관련 규정의 내용대로 시공되는지를 감독하고, 품질관리·시공관리 및 안전관리에 관한 기술 지도를 하며, 관계 법령에 따라 발주자의 권한을 대행하는 것을 말한다.
12. "감리원"이란 법 제2조제10호에 따라 감리에 관한 기술 또는 기능을 가진 사람으로서 법 제8조에 따라 과학기술정보통신부장관의 인정을 받은 사람을 말한다.
13. "상주감리원"이란 현장에 상주하면서 감리업무를 수행하는 감리원으로서 책임감리원과 보조감리원을 말한다.
14. "책임감리원"이란 용역업자를 대표하여 현장에 상주하면서 해당 공사 전반에 관하여 감리 등의 업무를 총괄하는 감리원을 말한다.
15. "보조감리원"이란 책임감리원을 보좌하는 감리원으로서 담당 감리업무를 책임감리원과 연대하여 책임지는 감리원을 말한다.
16. "기술지원감리원"이란 용역업체에 근무하면서 상주감리원의 업무를 기술적·행정적으로 지원하는 감리원을 말한다.
17. "공사계약문서"란 계약서, 설계도서, 공사입찰유의서, 공사계약 일반조건, 공사계약 특수조건 및 산출내역서 등으로 구성되며 상호 보완의 효력을 가진 문서를 말한다.
18. "감리용역 계약문서"란 계약서, 기술용역입찰유의서, 기술용역계약 일반조건, 감리용역 계약 특수조건, 과업지시서, 감리비 산출내역서 등으로 구성되며 상호 보완의 효력을 가진 문서를 말한다.
19. "감리기간"이란 감리용역계약서에 표기된 계약기간을 말하며, 공사업자 또는 발주자의 사유 등으로 인하여 공사기간이 연장된 경우의 감리기간은 연장된 공사기간을 포함하여 감리용역 변경계약서에 표기된 기간을 말한다.
20. "검토"란 공사업자가 수행하는 중요 사항과 해당 공사와 관련한 발주자의 요구 사항에 대하여 공사업자가 제출한 서류, 현장실정 등을 고려하여 감리원의 경험과 기술을 바탕으로 타당성 여부를 확인하는 것을 말한다.
21. "확인"이란 공사업자가 공사를 공사계약 문서대로 실시하고 있는지 여부 또는 지시 · 조정 · 승인 · 검사 이후 실행한 결과에 대하여 발주자 또는 감리원이 원래의 의도와 규정대로 시행되었는지를 확인하는 것을 말한다.
22. "검토 · 확인"이란 공사의 품질을 확보하기 위하여 기술적인 검토뿐만 아니라 그 실행 결과를 확인하는 일련의 과정을 말하며 검토·확인자는 검토·확인사항에 대하여 책임을 진다.
23. "지시"란 발주자가 감리원 또는 공사업자에게 발주자의 발의나 기술적·행정적 소관 업무에 관한 계획, 방침, 기준, 지침, 조정 등에 대하여 기술 지도를 하고 실시하게 하는 것을 말한다. 다만, 지시사항은 계약문서에 나타난 지시 및 이행사항에 해당하는 것을 원칙으로 하며, 구두 또는 서면으로 지시할 수 있으나 지시내용과 그 처리 결과는 반드시 확인하여 문서로 기록·비치하여야 한다.
24. "요구"란 계약당사자들이 계약조건에 나타난 자신의 업무에 충실하고 정당한 계약이행을 위하여 상대방에게 검토, 조사, 지원, 승인, 협조 등 적합한 조치를 취하도록 의사를 밝히는 것으로, 요구사항을 접수한 자는 반드시 이에 대한 적절한 답변을 하여야 하며 이 경우 의사표시는 원칙적으로 서면으로 한다.
25. "승인"이란 발주자 또는 감리원이 공사 또는 감리업무와 관련하여, 이 수행기준에 나타난

승인사항에 대하여 감리원 또는 공사업자의 요구에 따라 그 내용을 서면으로 동의하는 것을 말하며, 발주자 또는 감리원의 승인 없이는 다음 단계의 업무를 수행할 수 없다.

26. "조정"이란 공사 또는 감리업무가 원활하게 이루어지도록 하기 위하여 감리원, 발주자, 공사업자가 사전에 충분한 검토와 협의를 통하여 관련자 모두가 동의하는 조치가 이루어지도록 하는 것을 말하며, 조정결과가 기존의 계약내용과의 차이가 있을 때에는 계약변경 사항의 근거가 된다.
27. "작성"이란 공사 또는 감리에 관한 각종 서류, 변경 설계도서, 계획서, 보고서 및 관련 도서를 양식에 맞게 제작, 검토, 관리하는 것을 말한다. 각 설계도서 및 서류 별로 작성 주체·소요비용에 관하여 계약할 때 명시하거나 사전에 협의하는 것을 원칙으로 하여 업무의 혼란이 없도록 한다.
28. "검사"란 공사계약문서에 나타난 공사 등의 단계 또는 자재 등에 대한 공정과 완성품의 품질을 확보하기 위하여 감리원 또는 검사원이 시공상태 또는 완성품 등의 품질, 규격, 수량 등을 확인하는 것을 말한다. 이 경우 공사업자가 실시한 확인 결과 중 대표가 되는 부분을 추출하여 실시할 수 있으며, 공사에 대한 합격 판정은 감리원(발주자와 협의하여 임명된)이 한다.
29. "보고"란 감리업무 수행에 관한 내용이나 결과를 말이나 글로 알리는 것을 말한다.

제4조(감리원의 기본임무) ① 감리원은 다음 각 호의 기본임무를 수행하여야 한다.

1. 감리원은 정보통신공사업법 제8조 및 영 제8조의2에 따른 감리업무를 성실히 수행하여야 하며, 발주자에게 예속되지 아니하고 독립적으로 그 업무를 성실히 수행하여 공사의 품질 및 기술의 향상에 노력하여야 한다.
2. 발주자와 용역업자 간에 체결된 감리용역 계약내용에 따라 해당 공사가 설계도서 및 기타 관계 서류의 내용대로 시공되는지 여부를 확인 및 지도하고, 발주자에 의하여 부여된 업무를 대행하여야 한다.

② 공사업자는 다음 각 호의 기본임무를 수행하여야 한다.

1. 공사업자는 공사계약 문서에서 정하는 바에 따라 현장작업 및 공사방법에 대하여 신의와 성실의 원칙에 입각하여 시공하고, 정해진 기간 내에 완성하여야 하며, 감리원으로 부터 재시공, 공사 중지명령, 기타 필요한 조치에 대한 지시를 받은 때에는 특별한 사유가 없으면 응하여야 한다.
2. 공사업자는 발주자와의 공사계약 문서에서 정하는 바에 따라 감리원 업무에 적극 협조하여야 한다.

제5조(감리원의 근무수칙) ① 감리원은 감리업무를 수행함에 있어 다음 각 호의 업무를 성실히 수행하고, 발주자와의 계약에 의하여 발주자의 감독업무의 권한을 대행하여야 한다.

1. 감리원은 관계법령과 이에 따른 명령 및 공공복리에 어긋나는 어떠한 행위도 하지 않으며, 신의와 성실로서 업무를 수행하여야 하고, 품위를 손상하는 행위를 하여서는 안 된다.
2. 감리원은 발주자와 용역업자 간에 체결된 감리용역 계약의 내용에 따라 해당 공사가 설계도서 및 기타 관계 서류의 내용대로 시공되는지 여부를 감독하고 품질관리, 시공관리, 안전관리 등에 대한 기술 지도를 하여야 한다.
3. 감리원은 담당업무와 관련하여 제3자로부터 일체의 금품, 이권 또는 향응을 받아서는 안 된다.
4. 감리원은 공사의 품질향상을 위하여 기술개발과 보급에 전력을 다하여야 한다.
5. 감리원은 감리업무를 수행함에 있어서 당해 공사의 공사계약문서, 감리과업지시서, 기타 관계규정 등의 내용을 숙지하고 당해 공사의 특수성을 파악한 후 감리업무를 수행하여야 한다.

6. 감리원은 공사업자의 의무와 책임을 면제시킬 수 없으며, 임의로 설계를 변경시키거나, 기일연장 등 공사계약조건과 다른 지시나 결정을 하여서는 안 된다.
7. 감리원은 공사현장의 문제점이 발생되거나 시공에 관련한 중요한 변경 및 예산과 관련되는 사항에 대하여는 수시로 발주자에게 보고하고 지시를 받아 업무를 수행하여야 한다. 다만, 인명손실이나 시설물의 안전에 위험이 예상되는 사태가 발생할 시에는 먼저 적절한 조치를 취한 후 즉시 발주자에게 보고하여야 한다.
8. 용역업자와 감리원은 당해 공사시행 중은 물론 공사가 종료된 후라도 감사기관의 수감요구 및 문제발생으로 발주자의 출석요구가 있는 경우에는 이에 응하여야 하며, 감리업무 수행과 관련하여 발생된 사고 또는 피해발생으로 피해자가 소송제기 시 국가지정 소송업무에 대하여 적극 협력하여야 한다.

② 상주감리원은 다음 각 호에 따라 현장 근무를 하여야 한다.

1. 상주감리원은 공사현장(공사와 관련한 외부 현장점검, 확인 등 포함)에서 배치기준에 따라 배치된 일수를 상주하여야 하며, 다른 업무 또는 부득이한 사유로 1일 이상 현장을 이탈하는 경우에는 반드시 감리업무일지에 기록하고, 서면으로 발주자(지원업무담당자)의 승인(긴급 시 유선승인)을 받아야 하며, 현장을 이탈하는 감리원 외 다른 감리원이 배치되지 않은 경우에는 동 감리업무에 지장이 없도록 용역업자는 직무대행자를 지정하는 등의 필요한 조치를 하여야 한다.
2. 상주감리원은 감리사무실 출입구 부근에 부착한 근무상황판에 현장 근무위치 및 업무내용 등을 기록하여야 한다.
3. 용역업자는 감리원이 감리업무 수행기간 중 법에 따른 교육훈련이나 「민방위기본법」 또는 「향토예비군설치법」 등에 따른 교육을 받는 경우나 「근로기준법」에 따른 유급휴가로 현장을 이탈하게 되는 경우에는 감리업무에 지장이 없도록 직무대행자를 지정하여 업무 인계 · 인수 등의 필요한 조치를 하여야 한다.
4. 상주감리원은 발주자의 요청이 있는 경우에는 초과근무를 하여야 하며, 공사업자의 요청이 있을 경우에는 발주자의 승인을 받아 초과근무를 하여야 한다. 이 경우 대가지급은 「국가를 당사자로 하는 계약에 관한 법률」에 따른 계약예규(기술용역계약 일반조건)에서 정하는 바에 따른다.

③ 기술지원감리원은 다음 각 호에 따라 업무를 수행하여야 한다.

1. 현장 조사 분석 및 주요 정보통신설비의 기술적 검토에 대한 상주감리원 지원
2. 설계변경 및 계약금액 조정의 심사
3. 기성 및 준공검사
4. 정기적(월 1회 이상)으로 현장 시공 상태를 종합적으로 점검·확인·평가하고 기술 지도
5. 기타 감리업무 추진에 필요한 지원 업무

제6조(감리원의 협의) ① 발주자가 감리용역계약문서에 따라 다음 각 호의 사항에 대하여 감리원은 시행되도록 협조 하여야 한다.

1. 감리원의 적정자격 보유여부 및 상주이행 상태
2. 품위손상 여부 및 근무자세
3. 발주자의 지시사항 이행상태
4. 행정서류 및 비치서류의 처리기록 관리
5. 각종 보고서의 처리상태

제7조(감리소요인력 산정, 배치, 신고 등) ① 정보통신공사업법시행령 제8조의3 제1항 및 제6항에서 정한 바에 따라 해당공사의 규모 및 공사의 종류에 적합하다고 인정되는 감리원

의 인원수, 현장상주기간 및 감리비용 산정은 「엔지니어링산업 진흥법」 제31조제2항에 따른 엔지니어링사업의 대가기준(표준품셈)을 이용하여 정한다.

② 용역업자는 제1항에서 정하는 감리원을 공사가 시작하기 전에 1명 배치해야 하며, 전체 공사기간 중 발주자와 합의한 기간에는 해당감리원을 공사 현장에 상주하도록 배치해야 한다.

③ 감리원의 현장배치 기간은 해당 정보통신설비의 공사일정에 따라 발주자와 합의하여 결정하되 공사착수 이전부터 해당공사 감리업무가 완료되는 날까지 적정하게 배치하여야 한다.

④ 제2항에 따라 현장에 배치되는 책임감리원 또는 보조감리원이 공사의 전체기간 동안 상주 배치되지 아니할 경우에는 그 감리원을 다른 감리현장에 상주 배치할 수 있다.

⑤ 기술지원감리원은 고급감리원 이상으로서 해당 공사에 배치하되 둘 이상(최대 아홉 군데)의 해당공사에 중복하여 배치할 수 있으나 상주감리원(책임감리원 및 보조감리원)을 겸할 수 없다.

⑥ 용역업자는 제2항에 따라 감리원을 배치하는 경우 감리원의 퇴직 · 질병 등 부득이한 사유로 배치계획을 변경하여 배치하고자 하는 때에는 미리 발주자의 승인을 얻어 교체 · 배치하여야 한다.

⑦ 용역업자는 감리원을 배치(배치된 감리원을 교체하는 경우를 포함)하는 경우 법 제8조제8항 및 영 제8조의4의 규정에 따라 해당공사의 착공일로부터 30일 이내에 관할 광역지자체의 장에게 정보통신공사업법 시행에 관한 규정[별지 제6호의 2서식]에 의거 「감리원배치현황」 을 신고하여야 한다.

제2부 공사착수 단계 감리업무

제8조(감리업무 수행계획서 등 행정업무) ① 용역업자는 감리용역계약 즉시 상주 및 기술지원감리원의 투입 등 감리업무 수행준비에 대하여 발주자와 협의하여야 하며, 계약서상 착수일에 감리용역을 착수하여야 한다.

② 용역업자는 감리용역 착수 시 다음 각 호의 서류를 첨부한 착수신고서(별지서식 3)를 제출하여 발주자의 승인을 받아야 한다.

1. 감리업무 수행계획서
2. 감리비 산출내역서
3. 상주감리원, 기술지원감리원 배치계획서와 감리원의 경력확인서
4. 감리원 조직 구성내용과 감리원별 투입기간 및 담당업무

③ 입찰참가자격사전심사(P.Q)에 의해 용역업자로 선정된 경우 제2항제3호의 감리원은 입찰참가제안서에 명시된 자로 하여야 한다. 다만 부득이한 사유로 감리원을 교체하려는 경우 기술자격, 학 · 경력 등을 종합적으로 검토하여 감리업무수행 능력이 저하되지 않는 범위 내에서 발주자의 사전 승인을 받아야 한다.

④ 발주자는 제2항제3호 및 제4호의 내용을 검토하여 감리원 또는 감리조직 구성 내용이 해당 공사현장의 공종 및 공사 성격에 적합하지 아니하다고 인정될 경우에는 용역업자에게 그 사유를 명시하여 서면으로 변경을 요구할 수 있으며, 변경요구를 받은 용역업자는 특별한 사유가 없는 한 이에 응하여야 한다.

⑤ 발주자의 승인을 받은 감리원은 업무의 연속성, 효율성 등을 고려하여 특별한 사유가 없으면 감리용역이 완료될 때까지 근무하여야 한다.

⑥ 책임감리원과 보조감리원은 개인별로 업무를 분담하고 그 분담 내용에 따라 업무 수행계획을 수립하여 과업을 수행하여야 한다.

⑦ 감리원은 시공과 관련하여 공사업자에게 각종 인·허가사항을 포함한 제반법규 등을 준수하도록 지도 · 감독하여야 하며, 발주자가 받아야 하는 인 · 허가 사항은 발주자에게 협조 · 요청하여야 한다.

⑧ 감리원은 현장에 부임하는 즉시 사무소, 비상연락처 및 전자우편주소 등을 발주자에게 보고하여 업무연락에 차질이 없도록 하여야 하며, 연락처 등이 변경된 경우에도 즉시 보고하여야 한다.

제9조(사무실의 설치) ① 발주자 또는 공사업자가 제공하는 감리사무실은 공사규모 및 현장실정에 부합되도록 업무용 사무실과 상황실 등을 발주자와 협의하여 감리업무에 지장이 없도록 설치한다.

② 감리원의 업무용 사무실 내에는 되도록 지원업무담당자의 자리를 배치토록하며, 발주자 요구 및 현장의 중요도 또는 위험도에 따라 다음의 각 호와 같이 제한구역 및 통제구역을 설정하고 출입자를 철저히 단속하도록 하여야 한다.

1. 상황실 : 통제구역(필요시)
2. 감리사무실 : 제한구역
3. 현장사무실 부지 : 제한구역

③ 현장사무실 부지 입구에 출입자를 통제할 수 있는 시설을 공사업자에게 설치토록 하고, 필요시 통제구역 및 제한구역 내의 출입기록부를 비치하여 관리하여야 한다.

④ 감리원 사무실에는 각종 사무용 집기 및 기자재 · 장비 · 기구를 감리업무에 지장이 없도록 비치하고 설계도서 보관함, 서류함 및 캐비넷 등에는 정 · 부 책임자의 명패를 부착하여 관리하여야 한다.

제10조(현장사무소, 공사용 도로, 작업장 부지 등의 선정) ① 감리원은 공사 착공과 동시에 공사업자에게 다음 각 호에 따른 가설시설물의 면적, 위치 등을 표시한 가설시설물 설치계획표를 작성하여 제출하도록 하여야 한다.

1. 공사용 도로(필요시)
2. 가설사무소, 작업장, 창고, 숙소, 식당 및 기타 부대설비
3. 자재 야적장
4. 공사용 임시전력, 용수, 연락처 등
5. 공해방지시설(필요 시)

② 감리원은 제1항에 따른 가설시설물 설치계획에 대하여 다음 각 호의 내용을 검토하고 지원업무담당자와 협의하여 승인하여야 한다.

1. 가설시설물의 규모는 공사규모 및 현장여건을 고려하여 정하여야 하며, 위치는 감리원이 공사 전 구간의 관리가 용이하도록 공사 중의 동선계획을 고려한다.
2. 가설시설물이 공사 중에 이동, 철거되지 않도록 지하구조물의 시공위치와 중복되지 않는 위치를 선정한다.
3. 가설시설물에 우수가 유입되지 않도록 대지조성 시공기면(F.L : Floor Level)보다 높게 설치하여, 홍수 시 피해발생 가능성 여부 등을 고려한다.
4. 식당, 세면장 등에서 사용한 물의 배수가 용이하고 주변 환경을 오염시키지 않도록 조치한다.
5. 가설시설물의 이용 등으로 인하여 인접 주민들에게 공해를 발생하는 등 민원이 발생하지 않도록 조치한다.

제11조(공사표지판 등의 설치) ① 감리원은 공사업자가 공사안내표지판을 설치하는 경우 표지판의 제작방법, 크기, 설치장소 등이 포함된 표지판 제작설치계획서를 제출 받아 검토한 후 설치하도록 하여야 한다.

② 공사현장의 표지는 공사 시작 일부터 준공 전일까지 게시·설치하여야 한다.

제12조(하도급 및 재하도급 관련 사항) ① 감리원은 공사업자가 도급받은 정보통신공사를 법에 따라 (재)하도급 하고자 할 경우에는 「정보통신공사 하도급계약의 적정성심사기준」(과학기술정보통신부고시)에 따라 다음 각 호의 사항에 관한 적정성 여부를 검토하여 발주자에게 제출하여야 한다. (별지서식 7)

1. (재)하도급자 자격의 적정성 여부
2. (재)도급한도액 적정여부

② 감리원은 제1항에 따라 처리된 (재)하도급에 대해서는 공사업자가 「하도급거래 공정화에 관한 법률」에 규정된 사항을 이행하도록 지도·감독하여야 한다.

③ 감리원은 공사업자가 하도급 사항을 제1항과 제2항에 따라 처리하지 않고 위장 (재)하도급 하거나 무자격업자에게 (재)하도급 하는 등 불법적인 행위를 하지 않도록 지도하고, 공사업자가 불법하도급 하는 것을 안 때에는 공사를 중지시키고 발주자에게 서면으로 보고하여야 한다.

제13조(착공신고서 검토 및 보고) ① 감리원은 공사가 착공된 경우에는 공사업자로부터 다음 각 호의 서류가 포함된 착공신고서를 제출받아 적정성 여부를 검토하여 7일 이내에 발주자에게 보고하여야 한다.

1. 정보통신기술자 지정통지서(현장관리조직, 현장기술자, 안전관리자)
2. 정보통신공사 예정공정표
3. 품질경영계획서
4. 공사도급 계약서 및 산출내역서 사본
5. 착공 전 사진 (필요시)
6. 현장기술자 경력사항 확인서 및 자격증 사본
7. 안전 및 환경경영계획서
8. 작업인원 및 장비투입 계획서
9. 기타 발주자가 지정한 사항

② 감리원은 다음 각 호를 참고하여 착공신고서의 적정여부를 검토하여야 한다.

1. 계약내용의 확인
   가. 공사기간(착공~준공)
   나. 기타 공사계약문서에 정한 사항
2. 현장기술자의 적격여부
   가. 정보통신기술자 : 「정보통신공사업법 시행령」 제34조
   나. 안전관리자 : 「산업안전보건법」 제17조
3. 정보통신공사 공정예정표 : 작업 간 선행·동시 및 완료 등 공사 전·후 간의 연관성이 명시되어 작성되고, 예정 공정률이 적정하게 작성되었는지 확인
4. 품질관리계획서 : 정보통신공사 공정예정표에 의거 정보통신기자재의 수급계획, 시험방법, 빈도 등이 적정하게 반영되었는지 확인
5. 착공 전 사진 : 전경이 잘 나타나도록 촬영되었는지 확인
6. 안전관리계획서 : 산업안전보건법령에 따른 해당 규정 반영여부
7. 작업인원 및 장비투입계획서 : 공사의 규모 및 성격, 특성에 맞는 장비형식이나 수량의 적정여부 등

제14조(인 · 허가 업무) 감리원은 공사시공과 관련된 각종 인·허가 사항을 포함한 제 법규 등을 공사업자로 하여금 준수토록 지도·감독하여야 하며, 발주자의 이름으로 득하여야 하는 인·허가 사항은 발주자에게 협조 요청토록 한다.

제15조(공사착수회의) 감리원은 공사착수와 관련한 설계도서의 인수, 시공계획, 사무실의 설치 등의 각종 사항을 협의하기 위하여 발주자가 주관하는 공사착수회의에 발주자 소속의 지원업무담당자, 공사업자, 설계자(필요 시) 및 다른 부분의 공사업자와 함께 참석하여 공사착수에 만전을 기해야 한다.

제16조(현지 여건조사 및 위험관리) ① 감리원은 공사 착공 후 조속한 시일 내에 공사추진에 지장이 없도록 공사업자와 합동으로 현지 여건을 조사하여 시공 자료로 활용토록 하여야 한다.

② 감리원은 제1항의 현지조사 내용과 설계도서의 공법 등을 검토하여 시공 상 위험요인이 예상될 경우에는 상응하는 위험관리 대책을 수립 시행하여야 하며, 당초 설계내용의 변경이 필요한 경우에는 설계변경 절차에 따라 처리하여야 한다.

제17조(공사관계자 및 이해관계자 합동회의) ① 감리원은 발주자(지원업무담당자)가 주관하는 공사관계자 합동회의에 참석하여 필요한 경우에는 현장조사결과와 설계도면 등의 검토내용을 설명하여야 하며, 그 결과를 회의 및 협의내용 관리대장(별지서식)에 기록관리하여야 한다.

② 감리원은 필요한 경우 해당 공사에 관여하거나 영향을 받게 되는 이해관계자들(Stakeholders)을 추적하여 필요한 의견 청취 및 요구사항 들을 관리해야 한다.

제18조(설계도서 등의 검토) ① 감리원은 시공계획서, 설계도면, 시방서, 공사비내역서, 각종계산서, 공사계약서의 계약내용과 해당 공사의 조사설계보고서 등의 내용을 완전히 숙지하여야 하고 정보통신공사업법시행령 제8조의2 제3호와 제4호에 따라 제3호의 설계도서와 시공도면의 내용이 현장조건에 적합한지 여부와 시공가능성 등에 관한 사전검토와 제4호의 공사가 설계도서 및 관련규정(기술기준)에 적합하게 행해지고 있는지에 대한 확인을 하고 도면검토결과서를 발주처에 통보하여야한다.

② 감리원은 설계도서 등에 대하여 공사계약문서 상호 간의 모순되는 사항, 현장 실정과의 부합여부 등 현장 시공을 중심으로 하여 해당 공사의 시행 전에 검토하여야 하며, 검토내용에는 다음 각 호의 사항 등이 포함되어야 한다.

1. 현장조건에 부합 여부
2. 시공의 실제가능 여부
3. 타 사업 또는 타 공정과의 상호부합 여부
4. 설계도면, 시방서, 각종계산서, 산출내역서 등의 내용에 대한 상호일치 여부
5. 설계도서의 누락, 오류 등 불명확한 부분의 존재여부
6. 산출내역서 상의 수량과 계약수량과의 일치 여부
7. 시공 상의 예상 문제점 및 대책 등
8. 공법개선 및 사업비 절감을 위한 구체적인 검토

③ 감리원은 공사업자에게 설계도서 및 산출내역서 등을 검토하도록 하여 검토결과를 보고받아 제2항의 검토결과 불합리한 부분, 착오 등을 시정토록 하고, 불명확하거나 중대한 사안이 있을 때에는 그 내용과 의견을 발주자에게 보고하여야 한다.

제19조(설계도서 등의 관리) ① 감리원은 감리업무 착수와 동시에 공사에 관한 설계도서 및 자료, 공사계약문서 등을 발주자로부터 인수하여 관리번호를 부여하고, 관리대장을 작성하여 공사관계자 이외의 자에게 유출을 방지하는 등 관리를 철저히 하여야 하며, 외부에 유출하고자 하는 때에는 발주자 또는 지원업무담당자의 승인을 받아야 한다.

② 감리원은 설계도면 등 중요한 자료는 반드시 잠금장치가 된 서류함에 보관하여야 하며, 보관된 설계도서 및 관리 서류의 명세서를 기록하여 내측에 부착, 관리하여야 한다.

③ 공사업자가 차용하여 간 설계도서 등도 제2항의 관리요령에 의거 관리하여야 하며, 중요자료는 반드시 잠금장치로 된 서류함에 보관하여 분실 또는 유실되지 않도록 관리하여야 한다.

④ 감리원은 공사완료 후 공사 시작 전에 인수하여 보관하고 있는 설계도서 등을 발주자에게 반납하거나 지시에 따라 폐기 처분한다.

⑤ 감리원은 공사의 여건을 감안하여 각종 법령, 표준 시방서 및 필요한 기술서적 등을 비치하여야 한다.

제20조(설계도서 해석의 우선순위) ① 공사 계약문서의 적용상 우선순위가 특별히 계약에 명기되어 있지 않을 경우의 공사 계약문서의 적용상 우선순위는 다음과 같이 부여한다.

1. 계약서
2. 계약특수조건 및 계약일반조건
3. 시방서
4. 설계도면
5. 산출내역서
6. 관계법령의 유권해석
7. 감리원의 지시사항

② 설계도서 적용시 고려사항

1. 설계도면 및 시방서의 어느 한쪽에 기재되어 있는 것은 그 양쪽에 기재되어 있는 사항과 완전히 동일하게 다룬다.
2. 숫자로 나타낸 치수는 도면상 축척으로 잰 치수보다 우선한다.
3. 특별시방서는 당해공사에 한하여 일반시방서에 우선하여 적용한다.
4. 특별시방서 및 도면에 기재되지 않은 사항은 일반시방서에 의한다.
5. 상기 각항 이외의 사항에 대해 공사계약문서 상호간에 차이와 문제가 있을 때는 감리원의 의견을 참조하여 발주자가 최종적으로 결정한다.

제3부 공사시행 단계 감리업무

제21조(시공관련 행정업무) ① 감리원은 감리업무 착수 후 빠른 시일 내에 해당 공사의 내용, 규모, 감리원 배치인원수 등을 감안하여 각종 행정업무 중에서 최소한의 필요한 행정업무 사항을 발주자와 협의하여 결정하고, 이를 공사업자에게 통보하여야 한다.

② 감리원은 다음 각 호의 문서가 포함된 감리보고서를 공사 규모 등을 감안하여 매월 또는 분기마다 다음달 7일 이내에 발주자에게 2부를 제출하여야 한다.

1. 감리보고서표지(별지서식)
2. 공사추진 계획 및 실적(별지서식)
3. 책임감리원업무일지(별지서식)
4. 보조감리원업무일지(별지서식)
5. 검사요청·결과 통보서(별지서식)
6. 검사시험체크리스트(별지서식)
7. 주요기자재 검사 및 수불부(별지서식)
8. 공사참여자 실명부 첨부(별지서식)
9. 공사설계 변경현황(별지서식)
10. 공사 사고 보고서(별지서식)
11. 기타

③ 감리원은 감리업무 수행 상 필요한 경우에는 다음 각 호의 문서를 작성·비치하여야 한다.

1. 문서접수 및 발송대장(별지서식)

2. 민원처리부(별지서식)
3. 검사대장(별지서식)
4. 발생품(잉여 및 회수자재) 정리부(별지서식)
5. 안전보건 관리체제(별지서식)
6. 안전교육 실적 기록부(별지서식)
7. 재해 발생 관리부(별지서식)
8. 회의 및 협의내용 관리대장(별지서식)
9. 기성 공정 내역서(별지서식)
10. 기성부분검사원(별지서식)
11. 기성부분 감리조서(별지서식)
12. 기성부분 내역서(별지서식)
13. 기성부분 검사조서(별지서식)
14. 준공검사원(별지서식)
15. 준공검사조서(별지서식)
16. 준공감리조서(별지서식)

④ 감리원은 당해공사에 관하여 다음 각 호의 사항을 포함한 최종감리보고서를 CD-ROM 또는 영구저장매체에 작성하여 감리기간 종료 후 14일 이내에 용역업자 명의로 발주자에게 제출하여야 한다. 이 경우 CD-ROM 또는 영구저장매체의 제출 방법, 대상 및 수량은 제2항의 내용에 따른다.

1. 사업개요 : 정보통신공사 및 감리용역 개요(계약현황 포함)
2. 기술검토내용 총괄 실적
3. 공사추진내용 총괄 실적 : 인력, 장비투입 현황 등
4. 검사내용 총괄 : 공종별 불량률, 부실 유형별 원인 및 방지대책
5. 우수시공 및 실패시공 사례
6. 품질시험 · 검사 총괄
7. 주요기자재 관리실적 총괄
8. 안전관리 실적 총괄 : 안전관리 활동, 안전관리비 사용실적, 안전사고 발생건수 및 원인·방지대책
9. 종합분석

⑤ 감리원은 공사업자가 작성한 공사일지를 제출 받아 확인한 후 보관하여야 한다.

⑥ 책임감리원은 제2항제3호의 책임감리원 업무일지를 작성할 때에는 본인의 업무내용을 기 록함은 물론 보조감리원들의 업무일지를 확인하고 그 내용을 요약 · 정리함과 동시에 공사추진내용, 검측결과, 현장실정보고 등을 빠짐없이 작성하여 모든 감리원에게 공람·서명토록 하여 감리원 모두가 현장내용을 파악할 수 있게 하고 투명한 감리업무가 이루어질 수 있도록 하여야 한다.

⑦ 감리원은 공사업자가 제출하는 다음 각 호의 서류는 반드시 접수하여야 하며, 접수된 서류에 하자가 있을 경우에는 공사업자에게 문서로 보완지시 하여야 한다.

1. 지급기자재 수급요청서 및 대체사용 신청서
2. 주요기자재 공급원 승인요청서
3. 각종 시험성적표
4. 설계변경 여건보고
5. 준공기한 연기신청서
6. 기성·준공검사원

7. 하도급 승인요청서
8. 안전관리 추진실적 보고서(안전관리 활동, 안전관리비 사용실적 등)
9. 물공량 확정보고서 및 물가 변동지수 조정률 계산서
10. 품질 및 환경경영계획서
11. 기타 공사와 관련된 필요한 서류
12. 주요장비 절체계획서
13. '원가계산에 의한 예정가격작성준칙'에 대한 공사원가계산서상의 정보통신공사 관련 보험료 및 근로자 퇴직공제부금비 납부내역과 관련 증빙자료

제22조(시공계획서 또는 사업관리계획서의 검토 · 확인) ① 감리원은 공사업자가 작성·제출한 시공계획서 또는 사업관리계획서를 공사 착공일로부터 30일 이내에 제출받아 이를 검토·확인하여 7일 이내에 승인하여 시공하도록 하여야 하고, 시공계획서의 보완이 필요한 경우에는 그 내용과 사유를 문서로서 공사업자에게 통보하여야 한다.

② 시공계획서 또는 사업관리계획서에는 다음 각 호의 내용이 포함되어야 한다.

1. 현장 조직표
2. 공사 세부공정표
3. 주요 공정의 시공 절차 및 방법
4. EPC(Engineering, Procurement, Construction)계약의 경우에는 실시설계계획과 기자재구매절차 및 방법 포함(해당 시)
5. 시공일정
6. 주요 장비 동원계획
7. 주요기자재 및 인력투입 계획
8. 주요 설비
9. 품질·안전·환경관리 대책 등

③ 감리원은 시공계획서를 공사 착공신고서와 별도로 실제 공사시작 전에 제출받아야 하며, 공사 중 시공계획서에 중요한 내용변경이 발생할 경우에는 그 때마다 변경 시공계획서를 제출받아 검토·확인하여 승인한 후 시공하도록 하여야 한다.

제23조(시공상세도 승인) ① 감리원은 공사업자로부터 시공상세도(구매 · 설치 형태의 계약 등 발주자로부터 교부받은 기본설계에 의해 작성하는 공사시공도 및 승인된 실시설계에 의거 공사시공 중 현장에서 발생하는 시공상세도(Shop Drawing)를 포함한다)를 사전에 제출받아 다음 각 호의 사항을 고려하여 공사업자가 제출한 날부터 7일 이내에 검토 · 확인하여 승인 한 후 시공할 수 있도록 하여야 한다. 다만, 7일 이내에 검토·확인이 불가능한 때에는 사유 등을 명시하여 통보하고, 통보사항이 없는 때에는 승인한 것으로 본다.

1. 설계도면, 시방서 또는 관계 규정에 일치하는지 여부
2. 현장의 정보통신기술자가 명확하게 이해할 수 있는지 여부
3. 실제시공 가능 여부
4. 안정성의 확보 여부
5. 계산의 정확성
6. 제도의 품질 및 선명성, 도면작성 표준에 일치 여부
7. 도면으로 표시 곤란한 내용은 시공시 유의사항으로 작성되었는지 등의 검토

② 시공상세도는 설계도면 및 시방서 등에 불명확한 부분을 명확하게 해줌으로써 시공상의 착오방지 및 공사의 품질을 확보하기 위한 수단으로 다음 각 호의 사항에 대한 것과 공사 시방서에서 작성하도록 명시한 시공상세도에 대하여 작성하였는지를 확인한다. 다만, 발주자가 특별 시방서에 명시한 사항과 공사 조건에 따라 감리원과 공사업자가 필요한 시공상세도를 조정할 수 있다.

1. 시설물의 연결·이음부분의 시공 상세도
2. 매몰시설물의 처리도
3. 주요 기기 설치도
4. 규격, 치수 등이 불명확하여 시공에 어려움이 예상되는 부위의 각종 상세도면

③ 공사업자는 감리원이 시공 상 필요하다고 인정하는 경우에는 시공상세도를 제출하여야 하며, 감리원이 시공상세도(Shop Drawing)를 검토·확인하여 승인할 때까지 시공을 해서는 안 된다.

제24조(정보통신기술자 등의 교체) ① 감리원은 공사업자의 정보통신기술자 등이 제2항 각 호에 해당되어 당해 공사현장에 적합하지 않다고 인정되는 경우에는 공사업자 및 정보통신기술자에게 문서로 시정을 요구하고, 이에 불응하는 때에는 발주자에게 그 실정을 보고하여야 한다.

② 감리원으로부터 정보통신기술자의 실정보고를 받은 발주자는 지원업무담당자에게 실정 등을 조사검토하게 하여 다음 각 호와 같은 교체사유가 인정될 경우에는 공사업자에게 정보통신기술자의 교체를 요구하여야 한다. 이 경우 교체 요구를 받은 공사업자는 특별한 사유가 없으면 신속히 교체요구에 응하여야 한다.

1. 정보통신기술자 및 안전관리자가 관계 법령에 따른 배치기준, 겸직금지, 보수교육 이수 및 품질관리 등의 법규를 위반하였을 때
2. 정보통신기술자가 감리원과 발주자의 사전 승낙을 받지 아니하고 정당한 사유 없이 해당 공사현장을 이탈한 때
3. 정보통신기술자가 고의 또는 과실로 인하여 정보통신공사를 조잡하게 시공하거나 부실시공을 하여 일반인에게 위해(危害)를 끼친 때
4. 정보통신기술자가 계약에 따른 시공 및 기술능력이 부족하다고 인정되거나 정당한 사유 없이 기성 공정이 예정공정에 현격히 미달한 때
5. 정보통신기술자가 불법 하도급을 하거나 이를 방치하였을 때
6. 정보통신기술자의 기술능력이 부족하여 공사시행에 차질을 초래하거나 감리원의 정당한 지시에 응하지 아니할 때
7. 정보통신기술자가 감리원의 검사확인 등 승인을 받지 아니하고 후속공정을 진행하거나 정당한 사유 없이 공사를 중단할 때

③ 감리원은 당해 정보통신공사의 품질 및 안전관리 상 필요하다고 인정하는 때에는 타 분야의 감리원에게 시정지시 등 필요한 조치를 요구할 수 있으며, 정당한 사유 없이 응하지 않을 경우에는 발주자에게 보고하여 조정할 수 있다.

제25조(주요기자재 수급계획과 공급원의 검토 · 승인) ① 감리원은 시공사가 발주처로 부터 사용자재에 대하여 자재를 승인받은 공급원이 지정된 자재에 대하여 공사업자에게 공정계획에 따라 사전에 주요기자재(KS의무화 품목 등)에 대하여 자재 반입 7일 전까지 제출하도록 하여야 한다. 다만, 관련 법령에 따라 품질검사를 받았거나, 품질을 인정받은 기자재에 대하여는 예외로 한다.(별지서식)

② 감리원은 시험성적서가 품질기준을 만족하는지 여부를 확인하고 품명, 공급원, 납품실적 등을 고려하여 적합한 것으로 판단될 경우에는 주요기자재 공급승인 요청서를 제출받은 날부터 7일 이내에 검토하여 발주처에 승인요청을 통보하고 승인을 받아 시공사에 통보하여야 한다.

③ 감리원은 공사업자에게 KS마크가 표시된 양질의 기자재를 확인하여야 한다.

④ 감리원은 주요기자재 공급원 승인받은 자재라도 그 이후 반입 사용자재에 대한 품질관리 시험 및 품질변화 여부 등에 대하여도 수시로 확인하여야 한다.

⑤ 감리원은 주요기자재 공급승인 요청서를 공사업자로부터 제출받을 때는 발주처에 통보하고 주요기자재에 대하여 생산중지 등 부득이한 경우에 대처할 수 있도록 대책을 마련하도록 발주처에 알려야 한다.

⑥ 감리원은 주요기자재 공급승인 요청서에 다음 각 호의 관계 서류를 첨부하도록 하여야 한다.

1. 공급자의 사업자 등록증 사본
2. 품질시험 대행 국공립 시험기관의 시험성과
3. 납품실적 증명
4. 시험성과 대비표
5. 제품설명서
6. KS인증서 사본

⑦ 감리원은 발주자 지급기자재가 있을 경우에는 그를 포함하는 전체 기자재의 소요시기와 품목별 소요량을 예정공정표에 의거 수급하는 '기자재수급계획서'를 작성하여 관리하여야 한다.

제26조(주요기자재 및 지급기자재의 검수 및 관리) ① 감리원은 공사업자로 하여금 공정계획에 따라 사전에 현장검사가 곤란한 주요기자재에 대한 공장인수시험(FAT : Factory Acceptance Test)계획을 포함하는 주요기자재 수급계획을 수립하여 기자재가 적기에 현장에 반입되도록 검토하고, 지급기자재의 수급계획에 대하여는 발주자에게 보고하여 기자재의 수급차질에 따른 공정지연이 발생하지 않도록 하여야 한다.

② 감리원은 주요기자재 수급계획이 공정계획과 부합되는지 확인하고, 미비점이 있으면 공사업자에게 계획을 수정하도록 하여야 한다.

③ 감리원은 공사 목적물을 구성하는 주요기기, 설비, 제조품, 자재 등의 주요기자재가 공급원 승인을 받은 후 현장에 반입되면 공사업자로부터 송장 사본을 접수함과 동시에 반입된 기자재를 검수하고, 그 결과를 검수부에 기록·비치하여야 한다.(별지서식 29)

④ 감리원은 계약 품질조건과의 일치여부를 확인하는 기자재 검수를 할 때에 규격, 성능, 수량뿐만 아니라 반드시 품질의 변질여부를 확인하여야 하고, 변질되었을 때에는 즉시 현장에서 반출하도록 하고 반출여부를 확인하여야 하며, 의심스러운 것은 별도 보관하도록 한 후 품질시험 결과에 따라 검수여부를 확정하여야 한다.

⑤ 감리원은 공사업자에게 현장에 반입된 기자재가 도난 및 우천에 따른 훼손 또는 유실되지 않게 품목별, 규격별로 관리·저장하도록 하여야 하고 공사현장에 반입된 검수기자재 또는 시험합격 기자재는 공사업자 임의로 공사현장 이외로 반출하지 못하도록 하여야 하고 주요기자재 검수 및 수불부에 기록·관리하여야 한다.

⑥ 감리원은 수급 요청한 기자재가 배정되면 납품지시서에 기록된 품명, 수량, 인도장소 등을 확인하고, 공사업자에게 인수 준비 후 인수하도록 하여야 한다.

⑦ 감리원은 현장에서 품질시험·검사를 실시할 수 없는 기자재는 공사업자와 공동 입회하여 생산 공장에서 시험·검사를 실시하거나 의뢰시험을 요청하여 시험결과를 사전에 검토하고 발주처의 승인을 받아품질을 확인하여야 한다.

⑧ 감리원은 기자재가 현장에 반입되면 송장 또는 납품서를 확인하고 수량, 규격, 외관상태 등을 검사하며, 주요기자재 운반차량의 송장을 확인하여 과적차량으로 확인되면 반입을 금지시켜야 한다.

⑨ 감리원은 지급기자재의 현장 반입검사 이후 이의 제기 등을 예방하기 위하여 공사업자가 검사에 입회하도록 한다.

⑩ 감리원은 지급기자재에 대한 검수조서를 작성할 때에는 공사업자가 입회하여 날인하도록 하고, 검수조서는 발주자에게 보고하여야 한다.

⑪ 공사업자는 현지 사정에 따라 지급기자재가 적기에 공급되지 못해 공사 추진에 지장이 발생한 경우에는 대체 사용요청을 할 수 있다.

⑫ 감리원은 공정계획, 공기 등을 감안하여 공사업자의 요청으로 대체 사용이 불가피하다고 판단될 경우에는 발주자의 승인을 받은 후 허용하도록 한다.

⑬ 감리원은 대체 사용 기자재에 대하여도 지급기자재와 동일하게 품질, 규격 등을 확인하고 검수를 해야 한다.

⑭ 감리원은 잉여 지급기자재가 발생하였을 때에는 품명, 수량 등을 조사하여 발주자에게 보고하여야 하며, 공사업자에게 지정장소에 반납하도록 하여야 한다.(별지서식)

제27조(지장물 등 철거확인) ① 감리원은 기존시설물을 철거할 때에는 공사업자에게 철거품목의 규격·수량 등을 조사하도록 하고, 철거 전·후의 광경사진도 촬영(동일지점)하도록 하여 조사내역과 사진을 제출받아 확인·검토하여 필요시 발주자에게 보고하여야 한다.

② 감리원은 공사 중에 지하매설물 등 새로운 지장물을 발견하였을 때에는 공사업자로부터 상세한 내용이 포함된 지장물 조서를 제출받아 이를 확인한 후 발주자에게 조속히 보고하여야 한다.

제28조(공사업자에 대한 지시 및 수명사항의 처리) ① 감리원은 공사업자에게 시공과 관련하여 지시하는 경우에는 다음 각 호와 같이 처리하여야 한다.

1. 감리원은 시공과 관련하여 공사업자에게 지시를 하고자 할 경우에는 서면으로 하는 것을 원칙으로 하며, 현장 실정에 따라 시급한 경우 또는 경미한 사항에 대하여는 우선 구두지시로 시행하도록 조치하고, 추후에 이를 서면으로 확인하여야 한다.(별지서식)
2. 감리원의 지시내용은 당해공사 설계도면 및 시방서 등 관계 규정에 의거하여 구체적으로 기술하며, 공사업자가 명확히 이해할 수 있도록 지시하여야 한다.
3. 감리원은 지시사항에 대하여 그 이행상태를 수시로 점검하고 공사업자로부터 이행결과를 보고받아 기록·관리하여야 한다.

② 감리원은 발주자로부터 지시를 받았을 때에는 다음 각 호와 같이 처리하여야 한다.(별지서식)

1. 감리원은 발주자로부터 공사와 관련하여 지시를 받았을 경우에는 그 내용을 기록하고 신속하게 이행되도록 조치하여야 하며, 그 이행결과를 점검·확인하여 발주자에게 서면으로 조치결과를 보고하여야 한다.
2. 감리원은 해당 지시에 대한 이행에 문제가 있을 경우에는 의견을 제시 할 수 있다.
3. 감리원은 각종지시, 통보사항 등을 감리원 모두가 숙지하고 이행에 철저를 기하기 위하여 교육 또는 공람시켜야 한다.

제29조(제3자의 손해방지) ① 감리원은 다음 각 호의 공사현장 인근상황을 공사업자에게 충분히 조사하도록 함으로써 시공과 관련하여 제3자에게 손해를 주지 않도록 공사업자에게 대책을 강구하게 하여야 한다.

1. 지하매설물
2. 인근의 도로
3. 교통시설물
4. 인접건조물
5. 농경지, 산림 등 기타

② 감리원은 당해공사 시공으로 인하여 지상건조물 및 지하매설물(급·배수관, 가스관, 전선관, 통신케이블 등)에 손해를 끼쳐 제3자에게 손해를 준 경우에는 공사업자 부담으로 즉시 원상 복구하여 민원이 발생되지 않도록 하여야 한다. 또한, 제3자에게 피해보상 문제가 제기되었을 경우에는 감리원은 객관적이고 공정한 판단에 근거한 의견을 제시할 수 있다.

제30조(금일 작업실적 및 명일 작업계획서의 검토·확인) ① 감리원은 공사업자로부터 금일 작업실적이 포함된 공사업자의 공사일지 또는 작업일지 사본(공사업자 자체양식)을 제출받아 계획대로 작업이 추진되었는지 여부를 확인하고 금일 작업실적과 사용자재량, 품질관리 시험회수 및 성과 등이 서로 일치하는지 여부를 검토·확인하여 이를 감리일지에 기록하여야 한다.

② 감리원은 공사업자로부터 명일 작업계획서를 제출받아 공사업자와 그 시행상의 가능성 및 각자가 수행하여야 할 사항을 협의하여야 하고, 명일 작업계획의 공종 및 위치에 따라 감리원의 배치 및 감리시간 등의 일일 감리업무 수행을 검토 · 확인하여 이를 감리일지에 기록하여야 한다.(별지서식)

제31조(영상촬영 및 보관) ① 감리원은 공사업자에게 촬영일자가 나오는 시공사진을 공종별로 공사 착공 전부터 준공 시까지의 공사과정, 공법, 특기사항을 촬영하고 공사내용(시공일자, 위치, 공종, 작업내용 등) 설명서를 기재, 제출하도록 하여 후일 참고자료로 활용하도록 한다.

② 공사기록사진 등의 영상제작물은 공종별, 공사추진 단계에 따라 다음의 사항을 촬영·정리하도록 하여야 한다.

1. 주요한 공사현황은 공사 착공 전, 시공 중, 준공 등 시공과정을 알 수 있도록 가급적 동일 장소에서 촬영
2. 시공 후 검사가 불가능하거나 곤란한 부분

가. 매몰, 수중 구조물

나. 공장제품 검사기록

다. 지중매설 광경

라. 매몰되는 옥내 · 외 배관 광경 등

③ 감리원은 특별히 중요하다고 판단되는 시설물에 대하여는 공사과정을 동영상 보존이 가능하도록 촬영하여야 한다.

④ 감리원은 제1항과 제2항에 따라 촬영한 사진(필요시 촬영한 동영상 포함)은 CD 등에 Digital 파일로 제출받아 수시 검토·확인할 수 있도록 보관하고 준공 시 발주자에게 제출하여야 한다.

제32조(감리원의 공사 중지명령 등) ① 감리원은 정보통신공사업법 제9조에 따라 공사업자가 공사의 설계도면, 시방서 기타 관계 서류의 내용과 적합하지 아니하게 시공하는 경우에는 발주자의 동의를 받아 재시공 또는 공사 중지명령이나 기타 필요한 조치를 취할 수 있다.

② 제1항에 따라 감리원으로부터 재시공 또는 공사 중지명령 기타 필요한 조치에 대한 지시를 받은 공사업자는 특별한 사유가 없는 한 이에 응하여야 한다.

③ 발주자는 감리원으로부터 제1항에 따른 재시공 또는 공사 중지명령 기타 필요한 조치에 관한 보고를 받은 때에는 이를 검토한 후 시정여부의 확인, 공사 재개지시 등 필요한 조치를 하여야 한다.

④ 감리원은 제1항에 따른 재시공 또는 공사 중지명령을 하였을 경우에는 발주자가 공사 중지 사유가 해소되었다고 판단되어 공사 재개를 지시할 때에는 특별한 사유가 없으면 이에 응하여야 한다.

⑤ 발주자는 제1항에 따른 감리원의 공사 중지명령 등의 조치를 이유로 감리원 등의 변경, 현장상주의 거부, 감리대가 지급의 거부 · 지체 등 감리원에게 불이익한 처분을 하여서는 아니 된다.

⑥ 공사 중지 및 재시공 지시 등의 적용한계는 다음 각 호와 같다.

1. 재시공 : 시공된 공사가 품질확보 미흡 또는 위해를 발생시킬 우려가 있다고 판단되거나, 감리원의 확인·검사에 대한 승인을 받지 아니하고 후속 공정을 진행한 경우와 관계 규정에 맞지 아니하게 시공한 경우
2. 공사 중지 : 시공된 공사가 품질확보 미흡 또는 중대한 위해를 발생시킬 우려가 있다고 판단되거나, 안전상 중대한 위험이 발견된 경우에는 공사 중지를 지시할 수 있으며 공사 중지는 부분중지와 전면중지로 구분한다.

가. 부분중지

(1) 재시공 지시가 이행되지 않는 상태에서는 다음 단계의 공정이 진행됨으로써 하자 발생이 될 수 있다고 판단될 때

(2) 안전 시공 상 중대한 위험이 예상되어 물적, 인적 중대한 피해가 예견될 때

(3) 동일 공정에 있어 3회 이상 시정지시가 이행되지 않을 때

(4) 동일 공정에 있어 2회 이상 경고가 있었음에도 이행되지 않을 때

나. 전면중지

(1) 공사업자가 고의로 공사의 추진을 지연시키거나, 공사의 부실 발생 우려가 짙은 상황에서 적절한 조치를 취하지 않은 채 공사를 계속 진행하는 경우

(2) 부분중지가 이행되지 않음으로써 전체공정에 영향을 끼칠 것으로 판단될 때

(3) 천재지변 등 불가항력적인 사태가 발생하여 시공을 계속할 수 없다고 판단될 때

⑦ 감리원은 공사업자가 재시공, 공사 중지명령 등에 대한 필요한 조치를 이행하지 아니한 때에는 법 제9조에 따라 필요한 조치를 취하도록 발주자에게 요구하여야 한다.

제33조(공사현장 정리) ① 감리원은 공사현장이 항상 깨끗이 정리 정돈되어 효율적인 시공관리가 되도록 수시로 현장을 확인·점검하여야 한다.

② 시공이 완료되었을 때에는 준공 전에 공사업자에게 공사용 가설시설물의 철거, 잉여자재 반출 등 현장을 정리하도록 감리하여야 한다.

제34조(품질관리 관련 감리업무) ① 감리원은 공사업자가 공사계약문서에서 정한 품질관리계획대로 품질에 영향을 미치는 모든 작업을 성실하게 수행하는지 검사확인 및 관리할 책임이 있다.

② 감리원은 공사업자가 품질관리계획 요건의 이행을 위해 제출하는 문서를 검토·확인 후 필요한 경우에는 발주자에게 승인을 요청하여야 한다.

③ 감리원은 품질관리계획이 발주자 또는 책임감리원으로 부터 승인되기 전까지는 공사업자에게 해당 업무를 수행하게 하여서는 아니 된다.

④ 감리원이 품질관리계획과 관련하여 검토·확인하여야 할 문서는 품질관리계획서, 각종 절차서 및 지침서 등을 말한다.

⑤ 감리원은 공사업자가 작성 제출한 품질관리계획서에 따라 품질관리 업무를 적정하게 수행하였는지 여부를 검사확인하여야 하며, 검사결과 시정이 필요한 경우에는 공사업자에게 시정을 요구할 수 있으며, 시정을 요구받은 공사업자는 이를 지체없이 시정하여야 한다.

⑥ 감리원은 부실시공으로 인하여 재시공 또는 보완 시공되지 않도록 가급적 품질상태를 수시로 검사확인하여 부실공사가 사전에 방지되도록 적극 노력하여야 한다.

제35조(중점 품질관리) ① 감리원은 당해 정보통신공사의 설계도서, 시방서, 공정계획 등을 검토하여 품질관리가 소홀해지기 쉽거나 하자발생 빈도가 높으며 시공 후 시정이 어렵고 많은 노력과 경비가 소요되는 공종 또는 부위를 중점 품질관리 대상으로 선정하여 다른 공종에 비하여 우선적으로 품질관리 상태를 입회, 확인하여야 하며 중점 품질관리 공종 선정 시 고려해야 할 사항은 다음 각 호와 같다.

1. 공정계획에 따른 월별, 공종별 시험 종목 및 시험회수
2. 공사업자의 품질관리 요원 인원 수 및 공정에 따른 충원계획
3. 품질관리 담당 감리원의 인원 수 및 직접 입회 · 확인이 가능한 적정시험 회수
4. 공정의 특성상 품질관리 상태를 육안 등으로 간접 확인할 수 있는지 여부
5. 작업조건의 양호 및 불량상태
6. 다른 현장의 시공사례에서 하자발생 빈도가 높은 공종인지 여부
7. 품질관리 불량부위의 시정이 용이한지 여부
8. 시공 후 지중에 매몰되어 추후에 품질확인이 어렵고 재시공이 곤란한지 여부

9. 품질 불량 시 인근 부위 또는 다른 공종에 미치는 영향의 대소
10. 시공이 광활한 지역에서 이루어져 접근이 용이한지 여부
11. 신기술 또는 시공 전례가 없는 공법 여부

② 감리원은 선정된 중점 품질관리 공종별로 관리방안을 수립하여 공사업자에게 실행하도록 지시하고 실행결과를 수시로 확인하여야 하며, 중점 품질관리방안 수립 시 다음 각 호의 내용이 포함되어야 한다.

1. 중점 품질관리 공종의 선정
2. 중점 품질관리 공종별로 시공 중 및 시공 후 발생되는 예상 문제점
3. 각 문제점에 대한 대책방안 및 시공지침
4. 중점 품질관리 대상 시설물, 시공부분, 하자발생 가능성이 큰 지역 또는 부분을 선정
5. 중점 품질관리 대상의 세부관리 항목의 선정
6. 중점 품질관리 공종의 품질확인 지침
7. 중점 품질관리 대장을 작성, 기록 · 관리하고 확인하는 절차

③ 감리원은 중점 품질관리 대상으로 선정된 공종의 효율적인 품질관리를 위하여 다음 각 호와 같이 관리하여야 한다.

1. 감리원은 중점 품질관리 대상으로 선정된 공종에 대한 관리방안을 수립하여 시행 전에 발주자에게 보고하고 공사업자에게도 통보한다.
2. 해당 공종 및 시공부위는 상황판이나 도면 등에 표기하여 지원업무담당자, 감리원, 공사업자 모두가 항상 숙지하도록 한다.
3. 공정계획 시 중점 품질관리 대상 공종이 동시에 여러 개소에서 시공되거나 공휴일, 야간 등 관리가 소홀해질 수 있는 시기에 시공되지 않도록 조정한다.
4. 필요시 해당 부위에 "중점 품질관리 공종" 팻말을 설치하고 주의사항을 명기한다.
5. 시공 중 감리원은 물론 정보통신기술자가 반드시 입회하도록 한다.
6. 신기술 또는 시공 전례가 없는 공법의 경우에는 필요할 경우 외부 전문기관에 의뢰하거나 해당 분야 전문가를 초빙하여 자문을 받을 수 있다.
7. 또한, 대상 사업의 규모, 복잡성 등을 감안하여 필요할 경우 국제표준화기구의 품질요건(ISO 9001) 등을 적용할 수 있다.

제36조(성능시험 계획) ① 감리원은 공사업자에게 각 공정마다 준비과정에서부터 작업완료 시까지의 각 과정마다 품질확보를 위한 수단, 절차 등을 규정한 종합품질관리계획서(TQC : Total Quality Control)를 작성 · 제출하도록 하고 이를 검토 · 확인하여야 한다.

② 감리원은 해당 공사에 사용될 정보통신설비 및 자재가 규격에 적합한 것이 발주자로부터 승인되고 시공 시 품질관리가 효과적으로 수행되어 하자발생을 사전에 예방할 수 있도록 품질관리 계획을 다음 각 호와 같이 지도한다.

1. 공정계획에 따라 시험 종목을 선정하여 공사업자가 적정 품질관리를 할 수 있도록 사전에 지도한다.
2. 공인기관에 의뢰시험을 실시해야 할 종목과 현장에서 실시 가능한 종목으로 구분하여 시험계획을 수립하고 의뢰시험의 경우에는 의뢰시험기관을 사전에 선정하여 소요 시험기간을 확인하며 현장시험의 경우에는 공정계획에 따라 소요 시험 장비를 사전에 현장 시험실에 비치하도록 한다.
3. 각종 시험기록 서식은 해당 공사의 특성에 적합하도록 결정하고 공사업자가 공정계획서를 제출할 때에는 품질관리에 필요한 시험요원수와 시험장비 등을 명시한 품질관리계획서를 첨부하도록 하여 효율적인 품질관리가 이루어질 수 있도록 사전 점검한다.
4. 공사업자가 품질관리 시험요원의 자격이나 능력을 보유하고 있는지 확인하고 미흡한 부분은 사전에 교육·지도하며, 품질관리에 부적합한 자를 형식적으로 배치하였을 경우에는 교체하도록 한다.

5. 일일 공정계획에 따른 품질관리 시험계획서를 접수하면 공종별, 시험 종목별 품질관리 시험요원을 확인하고 중점 품질관리 대상인 경우에는 품질관리 시험이 우선적으로 이루어질 수 있도록 지도한다.
6. 공사업자의 품질관리책임자는 책임기술자를 임명하여 품질관리에 대한 책임과 권한이 정보통신기술자와 동등 수준이 되어 실질적인 품질관리가 이루어질 수 있도록 확인한다.
7. 발주자는 품질관리시험의 비용과 시험장비 구입손료 등을 공사비에 계상하여야 하며, 누락되었을 경우에는 설계변경시 반영하도록 한다.

제37조(품질관리·검사 요령) ① 감리원은 공사업자가 작성·제출한 품질관리계획서에 따라 검사확인이 실시되는지를 확인하여야 한다.(별지서식)

② 감리원은 품질관리를 위한 검사확인은 「산업표준화법」에 따른 한국산업규격에 따라 실시되는지 확인하여야 한다.

③ KC인증이 요구되는 정보통신 기자재(방송포함)는 그 형식에 관하여 과학기술정보통신부장관이 지정하는 시험기관(이하 "지정시험기관"이라 한다)으로 하여금 성능시험을 하게 할 수 있다.

④ 감리원은 발주자 또는 공사업자가 품질검사 · 확인을 외부 전문기관 등에 대행시키고자 할 때에는 그 적정성 여부를 검토·확인하여야 한다.

제38조(기술검토 의견서) ① 감리원은 시공 중 발생되는 기술적 문제점, 설계변경사항, 공사계획 및 공법변경 문제, 설계도면과 시방서 상호 간의 차이, 모순 등의 문제점, 기타 공사업자가 시공 중 당면하는 문제점 및 발주자가 해당 공사의 기술검토를 요청한 사항에 대하여 현지실정을 충분히 조사, 검토, 분석하여 공사업자가 공사를 원활히 수행할 수 있는 해결방안을 제시하여야 한다.

② 중요한 기술검토는 반드시 기술검토서를 작성·제출하여야 하고, 상세 기술검토 내역 또는 근거가 첨부되어야 한다.(별지서식)

제39조(현장 정기교육) ① 감리원은 공사업자로 하여금 현장종사자의 견실시공 의식고취를 위한 현장 정기교육을 월1회 이상 당해 현장의 특성에 따라 실시하도록 하여야 한다.

② 책임감리원은 보조감리원과 공사업자 및 하도급사 직원들이 법 · 영 · 규칙 및 수행기준 등의 내용과 공사현황 등을 숙지하도록 교육을 실시하여야 한다.

③ 책임감리원은 공사에 참여하는 공사업자 및 하도급사 직원과 감리원이 서로 알 수 있도록 상견례를 갖도록 하여야 하고, 서로간의 인격을 존중할 수 있도록 하여야 하며, 품질 및 안전관리 등에 대한 교육을 공사착공 시와 같이 분기별로 실시한 후 제2항의 교육내용과 함께 그 내용을 기록·비치하여야 한다.

제40조(특수공법 검토) 감리원은 특수한 공법이 적용되는 경우의 기술검토 및 시공상 문제점 등을 검토할 때마다 기술지원감리원 등을 활용하고, 필요시 발주자와 협의하여 외부 전문가의 자문을 받아 검토의견을 제시할 수 있으며, 특수한 공종에 대하여 외부 전문가의 감리 참여가 필요하다고 판단될 경우에는 발주자와 협의하여 조치할 수 있다.

제41조(감리원의 의견제시 등) ① 감리원은 해당 공사와 관련하여 공사업자의 공법 변경요구 등 중요한 기술적인 사항에 대하여 요구한 날부터 7일 이내에 이를 검토하고 의견서를 첨부하여 발주자에게 보고하여야 하며, 전문성이 요구되는 경우에는 요구가 있는 날부터 14일 이내에 기술지원감리원의 검토의견서를 첨부하여 발주자에게 보고하여야 한다. 이 경우 발주자는 필요 시 제3자에게 자문을 의뢰할 수 있다.

② 감리원은 시공과 관련하여 검토한 내용에 대하여 스스로 필요하다고 판단될 경우에는 발주자 또는 공사업자에게 그 검토의견을 서면으로 제시할 수 있다.

③ 감리원은 시공 중 예산이 변경되거나 계획이 변경되는 중요한 민원이 발생된 때에는 발주 자가 민원처리를 할 수 있도록 검토의견서를 첨부하여 발주자에게 보고하여야 한다.

④ 감리원은 공사와 직접 관련된 경미한 민원처리는 직접 처리하여야 하고, 전화 또는 방문 민원을 처리함에 있어 민원인과의 대화는 원만하고 성실하게 하여야 하며, 공사업자와 협조하여 적극적으로 해결방안을 강구·시행하고 그 내용은 민원처리부에 기록 비치하여야 한다. 다만, 경미한 민원처리 사항 중 중요하다고 판단되는 경우에는 검토의견서를 첨부하여 발주자에게 보고하여야 한다.

⑤ 감리원은 발주자(지원업무담당자)가 민원사항 처리를 위하여 조사와 서류작성의 요구가 있을 때에는 적극 협조하여야 한다.

제42조(시공관리 감리업무) 감리원은 공사가 설계도서 및 관계 규정 등에 적합하게 시공되는지 여부를 확인하고 공사업자가 작성 제출한 시공계획서(사업관리계획서), 시공상세도의 검토·확인 및 시공단계별 검사, 현장설계변경 여건처리 등의 시공관리업무를 통하여 공사목적물이 소정의 공기 내에 우수한 품질로 완공되도록 관리에 철저를 기하여야 한다.

제43조(시공확인) 감리원은 다음 각 호의 시공 확인업무를 수행하여 시공 상태가 적정치 못하다고 판단될 때에는 구두 또는 서면으로 시정지시하고, 그 이행결과를 반드시 확인하여야 하며, 시공확인이 필요한 사항은 추가로 선정할 수 있다.

1. 공사목적물을 제조, 조립, 설치하는 시공과정에서 가설시설물공사와 영구시설물공사의 모든 작업단계의 시공 상태 확인
2. 시공·확인하여야 할 구체적인 사항은 당해 공사의 설계도면, 시방서 및 관계 규정에 정한 공종을 반드시 확인
3. 공사업자가 측량하여 말뚝 등으로 표시한 시설물의 배치 위치를 공사업자로부터 제출받아 시설물의 위치, 표고, 치수의 정확도 확인
4. 수중 또는 지하에서 수행하는 시공이나 외부에서 확인하기 곤란한 시공에는 반드시 검사하여 시공 당시 상세한 경과기록 및 사진촬영 등의 방법으로 그 시공내용을 명확히 입증할 수 있는 자료를 작성하여 비치하고, 발주자 등의 요구가 있을 때에는 제시

제44조(검사 및 시험업무) ① 감리원은 다음 각 호의 검사업무 수행 기본방향에 따라 검사 및 시험업무를 수행하여야 한다.

1. 감리원은 현장에서의 시공확인을 위한 검사는 해당 공사와 현장조건을 감안하고 검사 및 시험계획서(ITP : Inspection & Test Plan)와 검사시험점검표(ITC : Inspection & Test Checklist)가 포함된 "검사업무지침"을 현장별로 작성 · 수립하여 이를 근거로 검사업무를 수행함을 원칙으로 하며 검사업무지침은 검사하여야 할 세부공종, 검사절차, 검사시기 또는 검사빈도, 검사 체크리스트 등의 내용을 포함하여야 한다.(별지서식)
2. 수립된 검사업무지침은 필요시 발주자의 승인을 받아 모든 시공 관련자에게 배포하고 주지시켜야 하며, 보다 확실한 이행을 위하여 교육한다.
3. 현장에서의 검사는 체크리스트를 사용하여 수행하고, 그 결과를 검사 체크리스트에 기록한 후 공사업자에게 통보하여 후속 공정의 승인여부와 지적사항을 명확히 전달한다.(별지서식 15, 16)
4. 검사 체크리스트에는 검사항목에 대한 시공기준 또는 합격기준을 가급적 계량화하여 검사결과의 합격여부를 합리적으로 신속 판정한다.
5. 단계적인 검사로는 현장 확인이 곤란한 공종은 시공 중 감리원의 계속적인 입회 · 확인으로 시행한다.
6. 감리원은 공사업자의 검사요청서 제출 시 시공에 참여한 공사참여자 실명부가 첨부되었는지를 확인한다.(별지서식 17)
7. 공사업자가 요청한 검사 일에 감리원이 정당한 사유 없이 검사를 하지 않는 경우에는 공정추진에 지장이 없도록 요청한 날 이전 또는 휴일 검사를 하여야 하며, 이때 발생하는 감리대가는 용역업자가 부담한다.

② 감리원은 다음 각 호의 사항이 유지될 수 있도록 검사 체크리스트를 작성하여야 한다.
1. 체계적이고 객관성 있는 현장 확인과 승인
2. 부주의, 착오, 미확인에 따른 실수를 사전 예방하여 충실한 현장 확인업무 유도
3. 확인·검사의 표준화로 현장의 정보통신기술자에게 작업의 기준 및 주안점을 정확히 주지시켜 품질향상을 도모
4. 객관적이고 명확한 검사결과를 공사업자에게 제시하여 현장에서의 불필요한 시비를 방지하는 등의 효율적인 확인 · 검사업무 도모

③ 감리원은 다음 각 호의 검사절차에 따라 검사업무를 수행하여야 한다.
1. 검사 체크리스트에 따른 검사는 1차적으로 공사업자 측 정보통신기술자가 검사하여 합격된 것을 확인한 후 그 확인한 검사 체크리스트를 첨부하여 검사 요청서를 감리원에게 제출하면 감리원은 1차 점검내용을 검토한 후, 현장 확인 검사를 실시하고 검사결과 통보서를 정보통신기술자에게 통보한다.
2. 검사결과 불합격인 경우에는 그 불합격된 내용을 공사업자가 명확히 이해할 수 있도록 상세하게 불합격 내용을 첨부하여 통보하고, 보완시공 후 재검사를 받도록 조치한 후 감리일지와 감리보고서에 반드시 기록하고 공사업자가 재검사를 요청할 때에는 잘못 시공한 정보통신기술자의 서명을 받아 그 명단을 첨부하도록 하여야 한다.

④ 감리원은 검사할 검사 및 시험항목(Check Point)을 계약설계도면, 시방서, 정보통신 관련 법령 및 수행기준 등의 관련 규정을 기준으로 작성하며 공사 목적물을 소정의 규격과 품질로 완성하는데 필수적인 사항을 포함하여 검사항목을 결정하여야 한다.

⑤ 감리원은 시공계획서에 따른 일정 단계의 작업이 완료되면 공사업자로부터 검사 요청서를 제출받아 그 시공상태를 확인 · 검사하는 것을 원칙으로 하고, 가능한 한 공사의 효율적인 추진을 위하여 시공과정에서 수시 입회하여 확인·검사하도록 한다.

⑥ 감리원은 검사할 세부공종과 시기를 작업 단계별로 정확히 파악하여 검사를 수행하여야 한다.

제45조(매몰부분 검사) ① 감리원은 시공 후 매몰되거나 사후검사가 곤란한 시설물은 반드시 현장검사한 후 시공 상태를 증빙할 수 있는 사진 또는 영상매체로 촬영한 결과물과 시공기록을 작성 비치하여야 하며, 발주자 등의 요구가 있을 때에는 이를 제시하여야 한다.

② 매몰부분 검사기록 사진 또는 영상장치로 촬영한 결과물은 촬영일자, 촬영내용을 기록하고 공종별로 구분하여 작업 순서대로 정리하여야 한다.

제46조(현장상황 보고) ① 감리원은 시공 중 불가항력적인 재해의 발생, 시공 중단의 필요성 등 감리원의 권한에 속하지 않는 사태가 발생될 경우에는 육하원칙에 따라 검토의견을 첨부하여 발주자에게 현장상황을 신속히 보고하고 그 지시에 따라야 한다.

② 감리원은 공사현장에 다음 각 호의 사태가 발생하였을 때에는 필요한 응급조치를 취하는 동시에 상세한 경위를 발주자에게 보고하여야 한다.
1. 천재지변 등의 사유로 공사현장에 피해가 발생하였을 때
2. 정보통신기술자가 승인 없이 2일 이상 현장에 상주하지 않을 때
3. 공사업자가 정당한 사유 없이 공사를 중단할 때
4. 공사업자가 계약에 따른 시공능력이 없다고 인정되거나 공정이 현저히 미달될 때
5. 공사업자가 불법하도급 행위를 할 때
6. 기타 공사추진에 지장이 있을 때

제47조(공정관리) ① 감리원은 당해 공사가 정해진 공기 내에 시방서, 도면 등에 의거하여 우수한 품질을 갖추어 완성될 수 있도록 공정관리의 계획수립, 운영, 평가에 있어서 공정진척도 관리와 기성관리가 동일한 기준으로 이루어질 수 있도록 감리하여야 한다.

② 감리원은 공사 착공일로부터 30일 이전에 공사업자로부터 공정관리계획서를 제출받아 제출받은 날부터 14일 이내에 검토하여 승인하고 발주자에게 제출하여야 하며 다음 각 호의 사항을 검토·확인하여야 한다.

1. 공사업자의 공정관리 기법이 공사의 규모, 특성에 적합한지 여부
2. 계약서, 시방서 등에 공정관리 기법이 명시되어 있는 경우에는 명시된 공정관리 기법으로 시행되도록 감리
3. 계약서, 시방서 등에 공정관리 기법이 명시되어 있지 않을 경우, 단순한 공종 및 보통의 공종 공사인 경우에는 공사조건에 적합한 공정관리 기법을 적용하도록 하고, 복잡한 공종의 공사 또는 감리원이 PERT/CPM(Program Evaluation and Review Technique/Critical Path Method) 이론을 기본으로 한 공정관리가 필요하다고 판단하는 경우에는 별도의 PERT/CPM 기법에 의한 공정관리를 적용하도록 조치
4. 특수한 현장여건으로 전산공정관리 등이 필요하다고 판단되는 경우에는 발주자에게 별도의 공정관리를 시행하도록 건의
5. 감리원은 일정관리와 원가관리, 진도관리가 병행될 수 있는 종합관리 형태의 공정관리가 되도록 조치

③ 감리원은 공사의 규모, 공종 등 제반여건을 감안하여 공사업자가 공정관리업무를 성공적으로 수행할 수 있는 공정관리 조직을 갖추도록 다음 각 호의 사항을 검토 · 확인하여야 한다.

1. 공정관리 요원 자격 및 그 요원 수의 적합 여부
2. Software와 Hardware 규격을 감안한 작업분류체계(WBS : Work Breakdown Structure) 및 그 수량의 적합 여부
3. 주공정의 적합 여부
4. 보고체계의 적합성 여부
5. 계약 공기의 준수 여부
6. 각 공종별 작업공기에 품질·안전관리가 고려되었는지 여부
7. 지정휴일과 기상조건 감안 여부
8. 자원조달 여부
9. 공사주변의 여건 및 법적제약조건 감안 여부
10. 동원 가능한 장비, 그 밖의 부대설비 및 그 성능 감안 여부
11. 동원 가능한 작업인원과 작업자의 숙련도 감안 여부
12. 특수 장비 동원을 위한 준비기간의 반영 여부
13. 기타 필요하다고 판단되는 사항

제48조(공사 진도 관리) ① 감리원은 공사업자로부터 전체 실시공정표에 따른 월간, 주간 상세공정표를 사전에 제출받아 검토·확인하여야 한다.

1. 월간 상세공정표 : 작업 착수 7일전 제출
2. 주간 상세공정표 : 작업 착수 2일전 제출

② 감리원은 매주 또는 매월 정기적으로 공사 진도를 확인하여 예정공정과 실시공정을 비교하여 공사의 부진 여부를 검토한다.(별지서식 24)

③ 감리원은 현장여건, 기상조건, 지장물 이설 등에 따른 관련 기관 협의사항이 정상적으로 추진되는지를 검토·확인하여야 한다.

④ 감리원은 공정진척도 현황을 최근 1주일 전의 자료가 유지될 수 있도록 관리하고 공정지연을 방지하기 위하여 주공정 중심의 일정관리가 될 수 있도록 공사업자를 감리하여야 한다.

⑤ 감리원은 주간 단위의 공정계획 및 실적을 공사업자로부터 제출받아 검토 · 확인하고, 필요한 경우에는 공사업자의 정보통신기술자를 포함한 관계 직원 합동으로 금주작업에 대한 실적을 분석·평가하고, 공사추진에 지장을 초래하는 문제점, 잘못 시공된 부분의 지적 및 재시공 등의 지시와 재발방지대책, 공정진도의 평가, 기타 공사추진 상 필요한 내용의 협의를 위한 주간 또는 월간 공사 추진회의를 개최하고 그 회의록을 관리하여야 한다.

제49조(부진공정 만회대책) ① 감리원은 공사 진도율이 계획공정 대비 월간 공정실적이 10% 이상 지연되거나, 누계공정 실적이 5% 이상 지연될 때에는 공사업자에게 부진사유 분석, 만회대책 및 만회공정표를 수립하여 제출하도록 지시하여야 한다.

② 감리원은 공사업자가 제출한 부진공정 만회대책을 검토·확인하고, 그 이행 상태를 주간단위로 점검 · 평가하여야 하며, 공사추진회의 등을 통해 미 조치 내용에 대한 필요대책 등을 수립하여 정상 공정으로 회복할 수 있도록 조치하여야 한다.

③ 감리원은 검토 · 확인한 부진공정 만회대책과 그 이행상태의 점검·평가결과를 감리보고서에 수록하여 발주자에게 보고하여야 한다.

제50조(수정 공정 계획) ① 감리원은 설계변경 등으로 인한 물공량의 증감, 공법변경, 공사 중 재해, 천재지변 등 불가항력에 따른 공사 중지, 지급기자재 공급지연 등으로 인하여 공사 진척 실적이 지속적으로 부진할 경우에는 공정계획을 재검토하여 수정공정 계획수립의 필요성을 검토하여야 한다.

② 감리원은 공사업자의 요청 또는 감리원의 판단에 따라 수정공정 계획을 수립할 경우에는 공사업자로부터 수정 공정계획을 제출받아 제출 일부터 7일 이내에 검토하여 승인하고 발주자에게 보고하여야 한다.

③ 감리원은 수정 공정계획을 검토할 때에는 수정목표 종료일이 당초 계약종료일을 초과하지 않도록 조치하여야 하며, 초과할 경우에는 그 사유를 분석하여 감리원의 검토 안을 작성하고 필요시 수정 공정계획과 함께 발주자에게 보고하여야 한다.

제51조(공정현황 보고 등) ① 감리원은 주간(별지서식 24호) 및 월간단위 공정현황을 공사업자로부터 제출받아 검토·확인하여야 한다.

② 감리원은 공정현황을 분기감리보고서에 포함하여 발주자에게 보고하여야 한다.

제52조(준공기한 연기) 감리원은 공사업자가 준공기한 연기를 요청할 경우에는 타당성을 검토 · 확인하고 검토의견서를 첨부하여 발주자에게 보고하여야 한다.

제53조(안전관리조직 편성 및 임무) ①정보통신공사의 안전시공 추진을 위해서는 안전조직을 다음 체계와 같이 구성하되 현장규모와 작업내용 및 산업안전보건법의 해당규정(산업안전보건법 제15조 "안전보건관리책임자" 선임, 제16조 "관리감독자" 지정, 제17조 "안전관리자" 배치, 제19조 "안전보건관리담당자" 지정 및 제24조 "산업안전보건위원회" 운영)에 명시된 업무도 수행되도록 편성한다.

② 책임감리원은 소속 직원 중 안전담당자를 지정하여 공사업자의 안전관리자를 지도 · 감독하도록 하여야 하며, 공사전반에 대한 안전관리계획의 사전검토, 실시확인 및 평가, 자료의 기록유지 등 사고예방을 위한 제반 안전관리업무에 대하여 확인을 하도록 하여야 한다.

③ 감리원은 공사업자에게 공사현장에 배치된 소속 직원 중에서 안전보건관리책임자(정보통신기술자)와 안전관리자(법정자격자)를 지정하게 하여 현장의 전반적인 안전·보건문제를 책임지고 추진하도록 하여야 한다.

④ 감리원은 공사업자에게 「근로기준법」, 「산업안전보건법」, 「산업재해보험법」 및 그 밖의 관계 법규를 준수하도록 하여야 한다.

⑤ 감리원은 산업재해 예방을 위한 제반 안전관리 지도에 적극적인 노력과 동시에 안전 관계법규를 이행하도록 하기 위하여 다음 각 호와 같은 업무를 수행하여야 한다.

1. 공사업자의 안전조직 편성 및 임무의 법상 구비조건 충족 및 실질적인 활동 가능성 검토
2. 안전관리자에 대한 임무수행 능력보유 및 권한부여 검토
3. 시공계획과 연계된 안전계획의 수립 및 그 내용의 실효성 검토
4. 유해, 위험 방지계획(수립 대상에 한함) 내용 및 실천가능성 검토(「산업안전보건법」 제42조, 제43조)
5. 안전점검 및 안전교육 계획의 수립 여부와 내용의 적정성 검토(「산업안전보건법」 제29조 및 제30조)

6. 안전관리 예산 편성 및 집행계획의 적정성 검토
7. 현장 안전관리규정의 비치 및 그 내용의 적정성 검토
8. 표준 안전관리비는 다른 용도에 사용불가
9. 감리원이 공사업자에게 시공과정마다 발생될 수 있는 안전사고 요소를 도출하고 이를 방지할 수 있는 절차, 수단 등을 규정한 "총체적 안전관리계획서" (TSC : Total Safety Control)를 작성, 활용하도록 적극 권장하여야 한다.
10. 안전관리계획의 이행 및 여건 변동 시 계획변경 여부
11. 안전보건협의회 구성 및 운영상태
12. 안전점검 계획수립 및 실시(일일, 주간, 우기 및 해빙기 등 자체 안전점검 등)
13. 안전교육계획의 실시
14. 위험장소 및 작업에 대한 안전조치 이행(고소작업, 추락위험작업, 낙하비래 위험작업, 중량물 취급작업, 화재위험 작업, 그 밖의 위험작업 등)
15. 안전표지 부착 및 유지관리
16. 안전통로 확보, 기자재의 적치 및 정리정돈
17. 사고조사 및 원인분석, 각종 통계자료 유지
18. 월간 안전관리비 사용실적 확인

⑥ 감리원은 안전에 관한 감리업무를 수행하기 위하여 공사업자에게 다음 각 호의 자료를 기록·유지하도록 하고 이행상태를 점검한다.

1. 안전업무일지(일일보고)
2. 안전점검 실시(별지서식 37 및 안전업무일지에 기록 유지)
3. 안전교육(안전업무일지에 포함 가능)
4. 각종 사고보고
5. 월간 안전통계(무재해, 사고)
6. 안전관리비 사용실적(별지서식 38)

⑦ 감리원은 공사업자가 작성·제출하여 확인한 안전관리계획의 내용에 따라 안전조치 · 점검 등을 이행했는지 여부를 확인하고, 미 이행시 공사업자에게 안전조치 · 점검 등을 선행한 후 시공하게 하여야 한다.

⑧ 감리원은 공사업자가 자체 안전점검을 매일 실시하였는지 여부를 확인하여야 하며, 안전점검 전문기관에 의뢰하여 정기 및 정밀안전점검을 하는 때에는 입회하여 적정한 안전점검이 이루어지는지를 확인하여야 한다.

⑨ 감리원은 정기 및 정밀안전점검 결과를 공사업자로부터 제출받아 검토하여 발주자에게 보고하고, 발주자의 지시에 따라 공사업자에게 필요한 조치를 하여야 한다.

⑩ 감리원은 공사업자의 안전관리책임자 및 안전관리자로 하여금 현장 기술자에게 다음 각 호의 내용과 자료가 포함된 안전교육을 실시하도록 지도·감독하여야 한다.

1. 산업재해에 관한 통계 및 정보
2. 작업자의 자질에 관한 사항
3. 안전관리조직에 관한 사항
4. 안전제도, 기준 및 절차에 관한 사항
5. 작업공정에 관한 사항
6. 「산업안전보건법」 등 관계 법규에 관한 사항
7. 작업환경관리 및 안전작업 방법
8. 현장안전 개선방법
9. 안전관리 기법
10. 이상 발견 및 사고발생시 처리방법
11. 안전점검 지도요령과 사고조사 분석요령

제54조(안전관리결과 보고서의 검토) 감리원은 매 분기마다 공사업자로부터 안전관리 결과보고서를 제출받아 이를 검토하고 미비한 사항이 있을 때에는 시정하도록 조치하여야 하며, 안전관리결과보고서에는 다음 각 호와 같은 서류가 포함되어야 한다.

1. 안전관리 조직표
2. 안전보건 관리체제
3. 재해발생 현황
4. 안전교육 실적표
5. 기타 필요한 서류

제55조(사고처리) 감리원은 현장에서 사고가 발생하였을 경우에는 공사업자에게 즉시 필요한 응급조치를 취하도록 하고, 그에 대한 상세한 경위 및 검토의견서를 첨부하여 지체 없이 발주자에게 보고하여야 한다.(별지서식)

제56조(환경관리) ① 감리원은 공사업자에게 시공으로 인한 재해를 예방하고 자연환경, 생활환경 사회 · 경제 환경을 적정하게 관리·보전함으로써 현재와 장래의 모든 국민이 건강하고 쾌적한 환경에서 생활할 수 있도록 「환경영향평가법」에 따른 환경영향평가 내용과 이에 대한 협의내용을 충실히 이행하도록 하여야 하고, 다음과 같이 조직을 편성하여 그 의무를 수행하도록 지도·감독하여야 한다.(별지서식)

② 필요할 경우 국제표준화기구의 환경경영요건(ISO 14001) 등을 참조할 수 있다.

③ 감리원은 공사업자에게 환경관리책임자를 지정하게 하여 환경관리계획과 대책 등을 수립하게 하여야 하며, 예산의 조치와 환경관리자, 환경담당자를 임명하도록 하여 그들에게 환경관리업무를 책임지고 추진하게 하여야 한다.

④ 감리원은 공사업자에게 「환경영향평가법」에 따른 협의내용과 관리책임자 지정서를 제출받아 검토한 후 발주자에게 보고하여야 한다.

⑤ 감리원은 해당 공사에 대한 환경영향평가보고서 및 협의내용을 근거로 환경관리계획서가 수립되었는지 검토 · 확인하여야 한다.

1. 공사업자의 환경관리 조직편성 및 임무의 법적 구비조건 충족 및 실질적인 활동 가능성 검토
2. 환경영향평가 협의 내용에 대한 관리계획의 실효성 검토
3. 환경영향 저감대책 및 공사 중, 공사 후 현장관리계획서의 적정성 검토
4. 환경관리자의 업무수행 능력 및 권한 여부 검토
5. 환경전문가 자문사항에 대한 검토
6. 환경관리 예산편성 및 집행계획의 적정성 검토

⑥ 감리원은 사후 환경관리 계획에 따른 공사현장에 적합한 관리가 되도록 다음 각 호의 내용과 같이 감리하여야 한다.

1. 공사업자에게 환경영향평가서 내용을 검토하게 하여 현장실정에 적합한 저감대책을 수립하도록 하고, 시공단계별 관리계획서를 수립, 관리하도록 지시
2. 공사업자에게 환경관리계획서를 숙지하게 하여 검사할 때에는 지적사항이 없도록 철저히 이행하도록 하여야 하며, 특히 중점관리대상지역을 선정하여 관리하도록 지시
3. 공사업자에게 항목별 시공 전·후 사진촬영 및 위치도를 작성하여 협의내용 관리대장에 기록하도록 하고 감리원의 확인을 받도록 지시
4. 공사업자에게 환경관리에 대한 일일점검 및 평가를 실시하고(문제점 토의 및 시정) 점검사항에 대하여는 매주 정리하여 환경영향 조사결과서에 기록하여 감리원의 확인을 받도록 지시
5. 공사업자에게 공종별 시공이 완료된 때에는 환경영향평가 협의내용 이행상태 및 기타 환경관리 이행현황을 사후환경영향조사결과보고서에 기록하여 감리원의 확인을 받은 후 다음 단계의 공사를 추진하도록 지시

6. 공사업자에게 관할 지방행정관청의 환경관리 상태를 점검 받을 때에는 감리원과 함께 수검하도록 지시

⑦ 감리원은 「환경영향평가법」에 따라 협의내용 이행의무 및 협의내용을 기재한 관리대장을 비치하도록 하고, 감리원은 기록사항이 사실대로 작성 이행되는지를 점검하여야 한다.

⑧ 감리원은 「환경영향평가법」에 따른 환경영향 조사결과(별지서식 41)를 조사기간이 만료된 날부터 30일 이내(다만, 조사기간이 1년 이상인 경우에는 매 연도별 조사결과를 다음 해 1월 31일까지 통보 하여야 함)에 지방환경청장 및 승인기관의 장에게 통보할 수 있도록 하여야 한다.

제4부 설계변경 및 계약금액의 조정 관련 감리업무

제57조(설계변경 및 계약금액 조정) ① 감리원은 설계변경 및 계약금액의 조정업무 감리업무를 수행하여야 한다.

② 경미한 현장설계변경의 경우(FCN : Field Change Notice) : 감리원은 시공과정에서 당초 설계의 기본적인 사항인 정보통신설비의 기술규격과 공법 등의 변경 없이 현지 여건에 따른 위치변경과 연장 증감 등으로 인한 수량증감이나 단순 시설물의 추가 또는 삭제 등의 경미한 설계변경 사항이 발생한 경우에는 설계변경도면, 수량증감 및 증감공사 내역을 공사업자로부터 제출받아 검토·확인하고 우선 변경 시공하도록 지시할 수 있으며, 설계변경 대장(별지서식 33)에 기록하고 사후에 발주자에게 서면으로 보고하여야 한다. 이 경우 경미한 설계변경의 구체적 범위는 발주자가 정한다.

③ 발주자 지시에 의한 설계변경의 경우(DCN : Design Change Notice) : 외부적 사업 환경의 변동, 사업추진 기본계획의 조정, 민원에 따른 노선변경, 공법변경, 그 밖의 시설물 추가 등으로 설계변경이 필요한 경우 발주자는 다음 각 호의 서류를 첨부하여 반드시 서면으로 책임감리원에게 설계변경을 하도록 지시하여야 한다. 다만, 발주자가 설계변경 도서를 작성할 수 없을 경우에는 설계변경개요서만 첨부하여 설계변경 지시를 할 수 있다.

1. 설계변경 개요서
2. 설계변경 도면, 시방서, 계산서, 공사비 증감 내역서 등
3. 수량산출 조서
4. 기타 필요한 서류

④ 제3항의 지시를 받은 책임감리원은 지체 없이 공사업자에게 그 내용을 통보하여야 하고 별지서식(34)에 기록을 유지하여야 한다.

⑤ 공사업자는 설계변경 지시내용의 이행가능 여부를 당시의 공정, 자재수급 상황 등을 검토하여 확정하고, 만약 이행이 불가능하다고 판단될 경우에는 그 사유와 근거자료를 첨부하여 책임감리원에게 보고하여야 하고, 책임감리원은 그 내용을 검토·확인하여 지체 없이 발주자에게 보고하여야 한다. 이 경우 설계변경 도서작성에 소요되는 비용은 원칙적으로 발주자가 부담하여야 한다.

⑥ 감리원은 발주자의 방침에 따라 공사업자로부터 제3항에 따른 설계변경 관련 서류를 받아 그 타당성에 관한 자료를 용역업자 명의로 발주자에게 제출하여야 한다. 이때 기술지원감리원은 현지여건 등을 확인하여 책임감리원에게 기술검토서를 작성 제출할 수 있다.

⑦ 공사업자 제안에 의한 설계변경의 경우(FCR : Field Change Request) : 공사업자가 현지 여건과 설계도서가 부합되지 않거나 공사비의 절감 및 공사의 품질향상을 위한 개선사항 등 설계변경이 필요하다고 판단하는 경우에는 설계변경사유서, 설계변경도면, 개략적인 수량증감내역 및 공사비 증감내역 등의 서류를 첨부하여 제출하고, 감리원은 이를 검토·확인하되 필요시 기술검토 의견서를 첨부하여 발주자에게 실정을 보고하여 발주자의 방

침을 받은 후 시공하도록 조치하여야 한다. 이 경우 감리원은 공사업자로부터 현장실정보고를 접수한 후 기술검토 등을 요하지 않는 단순한 사항은 7일 이내, 그 외의 사항은 14일 이내에 검토 처리 하여야 하며, 만일 기일 내 처리가 곤란하거나 기술적 검토가 미비한 경우에는 그 사유와 처리계획을 발주자에게 보고하고 공사업자에게도 통보하여야 하며, 별지서식(34)에 기록을 유지해야 한다.

⑧ 공사업자는 기초공사 또는 주공정에 중대한 영향을 미치는 설계변경으로 방침확정이 긴급히 요구되는 사항이 발생하는 경우에는 제7항의 절차에 따르지 아니하고 책임감리원에게 긴급현장 실정보고를 할 수 있으며, 책임감리원은 발주자에게 지체 없이 유선 또는 FAX 등으로 보고하여야 한다.

⑨ 발주자는 제7항 및 제8항에 따라 설계변경 방침결정 요구를 받은 경우에는 설계변경에 대한 기술검토를 위하여 소속직원으로 기술검토팀(T/F팀)을 구성(필요시 민간전문가 구성)운영 할 수 있으며, 이 경우 단순사항은 7일 이내, 그 이외의 사항은 14일 이내에 방침을 확정하여 책임감리원에게 통보하여야 한다. 다만 해당 기일내에 처리가 곤란하여 방침결정이 지연될 경우에는 그 사유를 명시하여 통보하여야 한다.

⑩ 발주자는 설계변경 원인이 설계자의 하자라고 판단되는 경우에는 설계자에게 설계변경을 지시할 수 있다.

⑪ 감리원은 설계변경 등으로 인한 계약금액의 조정을 위한 각종서류를 공사업자로부터 제출받아 검토·확인한 후 용역업자에게 보고하여야 하며, 대표자는 소속 기술지원감리원으로 하여금 검토·확인하게 하고 대표자 명의로 발주자에게 제출하여야 한다. 이때 변경설계도서의 설계자는 책임감리원, 심사자는 기술지원감리원이 날인하여야 한다. 다만, 대규모 통합감리의 경우, 설계자는 실제 설계담당 감리원과 책임감리원이 연명으로 날인하고 변경설계도서의 표지양식은 사전에 발주자와 협의하여 정한다.

⑫ 감리원은 설계변경 등으로 인한 계약금액 조정 업무처리를 지체함으로써 공사업자가 지급기자재 수급 및 기성부분을 인정받지 못하여 공사추진에 지장을 초래하지 않도록 적기에 계약변경이 이루어질 수 있도록 조치하여야 한다. 최종 계약금액의 조정은 예비 준공검사기간 등을 고려하여 늦어도 준공예정일 75일 전까지 발주자에게 제출되어야 한다.

⑬ 변경 부분에 대한 설계감리 : 감리원은 위 설계변경 업무의 범위, 기술적 특성 및 규모 등으로 인하여 해당부분에 대한 설계감리가 필요한 경우에는 다음 사항을 중점 관리해야 한다.

1. 관련 법령, 기술기준, 설계기준에의 적합성
2. 사용 기자재의 적정성
3. 시공성, 유지 보수성, 안전성
4. 공사소요기간, 공사비 적정성

제58조(설계변경 계약 전 기성고 및 지급기자재의 지급) ① 감리원은 발주자의 방침을 지시 받았거나, 승인을 받은 설계변경 사항의 기성고는 해당 공사의 변경계약을 체결하기 전이라도 당초 계약된 수량과 공사비 범위에서 설계변경 승인사항의 공사 기성부분에 대하여 확인하고 기성고를 사정하여야 한다. 발주자는 감리원이 확인하고 사정한 동 기성부분에 대하여 기성금을 지불하여야 한다.

② 감리원은 제1항의 설계변경 승인사항에 따라 발주자가 공급하는 지급기자재에 대하여 공사업자의 요청이 있을 경우에는 변경계약 체결 전이라도 공사추진 상 필요할 경우에는 변경된 소요량을 확인한 후 발주자에게 지급을 요청할 수 있으며 동 요청을 받은 발주자는 공사추진에 지장이 없도록 조치하여야 한다.

제59조(물가변동으로 인한 계약금액의 조정) ① 감리원은 공사업자로부터 물가변동에 따른 계약금액 조정요청을 받은 경우에는 다음 각 호의 서류를 작성·제출하도록 하고 공사업자는 이에 응하여야 한다.

1. 물가변동조정 요청서
2. 계약금액조정 요청서
3. 품목조정률 또는 지수조정률의 산출근거
4. 계약금액 조정 산출근거
5. 기타 설계변경에 필요한 서류

② 감리원은 제출된 서류를 검토·확인하여 조정요청을 받은 날부터 14일 이내에 검토의견을 첨부하여 발주자에게 보고하여야 한다.

제5부 기성 및 준공검사 관련 감리업무

제60조(기성 및 준공검사자의 임명) ① 감리원은 공사업자로부터 기성부분검사원 또는 준공검사원을 접수하였을 때에는 신속히 검토·확인하고, 기성부분 감리조서와 다음 각 호의 서류를 첨부하여 지체 없이 용역업자에게 제출하여야 한다.

1. 주요기자재 검수 및 수불부
2. 감리원의 검사기록 서류 및 시공 당시의 사진
3. 품질시험 및 검사성과 총괄표
4. 발생품 정리부
5. 기타 감리원이 필요하다고 인정하는 서류와 준공검사원에는 지급기자재 잉여분 조치현황과 공사의 사전검사 확인서류, 안전관리점검 총괄표 추가 첨부

② 용역업자는 기성부분검사원 또는 준공검사원을 접수하였을 때에는 3일 이내에 기술지원감리원을 임명하여 검사하도록 하며, 이 사실을 즉시 검사자로 임명된 자에게 통보하고, 발주자에게 보고하여야 한다. 다만, 「국가를 당사자로 하는 계약에 관한 법률 시행령」 제55조제7항 본문에 따른 약식 기성검사 시에는 책임감리원을 검사자로 임명하여 검사하도록 한다.

③ 용역업자는 기성부분검사 또는 장기계속공사의 연차별 예비준공검사를 함에 있어 현장이 원거리 또는 벽지에 위치하고, 책임감리원으로도 검사가 가능하다고 인정되는 경우에는 발주자와 협의하여 책임감리원을 검사자로 임명할 수 있다.

④ 용역업자는 부득이한 사유로 소속 직원이 검사를 할 수 없다고 인정할 때에는 발주자와 협의하여 소속 직원 이외의 자 또는 전문검사기관에게 그 검사를 하게 할 수 있다. 이 경우 검사결과는 서면으로 작성하여야 한다.

⑤ 용역업자는 각종설비, 복합공사 등 특수공종이 포함된 공사의 준공검사를 할 때 필요한 경우에는 발주자와 협의하여 전문기술자를 포함한 합동 준공검사반을 구성할 수 있다.

⑥ 발주자는 필요한 경우에는 소속 직원에게 기성검사 과정에 입회하도록 하고, 준공검사 과정에는 소속 직원을 입회시켜 준공검사자가 계약서, 시방서, 설계도서 등 관계 서류에 따라 준공검사를 실시하는지 여부를 확인하여야 하며, 필요시 완공된 시설물 인수기관 또는 유지관리기관의 직원에게 검사에 입회·확인할 수 있도록 조치하여야 한다.

⑦ 발주자는 제6항에 따른 준공검사에 입회할 경우에 해당 공사가 복합공종인 경우 공종별로 팀을 구성하여 공동 입회하도록 할 수 있으며, 준공검사 실시여부를 확인하여야 한다.

⑧ 용역업자는 외부전문가에 의한 검사가 필요한 부분에 대하여는 검사 전에 검사에 필요한 전문기술자가 참여하여 필수적인 검사 공종, 검사를 위한 시험장비 등 체계적으로 작성한 검사 계획서를 발주자에게 제출하여 승인을 받고, 승인을 받은 계획서에 따라 다음과 같은 검사절차에 따라 검사를 실시하여야 한다.

제61조(검사기간) ① 기성 또는 준공검사자(이하 "검사자"라 한다.) 는 계약에 소정 기일이 명시되지 않는 한 임명통지를 받은 날부터 8일 이내에 해당 공사의 검사를 완료하고 검사

조서를 작성하여 검사 완료일부터 3일 이내에 검사결과를 소속 용역업자에게 보고하여야 하며, 용역업자는 신속히 검토 후 발주자에게 지체 없이 통보하여야 한다.

② 검사자는 검사조서에 검사사진을 첨부하여야 한다.

③ 용역업자는 천재지변 등 불가항력으로 인해 제1항에서 정한 기간을 준수할 수 없을 때에는 검사에 필요한 최소한의 범위에서 검사기간을 연장할 수 있으며, 이를 발주자에게 통보하여야 한다.

④ 불합격 공사에 대한 보완, 재시공 완료 후 재검사 요청에 대한 검사기간은 공사업자로부터 그 시정을 완료한 사실을 통보받은 날부터 제1항의 기간을 계산한다.

제62조(기성 및 준공검사) ① 검사자는 당해 공사의 검사 시에 상주감리원 및 공사업자 또는 정보통신기술자 등을 입회하게 하여 계약서, 시방서, 설계도면, 그 밖의 관계 서류에 따라 다음 각 호의 사항을 검사하여야 한다. 다만, 「국가를 당사자로 하는 계약에 관한 법률 시행령」 제55조제7항 본문에 따른 약식 기성검사의 경우에는 책임감리원의 감리조서와 기성부분 내역서에 대한 확인으로 갈음할 수 있다.(별지서식)

1. 기성검사
   가. 기성부분 내역이 설계도서대로 시공되었는지 여부
   나. 사용된 가자재의 규격 및 품질에 대한 실험의 실시여부
   다. 시험기구의 비치와 그 활용도의 판단
   라. 지급기자재의 수불 실태
   마. 주요 시공과정을 촬영한 사진의 확인
   바. 감리원의 기성검사원에 대한 사전검토 의견서
   사. 품질시험·검사성과 총괄표 내용
   아. 기타 검사자가 필요하다고 인정하는 사항
2. 준공검사
   가. 완공된 시설물이 설계도서대로 시공되었는지의 여부
   나. 시공시 현장 상주감리원이 작성 비치한 제 기록에 대한 검토
   다. 폐품 또는 발생물의 유무 및 처리의 적정여부
   라. 지급기자재의 사용적부와 잉여자재의 유무 및 그 처리의 적정여부
   마. 제반 가설시설물의 제거와 원상복구 정리 상황
   바. 감리원의 준공검사원에 대한 검토의견서
   사. 기타 검사자가 필요하다고 인정하는 사항

② 검사자는 시공된 부분이 수중 또는 지하에 매몰되어 사후검사가 곤란한 부분과 주요 시설물에 중대한 영향을 주거나 대량의 파손 및 재시공 행위를 요하는 검사는 검사조서와 사전검사 등을 근거로 하여 검사를 시행할 수 있다.

제63조(불합격 공사에 대한 재시공 명령) 검사자는 검사에 합격되지 아니한 부분이 있을 때에는 용역업자에게 지체 없이 그 내용을 보고하고, 용역업자의 지시에 따라 책임감리원은 즉시 공사업자에게 보완시공 또는 재시공을 하게한 후 공사가 완료되면 다시 검사 절차에 따라 검사원을 제출하도록 하여야 하며, 용역업자는 해당 공사의 검사자에게 재검사를 하게 하여야 한다.

제64조(준공검사 등의 절차) ① 감리원은 당해 공사 완료 후 준공검사 전에 사전 시운전 등이 필요한 부분에 대하여는 공사업자에게 다음 각 호의 사항이 포함된 시운전을 위한 계획을 수립하여 시운전 30일 이내에 제출하도록 하고, 이를 검토하여 발주자에게 제출하여야 한다.

1. 시운전 일정
2. 시운전 항목 및 종류
3. 시운전 절차

4. 시험장비 확보 및 보정
5. 기계 · 기구 사용계획
6. 운전요원 및 검사요원 선임계획

② 감리원은 공사업자로부터 시운전 계획서를 제출받아 검토, 확정하여 시운전 20일 이내에 발주자 및 공사업자에게 통보하여야 한다.

③ 감리원은 공사업자에게 다음 각 호와 같이 시운전 절차를 준비하도록 하여야 하며 시운전 에 입회하여야 한다.

1. 기기점검
2. 예비운전
3. 시운전
4. 성능보장운전
5. 검수
6. 운전인도

④ 감리원은 시운전 완료 후에 다음 각 호의 성과품을 공사업자로부터 제출받아 검토 후 발주자에게 인계하여야 한다.

1. 운전개시, 가동절차 및 방법
2. 점검항목 점검표
3. 운전지침
4. 기기류 단독 시운전 방법 검토 및 계획서
5. 성능시험 성적서(성능시험 보고서)

제65조(예비준공검사) ① 공사현장에 주요공사가 완료되고 현장이 정리단계에 있을 때에는 공사업자로 하여금 준공예정일 2개월 전에 예비준공검사원을 제출토록 하고 이를 검토하여 발주자에게 제출하여야 한다. 다만, 단순 소규모 공사인 경우에는 발주자와 협의하여 생략할 수 있다.

② 발주자는 감리원으로부터 예비준공검사 요청이 있을 때에는 소속직원 중 검사자를 임명하 여 검사토록 하여야 하며, 필요한 경우 시설물유지관리기관의 직원 또는 기술지원감리원을 입회하도록 하여야 한다

③ 예비준공검사는 감리원이 확인한 정산설계도서 등에 따라 검사하여야 하며, 그 검사내용은 준공검사에 준하여 철저히 시행되어야 한다.

④ 감리원은 예비준공검사를 실시하는 경우에는 공사업자가 제출한 품질시험·검사총괄표의 내용을 검토한 후 검토서를 첨부하여 발주자에게 제출하야 한다.

⑤ 예비준공 검사자는 검사를 행한 후 보완사항에 대하여는 공사업자에게 보완을 지시하고 준공검사자가 검사 시 확인할 수 있도록 용역업자에게 검사결과를 통보하여야 하며 공사업자는 예비준공검사의 지적사항 등을 완전히 보완하고 책임감리원의 확인을 받은 후 준공검사원을 제출하여야 한다.

제66조(공사감리 결과보고서의 제출) ① 용역업자는 법 제11조 및 영 제14조, 제35조 및 「정보통신공사업법시행에관한규정」 제3조에 따라 다음 각 호의 서식을 포함한 '정보통신공사 감리결과 보고서'를 공사완료 7일 이내에 발주자에게 제출하여야 한다.

1. 감리결과보고서(별지서식)
2. 시공상태의 평가결과서(별지서식)
3. 사용자재의 규격 및 적합성 평가결과서(별지서식)
4. 정보통신기술자 배치의 적정성 평가결과서(별지서식)

② 감리원은 별지 서식인 '정보통신공사 감리결과 보고서'의 제출 서류 목록을 확인하고 검사대상 공종의 '시공상태 평가결과서'를 빠짐없이 기록하여 용역업자에게 제출하여야 한다.

제67조(준공도면 등의 검토·확인) ① 감리원은 준공 설계도서 등을 검토·확인하고 완공된 목적물이 발주자에게 차질 없이 인계될 수 있도록 지도·감독하여야 한다. 감리원은 공사업자로부터 가능한 한 준공예정일 2개월 전까지 준공 설계도서를 제출받아 검토·확인하여야 한다.

② 감리원은 공사업자가 작성·제출한 준공도면이 실제 시공된 대로 작성되었는지 여부를 검토·확인하여 발주자에게 제출하여야 한다. 준공도면은 계약서에 정한 방법으로 작성되어야 하며, 모든 준공도면에는 감리원의 확인·서명이 있어야 한다.

제68조(공사현장의 사후관리) 검사자는 공사의 시행으로 인하여 발생한 모든 폐기물, 잉여자재 및 가건물과 주변지역 훼손 등에 대하여 공사업자로 하여금 지체 없이 제거 또는 반출하게 하거나 공사현장 주위환경의 정리된 상태를 확인한 후 검사에 임하여야 한다.

제6부 시설물의 인계·인수 관련 감리업무

제69조(시설물 인계·인수) ① 감리원은 공사업자에게 해당 공사의 예비준공검사(부분 준공, 발주자의 필요에 따른 기성부분 포함) 완료 후 14일 이내에 다음의 사항이 포함된 시설물의 인계·인수를 위한 계획을 수립하도록 하고 이를 검토하여야 한다.

1. 일반사항(공사개요 등)
2. 운용 및 유지보수 지침서(필요한 경우)
   가. 시설물의 규격 및 기능점검 항목
   나. 기능점검 절차
   다. Test 장비 확보 및 보정
   라. 기자재 운전지침서
   마. 제작도면·절차서 등 관련 자료
3. 시운전 결과 보고서(시운전 실적이 있는 경우)
4. 예비 준공검사결과
5. 특기사항

② 감리원은 공사업자로부터 시설물 인계·인수 계획서를 제출받아 7일 이내에 검토, 확정하여 발주자 및 공사업자에게 통보하여 인계·인수에 차질이 없도록 하여야 한다.

③ 감리원은 발주자와 공사업자 간 시설물 인계·인수의 입회자가 된다.

④ 감리원은 시설물 인계·인수에 대한 발주자 등 이견이 있는 경우, 이에 대한 현상파악 및 필요대책 등의 의견을 제시하여 공사업자가 이를 수행하도록 조치한다.

⑤ 인계·인수서는 준공검사 결과를 포함하는 내용으로 한다.

⑥ 시설물의 인계·인수는 준공검사 시 지적사항에 대한 시정완료일부터 14일 이내에 실시하여야 한다.

제70조(현장문서 인계·인수) ① 감리원은 당해 공사와 관련한 감리기록서류 중 다음 각 호의 서류를 포함하여 발주자에게 인계할 문서의 목록을 발주자와 협의하여 작성하여야 한다.

1. 준공사진첩
2. 준공도면
3. 품질시험 및 검사성과 총괄표
4. 기자재 구매서류
5. 시설물 인계·인수서
6. 기타 발주자가 필요하다고 인정하는 서류

② 용역업자는 발주자와 협의한 현장문서를 감리용역 준공 전 14일 이내에 CD-ROM이나 영구저장매체로 작성하여 발주자에게 인계·인수하여야 하며, 용역업자도 이를 보관하여야 한다.

③ 발주자는 본 수행기준 제21조 제4항에 따라 제출받은 CD-ROM 또는 영구저장매체를 시설물이 존속하는 기간까지 보관하여야 한다.

제71조(유지관리 및 하자보수) ① 감리원은 발주자(설계자) 또는 공사업자(주요설비 납품자) 등이 제출한 시설물의 유지관리지침 자료를 검토하여 다음 각 목의 내용이 포함된 유지관리지침서를 작성, 공사 준공 후 14일 이내에 발주자에게 제출하여야 한다.

1. 시설물의 규격 및 기능설명서
2. 시설물 유지관리 기구에 대한 의견서
3. 시설물유지관리지침
4. 특기사항

② 당해 용역업자는 발주자가 유지관리상 필요하다고 인정하여 기술자문 요청 등이 있을 경우에는 이에 협조하여야 하며, 전문적인 기술 등으로 외부 전문가 의뢰 또는 상당한 노력이 소요되는 경우에는 발주자와 별도로 협의하여 결정한다.

제72조(하자보수에 대한 의견제시 등) ① 용역업자 및 감리원은 공사 준공 후 발주자와 공사업자 간의 시설물의 하자보수 처리에 대한 분쟁 또는 이견이 있는 경우, 감리원으로서의 검토의견을 제시하여야 한다.

② 용역업자 및 감리원은 공사 준공 후 발주자가 필요하다고 인정하여 하자보수 대책수립을 요청할 경우에는 이에 협조하여야 한다.

③ 제1항과 제2항의 업무가 감리기술용역계약에서 정한 감리기간이 지난 후에 수행하여야 할 경우에는 발주자는 별도의 실비를 감리원에게 지급하도록 조치하여야 한다. 다만, 하자 사항이 감리부실에 기인할 경우에는 그러하지 아니하다.

〈정보통신감리원의 공사시행 단계별 업무안내〉

단계	업무종류	세부사항	업무담당			
			발주자	지원업무 담당자	감리원	공사업자
공사 착공	감리계약 체결	PQ기준	주관			
		감리업무수행계획서, 감리원배치계획서	승인	검토	작성	
	용지측량, 기공승락, 지장물 이설확인 용지보상 등의 지원업무를 수행			주관		
	감리업무착수(전반적 사항)		승인	확인	보고	
	업무연락처 등의 보고		승인	확인	보고	
	설계도서 등의 검토	감리원에게 보고				검토, 보고
		발주자에게 보고			검토, 보고	
	설계도서 등의 관리				시행	
	공사표지판 등의 설치				승인	시행
	착공신고서				검토, 보고	작성
	공사관계자 합동회의		주관	주관	설명	
	하도급 관련 사항				검토	요구
	현장사무소, 공사용도로 작업장부지 등의 선정	가설시설물 설치계획표		협의	승인	작성
	현지여건조사				합동조사	합동조사

단계	업무종류	세부사항	업무담당			
			발주자	지원업무 담당자	감리원	공사업자
공사 착공	감리계약 체결	PQ기준	주관			
		감리업무수행계획서, 감리원배치계획서	승인	검토	작성	
	용지측량, 기공승락, 지장물 이설확인 용지보상 등의 지원업무를 수행			주관		
	감리업무착수(전반적 사항)		승인	확인	보고	
	업무연락처 등의 보고		승인	확인	보고	
	설계도서 등의 검토	감리원에게 보고				검토, 보고
		발주자에게 보고			검토, 보고	
	설계도서 등의 관리				시행	
	공사표지판 등의 설치				승인	시행
	착공신고서				검토, 보고	작성
	공사관계자 합동회의		주관	주관	설명	
	하도급 관련 사항				검토	요구
	현장사무소, 공사용도로 작업장부지 등의 선정	가설시설물 설치계획표		협의	승인	작성
	현지여건조사				합동조사	합동조사
공사 시행	일반행정업무	발주자에 대한 정기 및 수시보고사항	접수		보고	
		현장정기교육			지시	주관
		감리원의 의견제시 등	요구		작성, 보고	요구
		민원사항처리 등	요구	요구	작성	
		시공기술자 등의 교체	요구	조사, 검토	보고,	시행
		제3자 손해의 방지			지시	주관
		공사업자에 대한 지시			주관	시행
		수명사항의 처리	지시		보고	시행
		사진촬영 및 보관			보관	주관
	품질관리	품질관리계획	승인		검토 확인	작성
		품질시험계획서			검사 확인	작성
		중점품질관리			입회 확인	시행
		외부기관에 품질시험의뢰	주관		검토 확인	주관
	시공관리	시공계획서			검토 확인	작성
		시공상세도			검토 확인	작성
		금일작업실적 및 명일 작업계획서			검토 확인	작성, 협의

단계	업무종류	세부사항	업무담당			
			발주자	지원업무 담당자	감리원	공사업자
	시공관리	시공확인			확인,	요구
		검사업무			확인	요구
		현장상황 보고	지시		보고	
	공정관리	공정관리계획서			검토, 확인, 보고, 승인	작성
		공사진도 관리			검토, 확인, 지시	작성
		부진공정 만회대책			지시, 검토, 확인, 보고	작성
		수정 공정계획			검토, 승인, 보고	요구, 작성
		준공기한 연기원			검토, 확인, 보고	요구, 작성
		공정현황보고			검토, 확인, 보고	보고
	안전관리	안전관리 조직편성 및 임무			검토	작성
공사 시행	안전관리	안전점검	주관		지도, 감독	시행
		안전교육			지도, 감독	시행
		안전관리 결과보고서			검토, 지시	직성
		사고처리			지시, 보고	조치
	환경관리	환경관리			지도, 감독	시행,
		제보고 사항			보고	작성
설계 변경 및 계약 금액의 조정	설계변경	경미한 설계변경			검토, 확인, 지시, 보고	작성
		발주자의 지시에 따른 설계변경			검토, 확인, 보고	검토, 보고, 작성
		공사업자 제안에 따른 설계변경			검토, 확인, 보고	작성
		계약금액의 조정			검토, 확인 보고	작성
		설계변경전 기성고 및 지급자재의 지급	승인		확인	요구

단계	업무종류	세부사항	업무담당			
			발주자	지원업무 담당자	감리원	공사업자
기성 및 준공 검사 기성 및 준공 검사	검사지침	검사자의 임명			보고	
		불합격 공사에 대한 재시공 명령			지시	시행
	기성부분검사 절차	기성부분 검사원 및 기성 내역서 검토 감리조서의 작성			검토 작성	작성
		기성부분 검사			입회, 검사, 보고	입회
	준공검사 절차	시설물 시운전			검토 보고	주관
		예비 준공검사		입회	검사, 지시, 입회	시행
		준공도면 등의 검토·확인			검토, 확인	제출
		준공표지의 설치			지시, 확인	시행
인수·인계	시설물 인수·인계	시설물 인수·인계 계획 수립			검토, 통보	작성
		시설물 인수·인계	시행		입회, 검토	시행
	준공 후 현장문서 인수·인계	준공도서 등의 인수	협의, 인수		협의, 작성	
	유지관리 및 하자보수	시설물의 유지관리 지침서 등			검토, 보고	제출
		하자보수에 대한 의견제시	요구		의견제시	

2.1 발주기관 감독관의 일상감사 이행

2.1.1 일상감사 근거와 일상감사 이해

공공감사에 관한 법률 제22조, 같은 법 시행령 제13조에 따라 일상감사의 시행하고 있으며 설계변경의 경우도 변경내용에 대한 일상감사를 받아야하기 때문에 정보통신감리원이 이 제도를 이해하면 감리업무에 많은 도움이 된다.

2.1.2 용어의 뜻

① "일상감사"란 주요 업무를 집행하기 전에 그 업무의 적법성 · 타당성 등을 점검 · 심사하는 사전 · 예방적 감사를 말한다.
② "집행부서의 장"이란 일상감사 대상업무를 처리하는 부서 또는 기관의 장을 말한다.

2.1.3 대상 기관

① 광역시, 도 본청, 직속기관 · 사업소, 시의회 사무처
② 시, 구 · 군(국 · 시비 보조사업 및 재배정사업에 대하여 적용한다)
③ 시, 도 출자 · 출연기관, 시, 도 체육회(다만, 「공공감사에 관한 법률」에 따라 자체

감사기구가 설치된 기관은 제외하되, 50% 미만의 출자 · 출연기관은 필요에 의해 심사의뢰를 할 수 있다)

2.1.4 실시주체

일상감사의 실시주체는 「○○광역시, 도 행정기구 설치조례 시행규칙」에 따라 일상감사 업무를 분장받은 감사관이 된다.

2.1.5 대상 업무

일상감사 대상 업무는 주요 정책의 집행업무, 계약업무, 예산관리업무, 그 밖에 시장이 필요하다고 인정하는 업무로서 그 범위는 〈표 2-1〉과 같다.

〈표 2-1〉 ○○광역시 일상감사 규정

<table>
<tr><th>대상 업무</th><th>범 위</th></tr>
<tr><td rowspan="5">1. 주요 정책의 집행업무</td><td>① 신규 투·융자심사 대상 사업</td></tr>
<tr><td>② 민간보조 및 민간위탁사업(각각 연 5억원 이상)</td></tr>
<tr><td>③ 민투법에 의한 민간투자사업</td></tr>
<tr><td>④ 지방공기업, 출자·출연기관 지원사업(신규 1억원 이상)</td></tr>
<tr><td>⑤ 시의 재정적 부담 및 수익과 관련된 각종 협약체결</td></tr>
<tr><td rowspan="3">2. 계약업무</td><td>① 계약심사 대상 사업
<table>
<tr><th rowspan="2">구분</th><th colspan="2">공사</th><th rowspan="2">용역</th><th rowspan="2">물품</th></tr>
<tr><th>종합</th><th>정보통신 전문·기타</th></tr>
<tr><td>추정금액(이상)</td><td>5억원</td><td>2억원</td><td>1억원</td><td>2천만원</td></tr>
</table></td></tr>
<tr><td>② 설계변경
– 계약금액 20억원 이상 공사로서 설계변경 금액(2회 이후 설계변경의 경우 누적금액)이 계약금액의 10% 이상 증가하는 경우
– 설계변경 등으로 최종 추정금액이 일상감사 대상
– 금액을 새로이 초과하게 된 경우</td></tr>
<tr><td>③ 예정가격 5천만원 이상의 부동산 및 1천만원 이상의 물품 매각</td></tr>
<tr><td rowspan="5">3. 예산관리업무</td><td>① 예산의 이·전용(건당 2천만원 이상, 인건비 등 법정경비 제외)</td></tr>
<tr><td>② 예비비 집행</td></tr>
<tr><td>③ 지방(회사)채 발행</td></tr>
<tr><td>④ 업무추진비 집행(건당 3백만원 이상)</td></tr>
<tr><td>⑤ 주거래은행(금고) 선정 및 변경</td></tr>
<tr><td rowspan="3">4. 그 밖의 대상 업무</td><td>① 공무원(내부직원) 50명 이상이 참여하는 워크숍, 연찬회, 세미나</td></tr>
<tr><td>② 20명 이상의 공무 국외여행</td></tr>
<tr><td>③ 기타 시장이 필요하다고 판단하는 사항</td></tr>
</table>

* 제외 : 주요 업무시행계획(10억원), 국·시비 보조사업(10억원), 주요 투자사업방침결정(50억원), 예산이월(5천만원), 집행잔액(3천만원)

2.1.6 일상감사 시기

① 일상감사는 최종 결재권자(전결권자를 포함한다)의 결재 전에 실시하는 것을 원칙으로 한다. 다만 일상감사 실시에 장기간이 소요되는 등 불가피한 경우에는 감사관이 사전에 일상감사 대상 업무의 관련 서류를 제출받아 검토할 수 있다.
② 집행부서의 장은 긴급히 업무를 추진하여야 할 경우에는 감사관과 협의를 거쳐 최종 결재권자의 결재를 받은 후에 일상감사를 받을 수 있다.
③ 감사관은 이미 진행된 업무라도 일상감사 결과 위법 또는 부당한 사항이 드러난 경우에는 해당 집행행위에 대하여 적절한 조치를 요구할 수 있다.

2.1.7 일상감사 의뢰

① 집행부서의 장이 일상감사 대상업무를 추진하려는 때에는 〈제2-1호 서식〉의 일상감사 요청서에 관련 계획서 및 자료를 첨부하여 감사관에게 일상감사를 의뢰하여야 한다.

감사정보	비 고
1. 정보통신감독관이 정보통신장비 구매실시 설계도서를 첨부하여 감사부서에 일상감사를 받고 6개월 이후 구매발주를 하는 과정에 장비의 규격을 신제품으로 구매하기로 결정하였다. 2. 단가와 규격의 변동이 발생하였으며 이미 일상감사를 받았으니 행정 간소화를 하기 위하여 일상감사를 생략하고 구매하여 준공처리 후 감사에서 지적	

② 감사관은 제1항에 따라 제출된 자료의 보완이 필요한 경우에는 그 보완사항과 보완기간을 명시하여 집행부서의 장에게 통지하여야 한다. 이 경우 집행부서의 장은 그 기간 안에 감사관에게 보완자료를 제출하여야 한다.
③ 제3조제3호의 광역시 · 도의 출자 · 출연기관 등이 필요에 따라 일상감사를 의뢰하는 경우, 감사관은 적극 협조하여야 한다.
④ 감사관은 집행부서의 장이 일상감사 대상 업무에 대하여 일상감사를 의뢰하지 않은 경우, 집행부서의 장에게 관련 서류를 첨부하여 일상감사를 의뢰하도록 요구할 수 있다.

2.1.8 일상감사 실시

① 일상감사는 집행부서의 장이 제출한 서류 등에 대하여 서면감사를 실시하는 것을 원칙으로 하되, 필요시 현지 확인 등 실지감사를 병행할 수 있다.

〈제2-1호 서식〉 ㅇㅇ광역시 일상감사 규정

일상감사 요청서					
구 분	[ ] 주요정책 집행업무 [ ] 계약업무 [ ] 예산관리 업무 [ ] 기타 업무			요청부서	
건 명					
예산현황	합계	국비	시비	자부담	기타
예산과목					
집행부서	담당자 성명 : (전화번호)				
개 요					
기대효과					
첨부서류 : 1. 사업(업무)추진계획서 2. 기타 일상감사에 필요한 서류					

210mm×297mm[일반용지60g(재활용품)]

② 감사관이 일상감사를 위하여 필요한 경우에는 관련 자료의 제출 또는 관계자의 출석 · 답변을 요청할 수 있다.

③ 감사관은 일상감사를 할 경우 다음 각 호의 사항을 중점적으로 점검 · 심사하여야 한다.

1) 사업추진의 합법성 및 필요성
2) 사업추진 내용의 타당성(경제성, 효과성, 효율성)
3) 원가계산 및 예정가격 산정의 적정성
4) 계약방법(발주방법) 및 계약절차의 적정성
5) 예산낭비요인 및 집행계획의 타당성
6) 추진과정에서의 예상문제점 등
7) 정부 상위계획 및 유관기관(부서) 등 다른 사업과의 연계성

2.1.9 결과처리

① 감사관은 일상감사를 요청받은 날 또는 일상감사를 의뢰하도록 한 경우 일상감사에 필요한 서류를 제출받은 날부터 7일 이내에 〈제2-2호 서식〉의 일상감사 의견서를 작성하여 집행부서의 장에게 송부하여야 한다. 다만 사안이 복잡하거나 신

중한 처리 등을 위하여 필요한 경우에는 집행부서의 장과 협의를 거쳐 7일 이내의 기간을 정하여 한 차례 연장할 수 있다.

감사정보	비 고
공사와 구매의 일상감사는 단가의 결정 금액이 적정하게 조사하지 않고 단가에 반영하고 있어서 그 원인을 조사해 보면 설계용역업자가 견적서 위주의 단가결정을 많이 하여 감사에서 예산낭비요인으로 많은 지적이 되고 있어, 설계용역 담당감독자의 단가결정 확인 소홀이 없어야 한다.	

② 집행부서의 장은 제1항의 일상감사 의견서를 송부받은 날부터 14일 이내에 적절한 조치를 취하고, 〈제2-3호 서식〉의 일상감사 조치결과 통보서를 감사관에게 제출하여야 한다. 다만 일상감사 결과 적정의견에 대해서는 조치결과 통보를 생략할 수 있다.

③ 감사관은 제2항에 따른 일상감사 조치결과를 검토하여 그 조치가 적정하지 않다고 판단될 경우에는 집행부서의 장에게 그 사유를 통보하고, 시 · 도지사에게 보고 한다.

④ 집행부서의 장은 최종결재권자의 결재를 받을 때 〈제2-2호 서식〉의 일상감사 의견서와 그 조치결과를 첨부하여야 한다.

〈제2-2호 서식〉

일상감사 의견서

발 신 : ㅇㅇ광역시 감사관
수 신 : 집행부서의 장

ㅁ 건 명 :

주요 항목	감사결과 및 의견	비 고

210mm×297mm[일반용지60g(재활용품)]

〈제2-3호 서식〉

일상감사 조치결과 통보서

발신 : 집행부서의 장
수신 : ○○광역시 감사관

□ 건 명 :

주요 항목	감사결과(의견)	조치내용	비 고

210mm×297mm[일반용지60g(재활용품)]

2.1.10 재검토 요청

① 집행부서의 장은 일상감사 의견에 이의가 있는 경우, 의견서를 받은 날부터 7일 이내에 그 사유와 입증자료 등 필요한 서류를 첨부하여 감사관에게 재검토를 요청할 수 있다.

② 감사관은 제1항에 따른 재검토 요청이 있는 날부터 7일 이내에 재검토 요청이 이유 없다고 인정되는 경우에는 기각하고, 이유 있다고 인정되는 경우에는 일상감사 의견을 변경하는 등 필요한 조치를 하여야 한다.

2.1.11 효 력

① 집행부서의 장은 일상감사를 요청한 업무에 대해서는 별지 〈제2호 서식〉의 일상감사의견서를 통보받기 전까지 업무 집행을 할 수 없다.

② 감사관은 일상감사에 따라 확인된 사항에 대하여는 자체감사를 하지 아니할 수 있다.

③ 집행부서의 장은 일상감사를 거쳤다는 사유로 자체감사 등을 거부할 수 없고, 자체감사 등 감사결과 지적된 집행부서의 위법 또는 부당한 사항은 면책되지 아니한다.

2.1.12 일상감사 업무처리 절차

① 요청서 접수	ㅁ 집행부서 → 감사관실(담당자 지정)
↓	
② 요청서류 검토	ㅁ 대상여부 확인, 제출서류 누락여부 확인, 내역 파일 확인 ㅁ 복합공종의 경우 담당별 서류배분 ㅁ 제출서류 누락 시 집행부서에 보완지시
↓	
③ 일상감사 및 계약심사 실시	ㅁ 사업추진의 적법성 및 필요성 검토 ㅁ 사업추진 내용의 타당성(경제성 · 효과성 · 효율성) 검토 ㅁ 사업목적의 명확성 및 사업추진 주체의 적정성 검토 ㅁ 재원조달 및 집행의 적절성 검토 ㅁ 계약방법 및 절차의 적정성 검토 ㅁ 설계내역서 및 공법 등의 적정성 검토 등
↓	
④ 일상감사결과 송부 (계약심사 보완)	ㅁ 감사관실 → 집행부서(7일 이내) ※ 집행부서의 장과 협의하여 1차에 한하여 7일간 연장 가능
↓	☞ [일상감사 재검토요청] 집행부서 → 감사관실(7일 이내) ☞ [일상감사 재검토처리] 감사관실 → 집행부서(7일 이내)
⑤ 일상감사 조치결과 통보 (계약심사 보완결과)	ㅁ 집행부서 → 감사관실(14일 이내)
↓	
⑥ 일상감사 조치결과 검토 및 계약심사 결과작성	ㅁ 일상감사 조치결과 검토 ㅁ 원가계산서, 일위대가서, 단가조사서 등 검토 ㅁ 경비산출서, 자재단가 및 장비가격 등 검토
↓	☞ 조치결과 검토 후 조치가 적정하지 않다고 판단될 경우 집행부서의 장에게 그 사유를 통보하고 기관장에게 보고
⑦ 계약심사결과 통보 및 실적관리	ㅁ 감사관실 → 집행부서, 계약부서, 예산부서 통보(10일 이내) ※ 집행부서의 장과 협의하여 심사기간 조정가능 (보완기간은 제외) ㅁ 감사결과 및 실적 DB 관리
	☞ [재심사요청] 집행부서 → 감사관실 ☞ [재심사통보] 감사관실 → 집행부서(5일이내)

※ 처리기한은 접수당일은 산입하고, 토요일과 공휴일은 제외

※ 일상감사와 계약심사 동시 시행사업에 대한 절차로 사업 특성상 불필요한 절차는 생략이 가능함

[일상감사 및 계약심사 요청 시 구비서류]

1. 일상감사 요청서, 계약심사 요청서, 설계내역서(자동연산 전산 파일)
2. 시방서, 설계도면, 과업내용서, 비목별 기초계산서, 기계경비 산출서
3. 기타 참고자료(방침서, 또는 계획서, 견적서, 기술심사조건 등 보조자료)

2.1.13 사후관리

① 감사관은 일상감사 요청사항의 처리 및 결과 등을 일상감사 처리대장에 기재하고 사후 관리를 철저히 하여야 한다.

② 감사관은 일상감사 의견에 대한 조치결과를 확인하기 위하여 사업현장 또는 집행부서를 방문하여 점검할 수 있으며, 점검결과 위법 또는 부당한 사항이 드러난 경우에는 적절할 조치를 요구할 수 있다.

2.1.14 일상감사 단계별 주요 검토사항

1. 요청서 접수

항 목	검토내용	비 고
요청서 접수 및 담당자 지정	일상감사 및 계약심사 요청서를 접수 후 처리할 담당자를 지정	

2. 요청서류 검토

항 목	검토내용	비 고
대상사업 여부 확인	• 일상감사 및 계약심사 대상사업 여부 확인 – 공사금액 : 종합공사(추정금액 5억원 이상), 전문공사(정보통신) 등 (추정금액 2억원 이상) • 일상감사 및 계약심사요청서 확인	
제출서류 확인	• 설계도서(CD 또는 전자문서 파일 포함) 등 심사에 필요한 서류 누락 여부 – 시방서, 설계도면, 내역서, 일위대가서, 단가조사서, 수량산출서, 계산서, 단가산출서, 신기술·신공법인 경우 관련 자료 등 – 복합공사(토목, 건축, 조경, 설비, 전기, 통신 등)인 경우 분야별 담당자 배부수량 확인	누락 시 보완요구
내역파일 확인	• 내역서, 단가조사서, 일위대가서, 원가계산서의 연계 공종간 링크(연동체계) 여부	미연동 시 보완요구
기 타	• 당해 공사에 특별히 필요한 서류 등	
서류배분	• 복합공정인 경우 분야별 담당자에게 심사요청 서류 배분 및 접수문서 공람 – 복합공정이 포함된 공사의 토목, 건축, 기계, 전기, 통신분야에 대하여 해당 담당자에게 배분 – 부대공사 금액이 소액인 경우 분야별 담당자의 검토만 받아 주관 담당자가 처리	

3. 일상감사 및 계약심사 실시

1) 적법성 및 타당성 검토 등

항 목	검토내용	비 고
적법성 검토	• 사업의 합법성 및 필요성 확인 – 사업관련 법령 및 통신설계기준에 적법여부 검토 • 계약방법 및 절차의 적정성 검토 – 지명입찰, 수의계약의 경우 해당 계약방법의 사유에 해당되는지 여부 확인	
타당성 검토	• 사업추진 내용의 경제성, 효과성, 효율성 검토 • 사업목적의 명확성 검토 • 사업추진 주체의 적정성 검토 • 재원조달 및 집행의 적절성 검토 • 예산의 목적 외 사용 여부 검토 • 타 사업과 연계성 검토	
적용공법 검토	• 설계에 적용된 공법의 적정성 검토 • 신기술 및 신공법의 적용 가능성 검토 – 신기술 신공법에 대한 관련 자료 – 시공성, 경제성 등 검토 자료 • 적용 공법에 타당성 판단, 작업현장의 조건 등	
기 타	당해 공사와 관련 특별히 검토할 사항 등	

2) 내역서 검토

항 목	검토내용	비 고
내역서의 수량확인	• 수량산출서의 수량과 일치하는지 여부 • 수량 단위 오류적용으로 과다계상 여부 • 각종 계산서의 자재규격과 일치하는지 여부	
노임할증 과다여부	일위대가 없이 내역서에 노무비를 포함한 단가를 적용한 경우, 자재할증 물량으로 수량을 산정하여 노무비도 할증되는 결과가 발생되었는지 여부	
공통 가설공사 등	경비항목으로 분류할 공통가설공사를 재료비+노무비+기계경비로 구분하여 순공사비로 산정 여부	
중복공종 포함	원가계산 경비항목에 환경보전비를 산정하고, 내역서의 직접공사비에도 환경오염방지시설 등을 포함하여 이중 계상되었는지 여부	
공사 진행상 필수적이지 않은 공종 포함	요청된 공사의 특성상 실제 시공시 필요치 않은 공종이 포함되었는지 여부	
	공사와 별개로 구매하여 설치할 수 있는 품목을 직접 공사비에 포함하였는지 여부	
작업분류의 적합성	• 주간작업으로 가능한 공종을 야간작업으로 구분하여 야간할증을 포함하여 산정하였는지 여부 • 지세별 할증의 적정성 여부 등	

항 목	검토내용	비 고
단가적용 오류 확인	• 시공도(현장설치도)로 조사된 단가에 추가로 노무비 지급 등 이중 계상되었는지 여부 • 내역서상 자재물량을 산정하고, 일위대가서에도 포함계상하였는지 여부	
작업 부산물	고재처리 해당 금액을 직접공사비에서 감액처리하였는지 여부	
기 타	당해 공사와 관련 특별히 검토할 사항 등	

4. 일상감사 결과(계약심사 보완) 송부

항 목	검토내용	비 고
일상감사 의견서 및 보완사항 작성	일상감사를 요청받은 날로부터 7일 이내 일상감사 의견서 및 계약심사 보완사항을 작성하여 집행부서의 장에게 송부	
기 타	당해 공사와 관련 특별히 검토할 사항 등	

5. 일상감사 조치결과(계약심사 보완결과) 통보

항 목	검토내용	비 고
조치결과 제출	집행부서의 장은 일상감사 의견 및 계약심사 보완사항에 대하여 적절한 조치를 취하고, 14일 이내에 조치결과 제출	
기 타	당해 공사와 관련 특별히 검토할 사항 등	

6. 일상감사 조치결과 검토 및 계약심사결과 작성

1) 일상감사 조치사항 검토

항 목	검토내용	비 고
일상감사 조치결과 검토	집행부서 조치결과 통보서 검토하여 그 조치가 적정한지 여부를 판단	
기 타	당해 공사와 관련 특별히 검토할 사항 등	

2) 원가계산서 검토

항 목	검토내용	비 고
원가계산 작성방식	공사금액에 따른 예정가격 작성방식 적정 여부(원가계산 또는 실적공사비에 의한 예정가격 작성방식) • 참고기준 – 시장방침 : 추정가격 100억원 이상(실적공사비 적용) – 지방자치단체 원가계산 및 예정가격 작성요령(행정부예규 제374호 2011. 9.14)	

항 목	검토내용	비 고
각종 제경비 요율	실적공사비에 의한 원가계산의 경우 제경비 산출식 적정 여부 • 참고자료 : 정부 발표(○○장관)	
	4대 보험료 및 각종 경비요율에 대하여 심사당시에 고시된 요율을 정확하게 적용하였는지 여부 • 참고기준 – 산업재해보상보험료율(노동부 고시) – 4대 보험의 보험료 적용기준(정부 고시) – 조달청 원가계산 제비율	
각종 제경비 요율	안전관리비 계산 시 관급자재비의 부가세 및 조달수수료 제외 여부 • 참고기준 : 건설산업안전보건관리비 계상 및 사용기준(노동부 고시)	
	안전관리비 계산 시 산정하는 총 공사에 대하여 1회만 적용하지 않고, 분야별 공사(건축, 토목, 조경 등)에 포함하여 중복산정 되었는지 여부	
부가가치세	조세제한 특례법에 의한 부가세의 영세율 적용여부	
기 타	당해공사와 관련 특별히 검토할 사항 등	

3) 일위대가서 검토

항 목	검토내용	비 고
실적공사비 적용	실적공사비 우선 반영 여부 확인(추정가격 100억원 이상)	
표준품셈 적용	재료 및 노무량 적용내용 확인	
	품셈의 단서조항 미숙지로 인한 이중계상 항목 포함 또는 손율적용 오류 여부	
	• 품셈의 공량산출(설비) 및 재료할증 적용 오류 • 노임 및 품의 할증은 적정적용 여부	
	야간공사의 제한적 적용 여부	
표준품셈에 없는 공종	품셈에 명확한 규정이 없는 경우 질의회신 내용반영 여부	
실시공 과정 미반영	실제 작업상황을 고려하지 않고 품셈을 적용함에 따른 과다계상 여부	
일위대가 적용에 일관성 유지	동일한 공종의 일위대가에 대하여 독립된 단가와 타 일위대가에 포함된 단가를 상이하게 적용하였는지 여부	
설계도서간 불일치	시방서, 도면, 내역서, 일위대가, 단가조사서간 일치되지 않은 사항이 있는지 여부	
기 타	당해 공사와 관련 특별히 검토할 사항 등	

4) 단가조사서 검토

항 목	검토내용	비 고
적정단가 적용여부	노임단가, 기계경비(환율, 재료비) 등에 대하여 심사당시 발표되어 있는 단가로 적용하였는지 여부	
	조달청 가격정보 단가를 적용하였는지 여부 • 자재단가는 가격정보 단가를 우선 적용	
적정단가 적용여부	• 가격정보에 없는 품목에 대하여 2개 이상의 시중물가조사지(물가자료, 물가정보, 거래가격, 유통물가 등) 단가를 조사 비교하여 저렴한 단가 적용 • 시중 물가조사지 단가가 가격정보단가보다 저렴할 경우 물가조사지 단가 적용	
	고재처리 등 공사금액을 공제하는 품목에 대하여는 비교단가 중 높은 단가를 적용하였는지 여부	
견적서 내용확인	2개 이상 업체의 견적을 받아 비교하였는지 여부	
	견적서 내 자재비 및 노무비단가가 적정한 지 여부	
	단가적용 시 부가세를 제외하였는지 여부	
단가조사의 정확성	시방서 및 도면에 정해진 자재단가 조사 여부	
조립생산 자재	제작을 수반한 견적은 도면을 바탕으로 자재내역 등이 상세하게 조사되었는지 여부	설비공사
	제조 노임, 수입자재 수입물품 원가계산 적용 여부	설비공사
기 타	당해 공사와 관련 특별히 검토할 사항 등	

5) 통신토목공사의 기계경비 산출서 검토

항 목	검토내용	비 고
소요장비 적정성	소요장비 적정성 • 공사규모의 적정한 장비선정 여부 • 공종별 시공에 적합한 장비선정 여부 • 신형 장비적용의 적정성 여부	
단가 적용여부	• 중기가격을 적정하게 적용하였는지 여부 • 기계 손료 적용이 적정한지 여부 • 재료비(경유, 휘발유) 및 노임단가를 적정하게 적용하였는지 여부	
기 타	당해 공사와 관련 특별히 검토할 사항 등	

6) 자재단가 및 장비가격 검토

항 목	검토내용	비 고
조달 구매단가	조달청 단가계약 품목 • 조달청 나라장터 활용 • 시중 물품단가와 비교 확인 • 대량 사용품목인 경우 조달가격 또는 관급구매 전환가능 확인	
시중 자재단가	시중 물가자료 활용 • 가격정보, 유통물가, 거래가격 등	
시중 자재단가	3개 이상의 물가자료를 확인 비교 견적 • 공사시방서에서 요구하는 성능, 규격의 적정 확인 • 부가가치세 포함 여부 확인 • 물품 인도조건 확인(상차도, 도착도 등) • 대량 사용 자재인 경우 별도 견적처리	
견적단가	견적단가 확인 • 제작 구매 및 특수 규격의 자재인 경우 견적단가 활용 • 2개 이상의 업체 견적서 징구가격 비교 • 인도조건 확인(운송비, 부가가치세 등)	

장비가격	장비가격 확인
	• 장비단가 확인
	  – 국내생산 또는 수입장비 확인
	  – 수입장비는 환율 적용 장비가격 환산
	• 국내 미등록 장비
	  – 수입면장을 확인 장비가격 결정
	  – 장비적용 손료 결정	

기 타	당해 공사와 관련 특별히 검토할 사항 등	

7. 계약심사 결과통보 및 실적관리

항 목	검토내용	비 고

계약심사
결과통보
	• 계약심사 주요 심사내용 및 심사결과요약서 작성
	• 감사관실 → 집행부서, 계약부서, 예산부서 통보
	  – 집행부서 : 일상감사 및 계약심사 결과에 따라 사업추진
	  – 계약부서 : 집행부서 계약의뢰내용과 통보받은 계약심사 결과확인 후 입찰 및 계약
	  – 예산부서 : 일상감사 및 계약심사를 통하여 절감된재원관리 및 재투자	

실적관리 등	• 일상감사 관리대장 관리 • 계약심사처리대장 정리관리 • 일상감사 및 계약심사 관련 서류 보관 등	

감사정보	비 고
• 구매한 정보통신장비는 특정 제품을 설계에 반영하여 구매를 하고 타 제품보다도 더 가격이 높은 장비를 왜 구매하였으며 감리원의 기술검토 의견서를 보면 타 장비보다도 성능이 우수하다는 의견이 있으나 담당감독자는 다른 장비를 설치하면 그러한 사업목표에 문제가 있다면 그 문제점을 제시하시오. • 그 장비를 구매하기 전 어떤 과정과 조치를 시행하고 구매하였는지 근거서류를 제출하시오.	

2.2 감독관의 용역 일상감사 및 계약심사 이행

발주부서에서 작성한 용역원가에 대하여 과업이행요청서와 설계내역서 등을 근거로 노무비 기준단가 적용여부, 경비산출 수량 및 단가 재산출, 불필요한 비목 포함여부, 재료비 반영시 소요자재에 대한 단가 재조사, 설계간 불일치 사항 및 오류 등을 조사·분석하여 적정한 원가로 사업비를 조정한다.

2.2.1 용역의 분류 및 개념

「지방계약법」상의 용역은 공사, 물품의 제조·구매·수리 등을 제외한 주로 노무를 제공하는 것을 의미하며 일반적으로 학술연구용역, 건설기술용역, 그 외 일반용역으로 분류한다.

① 학술연구용역 : 학문분야의 기초과학과 응용과학에 관한 연구용역 및 이에 준하는 용역을 말하고, 「지방자치단체 원가계산 및 예정가격 작성요령」 제4장 제4절에 근거하여 원가계산서 작성한다.

② 건설기술용역 : 건설공사에 관한 조사·설계·감리·사업관리·유지관리 등 건설공사와 관련된 용역 및 엔지니어링 활동과 이에 준하는 용역을 말하고, 건설공사 감리대가 기준, 엔지니어링 사업대가의 기준, 측량용역 대가의 기준 등을 근거로 하여 원가계산서 작성한다.

③ 일반용역 : 학술연구용역과 건설기술용역을 제외한 모든 용역을 말하고, 「지방자치단체 원가계산 및 예정가격 작성요령」 제4장 제5절에 근거하여 원가계산서 작성한다.

2.2.2 단계별 주요 검토사항

1. 일상감사 및 계약심사 요청서류 검토

항 목	처리내용	비 고
감사대상사업 여부 확인	일상감사 및 계약심사 대상사업 여부 확인 • 용역 : 추정금액 1억 원 이상 – 심사제외 사업 : 심사대상 미만인 사업 등	
제출서류 확인	• 일상감사 요청서 • 심사요청서, 원가계산서 • 설계도서(CD 또는 전자문서 파일 포함) 등 심사에 필요한 서류누락 여부 – 설계내역서, 과업이행요청서, 추가업무 관련 자료 – 기타 참고자료(적용근거, 견적서 등)	누락 시 보완요구
내역 파일 (엑셀 문서) 확인	내역서, 투입인원산출서, 적용분야의 연계(연동체계) 여부	미연동 시 보완요구
기 타	당해 용역에 특별히 필요한 서류 등	

2. 일상감사 및 계약심사

1) 과업이행요청서 및 설계내역 검토

① 학술연구용역

항 목	처리내용	비 고
과업이행 요청서 및 설계내역서	• 과업이행요청서와 내역서 등을 통한 용역의 특성파악 및 서류상호간 내용일치 여부 • 자료입력을 통한 적정성 및 오류 파악 – 수량, 필요경비 등 포함 여부 • 학술연구용역 대가기준 및 인건비 기준단가 적용 여부 • 연구원의 업무 및 월수 적정산출 여부 • 여비 등 경비 산정의 적정성 여부 • 시·도 산하 개발연구원과 수의계약 시 – 일반관리비 적정 여부 – 정규직인 경우 인건비 중복계상 여부 • 이윤 및 부가가치세 등 제승률 부과적정 여부	

② 기술용역 및 일반용역

항 목	처리내용	비 고
제안요청서 (과업이행 요청서) 및 설계내역서	• 제안요청서(과업이행요청서)와 내역서 등을 통한 용역의 특성 파악 및 서류상호간 내용일치 여부 – 수량, 필요경비 등 포함 여부 • 적용 대가기준 및 적용 노무비의 타당성 여부 – 자료입력을 통한 적정성 및 오류 파악 • 노무비 중 상여금, 제수당, 퇴직충당금 등의 적정산정 여부 • 연금 및 보험료율의 적정산정 여부 • 일반관리비, 이윤 등 제비율 적정 여부 – 정보통신용역사업의 경우 제경비, 기술료 등 제비율의 적정 여부 • 기타 기술용역 여부 등	

2) 산출내역 검토

① 산출내역서 검토

항 목	처리내용	비 고
현장 및 상황의 적합성	• 현장조건에 맞는 품셈적용 여부 • 주·야간 등 실 상황적용 여부	
단가적용 오류	• 시공도(현장설치도)로 조사된 단가에 추가로 노무비, 운반비 등을 이중 계상 하였는지 여부 • 견적가 적용 시 일반관리비, 이윤, 부가가치세 중복 적용 여부	
	• 노무비에 제경비 및 기술료 등을 포함하고 다시 제경비 등을 적용하였는지 여부 • 노무비의 월단가(M/M) 산정 시 적용 기준일수가 적정한지 여부 • 견적가 적용 시 제경비, 기술료, 이윤, 부가가치세의 적정(중복) 적용 여부	정보통신 용역
공종별 주요 물량확인	수량산출서와 내역서 물량 상이 여부	
	수량단위 오류로 인한 과다계상 여부	
거래실례가 적용	거래실례가격 우선 반영 여부 확인	
표준품셈 적용 오류	재료 및 노무량 적용상 내용 확인(예 품셈개정에 따른 변동사항 미반영 등)	
	품셈의 단서조항 미숙지로 인한 이중계상 항목 포함 또는 손율 적용 등 오류 여부	
실시공 과정 미반영	실제 작업상황을 고려하지 않고 품셈을 적용함에 따른 과다계상 여부	
일위대가 적용에 일관성 유지	동일한 공종의 일위대가에 대하여 독립된 단가와 타 일위대가에 포함된 단가를 상이하게 적용하였는지 여부	
기 타	당해 용역과 관련한 특별 검토사항 등	

② 수량 및 단가산출서 검토

항 목	처리내용	비 고
적정단가 적용여부	노임단가, 기계경비(환율) 등 심사당시 발표된 단가를 적용하였는지 여부	
	조달청 가격정보 단가를 적용(시중 물가지 단가와 비교)하였는지 여부	
	시중 물가조사지 단가적용 시 2개 이상의 단가를 조사하여 비교하였는지 여부	
견적서 내용확인	견적가 적용 시 2개 이상의 업체견적을 받아 적용하였는지 여부	
	견적서상 자재비 및 노무비 단가가 적정한지 여부	
	부가세 및 제경비 등이 이중계상 되었는지 여부	
단가조사의 정확성	도면 및 과업이행요청서에서 제시된 적합한 자재의 단가를 적용하였는지 여부	
운전경비 산정	재료비(경유, 휘발유) 및 노임단가를 적정하게 적용하였는지 여부	
	주연료 및 잡재료, 조종원 수량은 정확하게 적용하였는지 여부	
	중기가격을 적정하게 적용하였는지 여부	
작업량 산정	• 시간당 작업량 등을 산정하기 위한 각종 계수를 적정하게 적용하였는지 여부 • 공사 등 수량발생원과 물량일치 여부 • 단위환산에 따른 오류 및 과다산출 여부	
기 타	당해 용역과 관련한 특별 검토사항 등	

3. 감사결과 결재 송부

항 목	처리내용	비 고
감사결과 수요 내용	일상감사 및 계약심사내용이 적정한지에 대한 결재시 주요 심사내용(서식 용역-3 참고)을 작성하여 담당 메모 보고	

4. 심사요청 부서와 협의

항 목	처리내용	비 고
심사내역서	심사내용에 대하여 심사요청부서의 의견이 있는지 결재시행 전에 사전 협의 • e-mail 등을 이용하여 요청부서에 심사내역 송부	
	심사내용 중 이견이 있는 항목에 대하여는 재검토 후 의견반영 또는 내용을 설명하여 이해 및 설득	
기 타	심사조건 등 특별히 협의할 사항	

5. 심사결과서 작성

항 목	처리내용	비 고
심사결과서 작성	분야별 심사내역서를 취합하여 총괄 원가계산서 및 심사결과요약서(서식 용역-2 참고) 작성	

6. 심사결과 최종보고

항 목	처리내용	비 고
결재 전 최종 보고	심사결과요약서(서식 용역-2) 및 주요 심사내용(서식 용역-3) 보고 • 사전보고의 필요성이 없는 건(소액 등)에 대하여는 담당 외 사전보고 생략	
기 타	사전보고시 지시사항에 따른 재검토 등	

7. 심사결과 결재

항 목	처리내용	비 고
결재 상정	최종 보고 후 기안 및 결재상정 • 첨부 : 심사결과요약서, 심사내역서, 세부조정내용, 기타 심사의견 • 수신자 : 심사요청부서, 심사요청기관의 계약 부서 – 필요 시 관련 부서 추가 • 금요일 결재 상정 시는 당일 결재 가능토록 최종 결재권자에게 보고	

8. 심사결과 통보 및 실적관리

항 목	처리내용	비 고
결재완료 후 통보	• 결재완료 후 전자문서로 발송 – 심사내역서는 분량이 많으므로 e-mail 등을 활용하여 별도 송부 : 요청부서에 유선통보 • 결재완료 후 전자문서로 발송이 되지 않는 기관(공기업 등)에는 시행문 출력하여 문서함으로 발송	
실적관리	• 심사근거서류 보관 • 심사실적 취합 및 통계관리	

2.3 감독관의 물품구매 일상감사 및 계약심사 이행

집행부서에서 제출한 서류를 검토하여 규격서와 설계내역서 등을 근거로 사업의 합법성, 계약방법 및 절차의 적정성을 검토한다. 또한 대가산정기준과 단가 적용의 적정성, 불필요한 비목 포함 여부 등을 조사 · 분석하여 사업비가 적정하게 산정되었는지 확인하고 조정한다.

2.3.1 물품의 분류 및 개요

1. 제조·구매

① 물품의 제조·구매는 별도의 주문에 의하여 제작절차를 거치는 것으로 원칙적으로 해당 제조업자만 입찰참가자격이 있는 경우를 말한다.

② 특수규격품의 제조 및 제작설치, 수리 등 물품의 특수성으로 인하여 적정한 거래가격이 없는 경우에는 제조원가계산에 의한 가격을 결정하게 되는데 이 경우 물품제조와 관련한 재료비, 노무비, 경비, 일반관리비 및 이윤 등을 고려하여 원가계산서를 작성한다.

2. 완제품

① 이미 제조되어진 완성품을 그대로 구입하는 것으로 제조업자는 물론 도·소매업자도 입찰참가자격이 있는 경우를 말한다.

② 완제품 구매, 임차(부동산 제외)등 물품구매 원가심사시에는 조달청 가격정보, 물가정보지, 시장가격 등 거래실례가격을 조사하여 물품의 적정 구매가격을 고려하여 원가계산서를 작성한다.

2.3.2 단계별 주요 검토사항

1. 요청서 접수

항 목	처리내용	비 고
요청서 접수 및 담당자 지정	일상감사 및 계약심사 요청서를 접수 후 처리할 담당자를 지정	

2. 요청서류 검토

항 목	처리내용	비 고
감사대상 사업여부 확인	일상감사 및 계약심사 대상사업 여부 확인 • 물품 : 추정금액 2천만원 이상 – 심사제외 사업 : 심사대상 미만인 사업 등	
제출서류 확인	• 일상감사요청서, 계약심사요청서 • 설계도서(CD 또는 전자문서 파일 포함) 등 심사에 필요한 서류 누락 여부 – 물품규격서(사양서), 과업이행요청서, 산출기초조사서, 추가 업무 관련 자료 – 기타 참고자료(적용근거, 견적서 등)	누락 시 보완요구
내역파일 확인	내역서, 산출기초조사서, 원가계산서의 연계(연동체계) 여부	미 연동 시 보완요구
기 타	당해 물품·제조에 특별히 필요한 서류 등	

3. 일상감사 및 계약심사 실시

1) 적법성 및 타당성 검토

항 목	처리내용	비 고
적법성 및 타당성 검토	• 사업의 합법성 및 필요성 확인 • 계약방법 및 절차의 적정성 검토 : 지명입찰, 수의계약의 경우 해당 계약방법의 사유에 해당되는지 여부 확인 • 사업목적의 명확성 검토 • 예산의 목적 외 사용 여부, 집행의 적절성 여부	

2) 원가계산서 및 내역서 검토

항 목	처리내용	비 고
원가계산서 검토	• 직접재료비의 산출기초조사서에 의한 단위당 최저가격 적용 여부 • 간접재료비의 잡재료비 등은 표준품셈에 명시되어 있는 것에 대해서 계상 여부 • 직접노무비(간접노무비) 표준품셈에 의한 공종별 노무량에 시중노임 단가 적용 및 간접노무비율의 적정성 여부 – 공사, 제조부분을 분리 각각의 노임 적용 • 경비 : 계약목적물의 제조·시공 등에 소요되는 비목별 경비의 적정성 여부 • 일반관리비, 이윤 등 제비율 적정 여부 • 조달청 가격정보 단가를 적용(시중물가지 단가와 비교)하였는지 여부 • 시중물가지 및 견적가 적용 시 2개 이상의 업체견적을 받아 적용하였는지 여부 • 견적서상 자재비 및 물품단가가 적정한지 여부 • 조사한 가격에 부가가치세 중복여부 및 면세업종 확인	
내역서(과업이행요청서) 검토	• 과업이행요청서와 산출기초조사서(견적서) 등을 통한 제품특성 파악 및 서류 상호간 내용일치 여부 – 수량, 필요경비 등 포함 여부 • 적용대가기준 및 적용노무비의 타당성 여부 • 자료입력을 통한 적정성 및 오류파악	

4. 일상감사·계약심사 결과 송부

항 목	처리내용	비 고
일상감사의견서 및 계약심사 결과	일상감사 의견서(요청일로부터 7일 이내) 및 계약심사결과서(요청일로부터 10일 이내)를 작성하여 집행부서의 장에게 송부 – 필요 시 관련 부서 추가	

5. 일상감사 조치결과 통보

항 목	처리내용	비 고
조치결과 제출	집행부서의 장은 일상감사의견 대하여 적절한 조치를 취하고, 14일 이내에 조치결과 제출	
기 타	당해 사업과 관련 특별히 검토할 사항 등	

2.3.3 예산관리의 집행업무 절차

① 요청서 접수	□ 집행부서 → 감사관실(담당자 지정)
② 요청서류 검토	□ 일상감사 대상여부 확인, 제출서류 누락여부 확인 □ 제출서류 누락 시 집행부서에 보완지시
③ 일상감사 실시	□ 예산관리의 적법성 및 필요성 검토 □ 예산관리의 타당성(경제성 · 효과성 · 효율성) 검토 □ 사업목적의 명확성 및 사업추진 주체의 적정성 검토 □ 재원조달 및 집행의 적절성
④ 일상감사 결과 송부	□ 감사관실 → 집행부서(7일 이내) ※ 집행부서의 장과 협의하여 1차에 한하여 7일간 연장 가능 ☞ [일상감사 재검토요청] 집행부서 → 감사관실(7일 이내) ☞ [일상감사 재검토처리] 감사관실 → 집행부서(7일 이내)
⑤ 일상감사 조치결과 통보	□ 집행부서 → 감사관실(14일 이내)
⑥ 일상감사 조치결과 검토	□ 일상감사 조치결과 검토 □ 감사결과 및 실적 DB 관리 ☞ 조치결과 검토 후 조치가 적정하지 않다고 판단될 경우 집행부서의 장에게 그 사유를 통보하고 기관장에게 보고

※ 처리기한은 접수당일은 산입하고, 토요일과 공휴일은 제외함

[일상감사 요청 시 구비서류]
1. 일상감사 요청서
2. 기타 참고자료(방침서 또는 계획서, 견적서, 기술심사조건 등 보조자료)

2.3.4 기타 일상감사 대상업무 절차

① 요청서 접수	□ 집행부서 → 감사관실(담당자 지정)
② 요청서류 검토	□ 일상감사 대상여부 확인, 제출서류 누락여부 확인 □ 제출서류 누락 시 집행부서에 보완지시
③ 일상감사 실시	□ 적법성 및 필요성 검토 □ 타당성(경제성 · 효과성 · 효율성) 검토 □ 사업목적의 명확성 및 사업추진 주체의 적정성 검토 □ 재원조달 및 집행의 적절성

④ 일상감사 결과송부	□ 감사관실 → 집행부서(7일 이내) ※ 집행부서의 장과 협의하여 1차에 한하여 7일간 연장 가능
⬇	☞ [일상감사 재검토요청] 집행부서 → 감사관실(7일 이내) ☞ [일상감사 재검토처리] 감사관실 → 집행부서(7일 이내)
⑤ 일상감사 조치결과 통보	□ 집행부서 → 감사관실(14일 이내)
⬇	
⑥ 일상감사 조치결과 검토	□ 일상감사 조치결과 검토 □ 감사결과 및 실적 DB 관리
	☞ 조치결과 검토 후 조치가 적정하지 않다고 판단될 경우 집행부서의 장에게 그 사유를 통보하고 기관장에게 보고

※ 처리기한은 접수당일은 산입하고, 토요일과 공휴일은 제외함

[일상감사 요청 시 구비서류]
1. 일상감사 요청서
2. 기타 참고자료(방침서, 또는 계획서, 견적서, 기술심사조건 등 보조자료)

2.4 감리용역 감독자의 계약이행 확인업무

2.4.1 용역의 착수와 보고 접수와 확인

① 계약상대자는 계약문서에서 정하는 바에 따라 용역을 착수해야 하며, 착수 시에는 관련 법령에서 정한 서류와 다음의 사항이 포함된 착수신고서(제2-4호 서식)를 발주기관에 제출해야 한다.

1) 용역공정예정표
2) 인력 및 장비투입계획서
3) 공동계약이행계획서(공동계약의 경우)
4) 그밖에 계약담당자가 지정한 사항

② 계약상대자는 계약의 이행 중에 감리과업내용의 변경 등으로 인하여 제출한 서류의 변경이 필요한 때에는 관련 서류를 변경하여 제출해야 한다.

③ 계약담당자는 제출된 서류의 내용을 조정할 필요가 있다고 인정될 경우에는 계약상대자에게 이의 조정을 요구할 수 있다.

④ 계약담당자는 용역의 전부 또는 일부의 진행이 지연되어 정한 기간 안에 수행이 불가능하다고 인정되는 경우에는 주간공정 현황을 제출토록 하는 등 계약상대자에게 필요한 조치를 지시할 수 있다.

〈제2-4호 서식〉

정보통신감리 용역 착수계
용 역 명 : 계약금액 : 일금 원(₩) 계 약 일 : 년 월 일 착 수 일 : 년 월 일 준 공 일 : 년 월 일 위와 같이 정보통신공사 감리 용역업무를 수행하기 위하여 착수계를 제출합니다. 년 월 일 제출인 주 소 : 상 호 : 대표자 : ㊞
첨부서류 : 1. 감리업무 수행계획서 2. 감리비 산출내역서 3. 상주, 비상주 감리원 배치계획서와 감리원의 경력확인서 4. 감리원 조직구성 내용과 감리원별 투입기간 및 담당업무

2.4.2 계약상대자의 근로자

① 계약상대자는 해당 계약의 수행에 필요한 기술과 경험을 가진 근로자를 채용해야 하며, 근로자의 행위에 대하여 모든 책임을 져야 한다.

② 계약상대자는 그가 채용한 근로자에 대하여 당해 계약의 수행 상 적당하지 아니하다고 인정하여 계약담당자가 이의 교체를 요구할 때에는 즉시 교체해야 하며, 계약담당자의 승인 없이는 교체된 근로자를 해당 계약의 수행을 위하여 다시 채용할 수 없다.

③ 계약상대자는 해당 계약의 이행을 위하여 채용한 근로자에 대하여 「최저임금법」 제6조제1항 · 제2항과 「근로기준법」 제43조를 준수해야 한다.

2.4.3 계약이행의 감독

① 발주자는 해당 용역계약의 적정한 이행을 위하여 수행과정이나 계약이행상황 등을 감독할 필요가 있다고 인정할 때에는 계약문서에 따라 스스로 감독하거나 담당공무원에게 그 사무를 위임하여 감독을 할 수 있다.

감사정보	비 고
1. 오늘 날짜 기준으로 건축공정은 5층 콘크리트 타설인데 정보통신감리원이 관리하는 예정공정표에 정보통신공정은 6층 배관설치 공정인 것이 감사에서 지적 2. 각 층별 콘크리트 타설과 배관 배선 시공과정의 예정공정표가 전기감리회사, 정보통신감리감리회사, 건축감리회사, 정보통신시공사의 예정공정표가 서로 같아야 하는데 부실공정관리로 정보통신감리원 교체와 감독자 사유서 제출	

② 발주자가 「지방자치단체를 당사자로 하는 계약에 관한 법률 시행령」 제56조제1항 제2호에 따라 전문적인 지식 · 기술이 필요하거나 그밖에 부득이한 사유로 인하여 전문기관을 따로 지정하여 감독을 하게 할 경우에는 「지방자치단체를 당사자로 하는 계약에 관한 법률 시행규칙」 제65조, 제67조에 따라 감독조서의 작성과 그 결과를 문서로써 제출하게 해야 한다.

③ 발주자는 관계법령에서 별도로 정하는 사항 외에는 정당한 사유 없이 감리원의 업무에 개입 또는 간섭하거나 감리원의 권한을 침해하지 않아야 한다.

2.4.4 휴일작업과 야간작업

① 계약상대자는 계약문서에서 별도로 정하고 있지 아니하는 한 계약담당자의 필요에 따른 경우를 제외하고는 휴일 · 야간작업을 할 수 없다.

② 계약상대자는 발주기관과 협의하여 휴일 · 야간작업을 하는 경우에는 추가비용을 청구할 수 없다. 다만, 계약담당자의 기간 단축지시나 발주기관의 부득이한 사유로 인하여 휴일 · 야간작업을 지시한 때에는 그러하지 아니하다.

2.4.5 감리용역 물가변동으로 인한 계약금액의 조정

① 물가변동으로 인한 계약금액의 조정은 「국가와 지방자치단체를 당사자로 하는 계약법률 규정」에 정한 바에 따른다.

② 동일한 계약에 대한 계약금액의 조정 시 품목조정률과 지수조정률을 동시에 적용해서는 아니 되며, 계약을 체결할 때에 계약상대자가 지수조정률 방법을 원하는

경우 외에는 품목조정률 방법으로 계약금액을 조정하도록 계약서에 명시해야 한다. 이 경우 계약이행 중 계약서에 명시된 계약금액 조정방법을 임의로 변경해서는 아니된다. 다만 계약서에 명시하지 않은 경우에는 품목조정률에 따른다.

③ 물가변동으로 인한 계약금액의 조정에 따라 계약금액을 증액하는 경우에는 계약상대자의 청구에 의하고, 계약상대자는 완료대가(장기계속계약의 경우에는 각 차수별 완료대가) 수령 전까지 조정신청을 해야 조정금액을 지급받을 수 있으며, 조정된 계약금액은 직전의 물가변동으로 인한 계약금액 조정기준일부터 90일 이내에 이를 다시 조정할 수 없다. 다만 천재지변이나 원자재의 가격급등으로 해당 기간 안에 계약금액을 조정하지 아니하고는 계약이행이 곤란하다고 인정되는 경우에는 계약을 체결한 날이나 직전 조정기준일로부터 90일 이내에도 계약금액을 조정할 수 있다.

④ 계약상대자는 계약금액의 증액을 청구하는 경우에는 계약금액조정내역서를 첨부해야 한다.

⑤ 발주자는 계약금액을 증액하는 경우에는 계약상대자의 청구를 받은 날부터 20일 이내에 계약금액을 조정해야 한다. 이 경우 예산배정의 지연 등 불가피한 경우에는 계약상대자와 협의하여 그 조정기간을 연장할 수 있으며, 계약금액을 증액할 수 있는 예산이 없는 때에는 업무량 등을 조정하여 그 대가를 지급할 수 있다.

⑥ 발주자는 계약상대자의 계약금액조정 청구내용이 일부 미비하거나 분명하지 아니한 경우에는 지체 없이 필요한 보완요구를 해야 하며, 이 경우 계약상대자가 보완요구를 통보받은 날부터 발주기관이 그 보완을 완료한 사실을 통지받은 날까지의 기간은 계약상대자의 청구를 받은 날부터 20일에 따른 기간에 산입하지 아니한다. 다만 계약상대자의 계약금액조정 청구내용이 계약금액 조정요건을 충족하지 않았거나 관련 증빙서류가 첨부되지 아니한 경우에는 그 사유를 명시하여 계약상대자에게 해당 청구서를 반송해야 하며, 이 경우 계약상대자는 그 반송사유를 충족하여 계약금액 조정을 다시 청구해야 한다.

2.4.6 그밖의 감리용역 계약내용의 변경으로 인한 계약금액의 조정

① 발주자는 용역계약에 있어서 그밖에 계약내용의 변경으로 인하여 계약금액을 조정할 필요가 있는 경우에는 그 변경된 내용에 따라 실비를 초과하지 아니하는 범위 안에서 이를 조정한다.

② 계약내용 변경의 경우에는 「지방자치단체를 당사자로 하는 계약에 관한 법률 시행령」 제74조제7항을 준용한다.

③ 계약이 변경되는 경우 변경계약서를 작성하여야 한다.

2.4.7 감리용역 지연배상금

① 발주자는 계약서에 정한 용역수행 기한 안에 용역을 완성하지 아니한 때에는 매 지체일수마다 계약서에 정한 지연배상금률에 계약금액(장기계속용역계약의 경우에는 연차별 계약금액)을 곱하여 산출한 금액(이하 "지연배상금"이라 한다)을 현금으로 납부해야 한다.

② 발주자는 용역수행기간에 완성을 하지 아니한 경우에 기성부분을 인수(인수하지 아니하고 관리 · 사용하고 있는 경우를 포함한다. 이하 이 조에서 같다)한 때에는 그 부분에 상당하는 금액을 계약금액에서 공제한다. 이 경우 기성부분의 인수는 그 성질상 분할할 수 있는 용역에 대한 완성부분으로 인수하는 것에 한한다.

③ 발주자는 다음의 어느 하나에 해당되어 용역수행이 지체되었다고 인정할 때에는 그 해당 일수를 용역수행 기한 안에 용역을 완성하지 아니한 때의 지체일수에 산입하지 아니한다.

1) 불가항력의 사유에 따른 경우
2) 발주자의 책임으로 용역착수가 지연되거나 용역수행이 중단된 경우
3) 계약상대자의 부도 등으로 보증기관이 보증이행업체를 지정하여 보증이행할 경우
4) 그밖에 계약상대자의 책임에 속하지 않는 사유로 인하여 지체된 경우

④ 지체일수에 산입하지 아니하는 기간은 발주기관으로부터 보증채무 이행청구서를 접수한 날부터 보증이행 개시일 전일까지(단, 30일 이내에 한한다)로 한다.

⑤ 발주자는 지체일수를 다음에 따라 산정해야 한다.

1) 용역수행기한 안에 용역목적물 · 용역완료보고서를 제출한 때에는 검사에 소요된 기간은 지체일수에 산입하지 아니한다. 다만 용역수행기한 이후에 시정조치를 한 때에는 시정조치를 한 날부터 최종검사에 합격한 날까지의 기간을 지체일수에 산입한다.
2) 용역수행기간을 지나서 용역목적물 · 용역완료보고서를 제출한 때에는 용역수행기한의 다음날부터 검사(시정조치를 한 때에는 최종검사)에 합격한 날까지의 기간을 지체일수에 산입한다.
3) 용역수행기한의 말일이 공휴일(토요일과 관련 법령에 따라 발주기관의 휴무일인 경우를 포함한다. 이하 같다)인 경우는 용역수행기한이 다음날로 종료되고 지체일수는 그 종료일의 다음날부터 기산한다.

⑥ 발주자는 산출된 지연배상금을 계약상대자에게 지급될 대가, 대가지급 지연에 대한이자 또는 그 밖의 예치금 등과 상계할 수 있다.

2.4.8 감리용역 계약기간의 연장

① 계약상대자는 사유가 계약기간 안에 발생한 경우에는 계약기간 종료 전에 지체

없이 계약담당자에게 서면으로 계약기간의 연장신청과 그 연장으로 인하여 추가 비용이 발생하는 경우에는 계약금액 조정신청을 함께 해야 한다. 다만 연장사유가 계약기간 안에 발생하여 계약기간을 지나서 종료된 경우에는 그 사유가 종료된 후 즉시 계약기간의 연장신청과 계약금액 조정신청을 함께 해야 한다.

② 발주자는 계약기간 연장신정이 접수된 때에는 즉시 그 사실을 조사 확인하고 해당 용역이 적절히 이행될 수 있도록 계약기간의 연장 등 필요한 조치를 해야 한다.

③ 연장청구를 승인한 경우에는 그 연장기간에 대하여는 지연배상금을 부과해서는 아니된다.

④ 계약기간을 연장한 경우에는 그 변경된 내용에 따라 실비를 초과하지 아니하는 범위 안에서 계약금액을 조정한다.

⑤ 계약상대자의 의무불이행으로 인하여 발생한 지연배상금이 계약보증금 상당액에 달한 경우로서 계약목적물이 국가정책사업 대상이거나 계약의 이행이 노사분규 등 불가피한 사유로 인하여 지연된 때에는 계약기간을 연장할 수 있다.

⑥ 계약기간의 연장은 지연배상금이 계약보증금 상당액에 달한 때에 해야 한다.

⑦ 계약기간을 연장하는 경우 계약상대자는 계약기간 연장계약 체결 전까지 계약기간 연장이 표시된 보증서 등을 발주기관에 제출해야 한다.

감사정보	비 고
1. 지난 6월 30일자로 ○○복지회관 신축공사가 준공되어야 하는데 건축공정이 30일 연기되어 7월 30일자로 건축이 준공되는데 건축공사 준공연기 내용을 정보통신감리원이나 정보통신감독자도 모르고 있다가 나중에 이 사실을 알아서 건축감독자에게 항의를 한 사례이다. 2. 성보통신감리회사는 6월30일자로 현장에서 철수하였다. 3. 각종 정보통신장비의 시운전이 준공 1개월 전부터 하도록 관급 자재시방서에 조건이 되어있으나 감리원이 없는 상태로 감독자가 직접 시운전에 입회하고 준공 처리하였다. 4. 그 과정에 정보통신장비는 정상가동이 되지 않은 상태였으며 지체상금을 물릴 수는 없고, 납기일자에 자재비 대금을 지출하면서 계속 장애를 찾아서 개통 조건을 구두로 약속하고 준공처리를 하였는데 3개월이 지나 정상가동이 잘 되지 않는다는 여론으로 특별감사가 시작되었다. 5. 감사결과 : 정보통신감리 용역과업지시서 3-2항에 감리원은 ○○통신장비, ○○통신장비의 시운전 결과보고서를 제출하도록 과업지시서에 규정을 했음에도 불구하고 그렇게 실시를 하지 않았고, 시운전 결과보고서에는 6월30일자에 정상가동으로 이상이 없다고 허위로 기록하고 감리대가를 지불한 사례로 감리대가 금액의 일부를 반납 조치한다. 6. 조치방법 : 건축 준공식 행사 이전까지 정보통신분야 준공일자는 늦어도 문제가 없는 경우(정보통신공사업법에 준공시기를 규정하지 않고 있으며 발주자의 준공시기 판단사항)연기하여 시운전 이후 준공처리를 한다.	

감사정보	비 고
– 관급 자재의 납품일자 변경 : 건축공사 준공과 동시에 건축운영부서에서 경비업체와 계약 이후 경비를 시작하는 일정에 맞추어 납품 설치하여 시운전과 검수까지를 30일 기간으로 한다. – 정보통신공사의 준공일정 변경 : 준공 2개월 이전에 정보통신감리와 정보통신공사의 준공기일을 30일 연기 조치를 하여야 한다.	

2.4.9 감리용역 해제와 해지

① 다음의 어느 하나의 사유에 해당하는 경우에는 계약상대자의 책임 있는 사유로 인한 계약의 해제 · 해지사유가 된다.

1) 계약상대자의 계약상 의무불이행을 이유로 「지방자치단체를 당사자로 하는 계약에 관한 법률」 제15조제3항에 따라 계약보증금 또는 계약보증금에 해당하는 금액을 해당 지방자치단체에 세입 조치하는 경우
2) 「국가를 당사자로 하는 계약에 관한 법률」,「지방자치단체를 당사자로 하는 계약에 관한 법률」 등 관련 규정에 따른 지연배상금의 징수사유가 발생하고, 그 금액이 계약금액(장기계속용역계약의 경우 차수별 계약금액)의 100분의 10 이상인 경우로서 계약상대자의 책임 있는 사유로 인하여 계약을 이행할 가능성이 없음이 명백하다고 인정되는 경우
3) 입찰과정에서 거짓서류를 제출하여 부당하게 낙찰을 받은 경우
4) 입찰, 수의계약 및 계약이행 과정에서 관계공무원 등에게 직접 또는 간접적으로 사례, 증여, 금품 · 향응 제공을 하는 국가와 지방자치단체를 당사자로 하는 계약법률 규정에 따른 청렴서약서의 내용을 위반한 경우
5) 계약상대자가 정당한 이유 없이 계약담당자의 이행 촉구에 따르지 아니한 경우
6) 계약상대자의 부도, 파산, 해산, 영업정지, 사업 또는 영업에 관한 등록 · 인가 · 허가 등의 취소, 그 밖의 사유로 계약이행이 곤란하다고 인정되는 경우
7) 계약상대자의 책임 있는 사유로 인하여 용역수행기한까지 해당 용역을 완료하지 못하거나 완료할 가능성이 없다고 인정될 경우
8) 장기계속용역의 계약에 있어서 제2차 용역 이후의 계약을 체결하지 아니하는 경우
9) 해당 계약이행과 관련하여 계약상대자가 최저임금법, 근로기준법을 위반하여 처벌을 받은 경우
10) 정상적인 계약관리를 방해하는 불법 · 부정행위가 있거나 계약조건을 위반하고 그 위반으로 인하여 계약의 목적을 달성할 수 없다고 인정될 경우

② 계약담당자는 계약상대자의 책임 있는 사유로 인한 경우에는 계약을 해제 · 해지해야 하며, 입찰과정에서 거짓서류를 제출하여 부당하게 낙찰을 받은 경우와 금

품 · 향응 제공의 경우에는 해당 지방자치단체의 계약심의위원회에서 다음의 사유 중 어느 하나에 해당된다고 인정하는 경우를 제외하고는 해당 계약을 해제 · 해지 해야 한다.

1) 다른 법률에서 계약의 해제 · 해지를 특별히 금지한 경우
2) 용역의 긴급한 이행이 필요한 경우로서 새로운 계약을 체결하면 계약의 목적을 달성하기 곤란한 경우
3) 천재지변 등 부득이한 사유로 계약의 이행이 지연되는 경우로서 계약을 계속 유지할 필요성이 있다고 인정되는 경우
4) 그 밖에 계약의 이행정도 등을 고려하여 계약을 해제 또는 해지하면 계약목적을 달성하기 곤란하거나 지방자치단체에 손해가 발생할 것으로 판단되는 경우

③ 계약담당자는 계약상대자의 책임 있는 사유로 인한 계약을 해제 · 해지한 때에는 그 사실을 계약상대자에게 통지해야 한다.

④ 계약상대자의 책임 있는 사유로 인한 계약을 해제 · 해지한 경우 보증기관이 보증이행을 하는 경우에 기성부분을 검사하여 인수하는 때에는 인수한 날로부터 14일 이내에 해당 부분에 상당하는 대가를 계약상대자에게 지급해야 한다.

⑤ 계약상대자의 책임 있는 사유로 인한 계약이 해제 · 해지되는 경우 계약상대자는 지급받은 선금에 대하여 미정산 잔액이 있는 경우에는 그 잔액에 대한 약정이자 상당액을 가산하여 발주기관에 상환해야 한다. 이 경우 계약담당자는 상환할 금액과 기성부분의 대가를 상계할 수 있다.

⑥ 계약상대자의 책임 있는 사유로 인하여 계약을 이행할 가능성이 없음이 명백하다고 인정되는 경우에 따른 지연배상금이 계약금액의 100분의 10 이상에 달했으나, 해당 계약을 해제 또는 해지하지 아니하는 경우에는 계약상대자로 하여금 잔여계약 이행금액에 대하여 계약보증금을 추가로 내도록 해야 한다.

2.4.10 사정변경에 따른 용역계약의 해제 · 해지

① 발주자는 객관적으로 명백한 발주기관의 불가피한 사정이 발생한 때에는 계약을 해제 · 해지할 수 있다.

② 발주자는 계약상대자의 책임 있는 사유로 인한 계약을 해제 · 해지하는 경우에는 다음 각 호에 해당하는 금액을 해제 · 해지한 날부터 14일 이내에 계약상대자에게 지급해야 한다. 이 경우 계약보증금을 동시에 반환해야 한다(전체용역의 완성을 위하여 계약의 해제 · 해지일 이전에 투입된 계약상대자의 인력, 자재 및 장비의 철수비용).

③ 계약상대자는 선금에 대한 미정산 잔액이 있는 경우에는 이를 발주기관에 상환해야 한다. 이 경우 미정산 잔액에 대한 이자는 가산하지 아니한다.

2.4.11 용역계약상대자에 따른 계약의 해제 · 해지

계약상대자는 다음 각 호의 어느 하나에 해당하는 사유가 발생한 경우에는 해당 계약을 해제 · 해지할 수 있다.

① 계약내용을 변경함으로써 계약금액이 100분의 40 이상 감소되었을 때
② 용역수행 정지기간이 계약기간의 100분의 50을 초과한 경우

2.4.12 감리용역의 일시정지

① 발주자는 다음의 경우에는 용역의 전부 또는 일부의 수행을 정지시킬 수 있다. 계약상대자는 정지기간 중 선량한 관리자의 주의의무를 해태해서는 아니된다.
   1) 용역의 수행이 계약내용과 일치하지 아니하는 경우
   2) 용역의 전부 또는 일부의 안전을 위하여 정지가 필요한 경우
   3) 그밖에 발주기관의 필요에 따라 계약담당자가 지시한 경우
② 발주자는 용역을 정지시킨 경우에는 지체 없이 계약상대자에게 정지사유와 정지기간을 통지해야 한다.
③ 용역을 정지시킨 경우 계약상대자는 계약기간의 연장이나 추가금액의 청구를 할 수 없다. 다만 계약상대자의 책임 있는 사유로 인한 정지가 아닌 때에는 그러하지 아니한다.
④ 발주기관의 책임 있는 사유에 따른 용역 정지기간(각각의 사유로 인한 정지기간을 합산하며, 장기계속계약의 경우에는 해당 차수내의 정지기간을 말함)이 60일을 초과한 경우 발주기관은 그 초과된 기간에 대하여 잔여계약금액(용역정지기간이 60일을 초과하는 날 현재의 말하며, 장기계속계약은 차수별 계약금액을 기준으로 함)에 초과일수 매 1일마다 「지방재정법」 제77조에 따라 지방자치단체의 장이 지정한 금고의 일반자금 대출금리를 곱하여 산출한 금액을 준공 대가지급 시 계약상대자에게 지급해야 한다.

2.4.13 발주기관의 의무불이행에 따른 계약상대자의 감리용역 정지

① 계약상대자는 발주기관이 「국가를 당사자로 하는 계약에 관한 법률」, 「지방자치단체를 당사자로 하는 계약에 관한 법률」 등 관련 규정과 계약문서 등에서 정하고 있는 계약상의 의무를 이행하지 아니하는 때에는 발주기관에 계약상의 의무이행을 서면으로 요청할 수 있다.
② 발주자는 계약상대자로부터 계약상의 의무를 이행하지 아니하는 때에 따른 통지를 받은 날로부터 14일 이내에 이행계획을 서면으로 계약상대자에게 통지해야 한다.

③ 계약상대자는 계약담당자가 14일 이내에 정한 기간 안에 통지를 하지 않거나 계약상의 의무이행을 거부하는 때에는 해당 기간이 경과한 날이나 의무이행을 거부한 날부터 용역의 전부 또는 일부의 이행을 정지할 수 있다.

2.4.14 감리용역 계약의 보증이행

① 계약담당자는 계약상대자가 계약상의 의무를 이행하지 아니하는 때에는 이행보증에 따른 보증기관에 대하여 해당 용역을 완성할 것을 청구할 수 있다.

② 보증기관에 대하여 해당 용역을 완성할 것의 청구가 있을 때에는 보증기관은 지체 없이 그 보증의무를 이행해야 한다. 다만 보증기관은 보증이행업체를 지정하여 보증의무를 이행하는 대신 기술용역이행보증서에 정한 금액을 현금으로 발주기관에 납부함으로써 보증의무이행에 갈음할 수 있다.

③ 계약을 이행하는 보증기관은 계약금액 중 보증이행 부분에 상당하는 금액을 발주기관에 직접 청구할 수 있는 권리를 가지며, 계약상대자는 보증기관의 보증이행 부분에 상당하는 금액을 청구할 수 있는 권리를 상실한다.

④ 용역이행보증서 제출에 따른 보증의무 이행에 대하여는 「계약집행기준」 제1장 제4절 "공사 이행보증 운용"을 준용한다.

2.4.15 감리용역 완성의 검사

① 계약상대자는 용역을 완료한 때에는 그 사실을 서면으로 계약담당자에게 통지하고 필요한 검사를 받아야 한다. 기성부분에 대하여 완성 전에 대가의 진부 또는 일부를 지급받고자 할 때에도 또한 같다.

② 발주자는 용역을 완료의 통지를 받은 때에는 계약서 그 밖의 관계서류에 따라 통지를 받은 날부터 14일 이내에 계약상대자의 입회하에 그 이행을 확인하기 위한 검사를 해야 한다. 다만 천재 · 지변 등 불가항력적인 사유로 인하여 검사를 완료하지 못한 경우에는 해당 사유가 존속되는 기간과 해당 사유가 소멸된 날로부터 3일까지는 이를 연장할 수 있다.

③ 발주자는 용역을 완료의 검사에 있어서 계약상대자의 계약이행 내용의 전부 또는 일부가 계약에 위반되거나 부당함을 발견한 때에는 필요한 시정조치를 해야 한다. 이 경우에는 계약상대자로부터 그 시정을 완료한 사실을 통지받은 날로부터 14일 이내 기간을 계산한다.

④ 계약이행기간이 연장될 때에는 계약담당자는 지연배상금을 부과해야 한다.

⑤ 계약상대자는 검사에 입회 · 협력해야 한다. 계약상대자가 입회를 거부하거나 검사에 협력하지 아니함으로써 발생하는 지체에 대하여는 지연배상금을 부과를 한다.

⑥ 발주자는 검사를 완료한 때에는 그 결과를 지체 없이 서면으로 계약상대자에게 통지해야 한다. 이 경우 계약상대자는 검사에 대한 이의가 있을 때에는 재검사를 요청할 수 있으며, 계약담당자는 필요한 조치를 해야 한다.

2.4.16 감리용역 목적물의 인수

① 발주자는 검사에 따라 용역의 완성을 확인한 후 계약상대자가 서면으로 인수를 요청한 때에는 즉시 해당 용역목적물을 인수해야 한다.
② 계약상대자가 인수의 요청을 아니한 때에는 용역대가의 지급과 동시에 당해 용역목적물의 인도를 요구할 수 있다. 이 경우에 계약상대자는 지체 없이 해당 목적물을 인도해야 한다.

2.4.17 감리용역 기성부분의 인수

발주자는 전체 계약목적물이 아닌 기성부분(성질상 분할할 수 있는 용역에 대한 완성부분에 한한다)에 대하여 이를 인수할 수 있다.

2.4.18 감리용역 대가의 지급

① 계약상대자는 용역을 완성한 후 검사에 합격한 때에는 정한 절차에 따라 대가지급을 청구할 수 있다.
② 계약담당자는 청구를 받은 때에는 그 청구를 받은 날로부터 7일 이내에 그 대가를 지급한다. 이 경우 계약상대자와 합의하여 7일을 초과하지 아니하는 범위 안에서 대가의 지급기간을 연장할 수 있는 특약을 정할 수 있다.
③ 천재지변 등 불가항력적인 사유로 인하여 대가를 지급할 수 없게 된 경우에는 해당 사유가 존속되는 기간과 해당 사유가 소멸된 날로부터 3일까지는 대가의 지급을 연장할 수 있다.
④ 발주자는 청구를 받은 후 그 청구내용의 전부 또는 일부가 부당함을 발견한 때에는 그 사유를 명시하여 계약상대자에게 해당 청구서를 반송할 수 있다. 이 경우에는 반송한 날로부터 재청구를 받는 날까지의 기간은 지급기간에 이를 산입하지 아니한다.

2.4.19 감리용역 기성대가의 지급

① 계약상대자는 특별한 사유가 없는 한 적어도 30일마다 검사를 완료하는 날까지 기성부분에 대한 대가지급청구서를 발주기관에 제출할 수 있다. 계약담당자는 기

성부분에 대한 대가를 지급하는 경우에는 계약수량, 이행의 전망, 이행기간 등을 참작하여 적어도 30일마다 지급해야 한다.

② 발주자는 검사완료일부터 7일 이내에 검사된 내용에 따라 기성대가를 확정하여 계약상대자에게 지급해야 한다. 다만 계약상대자가 검사완료일 후 대가의 지급을 청구한 때에는 그 청구를 받은 날로부터 7일 이내에 지급해야 한다.

③ 발주자는 대가를 지급에 따른 청구서의 기재사항이 검사된 내용과 일치하지 아니할 때에는 그 사유를 명시하여 계약상대자에게 이의 시정을 요구해야 한다. 이 경우 시정에 소요되는 기간은 정한 기간에 산입하지 아니한다.

④ 기성대가는 계약단가에 따라 산정 지급한다.

⑤ 발주자는 물가변동, 설계변경 및 그 밖에 계약내용의 변경으로 인하여 계약금액이 당초 계약금액보다 증감될 것이 예상되는 경우로서 기성대가를 지급하려는 경우에는 「지방재정법」 제73조에 따라 당초 산출내역서를 기준으로 산출한 기성대가를 개산급으로 지급할 수 있다. 다만 감액이 예상되는 경우에는 예상되는 감액금액을 제외하고 지급해야 한다.

⑥ 계약상대자는 기성대가를 개산급으로 지급받고자 하는 경우에는 기성대가 신청시 개산급 신청사유를 서면으로 작성하여 첨부해야 한다.

2.4.20 감리용역 대가지급의 지연에 대한이자

① 발주자는 대가지급 청구를 받은 경우에 대가지급기한(채무부담행위에 따른 계약의 경우에는 다음 회계연도 개시 후에 「지방재정법」에 따라 해당 예산이 배정된 날부터 20일)까지 대가를 지급하지 못하는 경우에는 지급기한의 다음날부터 지급하는 날까지의 일수(이하 "대가지급지연일수"라 한다)에 해당 미지급금액에 대하여 「지방재정법」 제77조에 따라 지방자치단체의 장이 지정한 금고의 일반자금 대출 시 적용되는 연체이자율을 곱하여 산출한 금액을 이자로 지급해야 한다.

② 천재지변 등 불가항력의 사유로 인하여 검사·대가지급이 지연된 경우에 따른 연장기간은 대가지급 지연일수에 산입하지 아니한다.

2.4.21 감리용역 계약의 이행 중 용역목적물 등에 발생한 손해

① 계약상대자는 계약의 수행 중 기술용역 목적물과 제3자에 대한 손해를 부담해야 한다. 다만 계약상대자의 책임 없는 사유로 인하여 발생한 경우에는 발주기관의 부담으로 한다.

② 인수한 계약목적물에 대한 손해는 발주기관이 부담해야 한다.

2.4.22 감리용역 불가항력으로 인하여 발생한 손해

① 불가항력이란 태풍, 홍수 그밖에 악천후, 전쟁 또는 사변, 지진, 화재, 전염병, 폭동 그밖에 계약당사자의 통제범위를 초월하는 사태의 발생 등의 사유로 인하여 계약당사자 누구의 책임에도 속하지 아니하는 경우를 말한다. 다만 이는 대한민국 안에서 발생하여 용역수행에 직접적인 영향을 미친 경우에 한한다.

② 불가항력의 사유로 인하여 다음과 같이 발생한 손해는 발주기관이 부담해야 한다.

1) 검사를 필한 기성부분
2) 검사를 필하지 아니한 부분 중 객관적인 자료(감독일지, 사진 또는 비디오테이프 등)에 따라 이미 수행되었음이 판명된 부분
3) 불가항력의 사유로 인하여 따른 손해

③ 계약상대자는 계약이행기간 중에 불가항력의 사유로 손해가 발생한 때에는 지체없이 그 사실을 계약담당자에게 통지해야 하며, 계약담당자는 통지를 받았을 때에는 즉시 그 사실을 조사하고 그 손해의 상황을 확인한 후 그 결과를 계약상대자에게 통지해야 한다.

④ 발주자는 손해의 상황을 확인한 때에는 별도의 약정이 없는 한 용역금액의 변경이나 손해액의 부담 등 필요한 조치를 계약상대자와 협의하여 이를 결정한다.

2.4.23 감리용역 특허권 등의 사용

용역의 수행에 제3자의 권리의 대상으로 되어 있는 특허권 등을 사용할 때에는 계약상대자는 그 사용에 관한 일체의 책임을 져야 한다. 그러나 발주기관이 계약문서에 수행방법을 지정하지 아니하고 그 수행이나 적용을 요구할 때에는 계약상대자에 대하여 제반편의를 제공, 알선하거나 소요된 비용을 지급할 수 있다.

2.4.24 감리용역 국민건강보험료 등의 사후정산

① 계발주자는 계약집행기준의 "보험료 사후정산"에 따라 국민건강보험료 등을 사후정산하기로 한 계약에 대하여는 대가지급 시 계약집행기준에 정한 바에 따라 정산해야 한다.

② 발주자는 설계서 등의 변경으로 인하여 직접노무비가 증·감될 경우 그 증·감 비율만큼 국민건강보험료 등을 조정해야 한다.

2.4.25 감리용역 기술지식의 이용과 비밀엄수 의무

① 발주자는 계약서에 정한 바에 따라 계약상대자가 제출하는 각종 보고서, 정보, 그

밖의 자료와 이에 따라 얻은 기술지식의 전부 또는 일부를 계약상대자의 승인을 얻어 발주기관의 이익을 위하여 복사, 이용 또는 공개할 수 있다.

② 계약상대자는 해당 계약을 통하여 얻은 정보나 지방자치단체의 기밀사항을 계약이행의 전후를 막론하고 외부에 누설할 수 없다.

2.4.26 감리용역 관련 자료의 제출

발주자는 필요하다고 인정할 경우 계약상대자에게 산출내역서의 기초가 되는 단가산출서 등의 제출을 요구할 수 있으며 이 경우 계약상대자는 이에 따라야 한다.

2.4.27 감리용역 과업내용의 변경과 계약금액 조정

① 계약담당자는 계약의 목적상 필요하다고 인정될 경우에는 다음 각 호의 과업내용을 계약상대자에게 지시할 수 있다.
  1) 추가업무 및 특별업무의 수행
  2) 용역공정계획의 변경
  3) 특정용역 항목의 삭제 또는 감소

② 과업내용의 변경은 그 변경이 필요한 부분의 이행 전에 완료해야 한다. 다만 계약담당자는 계약이행의 지연으로 품질저하가 우려되는 등 긴급하게 용역을 수행해야 할 필요가 있을 때에는 계약상대자와 협의하여 그 변경시기 등을 명확히 정하고, 과업내용의 변경을 완료하기 전에 우선용역을 이행하게 할 수 있다.

③ 계약상대자는 계약의 기본방침에 대한 변동 없이 과업내용서의 용역항목을 변경함으로써 발주기관에 유리하다고 판단될 경우에는 제안을 할 수 있다. 이 경우 계약담당자는 제안요청을 받은 날로부터 14일 이내에 그에 대한 승인 여부를 계약상대자에게 통지해야 한다.

④ 과업내용의 변경을 지시하거나 승인한 경우에 계약금액조정은「지방자치단체를 당사자로 하는 계약에 관한 법률 시행령」제74조제1항부터 제7항까지의 계약금액의 조정을 준용한다.

⑤ 발주기관은 계약금액을 조정하는 경우에는 계약상대자의 계약금액 조정청구를 받은 날로부터 30일 이내에 계약금액을 조정해야 한다. 이 경우 예산배정의 지연 등 불가피한 경우에는 계약상대자와 협의하여 그 조정기한을 연기할 수 있으며, 계약금액을 조정할 수 있는 예산이 없는 때에는 업무량 등을 조정하여 그 대가를 지급할 수 있다.

⑥ 계약담당자는 계약상대자의 계약금액조정 청구내용이 부당함을 발견한 때에는 지체 없이 필요한 보완요구 등의 조치를 해야 한다. 이 경우 계약상대자가 보완요

구 등의 조치를 통보받은 날부터 발주기관이 그 보완을 완료한 사실을 통지받은 날까지의 기간은 ⑤에 따른 기간에 산입하지 아니한다.

⑦ 계약상대자의 계약금액 조정청구는 완료대가(장기계속계약의 경우에는 각 차수별 완료대가) 수령 전까지 해야 조정금액을 지급받을 수 있다.

2.4.28 지원업무담당자(공사감독자)의 지정

발주자는 지원업무담당자를 지정하여 감리수행에 따른 업무연락 및 문제점 파악, 민원해결, 감리원에 대한 지도 · 관리 등의 업무를 수행하게 한다.

① 감리 및 시공에 필요한 설계도서 등 관련 문서와 참고자료 및 계약서(감리용역계약문서)에 명기한 기자재, 장비, 비품, 설비 등을 제공한다.

② 공사시행에 필요한 용지 및 지장물 보상과 국가 · 지방자치단체 그 밖에 공공기관의 인가 · 허가 등을 얻을 수 있도록 필요한 조치 또는 협력을 한다.

③ 공사시행에 따른 업무연락, 문제점 파악 및 민원을 해결한다.

④ 감리원이 감리계약이행에 필요한 공사업자의 문서, 도면, 자재, 장비, 설비 등에 대한 자료제출 및 조사를 보장한다.

⑤ 감리원이 보고한 설계변경, 준공기한 연기요청, 그 밖의 현장실정 보고 등 방침, 요구사항에 대하여 감리업무수행에 지장이 없도록 의사를 결정하여 통보한다.

⑥ 특수공법 등 주요 공종에 대하여 외부 전문가의 자문 또는 감리가 필요하다고 인정되는 경우에는 별도의 조치 또는 지원한다.

⑦ 감리원이 과도한 행정업무 등으로 인하여 감리원 본연의 업무인 현장확인 · 점검 · 검사 등 품질관리가 소홀히 됨으로써 부실공사 등의 문제가 발생되지 않도록 행정업무 간소화에 노력한다.

⑧ 공사시작 전에 감리원 및 공사업자와 합동으로 다음 사항에 대하여 공사관계자 다른 공사의 분야별(발주부서 감독관, 시공사와 감리회사 담당자)를 소집 합동회의를 실시하여야 한다.

⑨ 발주자는 정보통신공사를 발주 후 착공 전에 타 분야 공사의 설계변경 여부를 검토하여 사후에 민원 등이 발생하지 않도록 조치한다.

1) 토목, 건축설비의 설계변경
2) 전기설비의 설계변경
3) 냉 · 난방, 급 · 배수, 환기설비의 설계변경
4) 소방설비의 설계변경

⑩ 공사관계자 합동회의와 현지여건 조사, 설계도서의 검토 등을 통하여 민원발생이 예상되는 사항을 감리원과 함께 확인하고 민원발생 최소화를 위해 노력하여야 하며, 민원이 발생된 경우에는 감리원과 공사업자가 공동으로 필요한 조치하며 지원업무담당자에게 즉시 보고하여야 한다.

〈제2-5호 서식〉

감리용역 표준계약서		계약번호 제 호 공고번호 제 호
계약서	발 주 처	지방자치단체의 장 또는 계약담당자 성명 : • 상호 또는 법인명 • 대표자 • 주소 • 전화번호 • 법인등록번호
	계 약 상 대 자	• 상호 또는 법인명 • 법인등록번호 • 주소 • 전화번호 • 대표자
계약내용	용 역 명	
	계 약 금 액	금 원정(₩)
	총 용역부기금액	금 원정(₩)
	계 약 보 증 금	금 원정(₩)
	지 연 배 상 금 률	%
	계 약 기 간	. . . ~ . . .
	위 치 (현 장 주 소)	
	그 밖 의 사 항	

자치단체의 장(계약담당자) 또는 발주자 성명(　　　)과 계약상대자는 상호 대등한 입장에서 붙임의 계약문서에 의하여 위 용역에 대한 도급계약을 체결하고, 신의에 따라 성실히 계약상의 의무를 이행할 것을 확약하며, 이 계약의 증거로서 계약서를 작성하여 당사자가 기명날인한 후 각각 1통씩 보관한다.

붙임서류 : 1. 용역 입찰유의서 1부
2. 용역계약 일반조건 1부
3. 용역계약 특수조건 1부
4. 과업내용서 1부
5. 산출내역서 1부

일자 . . .

자치단체의 장 또는

계약담당자 (인)

계약상대자 (인)

210mm×297mm(신문용지 54g/㎡)

〈제2-6호 서식〉

정보통신감리원 투입계획

공사명 :

구 분	성 명	담당업무	기술자격	참여등급	참여기간	비 고
상주 감리원						
비상주 감리원						

〈제2-7호 서식〉

감리원 근무상황판

공사명 :

년 월 일

성 명	예정업무		행선지	비 고
	시 간	내 용		

〈제2-8호 서식〉

정보통신감리원 경력증명서

성 명 : 등 급 : 자격증 발급번호 :

기 간	근무처명	직위 또는 직급	담당업무	참 여 사 업 명	발주자
. . . ~ . . .					
. . . ~ . . .					
. . . ~ . . .					
. . . ~ . . .					
. . . ~ . . .					
. . . ~ . . .					
. . . ~ . . .					
. . . ~ . . .					

〈제2-9호 서식〉

정보통신감리단 조직도

[상주 감리원]

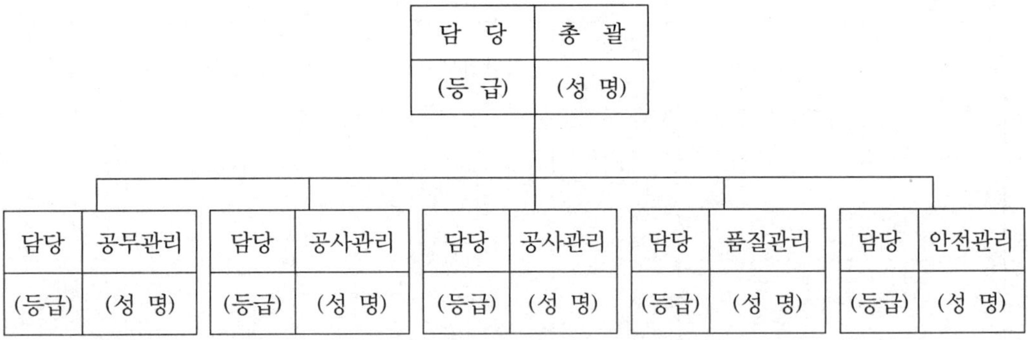

[비상주 감리원]

구 분	성 명	기술자격 종목
"예" 고급감리원		
〃		
〃		
〃		
〃		

〈제2-10호 서식〉

감 리 착 수 계

1. 용 역 명 : ㅇㅇ신축정보통신공사의 정보통신 감리용역
2. 계약 금액 :
3. 계약년월일 : 년 월 일
4. 착수년월일 : 년 월 일
5. 준공년월일 : 년 월 일(ㅇㅇ일간)

상기 감리용역을 첨부의 내용과 같이 시행하고자 감리착수계를 제출하오니 승인하여 주시기 바랍니다.

년 월 일

경유	발주자 업무담당

계약자 주 소 :

상 호 :

성 명 : (인)

첨부 : 1. 감리용역 책임자 선임계(자격증사본) 1부
2. 예정공정표 1부
3. 감리원인감계 1부
4. 도급내역서 1부
5. 보안각서 1부

ㅇㅇ시장 귀하

〈제2-11호 서식〉

감리용역 책임자선임계

1. 용 역 명 : ㅇㅇ신축정보통신공사의 정보통신 감리용역
2. 계약금액 :
3. 과업기간 :

성 명	감리등급	수행역활	투입기간	비 고
	감리원	현장 상주감리	. . . ~ . . .	

첨 부 : 감리원 자격증사본 1부

년 월 일

ㅇㅇ시장 귀하

〈제2-12호 서식〉

감리도급내역서

용 역 명 : ㅇㅇ신축정보통신공사의 정보통신 감리용역

항 목	단위	수량	단 가	금 액
1. 직접인건비				
ㅇ급기술자	식	1		
2. 직접경비	식	1		
주재비	식	1		
출장비	식	1		
차량경비	식	1		
3. 제경비	식	1		
4. 기술료	식	1		
5. 소 계				
6. 부가가치세				
7. 총 감리비계				

년 월 일

ㅇㅇ시장 귀하

〈제2-13호 서식〉

감리용역 예정공정표

1. 용 역 명 : ○○신축정보통신공사의 정보통신 감리용역
2. 용역기간 :

공 정	일 정														비 고
	○월		○월				○월					○월			
	○/○	○/○	○/○	○/○	○/○	○/○	○/○	○/○	○/○	○/○	○/○	○/○	○/○	○/○	
1. 내역서 및 시공계획 검토 (실사포함)															
2. 자재관리 및 검수															
3. 공정 및 현장관리															
4. 품질관리															
5. 설계변경 및 최종시험															
6. 준공검사 실시 (사전검사포함)															
7. 감리보고서 작성															
8. 통신설비인계확인															

〈제2-14호 서식〉

감리원인감계 및 재직확인서

용 역 명 :○○신축정보통신공사의 정보통신 감리용역

상기 용역에 다음 사원은 우리 회사의 재직자로써 현장 감리원으로 선정하여 신고하오며, 감리원 사용인감을 제출합니다.

성 명	
주민등록번호	
근 무 기 간	년 월 일부터 년 월 일 현재
감리원의 자격	○○ 감리원
사 용 인 감	

계약자

○○기술사 사무소

주소 :

대표이사 : (인)

년 월 일

○○시장 귀하

제 1 장	정보통신감리용역 발주
제 2 장	발주기관 감독관의 일상감사
제3장	**발주처 감독자와 정보통신감리원의 업무**
제 4 장	정보통신공사의 착공전 감리업무
제 5 장	감리용역 착수단계업무
제 6 장	정보통신공사 안전관리업무
제 7 장	감리원의 보고업무
제 8 장	감리원의 현장관리
제 9 장	설계변경과 계약금액의 변경
제10장	준공검사업무와 감리결과보고
제11장	정보통신설비의 인수 · 인계 감리업무

3.1 발주처 감독자 업무

3.1.1 발주처 감독의 직무와 검사 겸직의 제한과 허용

① 공사감독자는 해당 공사의 기성검사 및 준공검사에 대한 검사자 직무를 겸할 수 없다. 다만「국가를 당사자로 하는 계약에 관한 법률 시행령」제57조(감독과 검사 업무의 겸직)에 따른 경우에는 이에 따른다.

1) 감리원의 준공단계 검사업무는 정보통신공사업법시행령제8조의2(감리원의 업무범위) 감리업무수행의 과정에 시공사를 대상으로 공사 진척별 설계도서대로 시공하여 시공과정에 통신기술기준 위반이 없는지 확인 검사자이다.

2) 감리원은 시공현장이 통신기술기준에 적합확인과 도면대로 시공을 확인하는 감리원의 검사자로 검사를 실시하는 것이며 공사계약 관련 준공검사자로 임명받은 검사자가 아니다.

② 감독과 검사 직무의 겸직 : 감독의 직무와 검사의 직무는 겸할 수 없다. 다만 다음의 어느 하나에 해당하는 경우에는 그러하지 아니하다.

1) 특별한 기술이 필요한 검사에서 감독을 하는 자 외의 자로 하여금 검사를 하게 하는 것이 현저하게 곤란한 경우

2) 유지 · 보수에 관한 공사 등 해당 계약의 이행 후 지체 없이 검사를 하지 아니하면 그 이행의 확인이 곤란한 경우

3) 계약금액이 3억원 이하인 물품의 제조 또는 공사계약의 경우
4) 기성대가 지급 시의 기성검사는 「지방자치단체를 당사자로 하는 계약에 관한 법률」 제16조(지방자치단체의 장 또는 계약담당자는 공사·물품·용역 등의 계약을 체결한 경우에 그 계약을 적절하게 이행하도록 하기 위하여 필요하다고 인정하면 계약서·설계서 및 그 밖의 관계 서류에 따라 감독하거나 소속 공무원 등에게 그 사무를 위임하여 감독하게 하여야 한다. 다만 '대통령령으로 정하는 계약의 경우에는 전문기관을 따로 지정하여 감독하게 할 수 있으며 감독을 하는 자는 감독조서(監督調書)를 작성하여야 한다.'에 따른 감독을 하는 자가 작성한 감독조서의 확인으로 갈음할 수 있으며 감독조서의 확인으로 기성검사를 갈음하는 경우

3.1.2 정보통신감리원의 업무

① 감리원은 감독업무를 수행할 때에는 해당 공사의 설계도서·계약서 기타 관계서류 등의 내용을 숙지하고 그 공사의 특수성을 파악한 후 성실하고 효율적으로 업무를 수행하여야 하며, 공사감독자는 해당 감리용역의 내용을 파악한 후 용역과업에 대한 감독업무를 성실한 자세로 수행하여야 한다.

② 감리원은 해당 공사가 설계도서, 계약서, 공정계획표, 기타 관계서류의 내용대로 시공되는지를 공사시행 단계별로 확인·검측하고 품질·시공·안전·환경관리에 필요한 감독을 하여야 한다.

③ 감리원은 관계법령 및 지침에 따라 감리원이 보고하는 사항에 대해 적정 여부를 검토하여야 하며 민원 또는 설계변경(공기연장 포함), 예산 등이 수반되는 사항을 사전에 발주청에 보고하여야 한다. 또한 공정하게 권한을 행사하여야 하며, 품위를 손상하는 행위를 하여서는 아니 된다.

3.1.3 감리원에 대한 시정조치

발주자는 감리원이 업무를 성실하게 수행하지 아니하여 공사가 부실하게 될 우려가 있을 때에는 대통령령으로 정하는 바에 따라 그 감리원에 대하여 시정지시 등 필요한 조치를 할 수 있다.

[근거] 정보통신공사업법 제10조

3.1.4 감리원에 대한 시정지시 내용

① 정보통신공사업법 제10조(발주자는 감리원이 업무를 성실하게 수행하지 아니하여 공사가 부실하게 될 우려가 있을 때에는 대통령령으로 정하는 바에 따라 그 감리

원에 대하여 시정지시 등 필요한 조치를 할 수 있다)에 따른 시정지시 등은 다음과 같다.

1) 시정지시
2) 감리원의 변경요구(제1호의 시정지시를 이행하지 아니한 경우에만 해당한다)

② 감리원의 변경요구의 경우 용역업자는 정당한 사유가 없는 한 그 요구에 응하여야 한다.

[근거] 정보통신공사업법 시행령 제13조

3.1.5 발주자 지시 이행

감리원이 발주자의 지시에 위반된 감리업무를 수행하거나 감리업무를 소홀하게 한다고 판단되는 경우, 이에 대하여 해명하게 하거나 시정하도록 감리원에게 서면으로 지시한다.

3.1.6 공사관계자 합동회의

정보통신감리원은 발주자(지원업무수행자)가 주관하는 공사관계자 합동회의에 참석하여 필요한 경우에는 현장조사결과와 설계도면 등의 검토내용을 설명하여야 하며, 그 결과를 회의 및 협의내용 관리대장에 기록 · 관리한다.

〈제3-1호 서식〉

회의 및 협의내용 관리대장

공사명 :

일시	구분	내 용	참석자				비고
			사공관리 책임자	감리원	업무지원 담당자	기타	

3.1.7 감리업무 수행기간 확보

① 발주자는 공사를 착공하기 전에 설계도서 검토 등의 감리업무를 수행하기 위하여 필요한 기간을 확보하여야 하며 공사 준공처리, 사후관리 등을 위하여 공사 준공 후 일정기간 감리업무를 수행하게 한다.

② 현 실태 : 감리계약기간을 정보통신공사의 착공일과 정보통신공사의 준공일자와 일치하는 기간을 정하여 감리계약계약을 정하고 있으나, 정보통신공사업법시행령 제14조(감리결과의 통보) 용역업자는 법 제11조에 따라 공사에 대한 감리를 완료한 때에는 공사가 완료된 날부터 7일 이내에 감리결과를 발주자에게 통보하여야 한다. 기준으로 최소한 정보통신공사의 준공일 이후 7일 에서 14일(준공검사원 접수 후 준공검사 기간)이 필요하다.

③ 공사를 준공 후 준공처리와 준공계도서 검토 등의 감리업무를 수행하기 위하여 필요한 기간을 확보해야 한다.

1) 실시설계 후 6개월에서 1년의 경과가 지난 시기에 발주를 할 경우 : 그동안의 통신기술기준의 개정여부, 신기술적용 검토요청 감리원이 설계도서 확인검토 후 발주 전 설계도서를 검토하고 발주자가 공사발주를 시행
2) 실시설계 종료 후 6개월 이상 미발주 상태에서 공사를 발주하는 경우에 내역서의 단가변동 검토지원
3) 발주시기의 원가계산서 작성기준을 다시 확인지원
4) 실시설계 기간과 기술기준의 변경시기와 불일치할 경우 기술기준 변경에 따른 설계도서 검토지원

3.1.8 감리용역업자의 의무

① 공사의 감리를 발주받은 용역업자는 감리원에게 그 공사에 대하여 감리를 하게 하여야 한다.

② 감리원은 자기의 성명을 사용하여 다른 사람에게 감리업무를 하게 하거나 자격증을 빌려주어서는 아니된다.

③ 감리 대상인 공사의 범위, 감리원의 업무범위·배치기준과 그 밖에 감리에 필요한 사항은 대통령령으로 정한다.

[근거] 정보통신공사업법 제8조②항, ⑥항, ⑦항

3장

3.2 감리대상

3.2.1 정보통신 감리대상인 공사의 범위

① 정보통신공사업법제8조제1항에 따라 용역업자에게 감리를 발주해야 하는 공사는 제6조제1항 각 호의 공사 및 다음 각 호의 어느 하나에 해당하는 공사를 제외한 공사로 한다.

1) 「전기통신사업법」에 따른 전기통신사업자가 전기통신역무를 제공하기 위한 공사로서 총공사금액이 1억원 미만인 공사
2) 철도, 도시철도, 도로, 방송, 항만, 항공, 송유관, 가스관, 상·하수도 설비의 정보제어 등 안전·재해예방 및 운용·관리를 위한 공사로서 총공사금액이 1억원 미만인 공사
3) 6층 미만으로서 연면적 5천 제곱미터 미만의 건축물에 설치되는 정보통신설비의 설치공사. 다만 「전기통신사업법」에 따른 전기통신사업자가 전기통신역무를 제공하기 위한 공사 또는 철도·도시철도·도로·방송·항만·항공·송유관·가스관·상하수도 설비의 정보제어 등 안전·재해예방 및 운용·관리를 위한 공사로서 총공사금액이 1억원 이상인 공사는 제외한다.
4) 교체되는 기존 설비 외의 신설 부분이 제4조제1항에 따른 경미한 공사의 범위에 해당되는 공사
5) 그 밖에 공중의 통신에 영향을 미치지 아니하는 정보통신설비의 설치공사로서 과학기술정보통신부장관이 정하여 고시하는 공사

② 제1항에도 불구하고 제6조제2항제1호 및 제2호에 따른 공사로서 별표 2에 따른 감리원 자격이 있는 발주자의 소속직원이 관계법령에 따라 감리하는 공사의 경우에는 용역업자에게 발주하지 아니할 수 있되, 그 소속직원은 감리하려는 공사규모에 해당하는 제8조의3제1항에 따른 적합한 기술등급을 보유하여야 한다.

③ 정보통신설비가 설치되는 다음 각 호의 시설은 제1항제3호에 따른 건축물의 층수 및 연면적의 계산에 포함한다.

1) 지하층
2) 축사
3) 창고 및 차고
4) 그 밖에 이와 유사한 공작물 또는 건축물

[근거] 정보통신공사업법시행령 제8조

3.2.2 감리대상의 정보통신공사의 종류

① 「정보통신공사업법」 제2조제2호("정보통신공사"란 정보통신설비의 설치 및 유

지 · 보수에 관한 공사와 이에 따르는 부대공사(附帶工事)로서 대통령령으로 정하는 공사를 말한다)에 따른 정보통신설비의 설치 및 유지 · 보수에 관한 공사와 이에 따른 부대공사는 다음과 같다.

1) 전기통신관계법령 및 전파관계법령에 따른 통신설비공사
2) 「방송법」 등 방송관계법령에 따른 방송설비공사
3) 정보통신관계법령에 따라 정보통신설비를 이용하여 정보를 제어 · 저장 및 처리하는 정보설비공사
4) 수전설비를 제외한 정보통신전용 전기시설설비공사 등 그 밖의 설비공사
5) 제1호부터 제4호까지의 규정에 따른 공사의 부대공사
6) 제1호부터 제5호까지의 규정에 따른 공사의 유지 · 보수공사

② 제1항에 따른 공사의 종류는 〈표 3-1〉과 같다.

〈표 3-1〉 공사의 종류(정보통신공사업법 시행령 제2조제2항 관련)

구분	공사의 종류	공사의 예시
통신설비 공사	통신선로설비공사	통신구설비, 통신관로설비, 통신 케이블(광섬유 및 동축 케이블 · 전주 · 지지철물 · 케이블방재 · 철탑 · 배관 · 단자함 등을 포함한다) 설비 등의 공사
	교환설비공사	전자식교환(ISDN 및 전전자를 포함한다)설비, 자동식교환설비, 비동기식교환(ATM)설비, 가입자선로집중운용보전시스템설비, 집단전화교환설비, 자동호분배장치설비, 중앙과금장치설비, 신호망설비, 지능망설비, 통신처리장치설비, 사설교환(PBX · CBX)설비 등의 공사
	전송설비공사	전송단국(FLC · PCM · PDH · SDH · DACS · SONET · WDM)설비, 송 · 수신설비, 중계설비, 다중화설비, 분배설비, 전력선반송설비, 종합유선방송(CATV) 전송설비 등의 공사
	구내통신설비공사	구내통신선로 · 이동통신구내선로 · 방송공동수신설비, 전화설비, 방범설비, 방송설비, 방재설비중 정보통신설비, 수직 · 수평배관 및 배선설비, 주장비실설비, 층장비실설비, 장애자용음향통신설비, 키폰전화설비 등의 공사
	이동통신설비공사	개인이동통신(PCS)설비, 휴대용이동전화(셀룰라)설비, 주파수공용통신(TRS)설비, 무선데이터통신설비, 무선호출설비, 아이엠티 2000(IMT- 2000)설비, 위성이동휴대전화(GMPCS)설비, 시티폰설비 등의 공사
	위성통신설비공사	위성송 · 수신국설비, 위성체설비, 지상관제소설비, 발사체설비, 위성측위시스템(GPS)설비, 소형위성지구국(VSAT)설비, 위성뉴스중계(SNG)설비 등의 공사
	고정무선통신설비 공사	무선 CATV(MMDS · LMDS)설비, 방송통신융합시스템(LMCS)설비, 무선가입자망(WLL)설비, 마이크로웨이브(M/W)설비, 무선적외선설비 등의 공사
방송설비 공사	방송국설비공사	영상 · 음향설비, 송출설비, 방송관리시스템설비 등의 공사
	방송전송 · 선로 설비공사	방송관로설비, 방송케이블(전주 · 철탑 · 배관 · 단자함 등을 포함한다)설비, 전송단국설비, 송 · 수신설비, 중계설비, 다중화설비, 분배설비, 구내전송선로설비, 위성방송수신설비 등의 공사

구분	공사의 종류	공사의 예시
정보설비 공사	정보제어 · 보안 설비공사	인공지능빌딩시스템(IBS)설비, 관제(항공 · 교통 · 기상 · 주차)설비, 원격조정 · 자동제어(SCADA, TM/TC, 공장자동화 등의 정보통신설비를 포함한다)설비, 정보시스템관리설비, 방향탐지설비, 위치측정설비, 전자신호제어설비, 폐쇄회로텔레비전(CCTV)설비, 경비보안설비, 터널군관리(TGMS)설비, 수계통합자동제어설비, 수문제어설비, 홍수예경보설비, 민방공경보설비, 수도시설제어설비, 재해방지설비, 수처리(상수 · 하수 및 폐수 등을 포함한다)계측제어설비, 긴급구조시스템설비, 텔레메틱스(Telematics)설비 등의 공사
	정보망설비공사	근거리통신망(이더넷LAN · ATM-LAN · 기가비트LAN 등을 포함한다)설비, 부가가치통신망(VAN)설비, 광역통신망(WAN)설비, 정보시스템망관리(TMN)설비, 무선통신망설비, 전산시스템(CPU · C/S · 제어장치 등을 포함한다)설비, 인터넷(인트라넷 · 엑스트라넷 · 방화벽 등을 포함한다)설비, 멀티미디어설비, 컴퓨터 · 통신통합(CTI)설비, 종합정보통신망(ISDN)설비, 초고속정보망(xDSL · 케이블모뎀 등을 포함한다)설비, 판매시점관리시스템(POS), 유비쿼터스설비 등의 공사
	정보매체설비공사	화상(영상)회의시스템설비, 홈뱅킹시스템설비, 원격의료시스템설비, 원격교육시스템설비, 주문대응형비디오시스템(VOD)설비, 홈오토메이션시스템설비, 전자식전광판설비, 지리정보시스템(GIS)설비, 원격자동검침(AMR)설비, 홈네트워크(디지털홈)시스템설비, 동시통역시스템설비, 도시정보체계(UIS)설비, 공간영상정보시스템(SIIS)설비, 객실관리시스템설비 등의 공사
	항공 · 항만통신 설비공사	무지향표식(NDB)설비, 전방향표식(VOR)설비, 거리측정(DME)설비, 계기착륙(ILS)설비, 로란 및 레이다(ASDE · ASR · MSR)설비, 전술항행(TACAN)설비, 위성항행(CNS/ATM)설비, 위성항법시스템(GNSS)설비, 위성항법보정시스템(DGPS)설비, 항공운항정보(FIS)설비, 저고도돌풍경보장치(LLWAS), 소음측정시스템, 셀프이용안내(KIOSK)설비, 이동지역관리시스템(MAMS)설비, 종합정보통신시스템설비, 일반공중통신시스템설비, 통신자동화시스템설비, 통합경비보안시스템설비, 해안무선(VTS 및 해안지역 각종 통신시설)설비 등의 공사
	선박의 통신 · 항해 · 어로설비 공사	선박통신설비(GMDSS, 조난구조장치, MF · HF · VHF · SSB의 송수신기, 전파수신기, 위성통신기, SSAS, 선내지령장치 등), 선박항해설비(RADAR, 기상수신기, GPS, 전자해도장치, RDF, 측심기, NAVTEX, AIS, VDR, 풍속계, 선속계, 콤파스, 자동조타장치 등), 선박어로설비(어군탐지장치, 어망감시장치, 수온측정장치, 조류계 등) 등의 공사
	철도통신 · 신호 설비공사	역무자동화(AFC)설비, 토크백설비, 연선전화설비, 열차무선설비, 사령전화설비, 자동안내방송설비, 전자시계설비, 복합통신설비, 행선안내게시기설비, 도관전선관(HP)설비, 통신 및 신호용트로프설비, 자동열차정지장치설비, 열차집중제어장치설비, 전자식신호제어설비, 열차내이동무선공중전화설비, 여객자동안내장치설비 등의 공사
기타 설비공사	정보통신전용 전기시설설비공사	정보통신전기공급설비, 전기부식방지설비, 전력 · 전철유도방지설비, 무정전전원장치(UPS)설비, 충방전 · 전압조정설비, 전동발전기설비, 접지설비, 서지설비, 낙뢰방지설비, 잡음 · 전자파(EMI · EMC · EMS 등을 포함한다)방지설비 등의 공사

[근거] 정보통신공사업법시행령 제2조

3.2.3 공사의 제한

공사(工事)는 정보통신공사업자가 아니면 도급받거나 시공할 수 없다. 다만 다음 각 호의 어느 하나에 해당하면 그러하지 아니하다.

① 「전기통신사업법」 제6조에 따라 과학기술정보통신부장관에게 등록한 기간통신사업자가 등록한 역무를 수행하기 위하여 공사를 직접 시공(도급하는 경우는 제외한다)하는 경우

② 대통령령으로 정하는 경미한 공사를 도급받거나 시공하는 경우

③ 통신구(通信溝) 설비공사 또는 도로공사에 딸려서 그와 동시에 시공되는 정보통신 지하관로(地下管路)의 설비공사를 대통령령으로 정하는 바에 따라 도급받거나 시공하는 경우

[근거] 정보통신공사업법 제3조

3.2.4 공사제한의 예외

① 법 제3조제2호에 따라 정보통신공사업자(이하 "공사업자"라 한다) 외의 자가 도급받거나 시공할 수 있는 경미한 공사의 범위는 다음 각 호와 같다.

1) 간이무선국 · 아마추어국 및 실험국의 무선설비설치공사

2) 연면적(둘 이상의 건축물에 설비를 연결하여 설치하는 경우에는 각 건축물의 연면적 합계) 1천 제곱미터 이하의 건축물의 자가유선방송설비 · 구내방송설비 및 폐쇄회로텔레비젼의 설비공사

3) 건축물에 설치되는 5회선 이하의 구내통신선로 설비공사

4) 라우터(네트워크 연결장치) 또는 허브의 증설을 수반하지 않는 5회선 이하의 근거리통신망(LAN)선로의 증설공사

5) 다음 각 목의 공사로서 「소프트웨어 진흥법」 제48조제2항에 따라 중소 소프트웨어사업자만 참여하는 공사(6회선 이상의 근거리통신망(LAN)선로설비공사는 제외한다)

가. 서버 · 백업장비 · 주변기기 등 전산장비(이하 "전산장비"라 한다)의 설치공사 및 유지보수

나. 전산장비의 교체공사

다. 주전산장치의 성능향상을 위한 주변기기의 설치공사

라. 연면적 1천 제곱미터 이하의 건축물에 설치되는 공사로서 구내통신선로설비 · 방송설비 · 경비보안설비와 연계되지 아니하는 정보시스템 구축공사

마. 하드웨어구입비를 제외한 전체사업비 중 소프트웨어관련비(소프트웨어개발비 · 소프트웨어유지보수비 · 데이터베이스구축비 등)의 비중이 80퍼센트

이상인 정보시스템 구축공사

6) 군 및 경찰의 긴급작전을 위한 공사로서 과학기술정보통신부장관이 관계 중앙행정기관의 장과 협의하여 정하는 공사

7) 다음 각 목의 공사로서 과학기술정보통신부장관이 정하여 고시하는 공사

가. 정보통신설비의 단말기, 차량용 전화 등의 설치 또는 증설공사

나. 무선통신설비의 이전 · 변경 · 증설 또는 대체 등의 공사

다. 자기의 정보통신설비의 유지 · 보수공사

8) 제1호부터 제4호까지, 제7호 가목 및 나목의 공사와 유사한 기술수준의 공사로서 과학기술정보통신부장관이 정하여 고시하는 공사

② 법 제3조제3호에서 "대통령령으로 정하는 바에 따라 도급받거나 시공하는 경우"란 다음 각 호의 자가 단독으로 또는 공사업자와 공동으로 공사를 도급받거나 시공하는 경우를 말한다.

1) 통신구설비공사의 경우 「건설산업기본법」 제9조에 따라 토목공사업 또는 토목건축공사업의 등록을 한 자

2) 도로공사에 부수되어 그와 동시에 시공되는 정보통신 지하관로설비공사의 경우 해당 도로의 공사를 도급받아 시공하는 자

[근거] 정보통신공사업법 시행령 제4조

3.2.5 감리원의 자격기준

「정보통신공사업법」 제8조제4항(신청인이 대통령령으로 정하는 감리원의 자격에 해당하면 감리원으로 인정)에 따른 감리원의 자격기준은 등급으로 구분하여 정하며, 등급별 세부기준은 〈표 3-2〉와 같다.

[근거] 정보통신공사업법 시행령 제10조

3.2.6 감리원으로 인정받으려는 사람

① 감리원으로 인정받으려는 사람은 과학기술정보통신부장관에게 자격을 신청하여야 한다.

② 과학기술정보통신부장관은 장관에게 자격을 신청한 신청인이 대통령령으로 정하는 감리원의 자격에 해당하면 감리원으로 인정하여야 한다.

③ 과학기술정보통신부장관은 신청인을 감리원으로 인정하는 경우에는 감리원 자격증명서(이하 "자격증"이라 한다)를 그 감리원에게 발급하여야 한다.

[근거] 정보통신공사업법 제8조(감리 등) ③항, ④항, ⑤항에 규정

〈표 3-2〉 감리원의 자격(「정보통신공사업법 시행령」 제10조제1항 관련)

등급	기술자격자	학력 · 경력자	경력자
특급 감리원	기술사		
고급 감리원	1. 기사자격(기능장을 포함한다. 이하 같다)을 취득한 후 6년 이상 공사업무를 수행한 자 2. 산업기사자격을 취득한 후 9년 이상 공사업무를 수행한 자 3. 기능사자격을 취득한 후 14년 이상 공사업무를 수행한 자		
중급 감리원	1. 기사자격을 취득한 후 3년 이상 공사업무를 수행한 자 2. 산업기사자격을 취득한 후 6년 이상 공사업무를 수행한 자 3. 기능사자격을 취득한 후 12년 이상 공사업무를 수행한 자		
초급 감리원	1. 산업기사 이상의 자격을 취득한 자 2. 기능사자격을 취득한 후 6년 이상 공사업무를 수행한 자	1. 학사학위 이상의 학위를 취득한 후 1년 이상 공사업무를 수행한 자 2. 전문대학을 졸업한 후 3년(3년제 전문대학의 경우에는 2년) 이상 공사업무를 수행한 자 3. 고등학교를 졸업한 후 6년 이상 공사업무를 수행한 자 4. 「근로자직업능력 개발법」에 따른 직업능력개발훈련시설에서 1년 이상 관련 분야의 과정을 이수하고 6년 이상 공사업무를 수행한 자 또는 2년 이상 관련 분야의 과정을 이수하고 3년 이상 공사업무를 수행한 자	1. 학사학위 이상의 학위를 취득한 후 3년 이상 공사업무를 수행한 자 2. 전문대학을 졸업한 후 5년(3년제 전문대학의 경우에는 4년) 이상 공사업무를 수행한 자 3. 공사업무를 10년 이상 수행한 자

〈비 고〉

① 위 표에서 "기술자격자"란 「국가기술자격법」의 기술자격종목 중 아래의 기술자격을 취득한 자로서 법 제8조제3항 및 이 영 제9조에 따라 학력·경력 등의 관리에 필요한 사항을 제출한 자를 말하며, 경력인정방법은 기술계 정보통신기술자에 관한 기준을 준용한다.

1) 기술사 : 정보통신, 산업계측제어, 전자응용, 전자계산기, 정보관리, 전자계산조직응용, 토목구조, 토목시공 또는 철도신호
2) 기능장 : 통신설비 또는 전자기기
3) 기사 : 정보통신, 전파통신, 전파전자, 무선설비, 방송통신, 전자, 전자계산기, 반도체설계, 정보처리, 전자계산기조직응용, 토목 또는 철도신호
4) 산업기사 : 정보통신, 전파통신, 전파전자, 무선설비, 통신선로, 사무자동화, 방송통신, 전자, 전자계산기, 전자회로설계, 디지털 제어, 반도체설계, 정보처리, 토목 또는 철도신호
5) 기능사 : 통신기기, 통신선로, 정보기기운용, 전파통신, 전파전자, 무선설비, 방송통신, 전자기기, 전자계산기, 전자캐드, 정보처리 또는 철도신호

② 위 표에서 "학력·경력자"란 「초·중등교육법」 또는 「고등교육법」에 따른 해당 학교에서 통신·전자·정보처리기술관련 학과의 소정의 과정을 이수하고 졸업하거나 국내 또는 외국에서 이와 동등 이상의 학력이 있다고 인정되는 자와 「근로자직업능력 개발법」에 따른 직업능력개발훈련시설에서 1년 이상 통신·전자·정보처리기술관련 분야의 과정을 이수한 자로서 법 제8조제3항 및 이 영 제9조에 따라 학력·경력 등의 관리에 필요한 사항을 제출한 자를 말하며, 해당 전공학과의 범위와 경력인정방법은 기술계 정보통신기술자에 관한 기준을 준용한다.

③ 위 표에서 "경력자"란 통신·전자·정보처리기술관련 학과 외의 학과를 졸업하고, 공사업무를 수행한 자로서 법 제8조제3항 및 이 영 제9조에 따라 학력·경력 등의 관리에 필요한 사항을 제출한 자를 말하며, 경력인정방법은 기술계 정보통신기술자에 관한 기준을 준용한다.

④ 위 표에서 "공사업무를 수행한 자"란 정보통신공사 관련 해당 분야(토목관련 기술자격자의 경우에는 별표 1의 선로설비분야에 한정한다)에서 계획·설계·시공·시험·공사감독·감리·유지관리 또는 연구업무를 수행한 자와 통신·전자·전산 관련 병과 또는 주특기를 부여받고 군복무한 자를 말한다.

⑤ 외국인기술자에 대한 기술자격의 인정범위는 외국인 기술자의 기술자격 또는 학력·경력에 따라 인정하되 그 인정기준에 관하여는 제1호부터 제4호까지의 규정을 준용한다.

3.2.7 감리원의 인정신청

① 「정보통신공사업법」 제8조제3항(감리원으로 인정받으려는 사람은 대통령령으로 정하는 바에 따라 미래창조과학부장관에게 자격을 신청하여야 한다)에 따라 감리원으로 인정받으려는 자는 감리원인정신청서에 졸업증명서(학력사항의 기재를 원하는 경우에만 해당한다) 및 경력확인서를 첨부하여 미래창조과학부장관에게 제출하여야 한다.

② 과학기술정보통신부장관은「전자정부법」 제36조제1항에 따른 행정정보의 공동이용을 통하여 다음의 서류를 확인하여야 하며, 신청인이 그 확인에 동의하지 아니하는 경우 해당 서류(제1호의 경우에는 그 사본을 말하며, 제2호의 경우에는 「출입국관리법」 제33조에 따른 외국인등록증 사본을 포함한다)를 각각 첨부하도록 하여야 한다.

1) 국가기술자격증(국가기술자격증 소지자만 해당한다)
2) 「출입국관리법」 제88조제2항에 따른 외국인등록 사실증명(외국인의 경우에만 해당한다)

③ 감리원으로서 등급의 변경을 인정받으려는 자는 감리원등급변경신청서에 다음의 서류를 첨부하여 과학기술정보통신부장관에게 제출하여야 한다.

1) 경력확인서
2) 감리원자격증

[근거] 정보통신공사업법 시행령 제9조 규정

3.2.8 감리원의 배치

감리 대상인 공사의 범위, 감리원의 업무범위 · 배치기준과 그 밖에 감리에 필요한 사항은 대통령령으로 정한다.

[근거] 정보통신공사업법 제8조

감사정보	비 고
1. 현장의 비상주 정보통신감리원이 당해 공사가 준공될 때까지 출근 근거를 확인할 수 없고 감리원이 수행한 근거가 없다. 2. 용역비용의 반납 조치요구	

3.2.9 감리원의 배치기준

① 「정보통신공사업법」 제8조제7항(감리 대상인 공사의 범위, 감리원의 업무범위 · 배치기준과 그 밖에 감리에 필요한 사항은 대통령령으로 정한다)에 따라 용역업자는

해당 공사의 규모 및 공사의 종류에 적합하다고 인정되는 자를 감리원으로 현장에 상주시키되, 해당 공사 전반에 관한 감리업무를 총괄하는 자를 다음 각 호의 기준에 따라 배치하여야 한다. 다만, 공사가 중단된 기간은 그러하지 아니하다.

1) 총공사금액 100억원 이상 공사 : 기술사
2) 총공사금액 70억원 이상 100억원 미만인 공사 : 특급감리원
3) 총공사금액 30억원 이상 70억원 미만인 공사 : 고급감리원 이상의 감리원
4) 총공사금액 5억원 이상 30억원 미만인 공사 : 중급감리원 이상의 감리원
5) 총공사금액 5억원 미만의 공사 : 초급감리원 이상의 감리원

3장

② 용역업자는 제1항에 따라 감리원을 배치한 때에는 그 배치내용을 해당 공사의 발주자에게 통지하여야 하며, 배치된 감리원을 교체하려는 경우에는 미리 발주자의 승인을 받아야 한다.

③ 용역업자는 1명의 감리원에게 2 이상의 공사를 감리하게 하여서는 아니된다. 다만, 다음 각 호의 어느 하나에 해당하는 공사로서 발주자의 승낙을 얻은 경우에는 그러하지 아니하다.

1) 총공사금액이 2억원 미만의 공사로서 동일한 시(특별시 및 광역시를 포함한다)·군에서 행하여지는 동일한 종류의 공사
2) 이미 시공 중에 있는 공사의 현장에서 새로이 행하여지는 동일한 종류의 공사

④ 용역업자는 감리원이 감리업무의 수행기간 중 관계법령에 따른 교육을 받거나 질병 또는 유급휴가로 현장을 이탈하게 되는 경우에는 감리업무에 지장이 없도록 필요한 조치를 하여야 한다.

[근거] 정보통신공사업법 시행령 제11조

감사정보	비 고
1. 도급 금액 5억6천만원으로 감리회사에서 감리원 수가 부족하여 초급감리원을 배치하여 감독자가 감리현장 관리소홀과 묵인 사례로 감사에서 지적	

3.3 지원업무담당자의 업무

3.3.1 지원업무담당자(감독관)의 감리원 지도 · 감독

발주자가 지정한 지원업무담당자는 감리용역계약서, 감리용역과업지시서에 따라 다음의 사항에 대하여 감리원을 지도 · 감독하며 모든 지시 및 통보는 감리회사 대표자 또는 감리원을 통하여 전달 또는 시행되도록 한다.

① 감리원의 적정자격 보유여부 및 상주이행 상태
② 품위손상 여부 및 근무자세
③ 발주자의 지시사항 이행상태
④ 행정서류 및 비치서류의 처리기록 관리
⑤ 각종 보고서의 처리상태
⑥ 감리용역비 중 직접경비(감리대가기준)의 현장지급 여부 확인
⑦ 입찰참가자격심사(PQ) 기준 작성(필요한 경우)
⑧ 감리업무 수행계획서, 감리원 배치계획서 검토
⑨ 보상 담당부서에서 수행하는 통상적인 보상업무 외에 감리원 및 공사업자와 협조하여 용지측량, 기공(起工)승락, 지장물 이설확인 등의 용지보상 지원업무 수행
⑩ 감리원에 대한 지도 · 점검(근태상황 등)
⑪ 감리원이 수행할 수 없는 공사와 관련한 각종 관 · 민원업무 및 인 · 허가 업무를 해결하고, 특히 지역성 민원해결을 위한 합동조사, 공청회 개최 등 추진
⑫ 설계변경, 공기연장 등 주요사항 발생시 발주자로부터 검토와 지시가 있을 경우, 현지 확인 및 검토 · 보고
⑬ 공사관계자회의 등에 참석, 발주자의 지시사항 전달 및 감리 · 공사수행상 문제점 파악 · 보고
⑭ 필요시 기성검사 및 각종 검사 입회
⑮ 준공검사 입회
⑯ 준공도서 등의 인수
⑰ 하자발생 시 현지조사 및 사후조치
⑱ 감리의 범위 문서와 설명을 상세하게 함
⑲ 관급자재의 감리 대상 여부
⑳ 자재승인에 관련한 제품선정에 관한 검토의견을 발주처에 의견 송부와 설명

3.3.2 지원업무담당자(감독관) 수행

지원업무담당자는 당해 공사의 수행에 따른 업무연락 및 문제점 파악 · 민원해결, 용지보상 지원업무 및 감리원의 지도 · 관리 업무를 수행한다. 다만 공사의 중요성 및 현장 여건상 현장에 상주하는 것이 공사추진상 효율적이라고 인정되는 경우에는 현장 상주근무를 할 수 있다.

3.3.3 발주자의 지시사항 전달방법

지원업무담당자는 발주자의 지시사항 등을 반드시 감리원을 통하여 전달하여야 하며, 시공과 관련하여 공사업자에게 직접 지시하지 아니한다.

3.3.4 감리원이 공사중지 또는 재시공 명령

지원업무담당자는 감리원이 공사중지 또는 재시공 명령을 행사하려는 경우에는 사전에 승인을 받도록 함으로써 감리원의 권한을 제약하는 일이 발생하지 않도록 하여야 하며, 현장에서 수행한 업무내용을 지원업무수행 기록부에 기록하여 비치한다.

3.3.5 감리원 및 시공자 합동회의

지원업무담당자는 시공 전에 감리원 및 시공자와 합동으로 회의를 실시하여 이의 조정 또는 변경 여부를 검토하여 사후에 문제가 야기되지 않도록 하여야 한다.

① 건축시설과 통신배관과 배선
② 전력시설과 통신배관과 배선
③ 급·배수시설과 통신배관과 배선
④ 도시가스시설과 통신배관과 배선
⑤ 육교, 지하통로시설과 통신배관과 배선

3.3.6 민원발생 예방과 최소화

지원업무담당자는 유관기관 관련자 합동회의와 현지 여건조사, 설계서의 공법검토 등을 통하여 민원발생이 예상되는 사항을 감리원과 함께 사전에 도출하는 등 민원발생의 원인제거 또는 최소화를 위해 노력하여야 한다.

민원이 발생된 경우에는 민원해결을 위해 감리원과 시공자와 공동으로 필요한 조치를 취하거나 또는 감리원과 시공자에게 자료조사와 관련 서류를 작성하게 할 수 있다.

3.3.7 감리원의 발주청 지시에 위반조치

지원업무담당자는 감리원이 발주청의 지시에 위반된다고 판단되는 업무를 수행할 경우 이에 대하여 해명토록 하거나 시정하도록 서면 지시할 수 있다.

3.3.8 검측단 구성·운영

지원업무담당자는 발주한 공사에 대한 품질·안전 확보 및 발주청의 재산상 손해 방지 등을 위하여 관내 공사현장간 교차 또는 합동으로 점검할 수 있는 검측단을 구성·운영할 수 있다. 이 경우 발주청은 대상 통신설비 및 공종에 대한 범위와 검측단 구성·운영 방안을 마련하여 시행하여야 한다.

3.4 감리원의 기본 업무

3.4.1 감리원의 업무범위

「정보통신공사업법시행령」 제8조의2(감리원의 업무범위)는 다음과 같다.

① 공사계획 및 공정표의 검토
② 공사업자가 작성한 시공상세도면의 검토·확인
③ 설계도서와 시공도면의 내용이 현장조건에 적합한지 여부와 시공가능성 등에 관한 사전검토
④ 공사가 설계도서 및 관련 규정에 적합하게 행하여지고 있는지에 대한 확인
⑤ 공사진척 부분에 대한 조사 및 검사
⑥ 사용자재의 규격 및 적합성에 관한 검토·확인
⑦ 재해예방대책 및 안전관리의 확인
⑧ 설계변경에 관한 사항의 검토·확인
⑨ 하도급에 대한 타당성 검토
⑩ 준공도서의 검토 및 준공확인

3.4.2 감리원의 근무방법

① 감리원은 감리업무를 수행함에 있어 다음 각 호의 업무를 성실히 수행하고, 발주자와의 계약에 의하여 발주자의 감독업무의 권한을 대행한다.

1) 감리원은 관계법령과 이에 따른 명령 및 공공복리에 어긋나는 어떠한 행위도 하지 않으며, 신의와 성실로서 업무를 수행 하고, 품위를 손상하는 행위는 안 된다.
2) 감리원은 발주자와 용역업자 간에 체결된 감리용역 계약의 내용에 따라 해당 공사가 설계도서 및 기타 관계 서류의 내용대로 시공되는지 여부를 감독하고 품질관리, 시공관리, 안전관리 등에 대한 기술 지도를 한다.
3) 감리원은 담당업무와 관련하여 제3자로부터 일체의 금품, 이권 또는 향응을 받아서는 안 된다.
4) 감리원은 공사의 품질향상을 위하여 기술개발과 보급에 전력을 다하여야 한다.
5) 감리원은 감리업무를 수행함에 있어서 당해 공사의 공사계약문서, 감리과업지시서, 기타 관계규정 등의 내용을 숙지하고 당해 공사의 특수성을 파악한 후 감리업무를 수행 한다.
6) 감리원은 공사업자의 의무와 책임을 면제시킬 수 없으며, 임의로 설계를 변경시키거나, 기일연장 등 공사계약조건과 다른 지시나 결정을 하여서는 안 된다.

7) 감리원은 공사현장의 문제점이 발생되거나 시공에 관련한 중요한 변경 및 예산과 관련되는 사항에 대하여는 수시로 발주자에게 보고하고 지시를 받아 업무를 수행하여야 한다.
8) 용역업자와 감리원은 당해 공사시행 중은 물론 공사가 종료된 후라도 감사기관의 수감요구 및 문제발생으로 발주자의 출석요구가 있는 경우에는 이에 응하여야 하며, 감리업무 수행과 관련하여 발생된 사고 또는 피해발생으로 피해자가 소송제기 시 국가지정 소송업무에 대하여 적극 협력 한다.

② 상주감리원은 다음 각 호에 따라 현장 근무를 한다.
1) 상주감리원은 공사현장(공사와 관련한 외부 현장점검, 확인 등 포함)에서 배치기준에 따라 배치된 일수를 상주하여야 하며, 다른 업무 또는 부득이한 사유로 1일 이상 현장을 이탈하는 경우에는 반드시 감리업무일지에 기록하고, 서면으로 발주자(지원업무담당자)의 승인(긴급 시 유선승인)을 받아야 하며, 현장을 이탈하는 감리원 외 다른 감리원이 배치되지 않은 경우에는 동 감리업무에 지장이 없도록 용역업자는 직무대행자를 지정하는 등의 필요한 조치를 한다.
2) 상주감리원은 감리사무실 출입구 부근에 부착한 근무상황판에 현장 근무위치 및 업무내용 등을 기록 한다.
3) 용역업자는 감리원이 감리업무 수행기간 중 법에 따른 교육훈련이나 「민방위기본법」 또는 「향토예비군설치법」 등에 따른 교육을 받는 경우나 「근로기준법」에 따른 유급휴가로 현장을 이탈하게 되는 경우에는 감리업무에 지장이 없도록 직무대행자를 지정하여 업무 인계 · 인수 등의 필요한 조치를 한다.
4) 상주감리원은 발주자의 요청이 있는 경우에는 초과근무를 하여야 하며, 공사업사의 요청이 있을 경우에는 발주자의 승인을 받아 초과근무를 하여야 한다. 이 경우 대가지급은 「국가를 당사자로 하는 계약에 관한 법률」에 따른 계약예규(기술용역계약 일반조건)에서 정하는 바에 따른다.

③ 기술지원감리원은 다음 각 호에 따라 업무를 수행 한다.
1) 현장 조사 분석 및 주요 정보통신설비의 기술적 검토에 대한 상주감리원 지원
2) 설계변경 및 계약금액 조정의 심사
3) 기성 및 준공검사
4) 정기적(월 1회 이상)으로 현장 시공 상태를 종합적으로 점검·확인·평가하고 기술지도
5) 기타 감리업무 추진에 필요한 지원 업무

④ 비상주 감리원이 현장 출근시간과 현장 퇴근시간을 출근부와 감리업무일지에 기록하고, 서면으로 발주청의(지원업무담당자 경유) 확인을 받아야 하고 공사현장(공사와 관련한 외부 현장점검, 확인 등 포함) 배치된 일수를 상주하여야 한다.

⑤ 비상주감리원은 감리사무실 출입구 부근에 부착한 근무상황판에 현장 근무위치

및 업무내용 등을 기록하여야 한다.

1) 설계도서 등의 검토
2) 현장조사 분석 및 시공상의 문제점에 대한 기술검토와 민원사항에 대한 현지조사 및 해결방안 검토
3) 중요한 설계변경에 대한 기술검토
4) 설계변경 및 계약금액 조정의 심사
5) 기성 및 준공검사
6) 정기적(월 1회 이상 시행하되, 상반기와 하반기 각 1회 이상 발주청이 지정한 시기에 비상주감리원 합동시행)으로 현장 시공상태를 종합적으로 점검 · 확인 · 평가 · 기술지도를 하여야 하며, 감리전문회사 대표자는 그 결과를 발주청에 통보
7) 공사와 관련하여 발주자(지원업무수행자 포함)이 요구한 기술적 사항 등에 대한 검토
8) 근무 : 통신용 배관설치, 통신용 배선설치, 통신시스템설치, 단말기 설치 등 작업을 하기 이전 사전확인과 작업 이후 시공사와 합동으로 현장확인을 하여야 하며 시공상 여러 가지 문제점 해결과 시공 관련 부분을 지시하고 비상주 일지에 기록관리와 문서접수, 발송대장에 기록하여야 한다.

3.4.3 발주청의 감독권한을 대행

감리원은 발주자와 감리회사간에 체결된 감리용역 계약의 내용에 따라 당해 공사가 설계도서 및 기타 관계서류의 내용대로 시공되는지의 여부를 확인하고 품질관리, 시공관리, 공정관리, 안전 및 환경관리 등에 대한 기술지도를 한다. 또한 발주자의 위탁에 의하여 관계법령에 따라 발주청의 감독 권한을 대행하여야 한다.

3.4.4 감리원의 공사중지 명령

정보통신감리원은 공사업자가 설계도서 및 관련 규정의 내용에 적합하지 아니하게 해당 공사를 시공하는 경우에는 발주자의 동의를 받아 재시공 또는 공사중지명령이나 그 밖에 필요한 조치를 할 수 있다.

제1항에 따라 감리원으로부터 재시공 또는 공사중지명령이나 그 밖에 필요한 조치에 관한 지시를 받은 공사업자는 특별한 사유가 없으면 이에 따라야 한다.

[근거] 정보통신공사업법 제9조

〈제3-2호 서식〉

<table>
<tr><td colspan="10">년 월 일 요일, 누계공정 %

책임감리업무일지 날씨 : (기온 ℃)

공 사 명 :</td></tr>
<tr><td rowspan="3">주요작업상황</td><td colspan="2" rowspan="2">공 종</td><td rowspan="2">단위</td><td rowspan="2">설계량</td><td colspan="2">금 일</td><td rowspan="2">누계 작업량</td><td rowspan="2">공정(%)</td><td rowspan="2">특이사항</td></tr>
<tr><td>작업위치</td><td>작업량</td></tr>
<tr><td colspan="2"></td><td></td><td></td><td></td><td></td><td></td><td></td><td></td></tr>
<tr><td rowspan="4">감리원별 업무수행내용</td><td colspan="2">성 명</td><td>서 명</td><td colspan="5">주요업무 수행내용
(상세내용은 개인별 감리일지에 작성)</td><td>책임감리원 지시사항</td></tr>
<tr><td colspan="2">책임감리원</td><td></td><td colspan="5"></td><td></td></tr>
<tr><td colspan="2">감리원 2</td><td></td><td colspan="5"></td><td></td></tr>
<tr><td colspan="2">감리원 3</td><td></td><td colspan="5"></td><td></td></tr>
<tr><td rowspan="6">관련문서</td><td>업무 분류</td><td>문서 분류</td><td>공종 구분</td><td colspan="6">제 목 (내용요약)</td></tr>
<tr><td></td><td></td><td></td><td colspan="6"></td></tr>
<tr><td></td><td></td><td></td><td colspan="6"></td></tr>
<tr><td></td><td></td><td></td><td colspan="6"></td></tr>
<tr><td></td><td></td><td></td><td colspan="6"></td></tr>
<tr><td></td><td></td><td></td><td colspan="6"></td></tr>
<tr><td colspan="4">특 이 사 항</td><td colspan="6"></td></tr>
<tr><td colspan="10">※작성요령
1. 책임감리원 본인의 업무내용을 6하 원칙에 의거 기록함은 물론 분야별 감리원의 감리업무일지를 확인하고 그 내용을 요약정리함과 동시에 공사추진내용, 검측결과, 현장실정 보고 등을 빠짐없이 기록하고 모든 감리원에게 공람 서명토록 하여 감리원 모두가 현장내용을 파악할 수 있도록 작성합니다.
2. 주요 작업상황은 공사추진계획에 따라 당일 작업을 수행하였거나, 그와 관련된 공종에 대하여 업무수행내용을 상세히 기록하여 작성합니다.</td></tr>
</table>

〈제3-3호 서식〉

보조감리업무일지

년 월 일(요일)	기 온 :	최고 ℃ 최저 ℃	책임 감리원	

구 분	업 무 내 용
지시사항	
시간대별 업무내용	
작성자 : (서명)	

(서식 9, 을지)

구 분	업 무 내 용
시간대별 업무내용	
작성자 : (서명)	

※ 감리업무일지 작성요령

1. 감리원별 업무일지는 6하원칙에 의거 기록하며, 업무내용이 많을 경우 갑지에 기재가 원활하지 못할 경우 을지에 기록하여 책임감리원의 확인을 받아야 합니다.
2. 업무일지 작성이후에 발생된 업무가 진행상황의 파악이 어려운 경우에는 다음 날 확인을 받은 후 처리하되 업무일지에 누락되지 않도록 기록하여야 합니다.
3. 감리원은 검측업무 수행사항에 대한 검측위치, 검측시간, 검측내용, 검측결과 등을 상세하게 기록하고 이에 대한 관련 문서번호, 구두로 시정명령한 사항 등을 포함한 지적사항과 조치사항 등을 상세하게 기재합니다.
4. 감리원은 현장점검 시 동행자가 있을 경우 소속, 직책, 성명 등과 점검내용, 위치, 특정부위, 점검결과 등을 기록하고, 현장점검 중 지적된 사항과 공사업자에게 지시한 내용 등은 업무수행 근거자료이므로 상세히 기재합니다.
5. 감리원이 현장을 이탈하는 출장의 경우, 시간, 목적지, 목적 등을 기록하고 업무협의 결과, 관련 문서(또는 문서번호) 등을 기록합니다. 다만, 현장 이탈 후 당일 복귀할 경우 당일 업무일지에 기록하고, 다음 날 복귀하는 경우에는 책임감리원에게 보고한 후 발주자에게 서면보고 후 기록합니다.

〈제3-4호 서식〉

문서접수대장

공사명 :

연번	발 신	접수 일자	시행 일자	문서번호	제 목	첨부물		결재	처리	비고
						명칭	수량			

〈제3-5호 서식〉

문서발송대장							
공사명 :							
연번	수 신	발송 일자	문서번호	제 목	첨부물		비고
					명칭	수량	

3.4.5 검측업무 수행

당해 공사의 특성, 공사의 규모 및 현장조건을 감안하여 현장별로 수립한 검측 체크리스트에 따라 설계도서에서 정한 규격 및 치수 등에 대하여 시설물의 각 공종마다 육안검사 · 측량 · 입회 · 승인 · 시험 등의 방법으로 검측업무를 수행하여야 한다.

검측업무를 수행하고 그 결과를 시공자에게 통보하여야 한다.

3.5 정보통신공사업자의 의무

3.5.1 공사업자의 성실의무

공사업자는 정보통신설비의 품질과 안전이 확보되도록 공사 및 용역에 관한 법령을 준수하고 설계도서 등에 따라 성실하게 업무를 수행하여야 한다.

[근거] 정보통신공사업법 제4조

3.5.2 재시공과 공사중지 명령 이행

공사업자는 공사계약 문서에서 정하는 바에 따라 현장작업 및 시공방법에 대하여 정해진 기간 내에 완성하여야 하며, 감리원으로부터 재시공, 공사중지 명령, 기타 필요한 조치에 대한 지시를 받은 때에는 특별한 사유가 없으면 이에 응하여야 한다.

3.5.3 정보통신기술자의 배치

① 공사업자는 공사의 시공관리와 그 밖의 기술상의 관리를 하기 위하여 대통령령으로 정하는 바에 따라 공사 현장에 정보통신기술자 1명 이상을 배치하고, 이를 그 공사의 발주자에게 알려야 한다.

② 제1항에 따라 배치된 정보통신기술자는 해당 공사의 발주자의 승낙을 받지 아니하고는 정당한 사유 없이 그 공사현장을 이탈하여서는 아니된다.

③ 발주자는 제1항에 따라 배치된 정보통신기술자가 업무수행의 능력이 현저히 부족하다고 인정되는 경우에는 수급인에게 정보통신기술자의 교체를 요청할 수 있다. 이 경우 수급인은 정당한 사유가 없으면 이에 따라야 한다.

[근거] 정보통신공사업법 제33조

3.5.4 정보통신기술자의 현장배치기준

①「정보통신공사업법」 제33조제1항에 따라 공사의 현장에 배치하여야 하는 정보통신기술자는 해당 공사의 종류에 상응하는 정보통신기술자이어야 한다.

② 공사업자는 공사가 시공 중인 때에는 다음 각 호의 구분에 따라 정보통신기술자를 현장에 상주하게 하여 공사관리를 하여야 한다. 다만, 공사가 중단된 기간은 그러하지 아니하다.

1) 도급금액이 5억원 이상의 공사 : 중급기술자 이상인 정보통신기술자
2) 도급금액이 5천만원 이상 5억원 미만인 공사 : 초급기술자 이상인 정보통신기술자

③ 공사현장에 배치된 정보통신기술자는 공사에 따른 위험 및 장해가 발생하지 아니하도록 모든 안전조치를 강구하여야 하며, 관계법령에 따라 그 업무를 성실히 수행하여야 한다.

④ 공사업자는 다음 각 호의 어느 하나에 해당하는 경우에는 발주자의 승낙을 얻어 1명의 정보통신기술자에게 2개의 공사를 관리하게 할 수 있다.

1) 도급금액이 1억원 미만의 공사로서 동일한 시(특별시 및 광역시를 포함한다) · 군에서 행하여지는 동일한 종류의 공사
2) 이미 시공 중에 있는 공사의 현장에서 새로이 행하여지는 동일한 종류의 공사

[근거] 정보통신공사업법 시행령 제34조

제4장 정보통신공사의 착공전 감리업무

4.1 공사의 착공전 업무

4.1.1 감리배치신고 업무

① 배치신고 근거

1) 정보통신공사업법 제8조(감리 등) 1. 발수자는 용역업자에게 공사의 감리를 발주하여야 한다.
2) 제1항에 따라 공사의 감리를 발주 받은 용역업자는 감리원에게 그 공사에 대하여 감리를 하게 하여야 한다. 이 경우 감리원의 업무범위와 공사의 규모 및 종류 등을 고려한 배치 기준은 대통령령으로 정한다.
3) 제1항에 따라 공사의 감리를 발주 받은 용역업자가 감리원을 배치(배치된 감리원을 교체하는 경우를 포함한다. 이하 이 조에서 같다)하는 경우에는 발주자의 확인을 받아 그 배치현황을 특별시장 · 광역시장 · 특별자치시장 · 도지사 또는 특별자치도지사(이하 “시 · 도지사”라 한다)에게 신고하여야 한다. 〈신설 2018. 12. 24.〉
4) 제1항에 따른 감리 대상인 공사의 범위, 제3항에 따른 감리원의 배치현황 신고방법 · 절차, 그 밖에 감리에 필요한 사항은 대통령령으로 정한다.

4.1.2 감리원의 배치기준

① 감리원의 배치기준 근거 법 : 정보통신공사업법시행령 제8조의3(감리원의 배치기준 등) 1. 용역업자는 법 제8조제2항 후단에 따라 다음 각 호의 기준에 따른 감리원을 공사가 시작하기 전에 1명 배치해야 한다. 이 경우 용역업자는 전체 공사기간 중 발주자와 합의한 기간(공사가 중단된 기간은 제외한다)에는 해당 감리원을 공사 현장에 상주하도록 배치해야 한다.

1) 총공사금액 100억원 이상 공사 : 특급감리원(기술사 자격을 가진 자로 한정한다)
2) 총공사금액 70억원 이상 100억원 미만인 공사 : 특급감리원
3) 총공사금액 30억원 이상 70억원 미만인 공사 : 고급감리원 이상의 감리원
4) 총공사금액 5억원 이상 30억원 미만인 공사 : 중급감리원 이상의 감리원
5) 총공사금액 5억원 미만의 공사 : 초급감리원 이상의 감리원

② 용역업자는 제1항에 따라 감리원을 배치한 때에는 그 배치내용을 해당 공사의 발주자에게 통지해야 하며, 배치된 감리원을 교체하려는 경우에는 미리 발주자의 승인을 받아야 한다.

③ 용역업자는 1명의 감리원에게 둘 이상의 공사를 감리하게 해서는 안된다. 다만 다음 각 호의 어느 하나에 해당하는 공사로서 발주자의 승낙을 얻은 경우에는 그렇지 않다.

1) 총공사금액이 2억원 미만의 공사로서 다음 각 목의 어느 하나에 해당하는 공사
   가. 동일한 시(특별시 · 광역시 및 특별자치시를 포함한다) · 군에서 행해지는 동일한 종류의 공사
   나. 공사 현장 간의 직선거리가 20킬로미터 이내인 지역에서 행해지는 동일한 종류의 공사
2) 이미 시공 중에 있는 공사의 현장에서 새로이 행해지는 동일한 종류의 공사

④ 용역업자는 제1항 각 호 또는 제3항제1호의 기준에 따라 감리원을 배치한 이후에 설계변경 또는 물가변동 등의 사유로 총공사금액이 변경되는 경우에는 변경된 총공사금액에 적합하게 감리원을 배치해야 한다. 다만 최초 총공사금액의 100분의 10 미만의 범위에서 변경되는 경우에는 기존에 배치된 감리원에게 감리업무를 계속 수행하게 할 수 있다.

⑤ 용역업자는 감리원이 감리업무의 수행기간 중 관계법령에 따른 교육을 받거나 질병 또는 유급휴가로 현장을 이탈하게 되는 경우에는 감리업무에 지장이 없도록 필요한 조치를 해야 한다.

⑥ 용역업자는 제1항에 따라 감리원을 배치하려는 경우 발주자와 합의하여 감리원이 공사 현장에 상주해야 하는 기간 및 추가로 배치하려는 감리원 수를 산정할 때 법 제6조제3항제2호에 따른 감리업무 수행기준 또는 「엔지니어링산업 진흥법」 제31

조제2항에 따른 엔지니어링사업의 대가 산정기준(표준품셈 등을 말한다)을 이용할 수 있다. [본조신설 2019. 8. 6.]

4.1.3 감리원 배치현황의 신고

① 감리원 배치현황의 신고 근거 : 정보통신공사업법시행령 제8조의4(감리원 배치현황의 신고 등) ① 용역업자는 감리원을 배치(배치된 감리원을 교체하는 경우를 포함한다. 이하 이 조에서 같다)하는 경우에는 법 제8조제3항에 따라 해당 공사를 시작한 날부터 30일 이내(해당 공사가 30일 이내에 완료되는 경우에는 해당 공사가 완료되기 전)에 감리원 배치현황 신고서(전자문서를 포함한다)에 다음 각 호의 서류(전자문서를 포함한다)를 첨부하여 특별시장 · 광역시장 · 특별자치시장 · 도지사 또는 특별자치도지사(이하 "시 · 도지사"라 한다)에게 제출해야 한다.

1) 감리원 배치계획서(발주자의 확인을 받은 것을 말한다)
2) 공사감리용역계약서 사본
3) 별표 2에 따른 감리원의 등급을 증명하는 서류
4) 공사 현장 간 거리도면(제8조의3제3항제1호나목에 따라 공사감리를 하는 경우로 한정한다)

② 제1항에 따라 신고를 받은 시 · 도지사는 「전자정부법」 제36조제1항에 따른 행정정보의 공동이용을 통하여 다음 각 호의 서류를 확인해야 한다. 다만 신청인이 각 호의 확인에 동의하지 않는 경우에는 해당 서류를 첨부하도록 해야 한다.

1) 감리원의 국민연금가입자 가입증명 또는 건강보험 자격득실 확인서(제8조제2항에 따라 공사감리를 하는 경우로 한정한다)
2) 용역업자임을 증명하는 등록(신고)증

③ 시 · 도지사는 제1항에 따라 감리원 배치현황을 신고한 자가 감리원 배치확인서의 발급을 신청하는 경우에는 이를 발급해야 한다. [본조신설 2019. 8. 6.]

4.1.4 감리원 배치현황 신고 방법

① 감리원 배치현황 신고 근거 법 : 정보통신공사업법 시행에 관한 규정 제2조의2(감리원 배치현황 신고서식 등) 1. 정보통신공사업법 시행 제8조의4제1항에 따른 감리원 배치현황 신고서는 별지 제6호의2서식과 같다.

② 정보통신공사업법시행령 제8조의4제3항에 따른 감리원 배치확인서는 별지 제6호의 3서식과 같다.

〈제4-1호 서식〉

■ 정보통신공사업법 시행에 관한 규정 [별지 제6호의2서식]

감리원 배치현황

[ ]신고서
[ ]변경신고서

([ ]용역업자 [ ]자체감리)

※ 색상이 어두운 난은 신청인이 적지 않습니다. (앞쪽)

접수번호	접수일자	처리일자	처리기간 7 일

발주자	성명(기관 또는 법인명)		대 표 자	
			전화번호	
	주 소			
신고인 (용역업자)	상 호		신고(등록)번호	제 호
	대 표 자		전 화 번 호	
	영업소소재지			
공사업자 (시공자)	상 호		정보통신공사업 등 록 번 호	제 호
	대 표 자		전 화 번 호	
	영업소소재지			

항목	내용	항목	내용
용역명 및 현장주소			
공사의 종류		연면적/규모(층)	제곱미터/지하 층, 지상 층
건축허가번호		건축허가일자	. . .
착공예정일자	. . .	준공예정일자	. . .
총공사금액		공사기간	~

구분	직무	등급	성명	감리원 자격증	배치기간(일수)
감리원 배치현황 (또는변경 전)					
배치변경					
	변경사유 :				

구분	직무	등급	성명	감리원 자격증	용역명 (총공사금액)	배치기간(일수)
2이상의 공사 감리						

「정보통신공사업법」 제8조제3항 및 같은 법 시행령 제8조의4제1항에 따라 위와 같이 감리원 [ ]배치현황신고 [ ]배치현황 변경신고를 합니다.

년 월 일

신 고 인 (서명 또는 인)
확 인 자 (서명 또는 인)
(발 주 자)

○○시장(도지사) 귀하

210㎜×297㎜[백상지(80g/㎡)]

신청인 제출서류	1. 감리원 배치계획서(발주자의 확인을 받은 것을 말합니다) 1부 2. 공사감리용역계약서 사본 1부 3. 별표2에 따른 감리원의 등급을 증명하는 서류 1부 4. 공사 현장간 거리도면(영 제8조의3제3항제1호나목에 따라 공사감리를 하는 경우만 해당합니다) 5. 감리원의 재직증명서(영 제8조제2항에 따라 발주자의 소속직원이 공사감리를 하는 경우만 해당합니다)	수수료 없음
담당공무원 확인사항	1. 용역업자(법 제2조제7호에 따른 용역업을 경영하는 자)임을 증명하는 등록(신고)증 2. 감리원의 국민연금가입자 가입증명 또는 건강보험 자격득실 확인서(영 제8조제2항에 따라 발주자의 소속직원이 공사감리를 하는 경우만 해당합니다)	

작 성 방 법

1. 용역명: 공사감리용역계약서와 동일하게 기재
2. 연면적 및 규모: 건축허가서상의 연면적 및 규모(지하/지상 층수) 기재
3. "건축허가번호" 및 "건축허가일자"란은 건축물에 설치되는 공사를 감리하는 경우만 기재합니다.
4. 총공사금액: 도급금액에 발주자가 공급하는 자재비를 포함하는 금액
5. "감리원 배치 현황"란은 아래와 같이 구분하여 적습니다.
   가. 직무: 배치 감리원을 총괄(상주), 보조(상주), 기술지원으로 구분하여 기재
   나. 등급: 배치 감리원을 초급, 중급, 고급, 특급, 특급(기술사)으로 구분하여 기재
   다. 감리원 자격증: 감리원 자격증 번호 기재
   라. 감리원 배치기간: 배치 감리원의 감리 시작일부터 종료일까지의 전체기간 및 실제 배치일수(예정기간/예정일수) 기재

행정정보 공동이용 동의서

본인은 이 건 업무처리와 관련하여 위탁기관이 「전자정부법」 제36조제1항에 따른 행정정보의 공동이용을 통하여 위의 담당 공무원 확인사항을 확인하는 것에 동의합니다. (※ 동의하지 않는 경우에는 신청인이 직접 관련 서류를 제출하여야 합니다)

신청인 (서명 또는 인)

■ 정보통신공사업법 시행에 관한 규정 [별지 제6호의3서식]

감리원 배치확인서
([ ]용역업자 [ ]자체감리)

※ 색상이 어두운 난은 신청인이 적지 않습니다. (앞쪽)

접수번호	접수일자	처리일자	처리기간 3 일

발주자	성명(기관 또는 법인명)		대 표 자	
			전화번호	
	주 소			

신고인 (용역업자)	상 호		신고(등록)번호	제 호
	대 표 자		전 화 번 호	
	영업소소재지			

공사업자 (시공자)	상 호		정보통신공사업 등 록 번 호	제 호
	대 표 자		전 화 번 호	
	영업소소재지			

용역명 및 현장주소			
공사의 종류		연면적/규모(층)	제곱미터/지하 층, 지상 층
건축허가번호		건축허가일자	. . .
착공예정일자	. . .	준공예정일자	. . .
총공사금액		공사기간	~

감리원 배치현황 (또는 변경전)	직무	등급	성명	감리원 자격증	배치기간(일수)
배치변경					
	변경사유 :				

2이상의 공사 감리	직무	등급	성명	감리원 자격증	용역명 (총공사금액)	배치기간(일수)

「정보통신공사업법」 시행령 제8조의4제3항에 따라 위와 같이 감리원 배치현황을 신고(변경신고) 하였음을 확인합니다.

년 월 일

ㅇㅇ시장(도지사) 직인

210㎜×297㎜[백상지(80g/㎡)]

〈제4-2호 서식〉

4.1.5 감리소요인력 산정, 배치, 신고 방법

① 정보통신공사업법시행령 제8조의3 제1항 및 제6항에서 정한 바에 따라 해당공사의 규모 및 공사의 종류에 적합하다고 인정되는 감리원의 인원수, 현장상주기간 및 감리비용 산정은「엔지니어링산업 진흥법」제31조제2항에 따른 엔지니어링사업의 대가기준(표준품셈)을 이용하여 정한다.

② 용역업자는 제1항에서 정하는 감리원을 공사가 시작하기 전에 1명 배치해야 하며, 전체 공사기간 중 발주자와 합의한 기간에는 해당감리원을 공사 현장에 상주하도록 배치해야 한다.

③ 감리원의 현장배치 기간은 해당 정보통신설비의 공사일정에 따라 발주자와 합의하여 결정하되, 공사착수 이전부터 해당공사 감리업무가 완료되는 날까지 적정하게 배치하여야 한다.

④ 제2항에 따라 현장에 배치되는 책임감리원 또는 보조감리원이 공사의 전체기간 동안 상주 배치되지 아니할 경우에는 그 감리원을 다른 감리현장에 상주 배치할 수 있다.

⑤ 기술지원감리원은 고급감리원 이상으로서 해당 공사에 배치하되 둘 이상(최대 아홉 군데)의 해당공사에 중복하여 배치할 수 있으나, 상주감리원(책임감리원 및 보조감리원)을 겸할 수 없다.

⑥ 용역업자는 제2항에 따라 감리원을 배치하는 경우 감리원의 퇴직 · 질병 등 부득이한 사유로 배치계획을 변경하여 배치하고자 하는 때에는 미리 발주자의 승인을 얻어 교체 · 배치하여야 한다.

⑦ 용역업자는 감리원을 배치(배치된 감리원을 교체하는 경우를 포함)하는 경우 법 제8조제8항 및 영 제8조의4의 규정에 따라 해당공사의 착공일로부터 30일 이내에 관할 광역지자체의 장에게 정보통신공사업법 시행에 관한 규정[별지서식]에 의거「감리원배치현황」을 신고하여야 한다.

4.1.6 현장출장 조사와 당초 설계내용 확인

감리자는 현장출장 조사를 통하여 설계도서와 일치하는지에 대하여 시공 전에 시공대책을 수립하여 검토 · 협의한다.

① 현지조사 사항의 검토

② 안전관리 대책수립 사항의 검토 · 확인

③ 감리자는 설계도면, 설계설명서, 공사비 산출내역서, 기술계산서, 공사계약서의 계약내용과 해당 공사의 조사 설계보고서

④ 감리자는 현지 확인결과 당초설계 내용의 변경이 필요한 경우에는 시공자, 건축주와 설계변경에 관련된 내용을 협의한다.

4.1.7 감리업무 수행계획서

① 용역업자는 감리용역계약 즉시 상주 및 기술지원감리원의 투입 등 감리업무 수행준비에 대하여 발주자와 협의하여야 하며, 계약서상 착수일에 감리용역을 착수하여야 한다. 다만, 감리대상 공사의 전부 또는 일부가 발주자의 사정 등으로 계약서상 착수일에 감리용역을 착수할 수 없는 경우에는 발주자는 실 착수시점 및 상주감리원 투입시기 등을 조정하여 용역업자에게 통보하여야 한다.

② 용역업자는 감리용역 착수 시 다음 각 호의 서류를 첨부한 착수신고서(별지서식 3)를 제출하여 발주자의 승인을 받아야 한다.

1. 감리업무 수행계획서
2. 감리비 산출내역서
3. 상주감리원, 기술지원감리원 배치계획서와 감리원의 경력확인서
4. 감리원 조직 구성내용과 감리원별 투입기간 및 담당업무

③ 입찰참가자격사전심사(P.Q)에 의해 용역업자로 선정된 경우 제2항제3호의 감리원은 입찰참가제안서에 명시된 자로 하여야 한다. 다만 부득이한 사유로 감리원을 교체하려는 경우 기술자격, 학·경력 등을 종합적으로 검토하여 감리업무수행 능력이 저하되지 않는 범위 내에서 발주자의 사전 승인을 받아야 한다.

④ 발주자는 제2항제3호 및 제4호의 내용을 검토하여 감리원 또는 감리조직 구성 내용이 해당 공사현장의 공종 및 공사 성격에 적합하지 아니하다고 인정될 경우에는 용역업자에게 그 사유를 명시하여 서면으로 변경을 요구할 수 있으며, 변경요구를 받은 용역업자는 특별한 사유가 없는 한 이에 응하여야 한다.

⑤ 발주자의 승인을 받은 감리원은 업무의 연속성, 효율성 등을 고려하여 특별한 사유가 없으면 감리용역이 완료될 때까지 근무하여야 한다.

⑥ 책임감리원과 보조감리원은 개인별로 업무를 분담하고 그 분담 내용에 따라 업무수행계획을 수립하여 과업을 수행하여야 한다.

⑦ 감리원은 시공과 관련하여 공사업자에게 각종 인·허가사항을 포함한 제반법규 등을 준수하도록 지도·감독하여야 하며, 발주자가 받아야 하는 인·허가 사항은 발주자에게 협조·요청하여야 한다.

⑧ 감리원은 현장에 부임하는 즉시 사무소, 비상연락처 및 전자우편주소 등을 발주자에게 보고하여 업무연락에 차질이 없도록 하여야 하며, 연락처 등이 변경된 경우에도 즉시 보고하여야 한다.

4.1.8 감리 사무실의 설치

① 발주자 또는 공사업자가 제공하는 감리사무실은 공사규모 및 현장실정에 부합되도

록 업무용 사무실과 상황실 등을 발주자와 협의하여 감리업무에 지장이 없도록 설치한다.

② 감리원의 업무용 사무실 내에는 되도록 지원업무담당자의 자리를 배치토록하며, 발주자 요구 및 현장의 중요도 또는 위험도에 따라 다음의 각 호와 같이 제한구역 및 통제구역을 설정하고 출입자를 철저히 단속하도록 하여야 한다.
  1) 상황실 : 통제구역(필요시)
  2) 감리사무실 : 제한구역
  3) 현장사무실 부지 : 제한구역

③ 현장사무실 부지 입구에 출입자를 통제할 수 있는 시설을 공사업자에게 설치토록 하고, 필요시 통제구역 및 제한구역 내의 출입기록부를 비치하여 관리하여야 한다.

④ 감리원 사무실에는 각종 사무용 집기 및 기자재 · 장비 · 기구를 감리업무에 지장이 없도록 비치하고 설계도서 보관함, 서류함 및 캐비넷 등에는 정 · 부 책임자의 명패를 부착하여 관리하여야 한다.

4장

4.1.9 공사현장사무소, 작업장 부지 선정 및 공사표지판 설치

① 감리원은 공사 착공과 동시에 공사업자에게 다음 각 호에 따른 가설시설물의 면적, 위치 등을 표시한 가설시설물 설치계획표를 작성하여 제출하도록 하여야 한다.
  1) 공사용 도로(필요시)
  2) 가설사무소, 작업장, 창고, 숙소, 식당 및 기타 부대설비
  3) 자재 야적장
  4) 공사용 임시전력, 용수, 연락처 등
  5) 공해방지시설(필요 시)

② 감리원은 제1항에 따른 가설시설물 설치계획에 대하여 다음 각 호의 내용을 검토하고 지원업무담당자와 협의하여 승인하여야 한다.
  1) 가설시설물의 규모는 공사규모 및 현장여건을 고려하여 정하여야 하며, 위치는 감리원이 공사 전 구간의 관리가 용이하도록 공사 중의 동선계획을 고려한다.
  2) 가설시설물이 공사 중에 이동, 철거되지 않도록 지하구조물의 시공위치와 중복되지 않는 위치를 선정한다.
  3) 가설시설물에 우수가 유입되지 않도록 대지조성 시공기면(F.L : Floor Level)보다 높게 설치하여, 홍수 시 피해발생 가능성 여부 등을 고려한다.
  4) 식당, 세면장 등에서 사용한 물의 배수가 용이하고 주변 환경을 오염시키지 않도록 조치한다.
  5) 가설시설물의 이용 등으로 인하여 인접 주민들에게 공해를 발생하는 등 민원이 발생하지 않도록 조치한다.

③ 감리원은 공사업자가 공사안내표지판을 설치하는 경우 표지판의 제작방법, 크기, 설치장소 등이 포함된 표지판 제작설치계획서를 제출 받아 검토한 후 설치하도록 하여야 한다.

④ 공사현장의 표지는 공사 시작 일부터 준공 전일까지 게시 · 설치하여야 한다

4.1.10 착공신고서 검토 및 보고

① 감리원은 공사가 착공된 경우에는 공사업자로부터 다음 각 호의 서류가 포함된 착공신고서를 제출받아 적정성 여부를 검토하여 7일 이내에 발주자에게 보고하여야 한다.

1) 정보통신기술자 지정통지서(현장관리조직, 현장기술자, 안전관리자)
2) 정보통신공사 예정공정표
3) 품질경영계획서
4) 공사도급 계약서 및 산출내역서 사본
5) 착공 전 사진(필요시)
6) 현장기술자 경력사항 확인서 및 자격증 사본
7) 안전 및 환경경영계획서
8) 작업인원 및 장비투입 계획서
9) 기타 발주자가 지정한 사항

② 감리원은 다음 각 호를 참고하여 착공신고서의 적정여부를 검토하여야 한다.

1) 계약내용의 확인
   가. 공사기간(착공 ~ 준공)
   나. 기타 공사계약문서에 정한 사항
2) 현장기술자의 적격여부
   가. 정보통신기술자 : 「정보통신공사업법 시행령」 제34조
   나. 안전관리자 : 「산업안전보건법」 제17조
3) 정보통신공사 공정예정표 : 작업 간 선행 · 동시 및 완료 등 공사 전 · 후 간의 연관성이 명시되어 작성되고, 예정 공정률이 적정하게 작성되었는지 확인
4) 품질관리계획서 : 정보통신공사 공정예정표에 의거 정보통신기자재의 수급계획, 시험방법, 빈도 등이 적정하게 반영되었는지 확인
5) 착공 전 사진 : 전경이 잘 나타나도록 촬영되었는지 확인
6) 안전관리계획서 : 산업안전보건법령에 따른 해당 규정 반영여부
7) 작업인원 및 장비투입계획서 : 공사의 규모 및 성격, 특성에 맞는 장비형식이나 수량의 적정여부 등

4.1.11 정보통공사의 착공 전 감리원의 업무범위 이행

정보통신공사업법시행령제8조의2(감리원의 업무범위) 법 제8조제2항 후단에 따른 감리원의 업무범위는 다음 각 호와 같다.

① 공사계획 및 공정표의 검토
② 공사업자가 작성한 시공상세도면의 검토 · 확인
③ 설계도서와 시공도면의 내용이 현장조건에 적합한지 여부와 시공가능성 등에 관한 사전검토
④ 공사가 설계도서 및 관련규정에 적합하게 행해지고 있는지에 대한 확인

4.1.12 시공계획서 검토 개요

착공을 하기 전에 공사의 모든 전반에 대하여 예정공정표를 작성하고 자재수급계획, 인력 확보계획, 안전관리계획 등 공사를 수행하는데 필요한 내용을 사전에 계획하는 업무를 말한다.

① 시공계획의 주요 내용
  1) 계획시기 : 착공 전 공사 진행 절차와 공사의 투입예산, 투입장비, 투입자재, 인력 투입 계획, 안전 대책 등 구체적인 공사 방법을 명시한 계획
  2) 계획내용 : 정보통신공사의 안전성, 경제성, 신뢰성의 확보를 위해서 계획을 세우고 이에 따른 공사 예정 공정표를 작성하여 일정관리를 위하여 각 공종별 작업의 순서 및 방법 등의 계획서 검토

② 착수 회의
  1) 회의 대상 : 발주기관의 부서별 담당자와 설계 용역사의 각 공사종류별 설계업무 담당자간 집합회의를 개최하여 수행계획 설명과 수행에 따른 문제점 및 보완이 필요한 사항을 협의하고 예정공정표 기준으로 주간공정 보고와 월간공정 보고 등의 협의

4.1.13 설계도서 검토

시공자에게 설계도서를 검토하고 결과서를 통보받는다.

① 설계도서에 오류와 누락을 확인하고 기본설계대로 시공이 가능한지 설계도서를 검토한다.
  1) 설계기준을 준비하여 비교 검토 : 방송통신설비의 기술기준에 관한 규정, 접지설비 · 구내통신설비 · 선로설비 및 통신 공동구 등에 대한 기술기준, 방송공동수신설비 설치기준 등

2) 공사시방서 검토 : 공사를 시행 하는 과정에 유의사항 시공자의 제출 서류 등의 내용을 검토한다.
3) 평면도면 검토 : 설계도면의 목록, 표제란, 도면의 배관, 케이블 경로, 통신장비의 설치장소, 계통도, 평면도, 통신실의 면적, 접지시설, 등을 검토한다.
4) 자재산출서 검토 : 현장에 투입되는 각종 자재를 층별, 현장별로 나누어 집계한 산출서를 검토한다.
5) 인력산출서 검토 : 현장에 투입되는 각종 인력을 층별, 현장별 나누어 집계한 산출서를 검토한다.
6) 설계내역서 검토 : 원가계산서, 총괄표, 내역서(을지), 일위대가 목록, 산출근거서, 작성이 적합한지 검토한다.
7) 설계도서 검토 체크리스트 예시

설계도서 검토 체크리스트		
검토대상	검토결과	해결방안
1. 원가계산서의 자재비, 노무비, 경비, 일반관리비, 이윤, 부가세 등 계산내용은 적정한지 확인한다.		
2. 내역서의 수량과 산출서 수량이 맞는지 검토한다.		
3. 관련 법령을 검토한다.		
4. 장비설치 장소와 도면과 일치 확인한다.		
5. 투입되는 통신장비별 자재 수량을 검토 한다.		
6. 전원설비 규모 검토한다.		
7. 기술계산서와 각종 조사서를 검토한다.		
8. 공사시방서를 검토한다.		
9. 설계기술자의 기명날인 검토한다.		
10. 설계도서는 통신기술기준에 적합한지 검토한다.		
11. 설계도서의 누락과 오류를 확인한다.		
12. 발주자의 현장 설명과 설계도면과 일치 여부를 한다.		
13. 시공시 발생할 문제점을 확인한다.		
14. 케이블 경로를 도면에 표기 하였는지 확인한다.		
15. 통신시스템 구축의 계통도를 검토한다.		
16. 공사의 공종별 도면과 내역서 구분 설계를 확인한다.		
년 월 일 작성자 : 현장대리인 성명 : (인)		

4.1.14 정보통신공사 시공계획서 검토

① 시공계획서 검토 근거 법 : 정보통신공사업법시행령 제8조의2(감리원의 업무범위) 법 제8조제2항 후단에 따른 감리원의 업무범위는 다음 각 호와 같다.

1) 공사계획 및 공정표의 검토

② 시공 계획서 목차

1) 현장대리인계
2) 안전관리자 선임계
3) 공사현장 조직표
4) 공정예정표 내용
5) 공사관리계획
6) 공정관리계획
7) 품질관리 및 안전관리계획
8) 공사계획 및 공정표의 검토

4장

공 종	공종 비율 100%	( )정보통신공사 예정공정표 확인 시공회사 : ( ) 정보통신(주) 작성자 : 현장대리인( ) (인) 공사기간 : 년 월 일 ~ 년 월 일 작성일 : 년 월 일												
		세부공종	1	2	3	4	5	6	7	8	9	10	11	12
구내통신 선로 설비공사		배관공사 단자함설치												
		배선공사												
		접지공사												
이동통신 구내선로 설비공사		배관공사												
		배선공사												
		기기설치												
방송공동 수신설비 설치공사		배관공사												
		배선공사												
		기기설치												

CCTV설비공사		배관공사												
		배선공사												
		기기설치												
구내방송 장비설치 공사		배관공사												
		배선공사												
		기기설치												
네트워크 장비설치 공사		배관공사												
		배선공사												
		기기설치)												
공정률	계획공정(100%)													
	실행공정(100%)													
	누계공정(100%)													

③ 공사관리 계획

1) 현장 운영방침

가. 경영자 현장 운영방침

- 최고의 기술
- 정확한 점검
- 완벽한 시공

나. 현장소장 현장 운영방침

- 품질 안전시공으로 발주처 시공만족
- 품질관리 세부사항 철저히 실천
- 안전관리 세부사항 철저히 실천

④ 중점관리 목표

1) 중점 관리사항

가. 공사기간

- 타 공정과 협의 능동적인 공사수행
- 일일점검에 의한 공사관리
- 자재 및 인원 적기 투입
- 차질 없는 공정관리

나. 품 질

- 자재 중간 및 입고시 검사 철저

- 시공도면 검토
- SHOP DWG을 활용한 정확한 시공
- 품질 높은 자재 설치

다. 자재 관리
- 자재 승인
- SHOP DWG을 활용한 장비 LAY OUT 조정
- 대체자재 품목 발굴

라. 안 전
- 안전보호구 착용 생활화
- 안전의식 교육강화
- 무재해 달성

⑤ 공정관리 계획

1) 세부 공정의 시공절차 및 관리

가. 일반적인 시공절차 및 방법

• 시공 발주전 협의 검토
- 시방서 및 도면 검토
- 유사 공사 현장방문
- 각 공종별 품질관리 계획서 작성
- 장비 반입구 검토 후 건축에 반영 요청

• 자재 발주 후 관리
- 생산공장 방문
- 자재 반입계획 작성
- SAMPLE CHECK
- 공장제품은 현장 반입 전 공장 검수, 시험 후 합격품만 현장반입
- 발주처의 직접 발주 자재 및 시공에 적극적으로 참여

• 시공 중 관리
- 시공상의 문제점 파악
- 주요공정 품질 검정사항 중점체크
- 시공 CHECK LIST 작성
- 장비 성능 TEST 실시
- 타 공사의 문제점을 조기에 발취 및 타 공사와 협조
- 시공 예정 공정에 의거한 숙련된 기능공의 적기투입 및 자재입고

• 마감공사 시행 시
- 타공사의 마감공사와 통신설비의 일치여부
- 바닥 배관의 방수층 손상여부 확인

- 벽의 미장 공사를 하기전 매입 배관 및 매입 BOX 수평, 수직 확인
- 각종 단자함 위치 확인
- 층 통신실, EPS실 위치 학인

나. 공정별 중점관리

• 터파기 공사 완료 후
- 접지공사 시행 및 저항 TEST

• 콘크리트 공사 시행 후 배관 관리
- 각종 SLEEVE 위치 확인
- 배관공사 검토 확인
- 배관 위치 확인
- 각종 BOX 위치 수평, 수직 확인

⑥ 품질관리 계획

1) 품질관리 목표

가. 품질관리 목표
- 최상의 품질과 발주자에게 신뢰성 확보
- 체계적인 품질관리 활동, 성실시공, 완벽시공
- 시방서, 설계도서, 지시사항의 정확한 파악

나. 품질관리 방침.
- 기술력과 품질을 기반으로 전 직원이 총체적인 품질경영 활동에 참가함
- 완벽시공, 성실시공의 실천 및 고객의 만족을 창조함
- 품질 고급화에 대한 유효성 확립 및 재시공, 하자보수 비용 극소화

2) 품질관리 FLOW

가. 준비단계
- 기존 방침의 선정 및 설계방향의 검토
- 예측되는 문제점 및 개선책 검토
- 관련 기술수준 비교 검토
- 종합 시공계획서 작성

나. 시공단계
- 단계별 공사범위 및 품질내역 작성
- 단계별 품질 중간검사 실시
- 공정별 안전관리 계획 작성
- 시공 프로세스 관리 작성

다. 마감단계
- 시운전 및 준공검사
- 운영자에 대한 교육실시

- 사후 관리체계 수립 및 인계준비
- 전반적 교육실시

라. 사후단계

- 품질 평가 실시
- 신규 기술에 대한 자료 작성
- A/S 지원대책 수립

⑦ 안전관리계획

1) 안전관리 목표

가. 정보통신공사현장의 안전관리 : 불안정한 상태와 조건 및 행동을 사전에 발견하여 이를 시정하거나 제거함으로써 사고를 미연에 방지하고 사고 발생으로 인한 인명과 재산의 피해를 최소화 목표

- 안전관리는 안전관리자 한 사람의 임무가 아니므로 모두가 참여
- 착공 전 유해 위험방지 계획서를 작성하여 그에 따른 시공관리로 건설재해를 방지
- 재해 없는 현장을 만들기 위하여 모두가 노력

2) 안전관리 대책

가. 현장의 중점 안전수칙

- 개구부는 발생즉시 막음
- 난간대는 반드시 설치
- 생명줄은 반드시 설치
- 안전벨트는 반드시 걸고 작업
- 작업발판은 확실하게 고정
- 분전함은 반드시 시건장치를 함
- 안전모, 안전화는 반드시 착용
- 중장비 작업 반경내에는 절대 접근하지 않음

나. 기계설비 시설에서 안전 유의사항

- 근로자의 심신유지에 노력하고 허약한 근로자의 사전조치
- 규격에 맞는 안전모, 안전조끼, 안전화 및 기타 보호구 착용
- 지휘계통 및 지시명령에 복종하고 협동적인 행동

3) 작업자 기본 준수사항

다. 작업자의 안전수칙 준수사항

• 추락방지

- 안전 난간대, 안전발판 상태 확인
- 개구부에는 추락방지 난간대 설치
- 위험 장소는 표지판 부착

4) 안전관리비 사용 계획서를 작성

4.1.15 정보통신공사 공정예정표 검토

① 공정예정표 검토 근거 법 : 정보통신공사업법시행령 제8조의2(감리원의 업무범위) 법 제8조제2항 후단에 따른 감리원의 업무범위는 다음 각 호와 같다.

1) 공사계획 및 공정표의 검토

② 전체 공사공정예정표 검토 : 전체 공사공정의 계획단계에서 정보통신설비 단위의 공정을 활동으로 분류하고, 각 활동에 대하여 작업 기간을 추정하여 실시할 순서에 따라 시간 축척 위에 막대기로 활동의 시작과 종료 시간을 연결하는 직선을 그어 막대 도표의 형식으로 공정표 작성내용을 검토한다.

1) 막대 도표 위에는 공정의 흐름을 표기한 전체 공사기간을 유지한다.
2) 자재와 인력의 자원 투입이 월간의 일정 내에서 타 공정과 함께 진행이 되도록 하는 것이 중요하다.
3) 작성된 전체 공사공정표는 월간 공정관리와 조달계획과 함께 공사 관리 업무계획을 작성하는 기준이 되고 비용의 조달계획 근거가 된다.
4) 공정표는 건축신축의 경우는 건축공정을 기준으로 정보통신공사 공정표를 작성하였는지 검토한다.
5) 공정표 검토하는 과정에서 유의할 내용은 각 층별 자재비와 직접노무비를 기준으로 계약단가를 적용하여 작성했는지를 검토하고 원가계산서의 각종 경비(보험료) 인반관리비, 이윤, 부가세 등을 제와한 금액을 적용하면 광정관리가 쉽다.
6) 각층별 자재산출서와 측별 도면을 기준으로 도면에 배관과 배선의 경로별 거리를 산출한 표기가 도면에 기록을 하였다면 간단하게 검토가 쉽기 때문에 설계당시에 물량을 산출한 도면을 입수하여 위치별 배관, 배선의 거리를 기록한 도면 위주로 검토한다.
7) 거리를 산출한 도면을 기준으로 각 위치별 자재의 량을 집계하고 표준품셈을 활용한 인력 수량산출서를 적용하여 계약한 인건비 단가를 곱하여 각층별 인력의 총 수량에 인건비금액을 산출한다.
8) 각 층별 자재산출 합계에 계약내역서의 계약단가를 곱하고 층별 인력의 총량에 계약내역서의 인건비계약 단가를 곱한다.
9) 사례로 지하1층 배관설치의 자재비와 배관설치의 인건비를 더하면 지하1층 공사의 배관재료비와 배관설치 노무비의 금액이 곧 바로 지하1층 공사금액이 된다.
10) 본 공사의 총자재비와 직접노무비가 1억원 이라면 지하1층에 투입된 자재비와 노무비 금액이 7,000,000원이 산출되었다면 공정율은 7%가 된다.
11) 각 층별 공정율 집계표를 작성하여 공정표의 기초자료를 만들고 총괄공정표를 작성한 사례이다.

정보통신공사 층별 공정율 집계표

	공사 종류	비율(%)	재료비(원)	노무비(원)	합 계
층별집계	접지공사	1.0	124,464	916,684	1,041,148
	지하1층	7.0	3,000,000	4,000,000	7,000,000
	지상1층	22	10,000,000	12,000,000	22,000,000
	지상2층	18	8,000,000	10,000,000	18,000,000
	지상3층	21	10,000,000	11,000,000	21,000,000
	지상4층	19	9,000,000	10,000,000	19,000,000
	지상5층	11	5,000,000	6,000,000	11,000,000
	옥상층	0.96	400,000	558,852	958,852
	합 계	100(%)	45,524,464	54,475,536	100,000,000

12) 공정표를 이해하기 쉽도록 각 층별 자재비와 각층별 노무비를 기간별로 투입 계획을 하여 작성한 총괄공정표를 막대공정표로 나타낸 공정표는 다음과 같다.

정보통신공사 공사예정표

개월 수	1	2	3	4	5	6	7	8	9	10	11	12
건축공사 공정	터파기	B1 타설	1, 2층 타설	2, 3층 타설	4, 5 옥상	B1~2 천장공사	3~5 천장공사	옥상 방수	외벽 공사	녹지 조성	건축 마감	건축 준공

( ) 정보통신공사 공사예정표

( ) 정보통신(주)현장대리인 : (인) 20 년 월 일

계획 ——
실행 ····

공사기간 : 년 월 일 ~ 년 월 일(12개월)

공종	100	세부공종		1	2	3	4	5	6	7	8	9	10	11	12
접지공사	1%	접지공사	계획	——								——			
			위치	마당								측정			
			실행	1.0											

공종	100	세부공종		1	2	3	4	5	6	7	8	9	10	11	12
구내 통신 선로 설비 공사	40%	배관 공사	계획												
			위치		B1	1~2F	2~3F	4~5F							
			실행	배관	0.5%										
		배선 공사	계획												
			위치	노무	1.0%			B1	1~2F	2~3F	4~5F		측정		운전
			실행	배선	0.5%										
이동 통신 구내 선로 공사	10%	배관 공사	계획												
			위치		B1	1~2F	2~3F	4~5F							
			실행	배관	0.4%										
		이동전원 설치	계획												
			위치	노무	1.0%									B1	전원
			실행	배선	0.3%										
방송 공동 수신 살비 설치 공사	19%	배관/ 장치함	계획												
			위치		B1	1~2F	2~3F	4~5F							
			실행	배관	0.2%										
		배선/ 증폭기	계획												
			위치	노무	0.5%			B1	1~2F	2~3F	4~5F		측정	증폭	운전
			실행	배선	0.1%										
구내 방송 공사	10%	배관 공사	계획												
			위치		B1	1~2F	2~3F	4~5F							
			실행	배관	0.2%										
		배선 공사/SP	계획												
			위치	노무	0.5%			B1	1~2F	2~3F	4~5F	B1SP	1.2SP	3.4.5	운전
			실행	배선	0.18										
CCTV 설비 공사	20%	배관 공사	계획												
			위치		B1	1~2F	2~3F	4~5F							
			실행	배관	0.4%										
		배선 공사	계획												
			위치	노무	1.0%			B1	1~2F	2~3F	4~5F		측정		운전
			실행	배선	0.2%										
공정률	계획공정(100%)			1%	7%	9%	13%	17%	13%	10%	10%	5%	5%	3%	2%
	실행공정(100%)			1%	7%										
	누계공정(100%)				8%										

③ 상세 공사공정표 검토 : 상세공사 공정계획은 작업공사 종류에 대하여 공정통제와 자원조달 관리에 필요한 수준까지 세분된 활동으로 나누고, 각 활동의 작업 기간을 추정하여 실시할 순서에 따라 연결한 네트워크로 작성한다.

1) 개별 활동의 시작 및 종료시간을 분석하는 데는 전체 공사공정표에 나타낸 착공 · 준공 시점과 중간(부분)공사 기간을 유지한다.
2) 자원부하가 주간의 일정 내에서 평준화되도록 조정하는 것이 필요로 한다.
3) 작성된 상세공사공정표는 주간 공정관리와 일일 공사 관리 업무계획을 작성하는 세부공정이 된다.

4.1.16 정보통신공사 공정관리

① 공정관리 개요 : 공정관리란 사업에 필요한 요소별 작업을 계약된 공사 기간 내에 완성하기 위하여 공사에 필요한 각종 정보를 조사와 분석하여 소요 자재, 각종 시스템, 장비, 인원의 투입과 시공방법을 결정하고 전체 일정을 기준으로 기간별, 작업방법별, 선행공정, 후속 공정을 구분하여 공정을 관리하는 계획업무를 말한다.

② 공정보고

1) 감독자의 공정보고 : 건설공사 시행 · 관리규정 제17조(공정보고) 공사감독자는 매월 말 기준으로 공사집행상황을 [별지 제5호]서식에 따라 작성하여 다음달 5일까지 발주청에 보고하여야 한다.
2) 착공 및 공정보고 근거 : 공사계약일반조건 제17조(착공 및 공정보고) 1. 계약상대자는 계약문서에서 정하는 바에 따라 공사를 착공하여야 하며 착공시에는 다음 각호의 서류가 포함된 착공신고서를 발기관에 제출하여야 한다.
   가. 「건설기술 진흥법령」 등 관련법령에 의한 현장기술자지정신고서
   나. 공사공정예정표

③ 계약담당공무원은 계약상대자로 하여금 월별로 수행한 공사에 대하여 다음 각호의 사항을 명백히 하여 익월 14일까지 발주기관에 제출하게 할 수 있으며, 이 경우 계약상대자는 이에 응하여야 한다.

1) 월별 공정율 및 수행공사금액
2) 인력 · 장비 및 자재현황
3) 계약사항의 변경 및 계약금액의 조정내용
4) 공정상황을 나타내는 현장사진

④ 계약담당공무원은 공정이 지체되어 소정기한내에 공사가 준공될 수 없다고 인정할 경우에는 제4항에 의한 월별 현황과는 별도로 주간공정현황의 제출 등 공사추진에 필요한 조치를 계약상대자에게 지시할 수 있다.

⑤ 공정계획은 채택된 시공방법에 따라 착공해서 준공할 때까지 시공현황을 평가하고 통제하는 시공관리의 지침이 되고, 사업의 여러 조건과 설계도서를 기준으로 작성해서 추진의 주요 일정, 분야별 공정, 공사 기간, 각 공정과 연계 업무를 반영하여 작업이 편리하다.

1) 공사의 공정표는 여러 활동에 대한 일정이 결정되면 자원의 시간적인 분포가 나타나서 일정관리가 쉽다.
2) 유사한 공종이 같은 시기에 중첩되는 경우에는 노력 · 자재 · 장비 · 자금 등의 자원이 과도하게 집중될 수 있으므로 자원배당 및 평준화 기법에 따라 관련되는 공종의 조정을 조정하여(시공순서 · 시공시기) 집중을 완화할 수 있다.
3) 공정계획은 시행착오 과정을 거쳐 반복해서 조정했을 때 합리적인 결과를 얻을 수 있다.

⑥ 총괄공정 관리 : 총괄공정은 전체의 공사 기간의 일정 내에서 구매, 시공, 시험운전을 포함하여 정보통신설비의 설치기간을 기준으로 공정을 관리한다.

1) 공사 중에 실적공정만큼 공사대금을 청구 할 수 있다.
2) 중간 정산금 지급 예정공정표의 누계 공정만큼 지급하는 기준이 되는데 만일 공정표 작성이 현장과 다르게 작성이 되어 누계 공정률에 비하여 작업량이 부족한데도 중간 정산금을 지급하고 시공사가 부도 발생하면 공사감독자는 사업비 회수 문제와 공정관리에 대한 책임이 따른다.
3) 공정표 작성의 정확성은 일정을 기준으로 투입 자재 및 인력의 수량이 정확하고 투입한 공사금액이 누계공정과 일치하도록 작성을 검토하여야 한다.

⑦ 공정보고의 유의사항 : 공정관리는 공정과 함께, 품질관리, 안전관리, 자재의 관리, 인력관리를 목표로 기간별 예정공정표를 작성되었는지 검토하여야 한다.

1) 기간별 공정표 구분
   가. 총괄 공정표 : 사업의 전체 일정을 기준으로 착공일 기준부터 준공일까지 전체를 작성한 공정표
   나. 월간 공정표 : 전체의 공정표를 기준으로 월간 단위로 나누어서 작성한 공정표
   다. 주간 공정표 : 전체의 공정표를 기준으로 월간을 주간 단위로 나누어서 작성한 공정표
2) 주간공정계획과 실적보고는 다음의 서식을 참조한다.

〈제4-3호 서식〉

주간공정계획 및 실적보고서

기 간 : 년 월 일 ~ 년 월 일
공사명 :

공 종	공 정 : %						비 고
	금 주 : %			누 계 : %			
	계 획	실 적	대 비	계 획	실 적	대 비	
1. 구내통신선로설비공사							
2. 방송공동수신설비 공사							
3. 구내이동통신선로설비공사							
4. CCTV설비공사							

• 문제점 및 대책

년 월 일
시공관리책임자 : (서명)

□ 작성 및 기재요령
① 공종은 금주의 주요공종 및 문제점 공정만 작성합니다.
② 공정은 물량 또는 비율로 표시합니다.
③ 문제점 및 대책은 상세히 기재하고 토의결과도 기재합니다.

4.1.17 착공 전 시공사의 제출서류 확인

〈제4-4호 서식〉

정보통신공사 참여 기술자 실명부

공사명 :

작업일	작업위치 및 공종	소 속	직 위	성 명	생년월일 (성별)	공사한 내용	서 명

〈작성요령〉

1. 직위란에는 공사관리, 작업반장, 배관공, 통신설비공, 특별인부, 보통인부 등으로 구분하여 기재한다.
2. 공사한 내용란에
   - 공사관리, 작업총괄, 자재운반, 등으로 구분 기재하고
   - 현장 운반, 설치, 시험, 시운전 등으로 구분하여 기재하며
   - 기타 공종도 무슨 일을 하였는지 구분하여 기재한다.
3. 생년월일 : 주민등록상 생년월일

〈제4-5호 서식〉

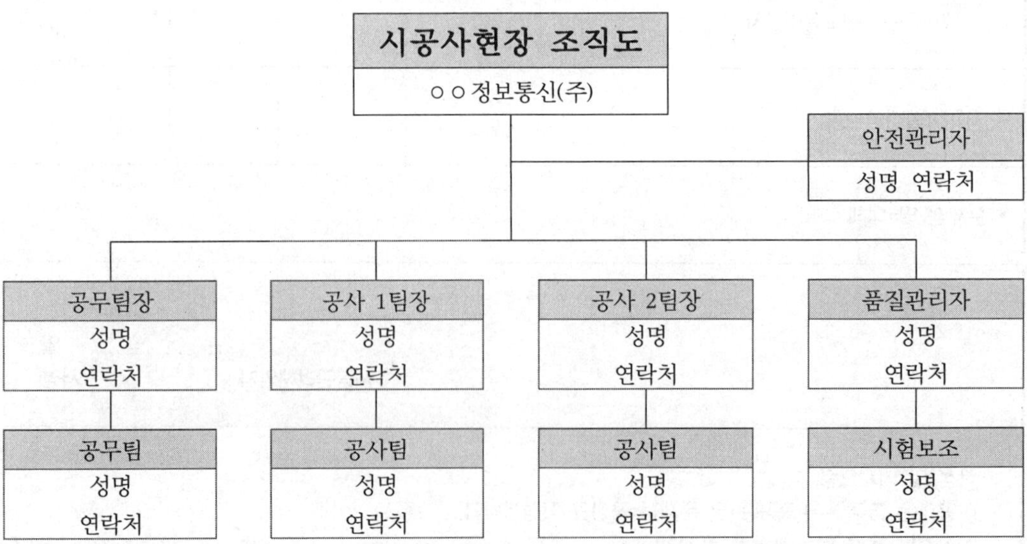

〈제4-6호 서식〉

<table>
<tr><td colspan="3" rowspan="2">공사도급 표준계약서</td><td>계약번호 제 호</td></tr>
<tr><td>공고번호 제 호</td></tr>
<tr><td rowspan="2">계약자</td><td>발 주 처</td><td colspan="2">자치단체의 장 또는 계약담당자 성명 :
• 상호 또는 법인명 • 대표자
• 주소 • 전화번호
• 법인등록번호</td></tr>
<tr><td>계 약 상 대 자</td><td colspan="2">• 상호 또는 법인명 • 대표자
• 주소 • 전화번호
• 법인등록번호</td></tr>
<tr><td rowspan="10">계약내용</td><td>공 사 명</td><td colspan="2"></td></tr>
<tr><td>계 약 금 액</td><td colspan="2">금 원정(₩)</td></tr>
<tr><td>총 공 사 부 기 금 액</td><td colspan="2">금 원정(₩)</td></tr>
<tr><td>계 약 보 증 금</td><td colspan="2">금 원정(₩)</td></tr>
<tr><td>현 장(현 장 주 소)</td><td colspan="2"></td></tr>
<tr><td>지 연 배 상 금 률</td><td colspan="2">%</td></tr>
<tr><td>물가변동계약금액조정방법</td><td colspan="2">. . . ~ . . .</td></tr>
<tr><td>착 공 연 월 일</td><td colspan="2"></td></tr>
<tr><td>준 공 연 월 일</td><td colspan="2"></td></tr>
<tr><td>그 밖 의 사 항</td><td colspan="2"></td></tr>
</table>

하자담보책임(복합공종의 경우 공종별 구분 기재)

공종	공종별 계약금액	하자보수보증금율(%) 및 금액	담보책임 존속기간
		( )% 금 원정	
		( )% 금 원정	
		( )% 금 원정	

자치단체의 장( )(계약담당자) 또는 발주자 성명( )과 계약상대자는 상호 대등한 입장에서 붙임의 계약문서에 의하여 위의 공사에 대한 도급계약을 체결하고 신의에 따라 성실히 계약상의 의무를 이행할 것을 확약한다. 이 계약의 증거로서 계약서를 작성하여 당사자가 기명날인한 후 각각 1통씩 보관한다.

붙임서류 : 1. 공사 입찰유의서 1부
2. 공사계약 일반조건 1부
3. 공사계약 특수조건 1부
4. 설계서 1부
5. 산출내역서 1부

. . .

자치단체의 장 또는
계약담당자 (인)
계약상대자 (인)

210mm×297mm(신문용지 54g/㎡)

4장

〈제4-7호 서식〉

정보통신공사 일일작업 계획서

공사명 :

공 정	위 치	전일작업	금일계획	비 고

※ 비고란에는 품질관리검사 계획, 검사요청 등을 기록한다.

년 월 일

시공관리책임자 : (서명)

책임감리원 귀하

〈제4-8호 서식〉

품질시험 계획서

공사명 : 작성일 : 년 월 일

시공자 : 현장대리인 : (인 또는 서명)

1. 시험 계획

공 종	시험대상 정보통신설비	시험대상내용	시험실시결과	시험자	확인자

2. 시험 측정기 및 인력배치 계획

가. 시험 측정기

장 비 명	규 격	단 위	수 량	비 고

나. 측정기술자 명단

성 명	근무 부서	서 명	비 고

〈제4-9호 서식〉

안전관리 계획조직도

공사명 :

(1) 안전관리 조직도

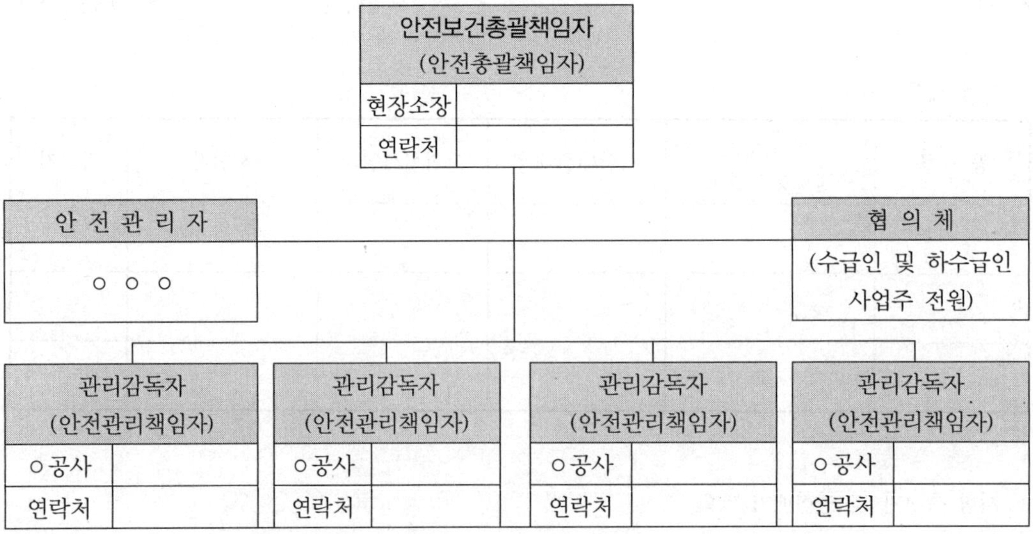

(2) 안전교육 현황

구 분	실시회수	교육인원		비 고
		직원	근로직	
계				
수시교육				
정기교육				
특별교육				
외부교육				

(3) 안전점검 현황

구 분	실적(회)	비 고
계		
자체안전점검		
정기안전점검		
정밀안전점검		
외부안전점검		

〈제4-10호 서식〉

안전관리 점검계획표

공사명 : 년 월 일

점검내용	점검자		점검결과	비 고
	공사업자	감리원		

〈제4-11호 서식〉

착 공 계

1. 공 사 명 :
2. 공사 현장 :
3. 계약 금액 : 원정( )
4. 계약 일자 : 년 월 일
5. 착 공 일 : 년 월 일
6. 준공예정일 : 년 월 일

상기와 같이(공사, 구매설치) 착공하였기에 별첨 서류를 첨부하여 착공계를 제출하오니 승인하여 주시기 바랍니다.

년 월 일

감독경유

별 첨 : 시공계획서 1부
공정예정표 1부.
현장대리인계 1부.
배치기술자 경력증 사본 1부.
계약내역서 1부
현장대리인 재직증명서 1부.
안전관리, 재해예방 계획서 1부.
보안서약서 1부(대표, 현장기술자 각각 작성)

장 귀하

계약자 주 소 :
회사명 :
대표자 :

〈제4-12호 서식〉

공 사 일 지

공 사 명 :

<table>
<tr><td colspan="4">20　　년　　월　　일</td><td>현장대리</td><td>소 장</td><td>사 장</td></tr>
<tr><td rowspan="8">금일시공내용</td><td colspan="2">요 일</td><td>날씨 :</td><td rowspan="2"></td><td rowspan="2"></td><td rowspan="2"></td></tr>
<tr><td colspan="2">주간공정률(　　%)</td><td>공정누계　　%</td></tr>
<tr><td colspan="6"></td></tr>
<tr><td colspan="6"></td></tr>
<tr><td colspan="6"></td></tr>
<tr><td colspan="6"></td></tr>
<tr><td colspan="6"></td></tr>
<tr><td colspan="6"></td></tr>
<tr><td rowspan="8">출역사항</td><td>직종/인원</td><td>출역인원</td><td>누 계</td><td>직종/인원</td><td>출역인원</td><td>누 계</td></tr>
<tr><td>현장대리인</td><td></td><td></td><td>내선전공</td><td></td><td></td></tr>
<tr><td>통신외선공</td><td></td><td></td><td>기사1급</td><td></td><td></td></tr>
<tr><td>통신설비공</td><td></td><td></td><td>기사2급</td><td></td><td></td></tr>
<tr><td>통신내선공</td><td></td><td></td><td>H/W기사</td><td></td><td></td></tr>
<tr><td>통신케이블공</td><td></td><td></td><td>S/W기사</td><td></td><td></td></tr>
<tr><td>무선안테나공</td><td></td><td></td><td>보통인부</td><td></td><td></td></tr>
<tr><td>플랜트 전공</td><td></td><td></td><td>누 계</td><td></td><td></td></tr>
<tr><td rowspan="6">금일수급자재</td><td>재료명</td><td>설계량</td><td>인수량</td><td>사용량</td><td>잔 량</td><td>비 고</td></tr>
<tr><td></td><td></td><td></td><td></td><td></td><td></td></tr>
<tr><td></td><td></td><td></td><td></td><td></td><td></td></tr>
<tr><td></td><td></td><td></td><td></td><td></td><td></td></tr>
<tr><td></td><td></td><td></td><td></td><td></td><td></td></tr>
<tr><td></td><td></td><td></td><td></td><td></td><td></td></tr>
<tr><td rowspan="2">시공사항</td><td colspan="3">금일 시공 보고사항</td><td colspan="3">내일 시공계획</td></tr>
<tr><td colspan="3"></td><td colspan="3"></td></tr>
</table>

〈제4-13호 서식〉

<table>
<tr><td colspan="3" rowspan="2">물품제조 · 구매 등 표준계약서</td><td>계약번호 제 호</td></tr>
<tr><td>공고번호 제 호</td></tr>
<tr><td rowspan="2">계
약
서</td><td>발 주 처</td><td colspan="2">• 자치단체의 장 또는 계약담당자 성명
– 상호 또는 법인명 – 법인등록번호
– 주소 – 전화번호
– 대표자</td></tr>
<tr><td>계 약 상 대 자</td><td colspan="2">– 상호 또는 법인명 – 법인등록번호
– 주소 – 전화번호
– 대표자</td></tr>
<tr><td rowspan="9">계
약
내
용</td><td>물 품 명</td><td colspan="2"></td></tr>
<tr><td>계 약 금 액</td><td colspan="2">금 원정(₩)</td></tr>
<tr><td>총 제 조 부 기 금 액</td><td colspan="2">금 원정(₩)</td></tr>
<tr><td>계 약 보 증 금</td><td colspan="2">금 원정(₩)</td></tr>
<tr><td>지 연 배 상 금 률</td><td colspan="2">%</td></tr>
<tr><td>물가변동계약금액조정방법</td><td colspan="2"></td></tr>
<tr><td>납 품 일</td><td colspan="2">. . . ~ . . .</td></tr>
<tr><td>납 품 장 소</td><td colspan="2"></td></tr>
<tr><td>그 밖 의 사 항</td><td colspan="2"></td></tr>
</table>

자치단체의 장(계약담당자)과 계약상대자는 붙임의 계약문서에 의하여 위 물품에 대한 구매계약을 체결하고 신의에 따라 성실히 계약상의 의무를 이행할 것을 확약하며, 이 계약의 증거로서 계약서를 작성하여 당사자가 기명날인한 후 각각 1통씩 보관한다.

붙임서류 : 1. 물품구매 입찰유의서 1부
2. 물품구매계약 일반조건 1부
3. 물품구매계약 특수조건 1부
4. 규격 및 내용서 1부
5. 산출내역서 1부

년 월 일

자치단체의 장 또는
계약담당자 (인)
계약상대자 (인)

물품내역서

품명	규격	단위	수량	단가	금액

257mm × 297mm (신문용지 54g/㎡)

4.2 공정계획의 적정성 검토

4.1.1 공정관리 검토 방법

① 감리자는 시공자의 공정관리계획이 공사의 종류, 특성, 공기 및 현장의 실정 등을 감안하여 수립되었는지를 검토·확인하고 시공의 경제성과 품질확보의 적합성 등을 검토한다.

② 감리자는 계약된 공기 내에 공사가 완료될 수 있도록 검토하며 공사진행에 관하여 다음 사항을 사전에 점검하여 공사진행상 문제가 있다고 판단되는 경우에는 발주자에게 의견을 제시한다.

1) 세부 공정계획
2) 시공자의 현장기술자 및 장비 확보사항
3) 기타 공사시행에 관한 사항

③ 공사예정공정표

1) 공사예정공정표는 건축공사와 전기공사의 공정표를 참조하여 정보통신공정표를 작성하며 주간별 계획공정률을 표기와 실행공정률이 정확히 나타나게 작성하였는지 감리원이 확인을 하여야 한다.
2) 각 층별, 장소별 소요자재와 소요인력 수량계산이 사전에 정확하여야 하고 그 일정에 맞게 공사일지와 감리일지 내용이 서로 일치하여야 한다.
3) 현장투입 자재와 인력을 정확히 확인을 하지 않은 상태에서 틀린 정보통신공사 공정표를 믿고 초과 지급된 공사비의 지불책임은 감리원(감독관)에게 따르게 된다.

4.1.2 주요 공종 공사추진계획 수립·관리

① 주요 공종 관리 : 감리자는 시공자가 제출하는 예정공정표상에 주공정선 표시, 주요 공종에 대한 착수, 종료시점 및 소요기간 등의 명시 등을 검토한다.

② 공사 준비사항 사전점검 : 주요 공종 공사착수 전에 시공 준비상태를 점검하여야 하며, 미흡한 사항에 대하여 시공자에게 개선을 촉구한다.

③ 공사관리 준비 : 시공자로부터 주요 공종에 대하여 공사추진 세부계획서를 제출받아 검토한다.

1) 공사추진계획(월별), 장비투입계획(필요 공종에 한함), 자재투입계획(각 층별), 인력투입계획(각 층별)

〈제4-14호 서식〉

정보통신공사의 주간공정계획 및 실적보고서

기 간 : 년 월 일 ~ 년 월 일

공사명 :

<table>
<tr><th colspan="2" rowspan="3">공 종</th><th colspan="6">공 정</th><th rowspan="3">비 고</th></tr>
<tr><th colspan="3">금 주</th><th colspan="3">누 계</th></tr>
<tr><th>계 획</th><th>실 적</th><th>대 비</th><th>계 획</th><th>실 적</th><th>대 비</th></tr>
<tr><td rowspan="3"></td><td></td><td></td><td></td><td></td><td></td><td></td><td></td><td></td></tr>
<tr><td></td><td></td><td></td><td></td><td></td><td></td><td></td><td></td></tr>
<tr><td></td><td></td><td></td><td></td><td></td><td></td><td></td><td></td></tr>
<tr><td rowspan="3"></td><td></td><td></td><td></td><td></td><td></td><td></td><td></td><td></td></tr>
<tr><td></td><td></td><td></td><td></td><td></td><td></td><td></td><td></td></tr>
<tr><td></td><td></td><td></td><td></td><td></td><td></td><td></td><td></td></tr>
</table>

• 문제점 및 대책

년 월 일

시공관리 책임자 (서명)

〈작성 및 기재요령〉

1. 공종은 금주의 주요 공종 및 문제점 공정만 작성합니다.
2. 공정은 물량 또는 비율로 표시합니다.
3. 문제점 및 대책은 상세히 기재하고 토의결과도 기재합니다.

〈제4-15호 서식〉

(　　) 정보통신공사 공정예정표

(　)정보통신(주) 현장대리인 (　　인) 20 년 월 일

계획 ━━━
실행 ━ ━ ━

공사기간 : 　년 월 일 ~ 　년 월 일

공 종	100%	세부공종	1	2	3	4	5	6	7	8	9	10	11	12
구내통신선로설비공사	20%	배관공사 단자함설치		B1	1층	2층	3층	4층						
		배선공사					B1	1층	2층	3층	4층			측정
		접지공사	굴착	1층	측정									
이동통신구내선로설비공사	5%	배관공사		B1	1층	2층	3층	4층	옥상					
		전원공사									B1	옥상		
		접지공사										B1	옥상	측정
방송공동수신설비설치공사	15%	배관공사		B1	1층	2층	3층	4층						
		배선공사						B1	1층	2층	3층	4층		
		기기설치										B1	1-4층	측정
CCTV설비공사	25%	배관공사		B1	1층	2층	3층	4층						
		배선공사				B1	1층	2층	3층	4층	옥상			
		기기설치									B1	1-4	옥상	측정
구내방송장비설치공사	25%	배관공사		B1	1층	2층	3층	4층						
		배선공사				B1	1층	2층	3층	4층				
		기기설치										B1	1-4층	측정
네트워크장비설치공사	10%	배관공사		B1	1층	2층	3층	4층						
		배선공사				B1	1층	2층	3층	4층				
		기기설치										1-4	운전	측정
공정률	계획공정(100%)		3%	7%	6%	8%	7%	9%	12%	8%	12%	13%	7%	8%
	실행공정(100%)													
	누계공정(100%)													

4.3 기술기준의 준수 확인업무

4.3.1 설계도서의 기술기준의 준수 확인업무

감리자는 설계도서 내용이 통신분야 기술기준에 적합한지여부를 확인하여야 한다.

① 정보통신공사를 설계하는 자는 대통령령으로 정하는 기술기준에 적합하게 설계하여야 한다.

② 정보통신감리원은 설계도서 및 관련 규정에 적합하게 공사를 감리하여야 한다.

[근거] 정보통신공사업법 제6조

4.3.2 통신설비의 기술기준 확인

「정보통신공사업법시행령」 제5조(설계에 있어서의 기술기준) 법 제6조제1항에서 “대통령령으로 정하는 기술기준” 이란 다음 각 호의 기술기준을 말한다.

①「방송통신발전 기본법」 제28조제1항에 따른 기술기준 1의2.「전기통신사업법」 제61조, 제68조제2항, 제69조제2항 및 제69조의2제2항에 따른 기술기준

②「전파법」 제37조제1항, 제45조, 제47조, 제47조의2제1항 · 제2항 및 제47조의3 제1항에 따른 기술기준

③「방송법」 제79조제1항에 따른 기술기준

④「건축법 시행령」 제87조제5항 및「주택건설기준 등에 관한 규정」 제32조, 제32조의2, 제39조 및 제42조에 따른 기술기준

⑤ 다른 법령에서 공사의 설계 등과 관련하여 과학기술정보통신부장관이 정하도록한 기술기준이나 표준

[근거] 정보통신공사업법 시행령 제5조

4.3.3 착공단계 도면의 기술기준 적합 검토

① 정보통신공사업법에서 준공단계 기술기준 적합 검토의무 : 정보통신공사업법제76조(벌칙) 다음 각 호의 어느 하나에 해당하는 자는 500만원 이하의 벌금에 처한다.

1) 제6조에 따른 기술기준을 위반하여 설계 또는 감리를 한 자

② 정보통신공사업법시행령에서 착공과 시공단계 도면의 기술기준 적합 검토의무
정보통신공사업법시행령 제8조의2(감리원의 업무범위) 법 제8조제2항 후단에 따른 감리원의 업무범위는 다음 각 호와 같다.

1) 공사업자가 작성한 시공상세도면의 검토 · 확인

2) 설계도서와 시공도면의 내용이 현장조건에 적합한지 여부와 시공가능성 등에 관한 사전검토
3) 공사가 설계도서 및 관련규정에 적합하게 행해지고 있는지에 대한 확인
4) 공사 진척부분에 대한 조사 및 검사
5) 설계변경에 관한 사항의 검토 · 확인

〈제4-16호 서식〉

공종별 설계도서 검토 의견서

공사기간 : 년 월 일 ~ 년 월 일
공사명 :

공 종		설계도서						비 고
		시방서 및 내역서			평면도면			
		공사시방서	산출서	내역서	배관공사	배선공사	장비설치	
1	구내전화설비공사							
	음향설비공사							
	네트워크장비공사							
2	CCTV설비공사							
	강당영상설비공사							
	인터넷방송공사							

• 문제점 및 대책

년 월 일

감리자 (서명)

• 주요 확인할 사항
1. 평면도면을 기준으로 층별 자재와 인력수 등 각종 산출서의 정확성
2. 원가계산서의 각종 경비의 계산의 적정성 확인과 일위대가표의 적정성
3. 정보통신장비의 전기적 특성과 기능의 확인

귀 하

〈제4-17호 서식〉

정보통신공사 착공계 제출 서류의 검토의견서

용역명 : ㅇㅇ신축정보통신공사의 정보통신 감리용역

구 분	내 용	검토결과
공사착공계	• 공사명 : ㅇㅇ신축 정보통신공사 • 첨부서류의 확인 • 착공내역서 작성 및 각종규격서, 시방서 이행의 적정성 확인 • 시공계획서 확인 • 정부기관은 보안각서 작성 확인	적합함
예정공정표	• 공사명 : ㅇㅇ신축 정보통신공사 • 공사기간 • 공정표 작성의 적정성	적합함
현장대리인계	• 기술자격의 확인 • 수행경력 여부	적합함
안전관리자 선임	• 안전관리계획서 확인 • 안전관리자선임의 적정성확인	적합함
주요 자재 수급 계획	• 설치기간 선정의 적정성 • 규격서와 일치한 자재공급 계획 여부	적합함
인력 및 장비투입계획	• 사업수행계획서 확인 • 기술자의 투입인원 • 세부공정별 사업수행계획	적합함

확인일자 : 년 월 일

확인자 : 정보통신 감리원 성명 (인)

4.3.4 설계도서 작성자 기명날인 확인 업무

① 설계도서 작성자(정보통신공사업법 제7조)

1) 발주자는 용역업자에게 공사의 설계를 발주하여야 한다.
2) 제1항의 규정에 의하여 설계도서를 작성한 자는 그 설계도서에 서명 또는 기명날인하여야 한다.
3) 정보통신공사업법제78조(과태료) 1. 다음 각 호의 어느 하나에 해당하는 자에게는 300만원 이하의 과태료를 부과한다.

 가. 제7조제2항을 위반하여 설계도서에 서명 또는 기명날인하지 아니한 자

감사정보	비 고
1. 문화예술회관신축 토목, 건축, 전기, 소방, 조경, 통신분야의 실시설계 용역을 발주하여 설계 준공과 공사를 마치고 나서 공연 중에 음향설비의 설계부실로 음향이 좋지 않고 공연에 장애가 많았다. 2. 네트워크 설비의 통신망 설계가 부실하여 잦은 장애가 발생하여 전화가 자주 불통되어 언론에 부실공사 보도가 되자 감사가 시작되었다. 3. 당시의 설계 용역업자를 불러 설계과정을 감사하니 건축사사무소에서 정보통신공사를 설계하여 준공하였고, 정보통신감독자의 당시 상황은 건축사가 계약을 하였으며 설계를 못하도록 하는 규정이 어디 있느냐며 항의하였다. 4. 건축사는 「정보통신공사업법」 제2조에 건축사가 설계해도 가능하다고 주장하여 정보통신감독자는 건축사가 설계하도록 허용하여 구내통신선로설비, 방송공동수신설비, 네트워크 장비의 설치, 강당음향설비, CCTV 설비의 실시설계도면에 건축사가 기명날인을 하고 준공처리를 하였다. 5. 부실설계의 책임은 기명날인한 자(건축사)에게 책임이 있다. 6. 네트워크 장비의 설계, 강당음향설비설계. CCTV 설비의 공사설계는 정보통신공사업법 제2조에 건축사가 설계를 할 수 없는 공사의 범위임에도 감독자는 허용을 하여 부실을 초래한 책임이다. 7. 향후 업무처리방법 : 입찰자 자격을 「엔지니어링 산업진흥법」 제21조제1항에 따라 엔지니어링 사업자로 신고하거나 「기술사법」 제6조에 따라 기술사사무소의 개설자로 등록한 자로서 통신·전자·정보처리 분야의 자격을 보유하고 용역업을 경영하는 자를 공고하도록 한다.	

4.4 정보통신감리원의 착공전 설계도면 검토업무

4.4.1 검토 근거 : 정보통신공사업법시행령제8조의2(감리원의 업무범위)제3호

설계도서의 시공가능성에 관한 사전검토 결과서

발주자		접수 일자	. . .
주용도		연면적	( )제곱미터
현장 주소			
회사명	. . .	연락처	
감리원	성명 :	검사일자	. . .
공사종류	구내통신선로설비공사	이동통신구내선로설비공사	방송공동수신설비공사
대상 확인	대상	대상	대상

결과란 : 적합, 해당 없음

1 구내통신선로설비공사

1. 방송통신기자재 설계반영 여부 확인

항목	내용	결과	근거
방송통신 기자재 규격품	1. 공사시방서에 방송통신기자재는 전파법의 적합인증 제품(KC)과 정부인증규격품(KS)을 시공하도록 기록 확인 1) 모듈러 잭/플러그, 배선반(110블럭) 등	적합	전파법제58조의2

2. 분계점 도면 검토

항목	내용	결과	근거
분계점	1. 사업용방송통신설비와 이용자방송통신설비의 분계점은 도로와 택지 또는 공동주택단지의 각 단지와의 경계점기준 설계 2. 국선과 구내선의 분계점을 사업용방송통신설비의 국선접속설비와 이용자방송통신설비가 최초로 접속되는 점(국선단자함)으로 설계	적합	방송통신설비의 기술기준에 관한 규정 제4조
분계점 접속기준	분계점에서의 접속방식은 간단하게 분리·시험할 수 있도록 국선단자함 설계	적합	방송통신설비의 기술기준에 관한 규정 제5조

3. 옥외회선 도면검토

항목	내용	결과	근거
옥외회선 지하인입	구내통신선로설비의 옥외회선은 지하로 인입(引入)하도록 설계		방송통신설비의 기술기준에 관한 규정 제18조

4. 맨홀 설치 장소

항목	내용	결과	근거
맨홀 장소	1. 맨홀 또는 핸드홀은 케이블의 설치 및 유지보수 등의 작업 시 필요한 공간을 확보할 수 있는 구조로 설계 2. 맨홀 또는 핸드홀은 케이블의 설치 및 유지보수 등을 위한 차량출입과 작업이 용이한 위치에 설치하도록 설계 3. 맨홀 또는 핸드홀에는 주변 실수요자용 통신케이블을 분기할 수 있는 인입 관로를 설치하도록 설계		접지설비 · 구내통신설비 · 선로설비 및 통신공동구등에 대한 기술기준 제48조

5. 지하관로 매설

항목	내용	결과	근거
지하 관로 매설	1. 지면에서 관로상단까지의 거리는 기준에 맞게 설계 1) 「도로법 시행령」 [별표 2] 제1호 마목 : 0.8m 이상 2) 철도, 고속도로 횡당구간 등 특수한 구간 : 1.5m 이상 2. 시방서에 관로 상단부와 지면사이에는 관로보호용 경고테이프를 관로 배설경로에 따라 매설하도록 설명 설계 3. 관로는 가스등 다른 매설물과 50cm 이상 떨어져 매설하도록 설계 4. 맨홀 또는 핸드홀간에 매설하는 관로는 케이블 견인에 지장을 주지 아니하는 곡률을 유지하고 직선성을 유지하도록 설계		접지설비 · 구내통신설비 · 선로설비 및 통신공동구등에 대한 기술기준 제47조

6. 옥내통신선 이격거리

항목	내용	결과	근거
옥내 통신선 이격 거리	1. 옥내통신선은 이격거리를 기준으로 설계 1) 300V초과 전선과의 이격거리는 15cm 이상 2) 300V이하 전선과의 이격거리는 6cm 이상(애자사용 전기공사시 전선과 이격거리는 10cm 이상) 3) 도시가스배관과는 혼촉 되지 않도록 설계		접지설비 · 구내통신설비 · 선로설비 및 통신공동구등에 대한 기술기준 제23조

7. 보호기 및 접지

항목	내용	결과	근거
보호기 및 접지	1. 보호기, 금속으로 된 주배선반, 단자함(구내통신단자함, 옥외분배함 등)·장치함 및 지지물 접지단자를 설치하여 접지하도록 설계		방송통신설비의 기술기준에 관한 규정 제7조

8. 맨홀설치

항목	내용	결과	근거
맨홀 설치	1. 국선인입을 위한 관로, 맨홀, 핸드홀 및 전주 등 구내통신선로설비는 사업자의 맨홀, 핸드홀 또는 인입주로부터 건축물의 최초 접속점까지의 인입거리가 가능한 최단거리 설치하도록 설계 2. 국선을 지하로 인입하는 경우에는 배관, 맨홀 및 핸드홀 등을 [별표 2] 제1호 표준도에 준하여 설치하도록 설계 3. 구내의 맨홀 또는 핸드홀을 설치하지 아니하고 [별표 2] 제2호 표준도에 준하여 설치하도록 설계 - 인입선로 길이가 246m 미만이고 인입선로상 분기되지 않은 경우 - 5회선 미만의 국선을 인입하는 경우 4. 건축주가 5회선 미만의 국선을 지하로 인입시키기 위해 사업자가 이용하는 인입맨홀·핸드홀 또는 인입주까지 지하배관을 설치하는 경우에는 [별표 2의1] 표준도에 준하여 설계 5. 종합유선방송설비의 인입을 위한 배관의 공수는 1공 이상으로 하며, 인입관로상 맨홀 및 핸드홀 등은 구내통신선로설비의 맨홀 및 핸드홀 등과 공용으로 사용할 수 있도록 설계		접지설비·구내통신설비·선로설비 및 통신공동구등에 대한 기술기준 제26조

9. 접지설비

항목	내용	결과	근거
접지 저항	1. 통신관련 접지저항은 10Ω 이하를 기준으로 설계 2. 다음의 경우는 100Ω 이하로 설계 확인 1) 선로설비중 선조·케이블에 대하여 일정 간격으로 시설하는 접지 (단, 차폐케이블은 제외) 2) 국선 수용 회선이 100회선 이하인 주배선반 3) 보호기를 설치하지 않는 구내통신단자함		접지설비·구내통신설비·선로설비 및 통신공동구등에 대한 기술기준 제5조
접지선	접지선은 PVC 피복 동선 또는 그 이상의 절연효과를 갖는 절연전선을 사용하고 접지극은 부식이나 토양오염 방지 를 고려한 도전성 재료를 설계 1) 10Ω 이하인 경우 직경 2.6mm 이상 2) 100Ω 이하인 경우 직경 1.6mm 이상		
접지체	접지체는 가스, 산 등에 의한 부식의 우려가 없는 곳에 매설하여야 하며, 접지체 상단이 지표로부터 수직 깊이 75cm 이상 되도록 매설하되 동결심도보다 깊도록 하여 설계		

10. 업무용 건축물의 통신실 면적 확보

항목	내용	결과	근거
업무용 건축물 통신실 확보	1. 6층 이상이고 연면적 5,000m2 이상인 업무용 건축물의 집중구내통신실과 층구내통신실 설계 1) 집중구내통신실:10.2m2 이상으로 1개소 이상 확보하여 설계 확인 2) 층 구내통신실을 확보하여 설계 - 각 층별 전용면적이 1,000m^2 이상인 경우에는 각 층별로 10.2m^2 이상으로 1개소 이상 - 각 층별 전용면적이 800m^2 이상인 경우에는 각 층별로 8.4m^2 이상으로 1개소 이상 - 각 층별 전용면적이 500m^2 이상인 경우에는 각 층별로 6.6m^2 이상으로 1개소 이상 3) 각 층별 전용면적이 500m^2 미만인 경우에는 각 층별로 5.4m^2 이상으로 1개소 이상 2. 6층 이상이고 연면적 5,000m^2 이상인 업무용 건축물외의 업무용 건축물은 집중구내통신실을 확보하여 설계 1) 건축물의 연면적이 500m^2 이상인 경우 10.2m^2 이상으로 1개소 이상 확보 2) 500m2 미만인 경우는 5.4m^2 이상으로 1개소 이상 3) 같은 층에 집중구내통신실과 층구내통신실을 확보하여야 하는 경우에는 집중구내통신실만을 확보 4) 층별 전용면적이 500m^2 미만인 경우로서 각 층별로 통신실을 확보하기가 곤란한 경우에는 하나의 층구내통신실에 2개층 이상의 통신설비를 통합하여 수용할 수 있다. 이 경우 층구내통신실 확보면적은 통합 수용된 각 층의 전용면적을 합하여 층구내통신실의 확보 면적란의 기준을 적용 확인 5) 같은 층에 층구내통신실을 2개소 이상으로 분리 설치하려는 경우 층구내통신실의 면적은 최소 5.4m^2 이상 3. 집중구내통신실은 지상에 설계하고 조명시설과 통신장비전용의 전원설비를 갖추어야 하며 출입구에 잠금장치를 설계		방송통신설비의 기술기준에 관한 규정 제19조

11. 공동주택 통신실의 면적 확보

항목	내용	결과	근거
공동주택 통신실 확보	1. 공동주택의 구내통신실 면적 확보 기준에 맞게 확보 확인 1) 50세대 이상 500세대 이하 단지: 10m2 이상으로 1개소 2) 500세대 초과 1,000세대 이하 단지: 15m2 이상 1개소 3) 1,000세대 초과 1,500세대 이하 단지: 20m2 이상 1개소 4) 1,500세대 초과 단지: 25m2 이상으로 1개소 2. 집중구내통신실은 외부환경에 영향이 적은 지상에 확보 3. 집중구내통신실에는 조명시설과 통신장비전용의 전원설비 구비여부 4. 집중구내통신실의 출입구에는 잠금장치를 설계		방송통신설비의 기술기준에 관한 규정 제19조

12. 덕트의 설치

항목	내용	결과	근거
덕트 요건	1. 덕트는 선로를 용이하게 수용할 수 있는 구조와 유지·보수를 위한 충분한 공간이 있도록 설계 2. 수직으로 설치된 덕트의 주변에는 선로의 포설, 유지 및 보수의 작업을 용이하게 할 수 있는 디딤대 등을 설치하도록 설계여부. 3. 덕트의 내부에는 선로의 포설에 필요한 선로 받침대를 60cm 내지 150cm의 간격으로 설계(선로용 배관 별도 설치 시 예외 가능) 4. 바닥 덕트 외의 덕터는 내부에 유지보수 작업용 조명 또는 전기콘센트가 설치되도록 설계		접지설비·구내통신설비·선로설비 및 통신공동구등에 대한 기술기준 제28조
덕트 설치	1. 덕트는 유지보수를 위한 충분한 공간이 있도록 설계 확인 2. 수직으로 설치된 덕트의 주변에는 선로의 포설, 유지 및 보수의 작업을 용이하게 디딤대 설치하도록 설계 확인 3. 덕트의 내부에 선로 받침대를 60cm 내지 150cm의 간격으로 설계 확인 4. 바닥 덕트 외의 덕터는 내부에 유지보수 작업용 조명 또는 전기콘센트가 설치되도록 설계		
업무용 건축물 바닥 덕트와 배관	1. 구내선이 7.5m를 넘는 실내는 바닥덕트, 배관 설계 1) 바닥덕트 또는 배관은 실내의 용도와 규모를 고려하여 성형 또는 망형으로 설계 2) 바닥덕트 또는 배관의 매구간 교차점 또는 완곡부에 각 1개씩의 실내접속함을 설계 - 실내접속함의 간격은 7.5m 이내, 직선관로로서 선로작업에 지장이 없는 경우에는 간격을 12.5m 이내 2. 접속함 및 인출구는 상면에 돌출되거나 침수되지 않도록 설계		

13. 옥내배관

항목	내용	결과	근거
배관의 요건	1. 배관은 기계적 강도를 가진 내부식성 금속관 또는 한국산업표준 KS C 8454 (지하에 매설되는 배관의 경우에는 KS C 8455) 규격 이상의 합성수지제 전선관을 설계 2. 배관의 내경은 배관에 수용되는 케이블단면적의 총합계가 배관 단면적의 32% 이하로 설계 3. 배관의 굴곡은 가능한 완만하게 처리하여야 하되, 곡률반경은 배관내경의 6배 이상으로 설계 4. 배관의 1구간에 있어서 굴곡개소는 3개소 이내이어야 하며, 1개소의 굴곡 각도는 90°이내로 하며 3개소의 합계는 180°이내로 시공하도록 시방서에 설명		접지설비·구내통신설비·선로설비 및 통신공동구등에 대한 기술기준 제28조
수평 배선계	성형구조 또는 성형배선으로 설계		

14. 인입배관

항목	내용	결과	근거
인 입 배관	1. 배관의 내경은 선로외경의 2배 이상이 되도록 설계 확인 1) 주거용 건축물 중 공동주택의 인입배관의 내경은 다음의 기준에 적합하게 설계 - 20세대 이상의 공동주택 : 최소 54mm 이상 - 20세대 미만의 공동주택 : 최소 36mm 이상 2) 주거용 및 기타건축물의 경우 - 1공 이상의 예비공을 포함하여 2공 이상, 3) 업무용건축물의 경우에 - 2공 이상의 예비공을 포함하여 3공 이상		접지설비 · 구내통신설비 · 선로설비 및 통신공동구등에 대한 기술기준 제27조

15. 홈 네트워크배관 공수

항목	내용	결과	근거
홈 네트 워크 배관 공수	1. 구내의 옥내와 옥외에 한국산업표준 규격의 배관, 덕트 또는 트레이 설계 확인 1) 주택에 홈네트워크설비를 설치하는 경우 세대단자함과 홈네트워크 주장치간에는 홈네트워크용 배관을 1공 이상 설계(제5항제2호의 규정보다 통신용 배관에 여유가 있는 경우 공용 가능)		접지설비 · 구내통신설비·선로설비 및 통신공동구등에 대한 기술기준 제28조

16. 구내간선계와 건물간선계

항목	내용	결과	근거
구내간 선계와 건물간 선계	1. 동등 이상 내경을 가진 예비공 1공 이상을 포함하여 2공 이상 설계 2. 트레이 및 덕트 등을 설치할 경우에는 증설을 고려하여 여유 공간을 확보 설계		접지설비 · 구내통신설비 · 선로설비 및 통신공동구등에 대한 기술기준 제28조

17. 중간단자함 및 세대단자함

항목	내용	결과	근거
중간 단자함 및 세대 단자함 설치	1. 중간단자함 설치위치는 적정하게 설계 1) 제28조제5항제4호의 규정에 부적합한 배관의 굴곡점 2) 선로의 분기 및 접속을 위하여 필요한 곳 2. 세대단자함 설치위치는 적정하게 설계 1) 공동주택에는 세대별로 세대단자함을 설계 2) 세대 내에서 분기가 없는 기숙사 및 주택법시행령 제10조제1항 제1호에서 규정하는 원룸형 주택의 모든 요건 주택 제외		접지설비 · 구내통신설비 · 선로설비 및 통신공동구등에 대한 기술기준 제30조

18. 국선단자함

항목	내용	결과	근거
국선 단자함 설치	1. 국선은 구내선과의 분계점에 설치된 주단자함 또는 주배선반에 수용하도록 설계 2. 국선은 주배선반에 수용하도록 설계 1) 광섬유케이블 또는 300회선 미만의 동케이블을 수용하는 경우 : 주단자함 또는 주배선반 2) 300회선 이상의 동케이블을 수용하는 경우 : 주 배선반 3. 국선단자함에 구내케이블을 수용하기 위한 단자를 설계여부. 4. 공사시방서에 국선단자함에서 보호기를 통하여 국선과 구내케이블간의 회선접속의 설계		접지설비·구내통신설비·선로설비 및 통신공동구등에 대한 기술기준 제29조
국선 단자함 요건	1. 국선단자함은 기술기준에 적합하도록 설계 1) 국선단자함은 국선수용 단자, 단자반 및 보호기를 설치할 수 있는 충분한 공간 및 구조를 갖추어야 하며 관로의 분계점과 가장 가까운 곳에 설치하도록 설계 2) 국선단자함은 실내에 설치하고 선로를 수용할 단자함의 하부는 바닥으로부터 30cm 이상 되도록 설계 3) 설치를 하지 않아야 하는 장소 - 세면실, 화장실, 보일러실, 발전기계실 - 분잔유해가스 및 부식증기를 접하는 장소 - 소화 호수시설을 갖춘 벽장 내 4) 절연저항 : 50MΩ 이상 5) 단자 또는 접속어댑터: 배선 케이블 등급과 동등 이상의 성능 6) 회선표시물 : 각인 또는 표시판, 개폐장치: 잠금장치 구비된 문 7) 보호장치 : 휴지 기능, 피뢰 기능 및 접지 기능 8) 전원단자 : AC 전원단자 9) 국선단자함과 장치함을 별도로 설치하는 경우 국선단자함과 장치함 구간에 28mm 이상 배관 1개 이상 설계 2. 400×500×80mm형 국선단자함 - 크기 : 0.2m2 이상, 한 변의 길이 400mm 이상(깊이 80mm 이상) 3. 700×800×130mm형 국선단자함(종합유선방송 수신설비 수용 시) - 크기 : 0.56m^2 이상, 한 변의 길이 700mm 이상(깊이130mm 이상) - 단자함 내부 절연보조장치 및 통풍구, 용도별 설비수용을 위한 격벽 설계		

19. 구내통신선의 배선

항목	내용	결과	근거
구내 통신 선의 배선	1. 건물간선케이블 및 수평배선케이블은 100MHz 이상의 전송대역을 갖는 꼬임케이블, 광섬유케이블 설계 2. 옥외의 구내간선케이블은 옥외용 꼬임케이블, 옥외용 광섬유케이블 설계 3. 공동구, 지하주차장 등 외부 환경에 영향이 적은 지하에 설치되는 경우에는 옥내용 케이블 설계		접지설비·구내통신설비·선로설비 및 통신공동구등에 대한 기술기준 제32조

20. 주거용 건축물의 구내 배선

항목	내용	결과	근거
주거용 건축물 구내 배선	1. 주거용 건축물에 설치하는 구내배선은 적합하게 설계 확인 1) 한 개의 공동주택인 경우에는 [별표 11]의 제1호 표준도에 준하여 설계 2) 두 개 이상의 공동주택이 하나의 단지를 형성할 때는 [별표 11]의 제2호 표준도에 준하여 설계 3) 국선단자함이 설치된 공동주택에서 각 공동주택별로 구내간선케이블을 설치하여 동단자함에 배선하여 설계 4) 세대단자함에서 각 인출구까지는 성형배선 방식으로 설계 5) 국선단자함에서 세대 내 인출구까지 꼬임케이블을 배선할 경우에 구내배선설비의 링크 성능은 100MHz 이상의 전송특성이 유지되도록 설계 6) 동단자함이 설치 된 경우에는 링크성능 구간은 동단자함에서 세대 내 인출구까지로 설계 7) 홈네트워크설비를 설치하는 경우에는 홈네트워크 주장치와 홈네트워크 기기간에 꼬임케이블, 신호전송용케이블 등을 사용하여 통신소통에 지장이 없도록 설계 8) 제30조제1항 각호에 해당하지 아니하여 국선단자함 또는 동단자함에서 세대단자함 또는 인출구까지 직접 배선하는 경우 수평배선계의 케이블 설치방식으로 설계		접지설비·구내통신설비·선로설비 및 통신공동구등에 대한 기술기준 제33조

21. 업무용과 기타 건축물의 구내 배선

항목	내용	결과	근거
업무용 건축물과 기타 건축물 구내 배선	1. 업무용과 기타건축물에 설치하는 구내배선은 기준에 적합하게 설계 1) 한 개의 건축물인 경우에는 [별표 12]의 제1호 표준도에 준하여 설계 2) 하나의 부지에 두 개 이상의 건축물이 있는 경우에는 [별표 12]의 제2호 표준도에 준하여 설계 3) 국선단자함이 설치된 건축물에서 각 건축물별로 구내간선케이블을 설치하여 동단자함에 배선하도록 설계 4) 층단자함에서 각 인출구까지는 성형배선으로 설계 5) 국선단자함에서 인출구까지 꼬임케이블의 링크성능은 100MHz 이상의 전송특성이 유지되도록 설계 6) 동단자함이 설치된 경우 링크성능 구간은 동단자함에서 인출구까지 설계 7) 제30조제1항 각호에 해당하지 아니하여 국선단자함 또는 동단자함에서 인출구까지 직접 배선하는 경우는 수평배선계의 케이블 설치방식으로 설계		접지설비·구내통신설비·선로설비 및 통신공동구등에 대한 기술기준 제33조

22. 회선 종단장치

항목	내용	결과	근거
회선 종단 장치	1. 주거용건축물의 통신용 인출구는 모듈러잭이나 동축커넥터 또는 광인출구 등으로 종단하도록 설계 2. 업무용 및 기타건축물의 통신용 인출구는 각 실별 단위로 모듈러잭이나 동축커넥터 또는 광인출구의 통신용 인출구 또는 통신용 단자함으로 종단하도록 설계 3. 인출구는 통신용선로, 방송공동수신설비, 홈네트워크설비 등을 하나의 인출구로 종단할 경우에는 선로상호간 누화로 인한 통신소통에 지장이 없도록 설계 가능		접지설비·구내통신설비·선로설비 및 통신공동구등에 대한 기술기준 제31조

23. 선로성능 유지

항목	내용	결과	근거
선로 성능 유지	1. 공사시방서에 통신용선로, 방송공동수신설비, 홈네트워크설비 등을 동일 배관에 함께 수용할 경우에는 선로상호간 누화로 인하여 통신소통에 지장이 없도록 설계 2. 공사시방서에 구내배선에 사용하는 접속자재는 배선케이블 등급과 동등 이상의 제품을 설계		접지설비·구내통신설비·선로설비 및 통신공동구등에 대한 기술기준 제33조

24. 광케이블과 꼬임케이블

<table>
<tr><th>항목</th><th>내용</th><th>결과</th><th>근거</th></tr>
<tr><td>광 케이블 링크 성능 기준</td><td>1. 광케이블은 구내통신선로의 링크성능 기준 [별표 6]을 시방서에 표기 설계
2. 공사시방서에 케이블은 다음의 성능 이상급 설계
가. 공동주택 및 업무용건축물
<table>
<tr><th>종류</th><th>파장 (nm)</th><th>채널손실</th></tr>
<tr><td rowspan="2">단일모드</td><td>1,310</td><td>7dB 이하</td></tr>
<tr><td>1,550</td><td>7dB 이하</td></tr>
<tr><td rowspan="2">다중모드</td><td>850</td><td>13dB 이하</td></tr>
<tr><td>1,300</td><td>9dB 이하</td></tr>
</table>
주) 링크성능은 집중구내통신실에서 광섬유케이블의 종단(세대단자함 또는 인출구)까지의 기준임
나. 공동주택 외 주거용 건축물 및 기타건축물
<table>
<tr><th>종류</th><th>파장 (nm)</th><th>채널손실</th></tr>
<tr><td rowspan="2">단일모드</td><td>1,310</td><td>3.45dB 이하</td></tr>
<tr><td>1,550</td><td>3.45dB 이하</td></tr>
</table>
주) 링크성능은 국선단자함에서 광섬유케이블의 종단(세대 단자함 또는 인출구)까지의 기준임</td><td></td><td>접지설비·내통신설비·선로설비 기술기준 제33조</td></tr>
</table>

항목	내용	결과	근거
꼬임 케이블 성능 기준	1. 꼬임케이블은 100.0MHz 이상의 전송특성을 갖도록 시방서에 표기하고 설계 반영		접지설비·내통신설비·선로설비 기술기준 제33조

[별표6] 측정항목	측정주파수(MHz)	케이블 등급별 기준값		
		100 MHz	250 MHz	500 MHz
반사손실 (dB, 이상)	1	17.0	19.0	19.0
	16.0	17.0	18.0	18.0
	100.0	10.0	12.0	12.0
	250.0	-	8.0	8.0
	500.0	-	-	6.0
감쇠 (dB, 이하)	1.0	3.0	3.0	3.0
	16.0	9.1	8.0	8.2
	100.0	24.0	21.3	20.9
	250.0	-	35.9	33.9
	500.0	-	-	49.3
근단 누화손실 (dB, 이상)	1.0	60.0	65.0	65.0
	16.0	43.6	53.2	53.2
	100.0	30.1	39.9	39.9
	250.0	-	33.1	33.1
	500.0	-	-	26.1
근단 누화 전력합 손실 (dB, 이상)	1.0	57.0	62.0	62.0
	16.0	40.6	50.6	50.6
	100.0	27.1	37.1	37.1
	250.0	-	30.2	30.2
	500.0	-	-	23.2
원단감쇠대누화비 (dB, 이상)	1.0	57.4	63.3	63.3
	16.0	33.3	39.2	39.2
	100.0	17.4	23.3	23.3
	250.0	-	15.3	15.3
	500.0	-	-	9.3
원단감쇠대 누화비전력합 (dB, 이상)	1.0	54.4	60.3	60.3
	16.0	30.3	36.2	36.2
	100.0	14.4	20.3	20.3
	250.0	-	12.3	12.3
	500.0	-	-	6.3
전달지연(ns, 이하)	10.0	555	555	555
전달지연변이 (ns, 이하)	10.0	50	50	50

25. 회선 수 확보

항목	내용	결과	근거
공통	1. 구내통신선로설비에는 충분한 회선을 확보하여 설계 1) 구내로 인입되는 국선의 수용 회선 수 2) 구내회선의 구성 회선 수 3) 단말장치 등의 증설을 반영한 회선 수		방송통신설비의 기술기준에 관한 규정 제20조
주거용 건축물 회선수	1. 주거용건축물 회선수 확보하여 설계 1) 국선단자함에서 세대단자함 또는 인출구까지 단위세대당 1회선(4쌍 꼬임케이블 기준) 이상 또는 광섬유케이블 2코아 이상 2) 광다중화 기능을 갖는 국선단자함과 동단자함이 있는 경우에는 국선단자함에서 동단자함까지 광섬유케이블 8코아 이상, 동단자함에서 세대단자함이나 인출구까지 단위세대당 1회선(4쌍 꼬임케이블 기준) 이상 또는 광섬유케이블 2코아 이상		
업무용 건축물 회선 수	1. 업무용 건축물 회선 수 확보하여 설계 1) 국선단자함에서 세대단자함 또는 인출구까지 업무구역(10m2)당 1회선(4쌍 꼬임케이블 기준) 이상 또는 광섬유케이블 2코아 이상 2) 광다중화 기능을 갖는 국선단자함과 동단자함이 있는 경우에는 국선단자함에서 동단자함까지 광섬유케이블 8코아 이상, 동자함에서 세대단자함이나 인출구까지 업무구역(10m2) 당 1회선(4쌍 꼬임케이블 기준) 이상 또는 광섬유케이블 2코아 이상		
주거용과 업무용 외의 건축물	1. 주거용과 업무용 외의 용도를 갖는 건축물 회선 수 확보하여 설계 1) 건축물의 용도를 고려하여 주거용과 업무용 회선 수 확보기준을 신축적으로 적용하여 설계		

2 이동통신구내선로설비공사

1. 접속함

항목	내용	결과	근거
접속함	1. 설치 위치 : 급전선 또는 광케이블의 포설 및 철거가 용이하도록 접속함을 설계 1) 배관의 길이가 40m를 초과할 경우 2) 제28조제5항제4호의 규정에 부적합한 배관의 굴곡점		접지설비 · 구내통신설비 · 선로설비 및 통신공동구등에 대한 기술기준 제36조
	1. 성능은 기술기준에 적합하게 설계 - 절연저항 : 50MΩ 이상 - 두께 1.5mm 이상의 연강판 또는 동등 이상 - 문 : 여닫이식		접지설비 · 구내통신설비 · 선로설비 및 통신공동구등에 대한 기술기준 제36조

2. 급전선의 인입배관

항목	내용	결과	근거
급전선의 인입배관	1. 급전선 또는 광케이블을 인입하기 위한 배관 등은 [별표 7]의 제1호부터 제3호의 표준도에 준하여 설계 1) 옥외 안테나(옥상 또는 지상에 설치하는 안테나를 말하며 이하 같다)에서 기지국의 송수신장치 또는 중계장치(이하 "중계장치 등"이라 한다)까지 급전선 또는 광케이블을 설치하기 위한 시설은 배관, 덕트 또는 트레이로 설계 2) 옥외 안테나에서 중계장치 등까지 설계하는 배관은 건물 내 통신배관실을 이용하여 설치하는 경우 외 다음 각 목에 적합하게 설계 - 급전선을 수용하는 배관의 내경은 36mm 이상 또는 급전선 외경(다조인 경우에는 그 전체의 외경)의 2배 이상이 되어야 하며, 3공 이상을 설치하도록 설계 - 광케이블을 수용하는 배관의 내경은 22mm 이상이어야 하며, 예비공 1공 이상을 포함하여 2공 이상을 설치하도록 설계 3) 배관 및 덕트는 제28조제4항제1호, 제5항 및 제6항의 규정을 준용하여 설치하도록 설계 - 구내통신선로설비의 배관이 제28조제5항제2호의 요건을 만족하고 상호 소통에 지장이 없는 경우에는 공동으로 사용할 수 있도록 설계		접지설비·구내통신설비·선로설비 및 통신공동구등에 대한 기술기준 제35조

3. 이동통신 접지시설

항목	내용	결과	근거
접지시설	1. 접지시설은 제5조의 규정 및 [별표 7]의 제1호부터 제3호의 표준도에 준하여 설계 - 접지단자는 중계장치 등이 설치되는 각 층에 중계장치 등으로부터 최단거리에 설치하도록 설계		접지설비·구내통신설비·선로설비 및 통신공동구등에 대한 기술기준 제37조
	공사시방서에 기간통신사업자는 접지단자로부터 중계장치 등까지 접지선을 설치하도록 명기		

4. 상용전원

항목	내용	결과	근거
상용전원	1. 중계장치 등의 전원은 용량이 4kW 이상으로서 교류 220V 전원단자가 3개 이상이어야 하며, [별표 7]의 제1호부터 제3호의 표준도에 준하여 설계 - 전원단자는 중계장치 등이 설치되는 각 층에 중계장치 등으로부터 최단 거리에 설치하도록 설계		접지설비·구내통신설비·선로설비 및 통신공동구등에 대한 기술기준 제38조
	공사시방서에 기간통신사업자는 전원단자로부터 중계장치 등까지 전원선을 설치하도록 명기		

5. 공동주택 및 공동주택 외 건축물 중계기 설치 장소

<table>
<tr><th>항목</th><th>내용</th><th>결과</th><th>근거</th></tr>
<tr><td rowspan="2">공동
주택</td><td>1. 중계기 설치 장소를 적합하게 선정하여 설계
<table>
<tr><th>설치 대상</th><th>설치 장소</th></tr>
<tr><td>가. 규정 제24조의2제1항에 따라 협의하여 지상층에 이동통신구내중계설비를 설치하기로 한 주택 및 시설</td><td>각 지하층 및 과학기술부장관이 정하여 고시하는 기준에 적합한 지상층</td></tr>
<tr><td>나. 가목에 해당하지 않는 지하층이 있는 주택 및 시설</td><td>각 지하층</td></tr>
</table>
1) 기지국의 송수신장치 또는 중계장치를 옥상에 설치하는 경우에는 단지 내 1개소 이상의 장소를 확보하여야 하며, 지하층에 설치하는 경우에는 지하층 바닥면적의 합계 5,000m2 당 1개소 이상의 장소를 확보하도록 설계
2) 옥상의 기지국 송수신장치 또는 중계장치를 별도의 실 안에 설치하고자 하는 경우에는 실내 적정 온도 유지를 위해 환기구를 갖추도록 설계
3) 옥상에 옥외안테나 등을 설치하는 경우에는 접지시설 및 전원시설 등이 옥상까지 확보되어야 하며, 옥상을 관통할 때에는 방수 처리를 포함한 설계
4) 500세대 미만의 공동주택의 경우에는 지상층을 제외한 지하층에만 구내용 이동통신설비를 설치하도록 설계</td><td rowspan="2"></td><td rowspan="2">접지설비·구내통신설비·선로설비 및 통신공동구등에 대한 기술기준 [별표 7] 제2호</td></tr>
<tr><td>공사시방서에 옥외 안테나를 옥상에 설치하는 경우 기간통신사업자는 옥상의 옥외 안테나에서 기지국의 송수신장치 또는 중계장치까지 배관, 덕트 또는 트레이를 설계</td></tr>
<tr><td>공동
주택
외
건축
물</td><td>1. 중계기 설치 장소를 적합하게 선정하여 설계
<table>
<tr><th>설치 대상</th><th>설치 장소</th></tr>
<tr><td>가. 「건축법 시행령」 제2조제17호에 따른 다중이용건축물(공동주택 제외)</td><td>각 지하층 및 각 지상층</td></tr>
<tr><td>나. 가목에 해당하지 않는 지하층이 있는 건축물(공중 지하도 · 터널 · 지하상가 및 지하주차장 등 지하건축물 포함)</td><td>각 지하층</td></tr>
</table>
1) 건축물에서 기지국의 송수신장치 또는 중계장치의 설치장소는 바닥면적의 합계 10,000m2 당 1개소 이상의 장소를 확보하도록 설계
2) 구내터널의 기지국 송수신장치 또는 중계장치는 터널 내부 또는 지상에 설치할 수 있도록 설계
3) 구내터널의 지상에 기지국 송수신장치 또는 중계장치를 설치하는 경우 접지시설 및 전원설비 등을 지상에 확보하도록 설계
4) 구내터널 길이에 따라 신호전달이 어려운 경우 2개 이상의 중계장치 설치하도록 설계
5) 구내복수 터널인 경우 각 터널 별 별도의 관로를 설치하고 지상에서 터널 내부로 관통할 때는 방수처리가 되도록 설계</td><td></td><td>접지설비·구내통신설비·선로설비 및 통신공동구등에 대한 기술기준 [별표 7] 제1호</td></tr>
</table>

6. 배관시설

항목	내용	결과	근거
배관 시설 구조	이동통신구내선로설비를 구성하는 배관시설은 설치된 후 배선의 교체 및 증설시공이 쉽게 이루어질 수 있는 구조로 설계		방송통신설비의 기술기준에 관한 규정 제18조

7. 중계기설치를 위한 장소확보 공통사항

항목	내용	결과	근거
장소 확보	1. 규정 제17조의2 및 제17조의3에 따른 대상 시설에는 송수신용 안테나, 중계장치 등의 설치 또는 운영을 위하여 기준에 적합한 장소를 확보하여 설계 1) 옥외 안테나의 설치를 위하여 전파의 송수신이 가장 양호한 곳으로서 각각 4m2 이상의 면적을 갖는 1개소 이상의 설치장소. 다만, 분계점에 가까운 맨홀에서 중계장치 등까지 광케이블을 통해 신호를 전달하는 경우에는 해당 없음. 2) 중계장치 등의 설치를 위하여 분진이나 유해가스로부터 격리된 각각 $2m^2$ 이상의 면적(높이 2m 이상)을 갖는 1개소 이상의 설치장소 3) 설치장소는 옥외안테나 또는 중계장치 등의 설치 및 유지·보수를 위한 작업 등에 지장이 없도록 설계		접지설비·구내통신설비·선로설비 및 통신공동구 등에 대한 기술기준 제39조

3 방송 공동수신설비공사

1. 지상파TV, 위성방송, FM라디오방송, DMB방송설비의 공사

1) DMB 방송 중계기의 설치

항목	내용	결과	근거
인입 방법	옥상의 DMB 안테나에서 지하층 중계기까지 인입용 배관과 배선은 기술기준에 적합하게 설계		방송 공동수신설비의 설치기준에 관한 고시 제11조제3항, 제12조, 제13조
배관 설치	옥외 안테나와 최초 장치함이나 중계기설치 장소까지 22mm 배관 2공(주-1공, 예비-1공)의 배관을 설계		
전원 설비	1. 중계기 설치장소에 AC220볼트 전원단자 1개 이상 설계 2. DMB증폭기에 무정전전원설비를 연결하도록 설계		
접속함	1. 접속함 위치는 유지관리가 쉬운 장소에 설계 2. 금속 접속함의 접지저항은 100옴 접지 설계		

2) 안테나설비

항목	내용	결과	근거
방송 통신 기자재	1. 방송통신기자재는 전파법의 적합인증 제품과 정부인증 규격품을 사용하도록 시방서에 기록 확인		전파법 제58조의2 방송 공동수신설비의 설치기준에 관한 고시 제10조
방송 주파수 전송 방법	1. 방송 공동수신 안테나 시설은 수신안테나로부터 들어오는 방송의 신호를 주파수의 변환 없이 그대로 전송 설계 1) 지상파TV방송 주파수대역: 54~805.75 MHz 2) FM라디오방송 주파수대역 : 88~107.9 MHz 3) 위성방송 주파수대역: 950~2150MHz 4) 이동멀티미디어방송 주파수대역(174~216MHz)		
지상파 수신 안테나	1. 수신안테나는 지상파방송(TV, FM, DMB), 위성방송 신호를 잘 수신할 수 있도록 설계·제작하고, 기계적·화학적으로 내구성이 우수한 안테나 설계 2. 공사 시방서에 수신안테나와 동축케이블의 접속부는 빗물이 침수되지 않는 구조로 접속도록 설계 3. 수신안테나 설치 상세 설계도면을 작성 확인 4. 수신안테나는 모든 채널의 지상파방송, 위성방송 신호를 수신할 수 있도록 안테나를 구성 설계 5. 둘 이상의 건축물이 하나의 단지를 구성하고 있는 경우에는 한조의 수신안테나를 설치하여 이를 공동으로 사용 설계 6. 수신안테나는 벼락으로부터 보호될 수 있도록 설치하되, 피뢰침과 1m 이상의 거리를 두도록 설계 7. 수신안테나를 지지하는 구조물은 풍하중을 견딜 수 있도록 견고하게 설치하도록 설계 8. 풍하중의 산정에 관하여는 「건축물의 구조기준 등에 관한 규칙」 제9조를 준용하여 설계 9. 수신안테나 유지·보수시 추락방지와 접근이 쉽도록 옥상 출입구에서 안테나위치까지 통로 가까운 곳에 설치하도록 설계		방송 공동수신설비의 설치기준에 관한 고시 제11조제3항, 제12조, 제13조

3) 비상전원 설비

항목	내용	결과	근거
비상 전원 설비	1. 에프엠(FM)라디오 및 이동멀티미디어방송의 지하층 수신에 필요한 방송공동수신설비는 정전 시에도 항상 방송수신을 유지할 수 있도록 비상전원 공급이 가능한 회로를 구성하여 설계		방송 공동수신설비의 설치기준에 관한 고시 제4조

4) 안전조건 설계반영

항목	내용	결과	근거
안전 조건	1. 방송 공동수신설비에는 보호기를 설치하도록 설계를 하고 보호기의 성능 및 접지에 관하여는 「방송통신설비의 기술기준에 관한 규정」 제7조를 준용 설계		방송 공동수신설비의 설치기준에 관한 고시 제4조

5) 증폭기 설치 설계

항목	내용	결과	근거
증폭기	1. 지상파 방송용증폭기 1) 증폭기는 수신안테나로부터 입력된 신호를 수신주파수대역별로 분리 증 폭한 후 이를 다시 혼합하여 출력하거나 전 대역을 광 대역으로 증폭하는 제품 설계 2) 증폭기는 다음의 기준에 맞게 설계 가. 수동으로 출력신호의 세기를 조정 나. 지상파방송, 위성방송의 신호를 균일하게 증폭 다. 케이블 또는 별도의 전력선으로부터 전원을 공급받을 수 있어야 하고, 공급되는 전원을 수동으로 연결하거나 차단 3) 위성방송용안테나와 연결한 증폭기의 전원은 18V의 전원이 안테나쪽으로 공급이 되는 증폭기 설계 2. 종합유선방송용 구내전송선로설비에 사용되는 증폭기는 다음의 기준에 적합하게 설계 1) 케이블의 특성에 의하여 자연적으로 감쇄된 상향신호 및 하향신호를 분리하여 증폭하는 기능 2) 수동으로 증폭기능을 조정 기능 3) 등화기 및 감쇄기로 입력레벨을 등화 또는 감쇄 기능 4) 전원을 수동으로 연결 또는 차단할 수 있는 기능		방송 공동수신설비의 설치기준에 관한 고시 제11조제3항, 제16조, 제25조, 제7조5항

6) 세대별 단자함

항목	내용	결과	근거
세대별 단자함	1. 각 세대별 단자함에는 층 장치함으로부터 인입되는 지상파방송, 위성방송 및 종합유선방송을 각각 수신할 수 있도록 선로를 설계하였으며, 그 선로에는 출력단자의 임피던스가 75Ω인 분배기 및 직렬단자를 설계		방송 공동수신설비의 설치기준에 관한 고시 제3조의2

7) 구내배선

항목	내용	결과	근거
광케이블	1. 광(光)케이블 [광섬유 케이블: 단일모드광섬유(SMF) / 파장(nm): 1310, 1550 / 손실(dB/km): 0.5 이하, 0.4 이하] 1) 광배선구간이 짧을 경우에는 광섬유의 크래딩에 가하는 광 파워는 수신기에 과부하를 주지 아니하도록 설계 2) 공동주택(특등급)의 경우에는 전송데이터가 집중되는 구내 간선계는 단일모드 광섬유케이블(SMF)을 설계(권장)		방송 공동수신설비의 설치기준에 관한 고시 제11조제3항

광섬유 케이블	단일모드광섬유(SMF)	
파장(nm)	1310	1550
손실(dB/km)	0.5 이하	0.4 이하

항목	내용	결과	근거
콘넥터	1. 동축케이블의 콘넥터 접속 상태가 양호하게 설치하도록 시방서에 기록 1) 안테나와 연결한 콘넥터의 접속 상태 2) 증폭기와 연결한 콘넥터의 접속 상태 3) 분배기 및 분기기에 연결한 콘넥터의 접속 상태 4) 보호기에 연결한 콘넥터의 접속 상태 5) 신호처리기에 연결한 콘넥터의 접속 상태 6) 중계기용 무선기기에 연결한 콘넥터의 접속 상태 7) 직렬단자에 연결한 콘넥터의 접속 상태		방송 공동수신설비의 설치기준에 관한 고시 제12조, 제7조의2 제3항
구내배선	1. 구내배선은 동축케이블 또는 광섬유케이블을 사용하고 성형배선 (1:1 단독 배선) 설계 1) 동일 실내에서는 직렬단자를 활용하여 분배 또는 분기할 수 있으나 분배의 횟수를 3개소 이내로 시방서에 기록 확인 2. 방송 공동수신 안테나 시설 및 종합유선방송 구내전송선로설비의 배선은 장치함까지 각각 단독으로 설계 3. 공동주택(세대 내에서 분기가 없는 기숙사 및 「주택법 시행령」 제3조 제1항 제2호의 규정에 따른 원룸형 주택의 모든 요건을 갖춘 주택은 제외한다)인 경우에는 세대단자함까지 따로 설계하고, 세대 내는 성형배선으로 설계 4. 동일 실내에서 방송공동수신 안테나 시설과 종합유선방송 구내전송선로설비의 이용이 동시에 가능하도록 세대단자함부터 직렬단자까지 각각 배선 설계 5. 구내배선 상호간 또는 그 밖의 사용설비와 접속할 때에는 접속기구(커넥터)를 설계 6. 선로는 전력선간 상호 영향을 받지 않도록 설계		방송 공동수신설비의 설치기준에 관한 고시 제7조의2

8) 장치함

항목	내용	결과	근거
장치함	1. 장치함은 방송 공동수신 안테나 케이블과 연결하여야 하고 종합유선방송의 구내전송선로 설비에 최초로 접속하는 곳에 설계 2. 방송공동수신안테나 케이블의 분배·분기 또는 접속을 위하여 필요한 곳에 장치함 설계 3. 장치함의 내부에는 절연 보조 장치, 잠금장치 및 통풍구 등을 설치하도록 설계 4. 장치함은 계단이나 복도 실내의 공용부분에 설계 5. 장치함의 크기는 증폭기, 분배기, 분기기, 보호기 및 케이블 등 필요한 설비를 수용할 수 있는 충분한 공간을 확보하여 설계 6. 증폭기·분배기 간에 신호의 간섭이 없도록 설계 확인 7. 장치함은 각 층(지하층 포함)에 설치되는 층 장치함과 접속할 수 있도록 설계		방송 공동수신설비의 설치기준에 관한 고시 제3조의2
층장치함	1. 층 장치함은 각 세대별 단자함과 접속할 수 있도록 설계 확인. 다만, 지하층에 설치되는 층 장치함의 선로에는 에프엠(FM)라디오 및 이동멀티미디어방송을 수신할 수 있는 중계기용 무선기기를 설치하되, 옥상 등의 수신안테나와 연결하도록 설계		방송 공동수신설비의 설치기준에 관한 고시 제3조의2

9) 분배기, 직렬단자

<table>
<tr><th>항목</th><th>내용</th><th>결과</th><th>근거</th></tr>
<tr><td>분배기
분기기</td><td>1. 종합유선방송 신호를 임피던스의 변화 없이 분배하거나 분기할 수 있도록 설계
2. 유휴분배단자와 유휴분기단자는 사용회선에 영향을 미치지 아니하도록 75Ω으로 종단하도록 설계</td><td></td><td rowspan="2">방송 공동수신설비의 설치기준에 관한 고시 제11조, 제17조</td></tr>
<tr><td>직렬
단자
(75Ω)
출력
레벨</td><td><table>
<tr><td>아날로그채널(FM포함)</td><td>55 ~ 85dBμV</td></tr>
<tr><td>디지털 채널(8VSB)
초고화질 채널(OFDM, QAM)</td><td>37 ~ 67dBμV
39 ~ 69dBμV</td></tr>
<tr><td>이동멀티미디어방송채널</td><td>23 ~ 53dBμV</td></tr>
<tr><td>디지털위성방송채널</td><td>개정 후 36 ~ 66dBμV</td></tr>
</table>
- 2017.01.02 개정 (FM, 디지털 채널, 초고화질 채널, DMB, 디지털위성방송 채널의 출력레벨 개정)</td><td></td></tr>
</table>

10) 구내배관의 설치

항목	내용	결과	근거
구내 배관	1. 배관은 선로를 보호할 수 있고, 부식에 강한 금속관 또는 통신용 합성수지관 설계 2. 배관의 안지름은 배관에 들어가는 케이블 단면적의 총합계가 배관 단면적의 32퍼센트 이하가 되도록 설계 3. 배관의 굴곡은 가능하면 완만하게 처리하여야 하고, 곡률반지름은 배관 안지름의 6배 이상으로 설계 4. 장치함부터 세대단자함까지 또는 장치함에서 다른 장치함까지 등 한 구간의 배관은 굴곡 부분은 3개소 이하로 하고, 1개소의 굴곡 각도는 직선상태의 배관이 꺾이는 각도가 90° 이하로 하며, 꺾인 각도의 합계는 180° 이하로 설계 5. 세대단자함부터 직렬단자까지의 배관은 성형배선이 구조로 설계 6. 세대단자함부터 직렬단자까지는 통신용 배관을 단독 또는 공동으로 사용을 하도록 설계 7. 건축물의 벽이나 바닥 안에 설치하는 증폭기와 분배기 등의 장치는 외부에서 교체하기 쉬운 장치함에 설계		방송 공동수신설비의 설치기준에 관한 고시 제7조

2. 종합유선방송설비공사

<table>
<tr><th>항목</th><th>내용</th><th>결과</th><th>근거</th></tr>
<tr><td>전송 선로 구간</td><td>종합유선방송 구내전송선로설비는 도로와 택지 또는 건축물의 경계점으로부터 세대단자함까지로 설계</td><td></td><td>방송 공동수신설비의 설치기준에 관한 고시 제23조</td></tr>
<tr><td>증폭기</td><td>1. 증폭기의 기능을 시방서에 표기 하였는가?
1) 케이블의 특성에 의하여 자연적으로 감쇄된 상향신호 및 하향신호를 분리하여 증폭하는 기능
2) 수동으로 증폭기능을 조정 기능
3) 등화기 및 감쇄기로 입력레벨을 등화, 감쇄기능
4) 전원을 수동으로 연결 또는 차단할 수 있는기능</td><td></td><td>방송 공동수신설비의 설치기준에 관한 고시 제25조</td></tr>
<tr><td>분배기 및 분기기</td><td>1. 분배기와 분기기설치 방법을 시방서에 표기 확인
1) 신호를 임피던스의 변화없이 분배, 분기 기능
2) 유휴분배단자와 유휴분기단자는 사용회선에 영향을 미치지 아니하도록 75Ω으로 종단 설계</td><td></td><td>방송 공동수신설비의 설치기준에 관한 고시 제26조</td></tr>
<tr><td>인입 접속점</td><td>종합유선방송사업자 또는 전송망사업자가 설치한 전송선로설비를 구내전송선로설비와 연결하기 위한 접속점은 구내전송선로설비 보호기 인입커넥터로 설계</td><td></td><td>방송 공동수신설비의 설치기준에 관한 고시 제28조</td></tr>
<tr><td>구내 전송 선로 설비의 질적 수준</td><td>1. 디지털종합유선방송신호의 신호를 전송하기 위한 구내전송선로설비의 질적 수준 표를 공사시방서 표기
2. 종합유선방송 구내전송 선로설비의 질적수준
<table>
<tr><td colspan="3">주파수범위</td><td>54~1,002MHz</td></tr>
<tr><td rowspan="5">출력레벨
(75Ω
연결 시)</td><td colspan="2">아날로그채널</td><td>55~85dBμV</td></tr>
<tr><td rowspan="4">디지털
채널</td><td>8VSB</td><td>37~67dBμV</td></tr>
<tr><td>QPSK</td><td>29~59dBμV</td></tr>
<tr><td>64QAM</td><td>35~65dBμV</td></tr>
<tr><td>256QAM</td><td>42~72dBμV</td></tr>
<tr><td>채널 간의
레벨차</td><td colspan="2">인접사용 채널 간</td><td>5dB이내</td></tr>
<tr><td rowspan="5">신호대
잡음비(S/N
비)</td><td colspan="2">아날로그 채널</td><td>40dB 이상</td></tr>
<tr><td rowspan="4">디지털
채널</td><td>8VSB</td><td>22dB 이상</td></tr>
<tr><td>QPSK</td><td>14dB 이상</td></tr>
<tr><td>64QAM</td><td>20dB 이상</td></tr>
<tr><td>256QAM</td><td>27dB 이상</td></tr>
</table>
비고 : 기준 값은 댁내 직렬단자에서의 질적수준이고 측정항목 중 출력레벨은 채널전력을 말한다.</td><td></td><td>방송 공동수신설비의 설치기준에 관한 고시 제30조</td></tr>
</table>

4.4.2 정보통신장비별 착공 전 설계도서 확인 결과 발주처에 통보

① 감리원은 정보통신장비를 현장에 설치하기 전에 장비별 도면별로 착공 전에 설계도서를 확인하고 확인결과를 통보를 하여야 하고 또한 설계도서에 문제점이 발견될 때는 사전에 발주자(감독관)에게 의견을 통보한다.

② 감리원이 의견을 통보할 때 어떤 문제점이 예상이 된다는 기술적인 검토내용을 상세히 기록하고 관련 기술규정과 표준화기관에서 발표한 표준내용, 정부가 인정하는 각종 인증규정 등을 이해하기 쉽도록 작성하여 통보하고 시운전 단계에서 반드시 이상이 없는지를 확인하도록 한다.

4.4.3 정보통신공사의 시방서 검토 · 확인

① 정보통신공사의 사용 전 전검사 대상의 정보통신공사는 기초지방자치단체장이 현장 사용전검사에서 기술기준에 적합한 시공이 되도록 착공전에 감리원이 설계도면과 시방서를 확인하여야 하고 그 이외의 공사에 대하여는 발주처의 실시설계도서에서 규정하고 있는 시방서도 통신기술기준에 적합여부를 확인한다.

② 다음의 시방서는 정보통신공사 사용 전 검사대상 공사에 대한 시방서의 작성 사례이다.

정보통신공사 시방서

1. 적용법규
   1) 방송통신발전기본법, 같은 법 시행령
   2) 정보통신공사업법 같은 법 시행령
   3) 전파법 같은 법 시행령
   4) 방송통신설비의 기술기준에 관한 규정
   5) 접지설비 · 구내통신설비 · 선로설비 및 통신공동구 등에 대한 기술기준
   6) 방송 공동수신설비의 설치기준에 관한 고시

2. 본 시방서의 적용 범위 : 정보통신공사 중 사용전검사 대상에 해당하는 구내통신선로설비공사, 방송공동수신설비공사, 이동통신구내선로설비공사에 적용함.

3. 구내통신선로설비 공사

3.1 국선의 인입 통신배관 공사
   1) 국선의 인입배관의 내경은 선로외경(다조인 경우에는 그 전체의 외경)의 2배 이상이 되어야 한다.
   2) 국선 인입배관의 공수는 주거용 및 기타건축물의 경우에는 1공이상의 예비공을 포함하여 36mm의 2공 이상 설치하고 업무용건축물은 3공이상설치한다.

3) 국선인입 지하배관은 KS HI-PVC 배관을 사용하고 주름관(CD관)을 사용하는 경우 KSC8455 제품을 사용하여야 한다.
4) 발주자가 맨홀 설치하여 가공케이블을 지하인입 배관을 할 경우 : 발주자 맨홀에서 국선 인입 전선관을 기간통신사업자 맨홀이나 전주까지 지하 매설 하여 지하인입 할 때는 36mm의 3개(전화-2, 유선방송-1)의 배관을 시설 한다.
5) 발주자가 맨홀 없이 가공케이블을 지하인입 배관을 할 경우 : 국선5회선 미만은 맨홀설치 제외하고 국선단자함과 종합유선방송용 장치함에서 국선인입 전선관을 기간통신사업자의 전주까지 맨홀을 설치하지 않고 발주자의 대지에 통신전선지지대를 설치하여 가공 케이블을 지하인입 배관하여 국선단자함까지 연결 할 때는 36mm의 3개(전화-2, 유선방송-1) 배관을 시설 한다.

3.2 맨홀 설치

1) 작업 시 필요한 공간을 확보할 수 있는 구조로 설계하고 차량출입과 작업이 용이한 위치에 설치하여야 한다.
2) 맨홀에는 주변 실수요자용 통신케이블을 분기할 수 있는 인입 관로 및 접지시설 등을 설치하여야한다.
3) 차량이 다니는 곳의 맨홀은 2중 철개의 뚜껑을 설치하여야 한다.

3.3 구내배관의 설치

1) 건축물의 구내에는 선로를 용이하게 설치하거나 철거할 수 있도록 배관 또는 닥트 등의 시설을 설치하여야 한다.
2) 구내간선계 및 건물간선계의 배관 공수는 동등 이상 내경을 가진 예비공 1공 이상을 포함하여 2공 이상을 설치하여야 한다. 트레이 및 닥트 등을 설치할 경우에는 향후 증설을 고려하여 여유 공간을 확보한다.
3) 수평배선계의 배관은 성형배선이 가능한 구조이어야 한다.
4) 옥내배관의 설치
   가. 배관은 외부의 압력 또는 충격 등으로부터 선로를 보호할 수 있는 기계적 강도를 가진 내 부식성 금속관 또는 KSC(한국산업규격) 8454 동등 규격 이상의 합성수지제 전선관을 사용하여야 한다.
   나. 배관의 내경은 배관에 수용되는 케이블단면적의 총합계가 배관 단면적의 32% 이하가 되도록 하여야 한다.
   다. 배관의 굴곡은 가능한 완만하게 처리하여야 하되, 곡률반경은 배관내경의 6배 이상으로 한다.
   라. 배관의 1구간에 있어서 굴곡개소는 3개소 이내이어야 하며, 1개소의 굴곡 각도는 90° 이내로 하며 3개소의 합계는 180°이내이어야 한다. 다만, 옥내전화선(한 조로 된 선로)을 수용하는 경우에는 굴곡개소를 5개소 이내로 하고 그 굴곡각도의 합계는 270° 이내로 한다.
5) 옥내에 설치하는 덕트의 설치
   가. 덕트는 선로를 용이하게 수용할 수 있는 구조와 유지·보수를 위한 충분한 공간을 갖추어야 하며, 수직으로 설치된 닥트의 주변에는 선로의 포설, 유지 및 보수의 작업을 용이하게 할 수 있는 디딤대 등을 설치하여야 한다.
   나. 덕트의 내부에는 선로의 포설에 필요한 선로 받침대를 60㎝ 내지 150㎝의 간격으로 설치하여야 한다. 다만 선로용 배관을 따로 설치하는 경우에는 그러하지 아니하다.

다. 덕트의 내부에는 유지·보수 작업용 조명 또는 전기콘센트가 설치되어야 한다. 다만 바닥 닥트의 경우에는 그러하지 아니하다

6) 국선단자함과 장치함(TV증폭기함)이 분리 설치되어 있는 경우 통신회선을 서로 연결하여 사용할 수 있는 전선관 28C의 예비배관을 국선단자함과 장치함을 서로연결 되도록 시공을 한다.

7) 국선인입용 예비배관 내에는 부름 도입선을 넣어두고, 그 양단에 행선을 기입한 표찰을 부착하여야 한다.

8) 접지 시공 시, 접지케이블을 보호할 수 있도록 배관을 시공하여야 한다.

9) 사무실벽면에 설치하는 10회선 이상의 통신단자함은 단자함에서 바닥방향으로 인출이 될 수 있도록 인출용 배관 28C 3공 이상 설치하여야 한다.

10) 옥외 예비배관은 방수가 되도록 서비스캡을 끼운다.

3.4 국선단자함 설치

1) 구내로 인입된 국선은 구내선과의 분계점에 설치된 주 단자함(국선단자함) 또는 주 배선반에 수용하여야 한다.

2) 국선단자함은 국선수용 단자, 단자반 및 보호기를 설치할 수 있는 충분한 공간 및 구조를 갖추어야 하며 관로의 분계점과 가장 가까운 곳에 설치하여야 한다.

3) 국선단자함의 최저 크기가 400X500X80mm 이상이어야 하고 우측에는 2구의 전원 콘센트(권장), 낙뢰보호기, 110단자대가 내장 하고 단자함 벽면에는 합성수지절연판을 설치를 한다.

4) 국선단자함과 장치함을 통합한 국선단자함은 700X500X130mm 이상이어야 하고 낙뢰보호기, 110단자대, 3구의 전원콘센트를 내장하고 좌 · 우 칸막이 철판으로 격벽을 설치하고 단자함 벽면에는 합성수지절연판을 설치와 좌측에는 통신용 기구설치와 우측에는 종합유선방송용 기구를 설치한다.

5) 회선의 표시를 위하여 회선표시판(선번장)을 비치하여야한다.

6) 국선단자함은 빗물이 스며들 외벽의 장소를 피하고 잠금장치를 할 수 있는 실내에 실치하고 바닥으로부터 단자함 하부까지 30㎝높이에 설치한다.

7) 매입 국선단자함은 1.6T 이상의 압연강판으로 제작하고 단자함의 문과 테두리는 스테인레스 제품으로 하고 배관에는 콘넥타 (로크너트, 붓싱)로 마감하여야 한다.

8) 국선단자함은 1.6mm이상의 접지선으로 접지를 하고 100회선 이하는 100Ω 이하가 되어야 하고 단자함 절연저항은 50MΩ 이상, 접속저항은 0.01Ω 이하가 되어야 한다.

9) 단자함본체와 낙뢰보호기간 접속이 쉽도록 접지 단자대를 설치하여야 한다.

10) 기간통신사업자 맨홀과 지하로 배관이 연결된 경우의 조치 : 지하배관을 통하여 습기가 국선단자함에 유입되어 단자반의 부식을 막도록 국선단자함의 배관을 실리콘 등으로 배관의 빈틈을 밀폐하여야 한다.

11) 국선단자함의 설치위치는 단자함에 빗물이나 습기유입이 심한 외벽 설치를 피하고 실내에 설치하여야 한다.

12) 국선단자함의 단자는 배선 케이블 등급과 동등 이상의 성능을 가질 것

3.5. 중간단자함 설치

1) 국선단자함 으로부터 세대단자함까지의 구간 중에서 배관의 굴곡점, 선로의 분기 및 접속을 위하여 필요한곳에 설치되어야한다.

2) 매입형의 단자함은 1.6T 이상의 압연강판으로 제작하여 문과 테두리는 스테인레스 제품으로 설치하고 잠금장치가 되어야 한다.
3) 단자함 내부의 배관에는 콘넥타 (로크너트, 붓싱)로 마감하여야 한다.
4) 중간단자함의 크기는 300X400X150mm이상권장, 바닥에서 30Cm 높이로 한다.
5) 중간단자함은 1.6mm 이상의 접지전선으로 접지를 하는데 100회선 이하는 100Ω 이하, 장치함 절연저항은 50MΩ 이상, 접속저항은 0.01Ω 이하가 되어야 한다.
6) 중간단자함은 잠금장치, 통풍구를 설치하여야 하고, 접지단자가 구비된 구조로 설치하여야 한다.
7) 사무실에 설치하는 10회선 이상의 통신단자함은 바닥방향으로 인출이 될 수 있도록 인출용 배관 28C 3공이상 설치하여야한다.
8) 중간단자함의 단자는 배선 케이블 등급과 동등 이상의 성능을 가질 것
9) 금속형 중간단자함은 접지가 되어야한다.

3.6. 세대단자함 설치

1) 주거용 건축물 중 세대별로 배선의 인입 및 분기가 용이하도록 세대단자함을 설치하여야 한다.
2) 금속형의 세대단자함의 경우에는 1.6T 이상의 압연강판으로 제작하여야 하고 외부에 노출되게 설치시는 잠금장치를 구비 할것.
3) 세대단자함 크기는 400X500X130mm 이상의 규격에 높이는 바닥에서 단자함 하부까지 30Cm 높이로 한다. 금속형 단자함은 1.6mm이상의 접지전선으로 접지를 100Ω 이하로 구성하여야 하여야한다.
4) 세대단자함 내에는 전원용 콘센트를 내장하고 101단자와 종합유선방송용과 방송공동수신용(안테나설비)등 선택하여 시청할 수 있도록 배관과 배선을 하고 충분한 공간의 크기로 한다.
5) 단자함 내부의 배관에는 콘넥타 (로크너트, 붓싱)로 마감하여야 한다.
6) 세대단자함의 높이는 바닥에서 단자함 하부까지 30Cm 높이로 한다.
7) 세대 단자함 절연저항은 50MΩ 이상, 접속저항은 0.01Ω 이하가 되어야한다.
8) 세대단자함의 단자는 배선 케이블 등급과 동등 이상의 성능을 가질 것

3.7 보호기 설치

1) 낙뢰 또는 강전류 전선과의 접촉 등에 의하여 이상전류 또는 이상전압이 유입될 우려가 있는 구내통신설비에는 과전류 또는 과전압을 방전시키거나 이를 제한 또는 차단하는 보호기를 설치해야 한다.
2) 선로설비의 상호간, 회선과 대지간 및 심선 상호간의 절연저항은 500V, 절연저항계로 10MΩ 이상, 접속저항은 0.01Ω 이하이어야 한다.

3.8 접지 설치

1) 보호기와 금속으로 된 주배선반 · 국선단자함, 구내통신단자함, 세대단자함, 장치함, 금속케이블덕트와 금속케이블트레이 및 금속지지물 등에는 접지를 한다.
2) 통신시설의 접지저항은 10Ω 이하를 기준으로 하고 다음의 경우는 100Ω 이하로 한다.
   가. 선로설비중 선조·케이블에 대하여 일정 간격으로 시설하는 접지
   나. 국선 수용 회선이 100회선 이하인 주배선반(국선단자함)
   다. 보호기를 설치하지 않는 구내통신단자함
   라. 통신용 케이블의 쉴드 접지

3) 통신회선 이용자의 건축물, 전주 또는 맨홀 등의 시설에 설치된 통신설비로서 통신용 접지시공이 곤란한 경우에는 그 시설물의 접지를 이용할 경우는 시설물접지 상세도면을 작성하여 제출하고, 이 경우 접지 저항은 해당 시설물의 접지기준에 따른다.
4) 100Ω 이하는 접지선 직경 1.6㎜ 이상의 PVC 피복 동선 또는 그 이상의 절연효과가 있는 전선을 사용하고, 접지극은 부식이나 토양오염 방지를 고려한 도전성 재료를 사용한다.
5) 접지체는 가스, 산 등에 의한 부식의 우려가 없는 곳에 매설하여야 하며, 접지체 상단이 지표로부터 수직 깊이 75cm 이상 되도록 매설 하여야 한다.

3.9. 구내 배선 전송특성 유지

1) 층 단자함에서 인출구까지 꼬임케이블을 배선할 경우에 구내배선설비의 링크성능은 100 ㎒ 이상의 전송특성이 유지되도록 하여야 한다. (CAT.5e 이상급)
2) 링크성능 기준 (고시 제33조제3항)을 확보하여야한다.

가. 동케이블의 링크성능 기준

4장

측정항목	측정주파수 (㎒)	케이블 등급별 기준값		
		100 ㎒	250 ㎒	500 ㎒
반사손실 (dB, 이상)	1	17.0	19.0	19.0
	16.0	17.0	18.0	18.0
	100.0	10.0	12.0	12.0
	250.0	-	8.0	8.0
	500.0	-	-	6.0
감쇠 (dB, 이하)	1.0	3.0	3.0	3.0
	16.0	9.1	8.0	8.2
	100.0	24.0	21.3	20.9
	250.0	-	35.9	33.9
	500.0	-	-	49.3
근단 누화손실 (dB, 이상)	1.0	60.0	65.0	65.0
	16.0	43.6	53.2	53.2
	100.0	30.1	39.9	39.9
	250.0	-	33.1	33.1
	500.0	-	-	26.1
근단 누화 전력합 손실(dB, 이상)	1.0	57.0	62.0	62.0
	16.0	40.6	50.6	50.6
	100.0	27.1	37.1	37.1
	250.0	-	30.2	30.2
	500.0	-	-	23.2
원단감쇠대누화비 (dB, 이상)	1.0	57.4	63.3	63.3
	16.0	33.3	39.2	39.2
	100.0	17.4	23.3	23.3
	250.0	-	15.3	15.3
	500.0	-	-	9.3

측정항목	측정주파수 (MHz)	케이블 등급별 기준값		
		100 MHz	250 MHz	500 MHz
원단감쇠대누화비전력합 (dB, 이상)	1.0	54.4	60.3	60.3
	16.0	30.3	36.2	36.2
	100.0	14.4	20.3	20.3
	250.0	-	12.3	12.3
	500.0	-	-	6.3
전달지연(ns, 이하)	10.0	555	555	555
전달지연변이(ns, 이하)	10.0	50	50	50

나. 광섬유케이블의 링크성능 기준

- 공동주택 및 업무용건축물

종류	파장 (nm)	채널손실
단일모드	1,310	7dB 이하
	1,550	7dB 이하
다중모드	850	13dB 이하
	1,300	9dB 이하

注) 링크성능은 집중구내통신실에서 광섬유케이블의 종단 (세대단자함 또는 인출구)까지의 기준

- 공동주택 외 주거용 건축물 및 기타건축물

종류	파장 (nm)	채널손실
단일모드	1,310	3.45dB 이하
	1,550	3.45dB 이하

注) 링크성능은 국선단자함에서 광섬유케이블의 종단 (세대단자함 또는 인출구)까지의 기준

3.10 구내배선의 설치 방법

1) 구내배선은 세대단자함이나 중간단자함에서 각 인출구까지는 성형배선 방식으로 하여야 한다.
2) 구내통신선로와 유선방송, 공동시청안테나설비의 배선을 동일 배관에 함께 수용할 경우에는 선로상호간 누화로 인하여 통신소통에 지장이 없도록 하여야 한다.
3) 구내배선에 사용하는 접속자재는 배선케이블 등급과 동등 이상의 제품을 사용 하여야 한다.
4) 간선케이블과 수평케이블은 직접 접속되어야 하고 케이블 구간 중간접속을 하지 않아야 한다.
5) 구내케이블 인입시 적절한 인장력으로 케이블 손상 및 특성변화를 주지 않도록 하여야 한다.
6) 분계점에서 간선 케이블을 접속할 때는 각 페어는 동일한 순서로 접속 한다.
7) 통신단자함에 케이블 성단시, 충분한 여장을 두고 성단하여야 한다.
8 수평배선 구간 (세대단자함에서 인출구)까지은 성형배선을 하여야 한다.
9) 구내배선의 절연저항은 대지간 10MΩ 이상이어야 한다.
10) 모든 도면에는 통신케이블 경로마다 구간별로 배관의 규격과 수량, 통신케이블 의 규격과 회선수량을 표기하야 한다.

11) 세대단자함에서 인출구 까지(전화용, 초고속통신용, 방송수신용) 모두 성형배선을 하여야 한다.

12) 인출구(모듈러잭)의 핀 배열 및 페어별 접속

가. 페어별 색상구분 LAN 568B 형

핀배열	1	2	3	4	5	6	7	8
LAN 568B 형	백/등	등	백/녹	청	백/청	녹	백/갈	갈

나. 인출구/모듈러잭(ISO8877)

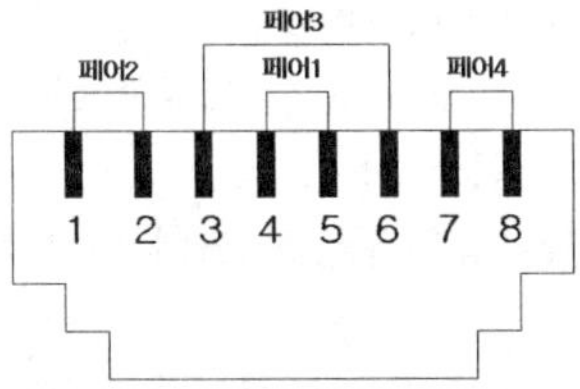

13) 통신용 인출구는 8핀 모듈러잭을 사용해야 한다.

14) 인출구의 설치 개수는 각 실별(고정된 벽) 단위로 최소 1개소 이상 설치하여야 한다.

15) 통신용 인출구(아울렛)의 높이는 바닥에서 아울렛 하부 까지 30mm 높이로 한다. (권장사항)

16) 통신용 인출구 설치는 하나의 모듈러에 전화용과 인터넷용으로 사용하지 않도록 모듈러를 각각 분리 설치를 하여야 한다(4각박스에 상단 : 전화용, 하단 : 초고속통신용, TV)

가. 거실, 주방, 내실 등은 각각 설치를 하며 각 실별 2-3개소 인출구를 설치한다.

17) 구내통신인출구, TV직렬단자는 가급적 전원콘센트는 같은 위치에 설치한다.

4. 옥내통신선 이격거리

1) 옥내통신선은 300V초과 전선과의 이격거리는 15cm이상, 300V이하 전선과의 이격거리는 6cm이상으로 하고 도시가스배관과 혼촉되지 않도록 한다.

2) 이격하지 아니 할 수 있는 경우

가. 옥내통신선이 절연선 또는 케이블이거나 광섬유케이블(전도성 인장선이 없는 것)일 경우(전선 또는 전선관과 접촉이 되지 아니하여야 함).

나. 전선이 케이블(캡타이어 케이블을 포함한다)일 경우(옥내통신선과 접촉되지 아니하여야 함)

다. 전선(300V이하로서 케이블이 아닌 경우)과 옥내통신선간에 절연성의 격벽을 설치할 때 또는 전선을 전선관(절연성·난연성 및 내수성을 갖춘 것)에 수용하여 설치한 경우

5. **회선수 확보기준** : 주거용건축물은 단위세대당 1회선(4쌍 꼬임케이블 기준)이상하고 업무용 건축물은 각 업무구역(10제곱미터)당 1회선(4쌍 꼬임케이블 기준)이상 설치한다.

6. 방송공동수신설비공사

6.1 TV 안테나설비의 안테나설치

1) 설계 전 전파조사 실시 : TV수신 안테나 시설의 설치자는 구역별 수신 전계강도를 측정하여 측정결과리스트에 기록하여 발주자에게 제출하여야 한다.

2) TV안테나 시설에 사용하는 설비 : 수신안테나, 레벨조정기, 주파수변환기, 증폭기, 분배기 및 분기기, 직렬단자, 동축케이블 또는 광케이블, 보호기

3) 수신안테나 구조

① 수신안테나는 지상파텔레비전방송, 위성방송 및 에프엠라디오방송, DMB 방송의 신호를 잘 수신할 수 있도록 설치를 하여야 하며, 기계적 · 화학적으로 내구성이 우수하여야 한다.

② 수신안테나와 동축케이블의 접속부는 방수구조이어야 하며, 임피던스 정합회로가 내장되어 직접 동축케이블이나 광케이블과 접속할 수 있어야 한다.

4) 수신안테나의 설치방법

① 지상파수신안테나는 지상파텔레비전방송, 에프엠라디오방송은 수평으로 설치하고 DMB방송 안테나는 수직으로 설치하여 방송신호를 수신할 수 있도록 안테나를 조합하여 설치하여야 한다(위성방송은 공용방송수신 위주 설치).

② 둘 이상의 건축물이 하나의 단지를 구성하고 있는 경우에는 한 조의 수신안테나를 설치하여 이를 공동으로 사용할 수 있다.

③ 수신안테나는 벼락으로부터 보호될 수 있도록 설치하되, 피뢰시설과 1미터 이상의 거리를 두어야 한다.

④ 수신안테나를 지지하는 구조물은 풍하중(풍하중)을 견딜 수 있도록 견고하게 설치 하여야 한다. 이 경우 풍하중의 산정에 관하여는 「건축물의 구조기준 등에 관한 규칙」 제13조를 준용한다.

5) 증폭기 설치 : 증폭기는 수신안테나로부터 입력된 신호를 수신주파수대역별로 분리증폭한 후 이를 다시 혼합하여 출력하거나 전 대역을 광대역으로 증폭하여야 한다.

6) 동축케이블 접속: 건축물 안으로 들어오는 동축케이블은 장치함에 설치된 최초의 증폭기 · 분배기 또는 분기기 등에 접속하여야 한다.

6.2 옥내배관 설치 : 사용되는 옥내 관로의 배관은 다음의 기준에 맞도록 설치하여야 한다.

1) 배관은 외부의 압력 또는 충격 등으로부터 선로를 보호할 수 있고, 부식에 강한 금속관 또는 통신용 합성수지관을 사용하여야 한다.

2) 배관의 안지름은 배관에 들어가는 케이블 단면적의 총합계가 배관 단면적의 32퍼센트 이하가 되도록 하여야 한다.

3) 배관의 굴곡은 가능하면 완만하게 처리하여야 하고, 곡률반지름은 배관안지름의 6배 이상으로 한다. 이 경우 굴곡을 유지하기 위한 다른 보조장치를 사용하여서는 아니 된다.

4) 장치함부터 세대단자함까지 또는 장치함에서 다른 장치함까지 등 한 구간의 배관은 굴곡부분은 3개소 이하로 하고, 1개소의 굴곡 각도는 90도 이하로 하며, 그 굴곡각도의 합계는 180도 이하로 한다.

5) 세대단자함부터 인출구 구간에는 통신용 배관을 공동으로 사용할 수 있다.

6) 장치함부터 직렬단자까지, 층 장치함부터 직렬단자까지, 세대단자함 부터 직렬단자까지의 배관은 성형배선이 가능한 구조로 한다.

7) 공동주택이 외의 건축물로서 방송공동수신설비를 이용할 경우 옥외 안테나에서 최초 장치함이나 중계기설치 장소까지 36mm 배관 2공(주-1공, 예비-1공)의 배관을 설치(권장)

8) 옥상의 DMB 안테나에서 지하층 중계기까지 인입용 배관과 배선은 기술기준에 적합하게 시공

9) DMB 중계기 설치장소의 접속함에 AC220볼트 전원단자 1개 이상 시공(권장)

10) DMB 중계기 접속함의 접지저항은 100옴 접지 시공(권장)

6.3 종합유선방송 인입배관 : 종합유선방송선로에서 장치함의 배관은 36mm 배관 하며 배관의 공수는 1공 이상으로 한다.

6.4 보호기설치 : 방송공동수신설비(종합유선방송설비 및 공동시청안테나 설비)에는 과전류 또는 과전압을 방전시키거나 이를 제한 또는 차단하는 보호기를 설치하고 접지하여야 한다.

6.5 장치함 설치

1) 장치함은 인입의 최초로 접속되는 지점에서 가장 가까운 곳에 설치
2) 케이블의 분배 · 분기 또는 접속을 위하여 필요한 곳
3) 장치함의 내부에는 절연 보조 장치, 시건장치 및 통풍구을 설치 : 절연보조판 설치방법은 단자함바닥 4곳에 볼트를 이용 바닥에서 10mm띄운 높이(보조판넬위의 통신기기를 고정할 나사의 길이를 감안한 10mm공간 필요) 위에 합성 수지 절연판(10~5mm두께)을 얹어 고정 한다.
4) 장치함은 계단이나 복도 등 실내의 공용부분에 설치하고 설치 높이는 단자함 하부까지 30cm이상의 높이로 한다.
5) 장치함의 크기는 증폭기, 분배기, 분기기, 보호기 및 케이블 등 필요한 설비를 수용할 수 있는 충분한 공간을 확보할 것
6) 종합유선방송설비와 공동시청안테나설비의 증폭기·분배기 또는 분기기 등은 상호 신호의 간섭이 없도록 장치함에 수용하고 하나의 장치함에 공용 설치하여도 된다.

6.6 배관 등의 설치 방법

1) 설비에 사용하는 배관 등은 배선의 교체와 증설시공이 쉽도록 설치하여야 한다.
2) 건축물의 벽이나 바닥 안에 설치하는 증폭기와 분배기 등의 장치는 외부에서 교체하기 쉬운 장치함에 설치하여야 하고, 이들 장치와 접속하는 동축케이블이나 광(광)케이블은 적당한 길이의 여분을 가져야 한다.

6.7 안전조건

1) 구내전송선로설비에는 보호기를 설치하여야 한다.
2) 보호기의 성능 및 접지에 관하여는 「방송통신설비의 기술기준에 관한규정」 제7조를 준용한다.

6.8 동축케이블 등의 배선

1) 동축케이블과 광케이블은 장치함부터 세대단자함까지 또는 장치함부터 최초로 접속되는 직렬단자까지의 구간은 단독으로 배선하여야 한다.
2) 동축케이블이나 광케이블 상호간 또는 기타 사용설비와 접속할 때에는 접속기구(커넥터)를 사용하여야 한다.
3) 통신용 배관을 이용하여 배선을 할 경우에는 통신용 케이블의 손상 등으로 인한 통신소통의 지장이 없도록 하여야 한다.
4) 동축케이블의 주파수 대역은 54~2150㎒용을 설치하여야 한다.

6.9 직렬단자 : 직렬단자는 임피던스 75옴인 출력단자에 접속하여 방송을 수신할 수 있어야하고 지상파방송의 직렬단자의 측정 레벨은 다음과 같이 출력되어야 한다.

6.10 종합유선방송의 구내전송선로설비 설치

1) 「방송법」 제79조제3항의 규정에 의하여 종합유선방송사업자 또는 전송망사업자가 설치한 전송선로설비를 구내전송선로설비와 연결하기 위한 접속점은 구내전송선로설비중 보호기의 인입커넥터로 한다.

4장

측 정 항 목		기 준 값
주파수대역		54 ~ 2,150㎒
출력레벨 (75Ω 연결 시)	아날로그채널(FM포함)	55 ~ 85dBμV
	디지털 채널(8VSB) 초고화질 채널(OFDM, QAM)	37 ~ 67dBμV 39 ~ 69dBμV
	이동멀티미디어방송채널	23 ~ 53dBμV
	디지털위성방송채널	36 ~ 66dBμV
채널 간의 레벨 차(동일변조방식)	인접사용 채널 간	5dB이내
	비인접사용 채널 간	10dB이내
신호대잡음비 (S/N비)	아날로그채널	삭제
	디지털 채널(8VSB) 초고화질 채널(OFDM, QAM)	22dB이상 24dB이상
	이동멀티미디어방송채널	14dB이상
	디지털위성방송채널	14dB이상

2) 구내전송선로설비는 장치함을 설치하여야 한다.
3) 구내전송선로설비에 사용되는 설비 : 분기기 및 분배기(5.75~864㎒), 동축케이블(5.75~864㎒), 증폭기(54~864㎒), 보호기(5.75~864㎒), 직렬단자(5.75~864㎒)
4) 구내전송선로설비에 사용되는 증폭기는 상향신호 및 하향신호를 분리하여 증폭하는 기능이 있어야 하고, 수동으로 증폭기능을 조정할 수 있어야 한다. 등화기 및 감쇄기로 입력레벨을 등화 또는 감쇄할 수 있어야한다. 전원을 수동으로 연결 또는 차단할 수 있어야 하며 접지단자를 구비하여야한다.
5) 분배기와 분기기는 종합유선방송 신호를 임피던스의 변화 없이 분배하거나 분기할 수 있어야 한다. 유휴분배단자와 유휴분기단자는 사용회선에 영향을 미치지 아니하도록 75옴으로 종단하여야한다.
6) 건축물 안으로 들어오는 동축케이블 장치함에 설치된 최초의 증폭기·분배기 또는 분기기 등에 접속하여야 한다.
7) 장치함에서 각 세대 안으로 들어오는 동축케이블은 통신용 케이블이 들어온 세대단자함을 같이 사용할 수 있다.
8) 종합유선방송의 직렬단자 측정 레벨은 다음과 같이 출력이 되어야한다.

측 정 항 목			기 준 값
주파수범위			54 ~ 1,002㎒
출력레벨 (75Ω 연결 시)	아날로그채널		55 ~ 85dBμV
	디지털채널	8VSB	37 ~ 67dBμV
		QPSK	29 ~ 59dBμV
		64QAM	35 ~ 65dBμV
		256QAM	42 ~ 72dBμV
채널 간의 레벨차 (동일 변조 방식)	인접사용 채널 간		5dB 이내
신호대 잡음비(S/N비)	아날로그채널		40dB 이상
	디지털채널	8VSB	22dB 이상
		QPSK	14dB 이상
		64QAM	20dB 이상
		256QAM	27dB 이상

7. 접지공사

7.1 접지체 설치

1) 접지체는 가스, 산 등에 의한 부식의 우려가 없는 곳에 매설
2) 접지체 상단은 지표로부터 수직 깊이 75cm 이상 되록 매설하되 동결 심도보다 깊도록 하여야 한다.

7.2 접지용 배관과 접지선 설치

1) 접지배관과 접지선의 깊이는 지표에서 60cm 이상 지하 매설하여야 한다.
2) 접지선은 직경 1.6㎜ 이상의 PVC 피복 동선 또는 그 이상의 절연효과가 있는 전선을 사용하고, 접지극은 부식이나 토양오염 방지를 고려한 도전성 재료를 사용한다.

7.3 국선단자함, 중간단자함, 장치함, 덕트, 트레이 접지

1) 국선단자함, 장치함, 풀박스, 접속함, 금속의 모든 단자함의 접지저항은 100Ω 이하로 한다.
2) 보호기 접지와 통신용 단자함 접지를 각각 따로 설치하지 않고 함께 설치 할 수 있다.

8. 이동통신구내선로설비

8.1 설치 근거

1) 전기통신사업법제69조의2(구내용 이동통신설비의 설치) ①항에 의한 다음의 시설에는 구내용 이동통신설비를 설치한다.
2) 「건축법」 제2조제1항제2호에 따른 건축물 중 연면적의 합계가 1,000제곱미터 이상의 건축물의 지하층에 구내용이동통신설비(이동통신구내선로설비)를 설치한다(군사시설 제외).
3) 500세대 이상 공동주택은 구내용 이동통신설비(이동통신구내선로설비)를 지상과 지하에 설치하고 500세대 이하는 지하에만 설치한다.
4) 다중이용건축물의 16층이상, 바닥면적 5,000제곱미터이상은 지상과 지하에 구내용 이동통신설비(이동통신구내선로설비)를 설치하고 이하는 지하층에만 설치한다.
5) 지하층이 있는 건축물로서 공중이 이용하는 지하도 · 터널 · 지하상가 및 지하에 설치하는 주차장 등 지하건축물에 구내용이동통신설비(이동통신구내선로설비)를 설치한다.
6) 「도시철도법」 제2조제3호에 따른 도시철도시설에 구내용 이동통신설비를 설치한다.

8.2 옥외안테나용 배관과 장소확보

1) 옥외안테나에서 중계기까지의 관로는 배관 또는 덕트로 설치 한다.
2) 옥외안테나에서 기지국의 송수신장치 또는 중계장치가 설치되는 장소까지는 3공 이상의 배관을 설치하고 광케이블의 경우는 2공을 설치한다.
3) 배관의 내경은 36mm 광케이블의 경우는 22mm배관을 설치한다.
4) 옥외안테나 설치장소는 4제곱미터의 공간을 확보하여야 한다.

8.3 중계장치 장소 확보

1) 기지국의 송수신장치, 중계장치 설치장소는 먼지나 유해가스로부터 격리된 장소의 급전선 인입관로와 최단거리에 2제곱미터 공간 확보한다.

8.4 접속함

1) 관로의 길이가 40m를 초과할 경우와 관로의 굴곡점에는 급전선의 포설 및 철거가 용이하도록 적합한 접속함을 설치하여야 한다.
2) 절연저항이 50 ㏁이상이 되어야 한다.
3) 두께 1.5㎜ 이상의 연강판 또는 동등 이상으로 하고 여닫이식 개폐장치가 있어야한다.

8.5 접지시설 : 기지국의 송수신장치 또는 중계장치 설치장소까지 100옴의 통신접지시설을 한다.

8.6 상용전원 : 기지국의 송수신장치 또는 중계장치용 전원은 용량이 4㎾이상으로서 교류 220V 전원단자가 3개 이상 설치하여야 한다.

9. 정보통신공사 중 사용전검사에 해당 설계도면 범례

9.1 구내통신선로설비공사의 범례

1) 통신용 배관과 배선

기 호	내 용
	바닥매입 배관, 배선
	천정노출 배관, 배선
	단자함으로 귀로 표시
	SYSTEM BOX
	케이블트레이
	전선관 및 전선 수
	보호기
	상 승
	인 하
	소 통

2) 인출구, 통신단자함

기 호	내 용
	전화용 인출구 1구형
	LAN용 인출구 1구형
	인출구 2구형
	세대단자함
	중간단자함
	국선단자함 (400 X 500 X 80㎜)
	세대단자함
M.D.F	주 배선반
	접지단자함
	접 지
	국선단자함(통합) (700 X 800 X 130㎜)
	풀박스
	통신맨홀

9.2 이동통신 구내선로설비

기 호	내 용
	전화용 인출구 1구형
	LAN용 인출구 1구형
	인출구 2구형
	세대단자함
	중간단자함
	국선단자함 (400 X 500 X 80㎜)
	세대단자함
M.D.F	주 배선반
	접지단자함
	접 지
	국선단자함(통합) (700 X 800 X 130㎜)
	풀박스
	통신맨홀

9.3 방송공동수신 설비

기 호	내 용
	바닥매입 배관, 배선
	천정노출 배관, 배선
	단자함으로 귀로 표시
	SYSTEM BOX
	케이블트레이
	전선관 및 전선 수
	보호기
	상 승
	인 하
	소 통

4.4.4 실시설계 내역서 검토

① 실시설계 내역서 검토 대상은 다음과 같다.
  1) 원가계산서 검토서
  2) 내역서 검토서
  3) 장소별 자재산출서 검토서
  4) 장소별 소요인력 산출서 검토서
  5) 일위대가표 검토서

② 설계도서 검토양식 : 실시설계를 완료하고 1년이 경과 한 이후에 발주를 하는 과정에 각종 경비의 공사비요율의 변동, 단가의 변동 등 설계당시와 발주당시의 변동사항을 확인하고 발주하여야 한다.

③ 도급자재에 해당되는 정보통신장비별 시방서 검토서 서식 : 구내전화설비, 구내방송설비, 강당음향설비, 영상설비, CCTV 감시설비, 네트워크설비, 원격화상회의설비, 원격방송설비 등 설비별로 각각의 시방서를 확인한다.

〈제4-18호 서식〉

실시설계도서 검토결과서

순번	검토 대상	검토내용	감리원 의견
1.	경비 계산		
2.	일반관리비 계산		
3.	기타 경비 계산		
4.	이윤의 적정성		
5.	보험료 산정의 적정		
6.	소요자재 산출 수량		
7.	소요인력 산출 수량		
8.	일위 대가표 수량		
9.	자재비 계산		

10.	직접노무비 계산		
11.	간접노무비 계산		
12.	평면도면의 검토		
13.	상세도면의 검토		
14.	자재의 시방서 검토		
15.	공사의 시방서 검토		
16.	기타 검토내용		

〈제4-19호 서식〉

정보통신장비 규격서 검토의견서

순번	발주 장비의 규격 내용	설치장비의 규격 내용	감리원 의견
1.	통신망도		
2.	배관과 배선의 계통도		
3.	주장치의 전기적 특성		
4.	주장치의 기능 및 성능		
5.	단말장치 전기적 특성		
6.	단말장치의 성능 및 성능		
7.	장비 간 연동 요구한 내용		
8.	유지보수를 위한 요구내용		

5.1 감리회사 업무

5.1.1 감리착수 서류제출

① 감리회사는 감리용역계약 즉시 상주 및 비상주감리원의 투입 등 감리업무 수행준비에 대하여 발주자와 협의하여야 하며, 계약서상 착수일에 감리용역을 착수하여야 한다. 발주자의 사정 등으로 계약서상 착수일에 감리용역을 착수할 수 없는 경우에는 발주자는 실제 착수시점 및 상주감리원 투입시기 등을 조정하여 감리업자에게 통보하여야 한다.

② 감리회사는 감리용역 착수 시 다음의 서류를 첨부한 착수신고서를 제출하여 발주자의 승인을 받아야 한다.

1) 감리업무 수행계획서
2) 감리계약시 감리비 산출내역서
3) 상주, 비상주 감리원 배치계획서와 감리원의 경력확인서
4) 감리원 조직 구성내용과 감리원별 투입기간 및 담당업무
5) 공사감리자 지정신고서 및 경력사항 확인서

③ 감리회사는 감리원 배치계획서에 따라 감리원을 배치하여야 한다. 다만 감리원의 퇴직 · 입원 등 부득이한 사유로 감리원을 교체하려는 때에는 발주처에 보고하고 교체 · 배치하여야 한다.

④ 발주자는 감리원 또는 감리조직 구성내용이 해당 공사현장의 공종 및 공사성격에 적합하지 아니하다고 인정될 경우에는 감리업자에게 사유를 명시하여 서면으로 변경을 요구할 수 있으며, 변경요구를 받은 감리업자는 특별한 사유가 없으면 응하여야 한다.

⑤ 발주자의 승인을 받은 감리원은 업무의 연속성, 효율성 등을 고려하여 특별한 사유가 없으면 감리용역이 완료될 때까지 근무하여야 한다.

⑥ 정보통신감리원의 자격은 계약문서에 기술된 과업내용에 따라 관련 분야 기술자격 또는 학력 · 경력을 갖춘 사람으로 구성되어야 한다.

⑦ 책임감리원과 보조감리원은 개인별로 업무를 분담하고, 그 분담내용에 따라 업무수행계획을 수립하여 과업을 수행하여야 한다.

⑧ 정보통신감리원은 시공과 관련하여 시공업자에게 제반법규 등을 준수하도록 지도 · 감독하여야 한다.

⑨ 정보통신감리원은 현장에 배치가 되는 즉시 사무소, 숙소 또는 비상연락처 및 FAX, 우편연락처 등을 발주자에게 보고하여 업무연락에 차질이 없도록 하고, 연락처 등이 변경된 경우에도 즉시 보고하여야 한다.

5.1.2 감리용역 과업지시서 작성 사례

다음은 (　　)시청신축 정보통신공사의 감리용역 과업지시서 작성 사례이다.

1. 과업명 : ㅇㅇ도 ㅇㅇ시청신축 정보통신공사 정보통신감리용역

2. 목 적 : ㅇㅇ도 ㅇㅇ시청신축 정보통신공사 정보통신감리용역에 대한 정보통신공사업법 제8조의 규정에 의한 감리용역업자에게 용역을 시행하여 시공품질관리 및 안전관리와 공정관리를 통하여 차질 없는 준공을 할 수 있도록 시행하고자 함.

3. 감리근거 : 정보통신 공사업법 제8조(감리 등) 및 동법 시행령 제7조(감리 대상 공사의 범위)

4. 용역기간 : 용역 착수일로부터 600일간으로 하되 통신공사 준공기간의 변동에 따라 감리기간이 증감될 수 있으며 14일이 초과하지 않을 경우 계약금액의 변경 없이 용역업무를 수행하여야 한다.

5. 공사개요

   1) 위치 : ㅇㅇ광역시 ㅇㅇ동 ㅇㅇ로 ㅇㅇ

   2) 규모

현 장	연면적(m^2)	층 수	비고
ㅇㅇ도 ㅇㅇ시청신축 정보통신공사	230,500	지하 1층, 지상 6층	

3) 공사기간 : 착수일로 600일간
4) 감리등급과 배치기간 : 중급 정보통신감리원 준공일까지 주 1회(1일) 이상 배치
5) 동절기 한파 또는 하절기 장기 우기시 연장 가능성 있다.

6. 과업수행조건
1) 이 과업은 정보통신공사업법 같은법 시행령, 엔지니어링 사업대가기준 및 표준시방서 등 이 과업수행에 관련되는 관계 법령과 본 과업지시서를 적용한다.
2) 감리용역 계약자는 이 공사의 규모 및 공종에 적합하다고 인정되는 자, 정보통신공사법 시행령 제8조의 감리를 완수할 수 있는 능력과 자격을 구비한 정보통신감리원을 배치하여야 한다.
3) 본 과업지시서에 명시되지 않은 사항은 우리시와 사전협의하여 따른다.
4) 다음과 같은 사항이 발생될 시에는 감리용역을 해지할 수 있다.
가. 계약자가 용역수행이 불가능하다고 인정될 때
나. 발주자의 지시에 불응하여 용역업무를 진행할 때

7. 감리자격 : 정보통신감리용역 자격은 정보통신공사업법 제2조에 준한 「엔지니어링산업진흥법」에 따른 엔지니어링 사업자로 신고하거나 「기술사법」에 따라 기술사사무소의 개설자로 등록한자로 통신 · 전자 · 정보처리 등 대통령령으로 정하는 정보통신 관련 분야의 자격을 보유 하고 용역업을 경영하는 자

8. 감리원 배치
1) 정보통신감리원 배치 : 정보통신공사업법 시행령 제11조에 의거(상주감리원 : 책임감리원 1인 이상 배치)
2) 상주감리원의 배치는 착수계에 제출된 감리원으로 하되 불가피한 사유가 발생 시 우리시의 승인을 받아 동급 이상으로 조정할 수 있으며, 배치계획은 우리시청 감독관에게 제출하여야 한다.

9. 과업의 일반사항
1) 계약체결 후 7일 내에 착수계를 제출해야 하며 착수 전에 착수계, 과업수행 계획서, 보안각서 등 수행에 필요한 제반서류를 감독원에게 제출하여 확인을 받아야 한다.
2) 과업지시서는 과업수행을 위한 사항을 규정하였는바, 이에 규정되지 않은 사항은 관계 법령에 따라 우리 대학교와 합의하여 수행하여야 한다.
3) 과업수행에 필요하다면 전문기술을 활용하도록 한다.
4) 과업수행 중이나 완료 후라도 보완 또는 자료요청이 있을 때에는 관련 자료를 작성 제출하여야 하며, 내용설명이 필요한 경우 이에 참석하여 설명하여야 한다.
5) 과업 중 감독원에게 감리일정을 사전통보를 하고 참석이 필요할 시 동행하여야 한다.
6) 과업수행자는 과업지시서에 명시된 사항을 성실하게 조사 · 분석 · 연구하여야 하며, 용역수행을 위하여 수집된 연구자료는 최종보고서에 포함 작성하여야 한다.
7) 이 과업으로 인하여 제3자에게 피해를 주었을 경우 모든 손실을 보상하여야 한다.
8) 감리용역 기간 중 우리시의 사유로 인하여(공사의 중지, 자재 및 인력수급의 부진 등) 공사가 중지될 때에는 감리용역을 중지시킬 수 있으며, 중지기간의 감리비는 정산처리 할 수 있다.

10. 과업의 특별사항

1) 감리용역의 착수일은 발주처 지정일 (또는 공사착공일)로 하고, 과업착수 시에 착수계와 현장감리원의 경력을 포함한 상세한 업무수행계획서를 계약일로부터 7일 이내에 제출하여야 한다.
2) 발주기관은 감리원의 의무불이행이 있을 시는 서면으로 그 사유를 명시하여 시정을 요구할 수 있고, 감리원은 지체 없이 이에 대한 적절한 회답이나 조치를 취하여야 하며, 이에 불응한 경우 적절한 기간을 정하여 서면으로 그 시정을 지시하고, 동 기간 내에 적절한 회답이나 시정조치가 없을 경우 계약을 해지할 수 있다.
3) 공사진행 중 설계변경에 의해 계약금액이 증액되어도 감리용역대가의 증액은 없는 것으로 한다. 다만, 발주처에서 공기연장에 의해 공사일수가 늘어나거나 당초 계약내용에 상당한 변경이 있다고 인정하는 경우에는 감리용역대가의 증액을 할 수 있다.
4) 본 감리용역은 장기계속 감리용역으로서 총 공사에 대한 일괄 용역계약 후 발주자의 연도별 예산범위 내에서 시행한다.
5) 본 공사의 공사기간이 준공시기 조정 등에 의한 사유나 동절기 한파 또는 하절기 장기우기로 인해 공사기한 연장가능성이 있으며, 단축될 경우에는 계약금액을 감액 조치한다.
6) 감리원의 공정관리 소홀로 공사가 지연되었을 시 감리용역비의 증액은 없다.

11. 정보통신감리원의 업무 : 「정보통신공사업법 시행령」 제12조(감리원의 업무범위) 같은 법 제8조제7항에 따른 감리원의 업무범위 규정대로 다음의 업무를 차질 없이 수행하여야 한다.

1) 공사계획 및 공정표의 검토
2) 공사업자가 작성한 시공 상세도면의 검토 · 확인
3) 설계도서와 시공도면의 내용이 현장조건에 적합한지 여부와 시공가능성 등에 관한 사전검토
4) 공사가 설계도서 및 관련 규정에 적합하게 행하여지고 있는지에 대한 확인
5) 공사 진척부분에 대한 조사 및 검사
6) 사용자재의 규격 및 적합성에 관한 검토 · 확인
7) 재해예방대책 및 안전관리의 확인
8) 설계변경에 관한 사항의 검토 · 확인
9) 하도급에 대한 타당성 검토
10) 준공도서의 검토 및 준공확인
11) 정보통신공사의 설계도서의 적합성(기술기준에 적합) 검토
12) 「정보통신공사업법 시행령」 제35조 규정에 의한 정보통신공사의 사용전검사(감리결과 통보)에 필요한 관련 서류제출
13) 지적사항에 대한 조치지시 및 확인, 합동점검 입회
14) 물가변동에 따른 계약금액조정 시 검토 및 서류작성

12. 감리자 업무의 세부사항

1) 우리시에서 공사 도급자에게 하달하는 기술적 지시사항을 검토한 후 의견을 제시하고, 지시된 사항의 이행여부를 확인 후 보고하여야 한다.
2) 감리자는 공사 도급자의 부당한 시공을 발견한 때에는 시공을 중지시키고 그 시정을 요구할 수 있으며, 그 결과를 즉시 감독원에게 통보하여야 한다.

3) 우리시에서 현장의 제반 기술사항을 검토하도록 지시를 받은 경우 감리자는 특별한 사유가 없는 한 이에 따라야 한다.
4) 감리자는 각종 문제점 사항의 검토 및 주요 공정의 검측을 완료하고 그 결과를 감독원에게 서면으로 제출하여야 한다.
5) 설계변경사항의 조사·확인과 설계변경 설계서 및 증·감 대비 설계도서 작성

13. 감리 자격 및 근무

1) 정보통신공사업법 제8조(감리원의 자격기준) 법 제8조제4항의 규정에 의하여 감리업자는 별표 2의 기준에 따라 해당 소속감리원을 정보통신시설 공사현장에 배치하여야 한다. 또한 특별하다고 판단되는 공종의 시공 시 감독원의 요구가 있으면 적합한 보조감리원을 배치하여야 한다.
2) 감리자는 감리업무를 수행함에 있어서 당해 공사의 설계도서, 계약서, 기타 관계서류 등의 내용을 숙지하고 당해 공사의 특수성을 파악한 후 감리업무에 임하여야 한다.
3) 감리자는 공사현장의 문제점이 발생되거나 시공과 관련한 중요 사항에 대하여는 감독원에게 즉시 보고하고 필요한 자문을 제공하여야 하며 감독원의 지시를 받아 처리한다.
4) 감리자는 감리업무를 수행할 소속감리원에 대하여 감리용역 착수 이전에 정보통신공사업법령에 의거 정보통신공사협회에서 발행하는 감리원기술자 경력확인서를 제출하여야 한다.
5) 우리시에서 감리원 경력사항 확인서를 검토한 결과 공사현장에 적합하지 아니하다고 인정하여 변경요구가 있을 때는 이에 따라야 한다.
6) 용역착수계 제출 시 아래 계획서를 작성, 첨부하여 제출하여야 한다.
   가. 감리기구표
   나. 감리요원의 투입기간, 개인별 업무분담내용 및 감리원의 배치계획이 포함된 감리업무 수행계획서
   다. 공사의 공종별 검사, 수시검사 등 확인되어야 할 사항에 대한 체크리스트
   라. 보안각서
   마. 감리원자격증 사본
   바. 감리회사 등록증 사본
7) 감리원은 사업주체, 시공자와 원만한 인간관계를 유지하며 업무에 관하여는 상호 보완적 협력관계가 되도록 노력한다.
8) 감리원은 관계법령, 설계도서, 사업계획승인 조건 등을 숙지한다.
9) 감리원은 감리업무와 관련하여 공사 시공자에게 지시(요청)하는 사항은 서면지시를 원칙으로 하며 조치결과를 반드시 확인하고 그 내용을 유지하고 감리업무일지에 기록하여야 한다.
10) 물가변동에 의한 계약금액 조정 시 변동내역서 검토
11) 설계변경에 따른 내역서 산출서 검토 및 확인

14. 단계별 세부과업 내용

1) 감리원은 공사가 설계도서 및 관계 규정 등에 적합하게 시공되는지 여부를 확인하고 시공자가 작성 제출한 시공계획서, 시공상세도의 검토·확인 및 시공단계별 검사, 현장설계변경 여건처리 등의 시공관리업무를 통하여 공사목적물이 소정의 공기 내에 우수한 품질로 완공되도록 철저를 기하여야 한다.

2) 감리원은 공사현장이 항상 깨끗이 정리 정돈되어 효율적인 시공관리가 되도록 수시로 현장을 확인 · 점검하여야 한다.
3) 감리원은 시공이 완료되었을 때에는 준공 전에 시공자에게 공사용 가설시설물의 철거, 잉여 자재반출 등 현장을 정리하도록 감리하여야 한다.
4) 감리원은 본 공사가 정해진 공기 내에 시방서, 도면 등에 의거하여 완성될 수 있도록 지도 · 점검하여야 하며, 공사추진상 문제점을 도출하여 해결방안을 제시하고 공사가 부진할 경우 부진사유 및 만회대책 등 필요한 조치를 취하고 사업시행자에 보고 하여야 한다.
5) 감리원은 원활한 공사진행을 위하여 지식경제부고시에 의한 전력시설물 공사감리업무 수행지침에 의거한 공정관리, 공사진도 관리, 부진공정 만회대책, 수정공정계획, 공정보고, 안전관리, 사고처리, 환경관리 등의 업무를 성실히 수행하여야 한다.
6) 착공단계에서 설계도서 검토를 실시한다.

가. 설계도서 검토
- 현장조건의 부합여부
- 시공의 실제가능성, 기술기준에 적합 여부확인
- 건축을 비롯한 타 공사 또는 타공정의 상호부합
- 설계도면, 각종 계산서, 산출내역서, 시방서 등의 상호일치여부
- 설계서의 누락 · 오류

나. 배관 및 배선시공 입회 및 확인사항

다. 시공도 검토 및 확인사항

라. 시공계획 검토사항

7) 시 공

가. 시공관리
- 시공검측사항 및 시정 지시사항에 대한 시공업체 조치사항
- 안전점검 계획검토 및 점검사항
- 각종 관련 법령에 적법여부 확인사항

나. 공정관리
- 공정계획 검토 및 추진실적
- 공사추진상 문제점 도출 및 해결사항

8) 설계변경

가. 감리원은 시공과정에서 당초 설계의 기본적인 사항대로 시공감리를 한다. 위치변경과 연장 증 · 감 등으로 인한 수량증감이나 단순 시설물의 추가 또는 삭제 등의 경미한 설계변경 사항이 발생한 경우에는 설계변경도면, 수량증감 및 증감공사 내역을 시공자로부터 제출받아 검토 · 확인하고 발주처와 협의 후에 시공지시를 한다.

나. 감리원은 현지여건과 설계도서가 부합되지 않거나 공사비의 절감 및 공사의 품질향상을 위한 개선사항 등 주요한 설계변경이 필요한 경우에는 그 사유와 의견을 첨부하여 발주자에게 서면보고하여 승인을 득한 후 시공토록 조치하여야 한다.
- 변경사항 조사 및 확인사항
- 설계서 및 증 · 감 대비 도서작성
- 기타 기술검토 : 감리자는 공사계약서 및 시방서에 따라 시공전에 이에 필요한 시공계획서 및 상세도를 제출받아 이를 검토하여야 한다.

다. 감리자는 세부공정계획에 따라 공사가 추진될 수 있도록 감리를 하여야 하며 공사

진행에 차질이 있다고 판단될 경우에는 현장대리인으로부터 그 원인과 대책을 제출받아 검토하여 감독관에게 보고하여야 한다.

라. 감리자는 설계도면 및 시방서와 자재의 사용 및 시공의 일치 여부를 확인하고 적정하지 못하다고 인정하는 경우에는 구두 또는 서면으로 재시공지시 등 필요한 조치를 감독관이 하도록 협조하여야 하며 시공자가 이에 따르지 아니하거나 공사에 중대한 결함이 발생할 우려가 있다고 인정하는 경우에는 공사를 중단하도록 감독관에게 보고하여야 한다.

9) 품질 및 자재관리

가. 사용자재, 재료검사 및 시험 입회사항

나. 품질관리시험입회 및 시험성과 분석내용

다. 자재품질 및 규격확인 · 검토사항

라. 자재검수 사항

10) 기성검사원 검토

가. 감리원은 시공자가 제출한 기성부분 검사원을 실제 시공현황과 비교 검토한 후 감리조서를 첨부하여 소속 감리회사에 제출한다.

나. 감리회사 대표자는 비상주감리원을 검사자를 임명하고, 이 사실을 발주자에게 통지 및 보고하여야 한다.

다. 감리회사 대표자는 검사가 완료된 즉시 검사자와 연명으로 발주자에게 검사결과를 즉시 보고한다.

11) 예비준공검사

가. 감리회사는 전체공사 준공 시에는 책임감리원, 비상주감리원 중에서 고급감리원 이상으로 검사자를 지정하여 합동으로 검사하도록 하여야 하며, 필요시 발주자 업무담당자 등을 입회하도록 할 수 있다.

나. 감리회사는 준공 1개월 전에 준공검사에 준하여 검사를 실시하여 기한 내 준공가능 여부 및 미진 사항의 사전 보완을 위해 예비 준공검사를 실시하고 시공자에게 보완지시 후 그 결과를 사업시행자에 보고하여야 한다.

다. 예비준공검사 결과 미진한 사항을 준공검사 전까지 보완토록 시공회사에 지시한다

12) 준공검사

가. 감리원은 시공자가 제출한 준공검사원을 검토하여 계약대로 시공이 완료되었는지 여부를 확인하고, 감리조서를 첨부하여 지체 없이 감리회사에 대표자에게 제출하여야 한다.

나. 감리회사는 비상주 감리원을 준공검사자로 임명하여 준공검사 수행계획을 지체 없이 주무관청에 제출하고 준공검사를 실시하게 한다.

다. 감리회사는 준공검사 완료 즉시 준공검사자와 연명으로 발주자에게 검사결과를 제출한다.

라. 감리원은 시공사가 준공표지판을 설치할 때에는 보기 쉬운 곳에 영구적인 시설물로 준공표지판을 설치하도록 조치하여야 한다.

마. 정산설계 실시

바. 분기별 품질관리 및 안전관리 실태분석

사. 분기별 공사추진 저해요인 분석

15. 감리원의 수행 조치업무

1) 감리자는 감리를 수행함에 있어 공무원법상의 성실의 의무, 친절, 공정의 의무, 기밀엄수의 의무, 청렴결백의 의무 등에 대하여 공무원에 준하여 책임을 진다.
2) 감리자는 정보통신공사의 품질향상을 위하여 노력한다.
3) 감리자는 공사의 진도, 재료의 선정, 구조의 안전 등 공사건에 대한 감독원의 자료 및 의견 요청이 있을 시에는 이에 따라야 한다.
4) 감리자는 각종 사고의 방지를 위하여 안전관리대책을 검토하고, 안전사고가 발생치 않도록 사전에 필요한 조치를 강구하여야 한다.
5) 공사감리자는 공사감리 계약내용에 따라 책임과 의무를 지며, 감리자의 기술적인 검토 시 불성실, 고의 등 중대한 과실로 인하여 공사진행에 중대한 차질을 초래하였을 때 감리자는 변상의 책임은 물론 전적인 책임을 진다.
6) 감리자는 기성검사 및 준공검사에 관한 내역서, 설계서 및 검사조서와 설계변경에 관한 내역서 및 설계서를 정확하게 작성하여야 하며, 이를 불성실하게 하거나 허위로 작성하여 우리시에 손해를 끼쳤을 때에는 변상의 책임은 물론 법적인 책임을 진다.
7) 감리자는 공정상 감독원 요구 시 상주하여 계약조건에 따라 감리업무를 수행하며, 수행절차 및 기타 명시되지 않은 사항은 건설기술관리법의 건설공사 품질시험규정에 따른다.
8) 감리자는 공사 준공 후 우리 대학교와 공사 시공자간에 하자보수 처리에 대한 분쟁 또는 이견이 있을 경우에는 감리자로서의 의견을 책임감을 갖고 성실히 제시하여야 한다.
9) 감리자는 공사시행 중은 물론 공사완료 후에도 이 공사건에 대해 감사기관의 수감 요구 및 관련 행정기관의 요청이 있을 시에는 이에 성실히 응하여야 한다.
10) 계약체결 후 착수계 제출 시 감리종사자 전원의 보안각서를 제출하여야 한다.
11) 과업지시서 및 감리업무 수행지침에 명시되지 않은 사항은 기타 관련 법령에 적합하도록 수행해야 한다.

16. 감리수행내용의 누설금지

1) 감리원은 용역 수행과정에서 발견한 어떠한 비밀이나 정보를 제3자에게 누설 전달하여서는 안된다.
2) 감리자는 본 과업지시서에 명시되지 않은 사항은 사업시행자와의 계약문서에 의하여 시행한다.

17. 월별, 분기 감리결과 보고 : 감리원은 다음 사항을 포함한 월별, 분기별 보고서 및 최종보고서를 우리 시에 제출하여야 한다.

1) 월별 보고서 : 익월 7일전까지 1부 제출
2) 분기별 보고서 : 매분기 말일을 기준하여 익월 7일 전까지 3부 제출
   가. 공사추진현황 : 공사추진계획 및 실적, 공정현황, 감리원 조치내역
   나. 감리원 업무일지
   다. 품질검사 및 관리현황
   라. 검사요청 및 결과통보내용
   마. 주요 기자재 검사 수불내용 : 주요 기자재 검사 및 입·출고가 명시된 수불현황
   바. 설계변경현황
   사. 감리원이 중요하다고 인정하는 사항

18. 감리용역비 정산

1) 도서인쇄비 및 주재비에 대한 용역업자의 추가비용 요구가 있을 시에는 발주청이 타당하다고 인정할 경우에만 사후에 정산처리 할 수 있으며, 도서인쇄비 중 계약수량 이상으로 제출되었을 경우는 정산하지 않는다.
2) 본 감리용역대가는 공사비요율에 의한 방식으로 산출되었으므로 본 공사금액의 변동이 있을 경우에만 감리비를 정산한다.

5.1.3 설계도서와 공사계약문서 검토

① 공사를 시작하기 전에 정보통신감리원은 설계도서 등에 대하여 공사계약문서 상호 간의 모순되는 사항, 현장실정과의 부합여부 등의 검토결과 불합리한 부분, 착오, 불명확하거나 의문사항이 있을 때에는 그 내용과 의견을 발주자에게 보고하여야 한다.

1) 현장조건에 부합 여부
2) 시공의 실제가능 여부
3) 다른 사업 또는 다른 공정과의 상호부합 여부
4) 설계도면, 설계설명서, 기술계산서, 산출내역서 등의 내용에 대한 상호일치 여부
5) 설계도서의 누락, 오류 등 불명확한 부분의 존재여부
6) 발주자가 제공한 물량내역서와 공사업자가 제출한 산출내역서의 수량일치 여부
7) 시공상의 예상문제점 및 대책 등

② 감리자가 공사업자에게도 설계도서 및 산출내역서 등을 검토하도록 요구하여 검토결과를 보고받아야 한다.

1) 공사시작 전 사진
2) 현장기술자 경력사항 확인서 및 자격증 사본
3) 안전관리계획서
4) 작업인원 동원 및 장비투입 계획서
5) 시방서와 공사계약서에 요구한 서류

③ 감리자는 다음 내용으로 착공계의 적정 여부를 검토한다.

1) 계약내용의 확인
   가. 공사기간(착공~준공)
   나. 공사비 지급조건 및 방법(선급금, 기성부분 지급, 준공대금 등)
   다. 그 밖에 공사계약문서에 정한 사항

2) 정보통신기술자의 현장배치기준 적정성과 안전관리자 선임확인
   가. 정보통신기술자의 배치적정성 : 「정보통신공사업법 시행령」 제34조
   나. 안전관리자 : 「산업안전보건법」 제15조
3) 공사 예정공정표 : 작업 간 선행 · 동시 및 완료 등 공사 전 · 후 간의 연관성이 명시되어 작성되고, 예정공정률이 적정하게 작성되었는지 확인
4) 품질관리 및 시험계획서 : 공사 예정공정표에 따라 공사용 자재의 품질시험이 필요한 경우 투입시기와 시험방법, 빈도 등의 계획과 일정이 적정하게 반영되었는지 확인
5) 공사시작 전 사진 : 전경이 잘 나타나도록 촬영되었는지 확인
6) 안전관리계획서 : 산업안전보건법령에 따른 해당 규정 반영여부
7) 작업인원 동원 및 장비투입 계획 : 공사의 규모 및 성격, 특성에 맞는 장비형식이나 수량의 적정 여부 등

5.1.4 설계도서 등의 관리

① 감리자는 감리업무 착공과 동시에 공사에 관한 설계도서 및 자료, 공사계약문서 등을 발주자로부터 인수하여 관리번호를 부여하고 관리대장을 작성하여 공사관계자 이외의 자에게 유출을 방지하는 등 관리를 철저히 하여야 하며, 외부에 유출하고자 하는 때에는 발주자 또는 지원업무담당자의 승인을 받아야 한다.
② 감리자는 설계도면 등 중요한 자료는 반드시 잠금장치로 된 서류함에 보관하여야 하며, 캐비닛 등에 보관된 설계도서 및 관리 서류의 명세서를 기록하여 내측에 부착하여 관리하여야 한다.
③ 설계도서 등 중요자료를 반드시 잠금장치로 된 서류함에 보관하여 분실 또는 유실되지 않도록 지도 · 감독하여야 한다.
④ 감리자는 공사완료 후 공사시작 전에 인수하여 보관하고 있는 설계도서 등을 발주자에게 반납하거나 지시에 따라 폐기 처분한다.
⑤ 감리자는 공사의 여건을 감안하여 각종 법령, 표준 설계설명서 및 필요한 기술서적 등을 비치하여야 한다.

5.1.5 설계도서의 보관의무

정보통신공사업법 제7조제3항에 따라 공사의 설계도서는 다음의 기준에 따라 보관하여야 한다.

① 공사의 목적물의 소유자는 공사에 대한 실시 · 준공설계도서를 공사의 목적물이 폐지될 때까지 보관한다. 다만 소유자가 보관하기 어려운 사유가 있을 때에는 관

리주체가 보관하여야 하며, 시설교체 등으로 실시 · 준공설계도서가 변경된 경우에는 변경된 후의 실시 · 준공설계도서를 보관하여야 한다.

② 정보통신공사를 설계한 용역업자는 그가 작성 또는 제공한 실시설계도서를 해당 공사가 준공된 후 5년간 보관한다.

③ 정보통신공사를 감리한 용역업자는 그가 감리한 공사의 준공설계도서를 하자담보 책임기간이 종료될 때까지 보관한다.

[근거] 정보통신공사업법 시행령 제7조

5.1.6 현지 여건조사

① 감독자(감리원)은 공사착공 후 7일 내에 공사추진에 지장이 없도록 공사업자와 합동으로 현지조사하여 시공자료로 활용하고 당초 설계내용의 문제점은 없는지 확인을 하고 시공하도록 한다.

1) 각종 자재확인
2) 공사로 인한 기존 통신시설의 피해발생 가능성
3) 새로운 시스템의 설치 시 연동관계
4) 통신 토목공사의 경우 교통통제
5) 지하매설물 및 장애물

② 감리자는 공사업자가 공사표지를 게시하고자 할 때에는 표지판의 제작방법, 크기, 설치장소 등이 포함된 표지판 제작설치계획서를 제출받아 검토한 후 공사현장의 표지는 공사시작일부터 준공 전일까지 게시 · 설치하여야 한다.

5.1.7 정보통신기술자의 현장배치 확인업무

감리자는 착공과 동시에 시공사의 정보통신기술자가 현장에 배치된 여부와 도급액을 기준으로 정보통신공사업법에 규정한 대로 적합한 기술자가 배치되었는지 확인하여야 한다.

① 계약상대자는 계약된 공사에 적격한 공사현장 대리인 「정보통신공사업법 시행령」 제34조에 따른 기술자 배치기준에 적합한 자를 지명하여 착공신고서와 함께 발주자에게 통지해야 한다.

② 공사현장 대리인은 공사현장에 상주하여 계약문서와 공사감독관의 지시에 따라 공사현장 단속과 공사에 관한 모든 사항을 처리해야 한다.

5장

〈제5-1호 서식〉

<table>
<tr><td colspan="5" rowspan="2">공사도급 표준계약서</td><td>계약번호 제 호</td></tr>
<tr><td>공고번호 제 호</td></tr>
<tr><td rowspan="2">계
약
자</td><td>발 주 처</td><td colspan="4">자치단체의 장 또는 계약담당자 성명 :
• 상호 또는 법인명 • 대표자
• 주소 • 전화번호
• 법인등록번호</td></tr>
<tr><td>계 약 상 대 자</td><td colspan="4">• 상호 또는 법인명 • 대표자
• 주소 • 전화번호
• 법인등록번호</td></tr>
<tr><td rowspan="10">계
약
내
용</td><td>공 사 명</td><td colspan="4"></td></tr>
<tr><td>계 약 금 액</td><td colspan="4">금 원정(₩)</td></tr>
<tr><td>총 공 사 부 기 금 액</td><td colspan="4">금 원정(₩)</td></tr>
<tr><td>계 약 보 증 금</td><td colspan="4">금 원정(₩)</td></tr>
<tr><td>현 장(현 장 주 소)</td><td colspan="4"></td></tr>
<tr><td>지 연 배 상 금 률</td><td colspan="4">%</td></tr>
<tr><td>물가변동계약금액조정방법</td><td colspan="4">. . . ~ . . .</td></tr>
<tr><td>착 공 연 월 일</td><td colspan="4"></td></tr>
<tr><td>준 공 연 월 일</td><td colspan="4"></td></tr>
<tr><td>그 밖 의 사 항</td><td colspan="4"></td></tr>
<tr><td colspan="6">하자담보책임(복합공종의 경우 공종별 구분 기재)</td></tr>
<tr><td>공종</td><td colspan="2">공종별 계약금액</td><td colspan="2">하자보수보증금률(%) 및 금액</td><td>담보책임 존속기간</td></tr>
<tr><td></td><td colspan="2"></td><td colspan="2">( )% 금 원정</td><td></td></tr>
<tr><td></td><td colspan="2"></td><td colspan="2">( )% 금 원정</td><td></td></tr>
<tr><td></td><td colspan="2"></td><td colspan="2">( )% 금 원정</td><td></td></tr>
</table>

자치단체의 장(계약담당자) 또는 발주자 성명( )과 계약상대자는 상호 대등한 입장에서 붙임의 계약문서에 의하여 위의 공사에 대한 도급계약을 체결하고 신의에 따라 성실히 계약상의 의무를 이행할 것을 확약한다. 이 계약의 증거로서 계약서를 작성하여 당사자가 기명날인한 후 각각 1통씩 보관한다.

붙임서류 : 1. 공사 입찰유의서 1부
2. 공사계약 일반조건 1부
3. 공사계약 특수조건 1부
4. 설계서 1부
5. 산출내역서 1부

년 월 일

자치단체의 장 또는 계약담당자 (인)

계약상대자 (인)

210mm×297mm(신문용지 54g/m²)

5.1.8 공사현장 근로자

① 계약상대자는 해당 계약의 시공·관리에 필요한 기술과 경험을 가진 근로자를 채용해야 하며, 근로자의 행위에 대하여 모든 책임을 져야 한다.
② 계약상대자는 그가 채용한 근로자에 대하여 해당 계약의 시공·관리에 적당하지 아니하다고 인정하여 계약담당자가 이의 교체를 요구한 때에는 즉시 교체해야 하며, 계약담당자의 승인 없이는 교체된 근로자를 해당 계약의 시공·관리를 위하여 다시 채용할 수 없다.
③ 계약상대자는 해당 계약의 이행을 위하여 채용한 근로자에 대하여 「최저임금법」 제6조 제1항·제2항과 「근로기준법」 제43조를 준수해야 한다.

5장

5.1.9 정보통신기술자의 배치

① 공사업자는 공사의 시공관리와 그 밖의 기술상의 관리를 하기 위하여 대통령령으로 정하는 바에 따라 공사현장에 정보통신기술자 1명 이상을 배치하고, 이를 그 공사의 발주자에게 알려야 한다.
② 제1항에 따라 배치된 정보통신기술자는 해당 공사의 발주자의 승낙을 받지 아니하고는 정당한 사유 없이 그 공사현장을 이탈하여서는 아니된다.
③ 발주자는 제1항에 따라 배치된 정보통신기술자가 업무수행의 능력이 현저히 부족하다고 인정되는 경우에는 수급인에게 정보통신기술자의 교체를 요청할 수 있다. 이 경우 수급인은 정당한 사유가 없으면 이에 따라야 한다.

[근거] 정보통신공사업법 제33조

5.1.10 정보통신기술자의 현장배치

① 「정보통신공사업법」 제33조제1항에 따라 공사의 현장에 배치하여야 하는 정보통신기술자는 해당 공사의 종류에 상응하는 정보통신기술자이어야 한다.
② 공사업자는 공사가 시공 중인 때에는 다음 각 호의 구분에 따라 정보통신기술자를 현장에 상주하게 하여 공사관리를 하여야 한다. 다만, 공사가 중단된 기간은 그러하지 아니하다.
  1) 도급금액이 5억원 이상의 공사 : 중급기술자 이상인 정보통신기술자
  2) 도급금액이 5천만원 이상 5억원 미만인 공사 : 초급기술자 이상인 정보통신기술자
③ 공사현장에 배치된 정보통신기술자는 공사에 따른 위험 및 장해가 발생하지 아니하도록 모든 안전조치를 강구하여야 하며, 관계법령에 따라 그 업무를 성실히 수행하여야 한다.
④ 공사업자는 다음 각 호의 어느 하나에 해당하는 경우에는 발주자의 승낙을 얻어

1명의 정보통신기술자에게 2개의 공사를 관리하게 할 수 있다.

1) 도급금액이 1억원 미만의 공사로서 동일한 시(특별시 및 광역시를 포함한다) · 군에서 행하여지는 동일한 종류의 공사
2) 이미 시공 중에 있는 공사의 현장에서 새로이 행하여지는 동일한 종류의 공사

[근거] 정보통신공사업법 시행령 제34조

5.1.11 정보통신기술자의 자격기준

① 「정보통신공사업법」 제39조제2항에 따른 정보통신기술자의 자격기준은 등급별로 구분하여 정한다.

② 미래창조과학부장관은 「정보통신공사업법」 제39조제2항에 따라 정보통신기술자로 인정한 자의 등급 및 경력 등에 관한 기록을 유지 · 관리하여야 한다.

■ 정보통신공사업법 시행령 [별표 2] 〈개정 2019. 8. 6.〉

감리원의 자격(제10조제1항 관련)

등급	기술자격자	학력 · 경력자	경력자
특급 감리원	기술사		
고급 감리원	1. 기사자격(기능장을 포함한다. 이하 같다)을 취득한 후 6년 이상 공사업무를 수행한 사람 2. 산업기사자격을 취득한 후 9년 이상 공사업무를 수행한 사람 3. 기능사자격을 취득한 후 14년 이상 공사업무를 수행한 사람		
중급 감리원	1. 기사자격을 취득한 후 3년 이상 공사업무를 수행한 사람 2. 산업기사자격을 취득한 후 6년 이상 공사업무를 수행한 사람 3. 기능사자격을 취득한 후 12년 이상 공사업무를 수행한 사람	1. 석사학위를 취득한 후 3년 이상 공사업무를 수행한 사람 2. 학사학위를 취득한 후 6년 이상 공사업무를 수행한 사람 3. 전문대학을 졸업한 후 9년(3년제 전문대학의 경우에는 8년) 이상 공사업무를 수행한 사람 4. 고등학교를 졸업한 후 12년 이상 공사업무를 수행한 사람 5. 「근로자직업능력 개발법」에 따른 직업능력개발훈련시설에서 1년 이상 관련 분야의 과정을 이수하고 12년 이상 공사업무를 수행한 사람 또는 2년 이상 관련분야의 과정을 이수하고 9년 이상 공사업무를 수행한 사람	1. 학사학위 이상의 학위를 취득한 후 9년 이상 공사업무를 수행한 사람 2. 전문대학을 졸업한 후 12년(3년제 전문대학의 경우에는 10년) 이상 공사업무를 수행한 사람 3. 고등학교를 졸업한 후 15년 이상 공사업무를 수행한 사람 4. 공사업무를 20년 이상 수행한 사람

등급	기술자격자	학력·경력자	경력자
초급 감리원	1. 산업기사 이상의 자격을 취득한 사람 2. 기능사자격을 취득한 후 6년 이상 공사업무를 수행한 사람	1. 학사학위 이상의 학위를 취득한 후 1년 이상 공사업무를 수행한 사람 2. 전문대학을 졸업한 후 3년(3년제 전문대학의 경우에는 2년) 이상 공사업무를 수행한 사람 3. 고등학교를 졸업한 후 6년 이상 공사업무를 수행한 사람 4. 「근로자직업능력 개발법」에 따른 직업능력개발훈련시설에서 1년 이상 관련 분야의 과정을 이수하고 6년 이상 공사업무를 수행한 사람 또는 2년 이상 관련분야의 과정을 이수하고 3년 이상 공사업무를 수행한 사람	1. 학사학위 이상의 학위를 취득한 후 3년 이상 공사업무를 수행한 사람 2. 전문대학을 졸업한 후 5년(3년제 전문대학의 경우에는 4년) 이상 공사업무를 수행한 사람 3. 고등학교를 졸업한 후 7년 이상 공사업무를 수행한 사람 4. 공사업무를 10년 이상 수행한 사람

〈비고〉

1. 위 표에서 "기술자격자"란 「국가기술자격법」의 기술자격종목 중 아래의 기술자격을 취득한 사람으로서 법 제8조제4항 및 이 영 제9조에 따라 학력 · 경력 등의 관리에 필요한 사항을 제출한 사람을 말하며, 경력인정방법은 기술계 정보통신기술자에 관한 기준을 준용한다.
   1) 기술사 : 정보통신, 산업계측제어, 전자응용, 정보관리, 컴퓨터시스템응용, 토목구조, 토목시공 또는 철도신호
   2) 기능장 : 통신설비 또는 전자기기
   3) 기사 : 정보통신, 전파전자통신, 무선설비, 방송통신, 전자, 전자계산기, 반도체설계, 정보처리, 전자계산기조직응용, 토목 또는 철도신호
   4) 산업기사 : 정보통신, 전파전자통신, 무선설비, 통신선로, 사무자동화, 방송통신, 전자, 전자계산기제어, 반도체설계, 정보처리, 토목 또는 철도신호
   5) 기능사 : 통신기기, 통신선로, 정보기기운용, 전파전자통신, 무선설비, 방송통신, 전자기기, 전자계산기, 전자캐드, 정보처리 또는 철도전기신호
2. 위 표에서 "학력 · 경력자"란 「초 · 중등교육법」 또는 「고등교육법」에 따른 해당 학교에서 통신 · 전자 · 정보처리기술관련 학과의 소정의 과정을 이수하고 졸업하거나 국내 또는 외국에서 이와 동등 이상의 학력이 있다고 인정되는 사람과 「근로자직업능력 개발법」에 따른 직업능력개발훈련시설에서 1년 이상 통신 · 전자 · 정보처리기술관련 분야의 과정을 이수한 사람으로서 법 제8조제4항 및 이 영 제9조에 따라 학력 · 경력 등의 관리에 필요한 사항을 제출한 사람을 말하며, 해당 전공학과의 범위와 경력인정방법은 기술계 정보통신기술자에 관한 기준을 준용한다.
3. 위 표에서 "경력자"란 통신 · 전자 · 정보처리기술관련 학과 외의 학과를 졸업하고, 공사업무를 수행한 사람으로서 법 제8조제4항 및 이 영 제9조에 따라 학력 · 경력 등의 관리에 필요한 사항을 제출한 사람을 말하며, 경력인정방법은 기술계 정보통신기술자에 관한 기준을 준용한다.
4. 위 표에서 "공사업무를 수행한 사람"이란 정보통신공사 관련 해당 분야(토목관련 기술자격자의 경우에는 별표 1의 선로설비분야에 한정한다)에서 계획 · 설계 · 시공 · 시험 · 공사감독 · 감리 · 유지관리 또는 연구업무를 수행한 사람과 통신 · 전자 · 전산관련 병과 또는 주특기를 부여받고 군복무한 사람을 말한다.
5. 외국인기술자에 대한 기술자격의 인정범위는 외국인 기술자의 기술자격 또는 학력 · 경력에 따라 인정하되, 그 인정기준에 관하여는 제1호부터 제4호까지의 규정을 준용한다.

기능계 정보통신기술자의 인정범위

기술자격자	인정기술자	
	학력 · 경력자	경력자
기능사 자격을 취득한 자	1. 고등학교를 졸업한 후 1년 이상 공사업무를 수행한 자 2. 「근로자직업능력 개발법」에 따른 직업능력개발훈련시설에서 1년 이상 관련 분야의 과정을 이수하고 1년 이상 공사업무를 수행한 자	1. 고등학교를 졸업한 후 2년 이상 공사업무를 수행한 자 2. 공사업무를 5년 이상 수행한 자

〈비고〉

1. 위 표에서 "기술자격자"란 「국가기술자격법」에 따른 기술자격종목 중 아래의 기술자격을 취득한 자로서 법 제39조 및 이 영 제39조에 따라 학력 · 경력 등의 관리에 필요한 사항을 제출한 자를 말하며, 경력인정방법은 기술계 정보통신기술자에 관한 기준을 준용한다.
   1) 기능사 : 통신기기, 통신선로, 정보기기운용, 전파통신, 전파전자, 무선설비, 방송통신, 전자기기, 전자계산기, 전자캐드, 정보처리 또는 철도신호
2. 위 표에서 "학력 · 경력자"란 「초 · 중등교육법」 또는 「고등교육법」에 따른 해당 학교에서 통신 · 전자 · 정보처리기술관련 학과의 소정의 과정을 이수하고 졸업하거나 국내 또는 외국에서 이와 동등 이상의 학력이 있다고 인정되는 자와 「근로자직업능력 개발법」에 따른 직업능력개발훈련시설에서 1년 이상 통신 · 전자 · 정보처리기술관련 분야의 과정을 이수한 자로서 법 제39조 및 이 영 제39조에 따라 학력 · 경력 등의 관리에 필요한 사항을 제출한 자를 말하며, 해당 전공학과의 범위와 경력인정방법은 기술계 정보통신기술자에 관한 기준을 준용한다.
3. 위 표에서 "경력자"란 통신 · 전자 · 정보처리기술 관련 학과 외의 학과를 졸업하고, 공사업무를 수행한 자로서 법 제39조 및 이 영 제39조에 따라 학력 · 경력 등의 관리에 필요한 사항을 제출한 자를 말하며, 경력인정방법은 기술계 정보통신기술자에 관한 기준을 준용한다.
4. 위 표에서 "공사업무를 수행한 자"란 정보통신공사 관련 해당 분야(토목관련 기술자격자의 경우에는 별표 1의 선로설비분야만 해당한다)에서 계획 · 설계 · 시공 · 시험 · 공사감독 · 감리 · 유지관리 또는 연구업무를 수행한 자와 통신 · 전자 · 전산관련 병과 또는 주특기를 부여받고 군복무한 자를 말한다.
5. 외국인기술자에 대한 기술자격의 인정범위는 외국인 기술자의 기술자격 또는 학력 · 경력에 따라 인정하되 그 인정기준에 관하여는 제1호부터 제4호까지의 규정을 준용한다.

[근거] 정보통신공사업법 시행령 제40조

5.1.12 발주처 업무수행담당자(감독관)의 업무

① 발주처 업무수행담당자(감독관)의 이행

1) 업무수행담당자(감독관)은 계약된 공사의 수행과 품질의 확보와 향상을 위하여 정보통신공사업법시행령제8조의2(감리원의 업무범위)와 감리용역과업요청서를 이행하는지 감독한다.
2) 업무수행담당자(감독관)은 계약담당자의 승인 없이 계약상대자의 의무와 책임을 면제시키거나 증감시킬 수 없다.

② 업무수행담당자의 계약 이행확인

1) 발주자(계약담당자)는 업무수행담당자(감독관)이 계약상대자(납품자, 시공자)에게 지시 · 결정이 이 조건에서 계약의 이행을 하여야 한다.
2) 계약이행이 되지 않는다고 인정될 경우에 시정요구를 한다. 계약상대자는 시정요구를 받은 날부터 7일 이내에 필요한 조치를 해야 한다.

5.1.13 납품자와 시공자의 업무

① 계약상대자(납품자, 시공자)는 공사감독관의 지시 · 결정이 이 계약조건에서 정한 사항에 위반되거나 계약의 이행에 적합하지 아니하다고 인정될 경우에는 즉시 계약담당자에게 이의 시정을 요구해야 한다.
② 계약상대자(납품자, 시공자)는 발주기관(계약담당자)에게 제출하는 모든 문서에 대하여 그 사본을 업무수행담당자(감독관)에게 제출해야 한다.

5.1.14 착수 보고

계약상대자(납품자)는 계약문서에서 정하는 바에 따라 착수해야 하며 착공 시에는 다음의 서류가 포함된 착수계를 발주기관에 제출해야 한다.
① 현장기술자 지정신고서
② 공정예정표
③ 안전 · 환경 및 품질관리계획서
④ 공정별 인력 · 장비투입계획서
⑤ 착수 전 현장사진
⑥ 직접시공계획통보서(관련 법령에서 정한 경우)
⑦ 그밖에 시방서와 계약담당자가 요구한 사항

5.1.15 휴일작업과 야간작업

① 계약상대자(공사감독관)는 계약문서에서 별도로 정하고 있지 아니하는 한 계약담당자의 필요에 따른 경우를 제외하고는 휴일 · 야간작업을 할 수 없다.
② 계약상대자(공사감독관)는 발주기관과 협의하여 휴일 · 야간작업을 하는 때에는 추가비용을 청구할 수 없다. 다만 계약담당자의 공기단축 지시나 발주기관의 부득이한 사유로 인하여 휴일 · 야간작업을 지시한 때에는 그러하지 아니하다.
③ 계약담당자(공사감독관)의 공기단축 지시나 발주기관의 부득이한 사유로 인하여 휴일 · 야간작업을 지시한 때의 경우는 계약금액의 조정을 준용한다.

5.1.16 재해방지를 위한 응급조치

① 계약상대자(정보통신공사업자)는 시공기간 중 안전사고방지를 위하여 필요하다고 인정할 때에는 미리 공사감독관의 의견을 들어 필요한 조치를 취해야 한다.
② 공사감독관은 안전사고방지 그밖에 시공상 부득이할 때에는 계약상대자에게 필요한 응급조치를 취할 것을 구두 · 서면으로 요구할 수 있다. 이 경우 구두로 응급조치를 요구한 때에는 추후 서면으로 이를 보완해야 한다.

③ 계약상대자(납품자, 시공자)는 안전사고방지 응급조치를 요구에 따른 요구를 받은 때에는 즉시 이에 따라야 한다. 다만 계약상대자가 요구에 따르지 아니할 때에는 계약담당자는 일방적으로 계약상대자 부담으로 제3자로 하여금 응급조치하게 할 수 있다.

④ 재해발생의 경우 소요된 경비 중에서 계약상대자가 계약금액의 범위 안에서 부담하는 것이 부당하다고 인정되는 때에는 실비의 범위 안에서 계약금액을 조정할 수 있다.

5.1.17 하도급 관련 사항확인과 의견제출

감리자는 공사계약일반조건 제42조 규정에 의거 하도급하고자 발주청에 통지하거나, 동의 또는 승낙을 요청하는 사항에 대해서는 다음의 사항에 관한 적정성 여부를 검토하여 그 의견을 발주자에게 제출한다.

① 하도급자 자격의 적정성(하도급 실적, 재무구조, 보유장비, 기술인력사항 등 검토)
② 하도급 통지기간 준수 등
③ 저가 하도급에 대한 검토의견서 등

5.1.18 정보통신감리원의 하도급 확인사항

① 정보통신감리원은 공사업자가 도급받은 공사를 「정보통신공사업법」, 계약일반조건 규정에 의거에 따라 하도급 하고자 발주자에게 통지하거나, 동의 또는 승낙을 요청하는 사항에 대해서는 「정보통신공사업법 시행에 관한 방송통신위원회 규정 제8조(하도급 관련 서식) 「정보통신공사업법」 제31조제3항 및 「정보통신공사업법 시행령」 제31조에 따른 정보통신공사 하도급·재하도급계약 승낙신청(승낙)서, 공사 하도급 계약통지서에 관한 적정성 여부를 검토하여 요청받은 날부터 7일 이내에 발주자에게 의견을 제출한다.

1) 하도급자 자격의 적정성(하도급 실적, 재무구조, 보유장비, 기술인력사항 등 검토)
2) 하도급 통지기간 준수 등
3) 저가 하도급에 대한 검토의견서 등

② 정보통신감리원은 하도급승인에 따라 처리된 하도급에 대해서는 공사업자가 「하도급거래 공정화에 관한 법률」에 규정된 사항을 이행하도록 지도·감독하여야 한다.

③ 정보통신감리원은 공사업자가 하도급 사항을 하도급 승인절차에 따라 처리하지 않고 위장 하도급하거나 무면허업자에게 하도급하는 등 불법적인 행위를 하지 않도록 지도한다. 공사업자가 불법하도급하는 것을 확인한 때에는 공사를 중지시키고 발주자에게 서면으로 보고하고 발주자가 추가적 조치를 하도록 한다.

5.1.19 정보통신공사의 하도급의 제한

① 공사업자는 도급받은 공사의 100분의 50을 초과하여 다른 공사업자에게 하도급을 하여서는 아니된다. 다만 다음 각 호의 어느 하나에 해당하는 경우에는 그러하지 아니하다.

1) 발주자가 공사의 품질이나 시공상의 능력을 높이기 위하여 필요하다고 인정하는 경우

2) 공사에 사용되는 자재를 납품하는 공사업자가 그 납품한 자재를 설치하기 위하여 공사하는 경우

② 하수급인은 하도급받은 공사를 다른 공사업자에게 다시 하도급을 하여서는 아니된다. 다만 하도급금액의 100분의 50 미만에 해당하는 부분을 대통령령으로 정하는 범위에서 다시 하도급하는 경우에는 그러하지 아니하다.

③ 공사업자가 도급받은 공사 중 그 일부를 다른 공사업자에게 하도급하거나 하수급인이 하도급받은 공사 중 그 일부를 다른 공사업자에게 다시 하도급하려면, 그 공사의 발주자로부터 서면으로 승낙을 받아야 한다.

④ 제1항에 따라 공사업자가 하도급할 수 있는 공사의 내용 및 범위 등은 대통령령으로 정한다.

[근거] 정보통신공사업법 제31조

5.1.20 하도급계약의 적정성 심사

①「정보통신공사업법」 제31조의6제1항제2호에서 "하도급계약금액이 대통령령으로 정하는 비율에 해당하는 금액 미만인 경우"란 하도급계약금액이 도급금액 중 하도급부분에 상당하는 금액[하도급하려는 공사부분에 대하여 수급인의 도급금액 산출내역서의 계약단가(직접 · 간접 노무비, 재료비 및 경비를 포함한다)를 기준으로 산출한 금액에 일반관리비, 이윤 및 부가가치세를 포함한 금액을 말한다. 수급인이 하수급인에게 직접 지급하는 자재의 비용 등 관계 법령에 따라 수급인이 부담하는 금액은 제외한다]의 100분의 82에 미달하는 경우를 말한다.

② 발주자는「정보통신공사업법」 제31조의6제2항에 따라 하수급인 또는 하도급계약 내용의 변경을 요구하려는 때에는 그 사유가 있음을 안 날부터 30일 이내에 서면으로 하여야 한다.

③「정보통신공사업법」 제31조의6제1항 및 제2항에 따라 하수급인의 시공능력, 하도급계약의 적정성 등을 심사하는 경우 활용할 수 있는 기준을 정하여 고시한다.

[근거] 정보통신공사업법 시행령 제32조의2

〈제5-2호 서식〉

정보통신공사의 하도급 현황

공사명 :

정보통신 공사의 종류	협력업체명				하도급 금액(천원)	하도급률 (%)	공사기간	현장 대리인
	상 호	대표자	등록 번호	전화번호				

5.1.21 하수급인의 변경요구

발주자는 「정보통신공사업법」 제32조제1항에 따라 하수급인의 변경을 요구하려는 경우에는 그 사유가 있음을 안 날부터 15일 이내 또는 그 사유가 있는 날부터 30일 이내에 서면으로 이를 요구하여야 한다.

[근거] 정보통신공사업법 시행령 제33조

5.1.22 하도급계약 승낙신청서

① 정보통신공사업법 제31조제3항에 따라 정보통신공사의 하도급 또는 재하도급의 승낙을 얻으려는 자는 정보통신공사하도급 · 재하도급계약 승낙신청서에 다음 각 호의 서류를 첨부하여 제출하여야 한다.

1) 하도급계약서 사본

2) 하수급인의 등록수첩 사본

[근거] 정보통신공사업법 시행령 제31조

② 하도급 관련 서식 : 「정보통신공사업법 시행에 관한 규정」 제8조(하도급 관련 서식) 「정보통신공사업법」 제31조제3항 및 영 제31조에 따른 정보통신공사 하도급 · 재하도급계약 승낙신청(승낙)서는 다음과 같다.

5.1.23 하수급인 등의 지위

① 하수급인은 하도급받은 공사를 시공할 경우 발주자에 대하여 수급인과 같은 의무를 진다.

② 제1항은 수급인과 하수급인 간의 법률관계에 영향을 미치지 아니한다.

[근거] 정보통신공사업법 제31조의2

5.1.24 하수급인의 의견청취

수급인은 도급받은 공사를 시공할 때 하수급인이 있으면 하도급한 그 공사의 시공에 관한 공법 · 공정과 그 밖에 필요하다고 인정되는 사항에 관하여 미리 하수급인의 의견을 들어야 한다.

[근거] 정보통신공사업법 제31조의3

5.1.25 하도급대금의 지급

① 수급인은 발주자로부터 도급받은 공사에 대한 준공금(竣工金)을 받은 경우에는 하도급대금의 전부를, 기성금(旣成金)을 받은 경우에는 하수급인이 시공한 부분에 상당한 금액을 각각 지급받은 날(수급인이 발주자로부터 공사대금을 어음으로 받은 경우에는 그 어음만기일을 말한다)부터 15일 이내에 하수급인에게 하도급대금을 현금으로 지급하여야 한다.

② 수급인은 발주자로부터 선급금을 받은 경우에는 하수급인이 자재의 구입, 현장근로자의 고용, 그 밖에 하도급공사를 시작할 수 있도록 그가 받은 선급금의 내용과 비율에 따라 하수급인에게 선급금을 지급하여야 한다. 이 경우 수급인은 하수급인이 선급금을 반환하여야 할 경우에 대비하여 하수급인에게 보증을 요구할 수 있다.

③ 수급인은 하도급을 한 후 설계변경 또는 물가변동 등의 사정으로 도급금액이 조정되는 경우에는 조정된 공사금액과 비율에 따라 하수급인에게 하도급금액을 증액 또는 감액하여 지급할 수 있다.

[근거] 정보통신공사업법 제31조의4

5.1.26 하도급대금의 직접 지급

① 발주자는 다음 각 호의 어느 하나에 해당하는 경우에는 하수급인이 시공한 부분에 해당하는 하도급대금을 하수급인에게 직접 지급할 수 있다. 이 경우 발주자가 수급인에게 대금을 지급할 채무는 하수급인에게 지급한 하도급대금의 한도에서 소멸한 것으로 본다.

1) 발주자와 수급인 간에 하도급대금을 하수급인에게 직접 지급할 수 있다는 뜻과 그 지급의 방법 · 절차를 명백히 하여 합의한 경우
2) 하수급인이 수급인을 상대로 그가 시공한 부분에 대한 하도급대금의 지급을 명하는 확정판결을 받은 경우
3) 수급인의 지급정지 · 파산 등으로 인하여 수급인이 하도급대금을 지급할 수 없는 명백한 사유가 있다고 발주자가 인정하는 경우

② 수급인은 제1항제3호에 해당하는 경우로서 하수급인에게 책임이 있는 사유로 자신이 피해를 입을 우려가 있다고 인정되는 경우에는 그 사유를 명시하여 발주자에게 하도급대금의 직접 지급을 중지할 것을 요청할 수 있다.
③ 제1항제3호에 따라 하도급대금을 직접 지급하는 경우의 지급방법과 그 절차는 대통령령으로 정한다.
[근거] 정보통신공사업법 제31조의5

5.1.27 발주자의 하도급대금의 직접 지급방법

① 「정보통신공사업법」 제31조의5제3항에 따른 하도급지급
1) 발주자는 수급인의 지급정지 · 파산 등으로 인하여 하도급대금을 지급할 수 없는 사유가 발생한 것을 확인한 때에는 기성부분과 하수급인이 시공한 부분의 금액을 확정한 후 하수급인에게 하도급대금의 직접 지급을 청구할 수 있다는 뜻과 지급할 금액을 통보할 것
2) 하수급인은 제1호의 통보를 받은 날부터 15일 이내에 하도급대금의 직접지급을 청구할 것
3) 발주자는 제2호에 따른 청구를 한 하수급인에게 하도급대금을 직접 지급하고, 그 사실을 수급인에게 통보할 것
4) 발주자는 하도급대금지급의 우선순위를 정하는 때에 하도급대금을 직접 지급받을 하수급인이 다수인 경우에는 하도급공사의 준공 또는 기성순위를 기준으로 하고, 그 시점이 같은 때에는 제2호에 따른 하도급대금의 직접 지급청구서의 접수일을 기준으로 할 것

② 하도급대금 직접 지급방법 및 절차에 관하여 이 영에서 정하지 아니한 사항에 관하여는 「하도급거래 공정화에 관한 법률 시행령」 제9조를 준용한다.
[근거] 정보통신공사업법 시행령 제32조

5.1.28 하수급인의 변경요구

① 발주자는 하수급인이 그 공사를 시공하면서 관계 법령을 위반하여 시공하거나 설계도서대로 시공하지 아니한다고 인정될 때에는 대통령령으로 정하는 바에 따라 그 사유를 명시하여 수급인에게 하수급인의 변경을 요구할 수 있다.
② 발주자는 수급인이 정당한 이유 없이 제1항의 요구에 따르지 아니하여 공사결과에 중대한 영향을 미칠 우려가 있다고 인정하는 경우에는 공사에 관한 도급을 해지할 수 있다.
[근거] 정보통신공사업법 제32조

〈제5-3호 서식〉

정보통신공사 [ ] 하도급 [ ] 재하도급 계약승낙신청(승낙)서

수급인	상 호		전화번호			
	대 표 자		생년월일			
	등록번호		영업소소재지			
하수급인	상 호		전화번호			
	대 표 자		생년월일			
	등록번호		영업소소재지			
재하수급인	상 호		전화번호			
	대 표 자		생년월일			
	등록번호		영업소소재지			
도급내용	공 사 명		도 급 액			
	계 약 일		착공(예정)일		준공(예정)일	
하도급 내용	공 종		하도급액			
	계약(예정일)		착공(예정)일		준공(예정)일	
	하도급사유					
재하도급 내용	공 종		재하도급액			
	계약(예정일)		착공(예정)일		준공(예정)일	
	재하도급사유					

「정보통신공사업법」 제31조제3항에 따라 신청합니다.

년 월 일

신청인 (서명 또는 인)

귀하

제출서류

1. 하도급(재하도급) 계약서의 사본 1부.
2. 하수급(재하수급)인의 정보통신공사업 등록수첩의 사본 1부.

위와 같이 승낙합니다.

년 월 일

발주자 (인)

210mm×297mm[백상지(80g/㎡)]

5장

5.1.29 하도급의 범위

① 「정보통신공사업법」 제31조에 따라 공사업자가 하도급할 수 있는 공사는 도급받은 공사 중 기술상 분리하여 시공할 수 있는 독립된 공사로 하되, 그 범위는 공정 또는 구간 등을 기준으로 산정한다.

② 「정보통신공사업법」 제31조제2항 단서에 따라 하수급인이 다시 하도급할 수 있는 공사의 범위는 하도급을 받은 공사 중 기술상 분리하여 시공할 수 있는 독립된 공사에 한한다.

③ 제1항 및 제2항에서 "기술상 분리하여 시공할 수 있는 독립된 공사"란 공정별 또는 구간별 등으로 분리하여 시공하여도 책임구분이 명확한 경우로서 발주된 전체 공사의 완성에 지장을 주지 아니하는 공사를 말한다.

[근거] 정보통신공사업법 시행령 제30조

5.1.30 하도급 승인 심사업무

① 발주자(감독자)는 계약상대자로부터 하도급계약을 통보받은 때에 하도급금액의 적정성을 심사해야 한다.

1) 하도급의 승인 등

가. 계약상대자가 계약된 공사의 일부를 제3자에게 하도급하려는 경우에는 관련 법령에 정한 바에 따라야 한다.

나. 발주자(감독자)는 계약상대자로부터 하도급계약을 통보받은 때에는 장관이 고시한 건설공사 하도급 심사기준에 정한 바에 따라 하도급금액의 적정성을 심사해야 한다.

2) 하도급대가의 직접 지급 등

가. 발주자는 계약상대자가 다음 각 호의 어느 하나에 해당하는 경우 「건설산업기본법」 등 관련 법령에 따라 체결한 하도급계약 중 하수급인이 시공한 부분에 상당하는 금액에 대하여는 계약상대자가 하수급인에게 대가지급을 의뢰한 것으로 보아 해당 하수급인에게 직접 지급해야 한다.

- 하수급인이 계약상대자를 상대로 하여 받은 판결로서 그가 시공한 분에 대한 하도급대금지급을 명하는 확정판결이 있는 경우
- 계약상대자가 파산, 부도, 영업정지 및 면허취소 등으로 하도급대금을 하수급인에게 지급할 수 없게 된 경우
- 「하도급거래 공정화에 관한 법률」이나 「건설산업기본법」에 정한 내용에 따라 계약상대자가 하수급인에 대한 하도급대금 지급보증서를 제출해야 할 대상 중 그 지급보증서를 제출하지 아니한 경우

나. 발주자(감독자)는 하수급인이 해당 하도급계약과 관련하여 노임, 중기사용료, 자재대 등을 체불한 사실을 계약상대자가 객관적으로 입증할 수 있는 서류를 첨부하여 해당 하도급대가의 직접 지급중지를 요청한 때에는 해당 하도급대가를 직접 지급하지 아니할 수 있다.

다. 계약상대자는 준공신고나 기성대가의 지급청구를 위한 검사를 신청하려는 경우에는 하수급인이 시공한 부분에 대한 내역을 구분하여 신청해야 하며, 하도급대가가 포함된 대가지급을 청구할 때에는 해당 하도급대가를 분리하여 청구해야 한다.

3) 하도급대금 등 지급확인

가. 계약상대자는 대가를 지급받은 경우 15일 이내에 하수급인과 계약상대자와 직접 계약을 체결한 자재 · 장비업자의 시공 · 제작 · 대여분에 상당한 금액(이하 "하도급대금 등"이라 한다, 이하 "3"에서 같다)을 하수급인과 자재 · 장비업자에게 현금으로 지급해야 하며, 하도급대금 등의 지급내역(수령자, 지급액, 지급일 등)을 5일(공휴일과 토요일은 제외한다) 이내에 발주기관과 공사감독관에게 통보해야 한다.

나. 계약상대자는 하도급대금 등을 지급한 경우 하수급인으로부터 하수급인의 자재 · 장비업자가 제작 · 대여한 분에 상당한 금액에 대한 지급내역(수령자, 지급액, 지급일 등)을 확인하여 5일(공휴일과 토요일은 제외한다) 이내에 발주기관 및 공사감독관에게 통보해야 한다.

다. 계약담당자(계약담당자가 사업부서에 위임한 경우 사업부서 담당자를 말한다)는 하도급대금 지급내역을 하수급인, 자재 · 장비업자 및 하수급인의 자재 · 장비업자로부터 제출받은 대금 수령내역과 비교 · 확인하여야 한다. 이 경우 하수급인이 하수급인의 자재 · 장비업자에게 대금을 지급하지 않은 경우에는 계약상대자에게 즉시 통보하여야 한다.

라. 발주자의 계약담당자(감독자)는 하도급대금 지급여부 확인결과 계약상대자에게 공사대금을 지급한 날로부터 15일 이내에 하수급인에게 지급되지 않았거나 일부만 지급된 경우나 현금을 지급하지 아니한 경우 즉시 시정하도록 요구하고, 요구한 날부터 7일 이내에 시정조치하지 않는 경우 특별한 사유가 없는 한 대가지급시 이를 공제하고 지급해야 한다.

마. 계약담당자는 계약상대자가 하도급대금을 지급하지 않은 경우로서 계약상대자에 대한 대가지급 시 미지급금을 공제한 때에는 하수급인에게 대금을 직접 지급한다.

5.1.31 현장사무소, 공사용 도로, 작업장부지 등의 선정

① 감독자(감리원)은 공사시작과 동시에 공사업자에게 다음에 따른 가설시설물의 면

적, 위치 등을 표시한 가설시설물 설치 및 통신시설설치 계획표를 작성하여 제출하도록 한다.

1) 공사용도로
2) 가설사무소, 작업장, 창고, 숙소, 식당 및 그 밖의 부대설비
3) 자재 야적장
4) 공사용 임시전력
5) 공사용 임시전화, 인터넷, TV수신, 도난예방용 CCTV설비, 현장방송용 앰프 및 스피커 등

② 감독자(감리원)은 가설시설물 설치계획에 대하여 다음의 내용을 검토하고 지원업무담당자와 협의하여 승인하도록 하여야 한다.

1) 가설시설물의 규모는 공사규모 및 현장여건을 고려하여 정하여야 하며, 위치는 감리원이 공사 전구간의 관리가 용이하도록 공사 중의 동선계획을 고려할 것
2) 가설시설물이 공사 중에 이동, 철거되지 않도록 지하구조물의 시공위치와 중복되지 않는 위치를 선정
3) 가설시설물에 우수가 침입되지 않도록 대지조성 시공기면(F.L)보다 높게 설치하여 홍수 시 피해발생 유무 등을 고려할 것
4) 식당, 세면장 등에서 사용한 물의 배수가 용이하고 주변환경을 오염시키지 않도록 조치
5) 가설시설물의 이용 등으로 인하여 인접 주민들에게 소음 등 민원이 발생하지 않도록 조치

5.1.32 현장사무실(가설건축물)설치의 허가 및 신고처리

발주자(건축주)는 건축법 제20조의 공사용 가설건축물의 허가, 신고규정에 따라 시행하여야 한다(근거 : 건축법 제20조(가설건축물))

① 도시 · 군계획시설 및 도시 · 군계획시설예정지에서 가설건축물을 건축하려는 자는 특별자치시장 · 특별자치도지사 또는 시장 · 군수 · 구청장의 허가를 받아야 한다.

② 특별자치시장 · 특별자치도지사 또는 시장 · 군수 · 구청장은 해당 가설건축물의 건축이 다음 각 호의 어느 하나에 해당하는 경우가 아니면 제1항에 따른 허가를 하여야 한다.

1) 「국토의 계획 및 이용에 관한 법률」 제64조에 위배되는 경우
2) 4층 이상인 경우
3) 구조, 존치기간, 설치목적 및 다른 시설 설치필요성 등에 관하여 대통령령으로 정하는 기준의 범위에서 조례로 정하는 바에 따르지 아니한 경우
4) 그 밖에 이 법 또는 다른 법령에 따른 제한규정을 위반하는 경우

5.2 감리서류 확인업무

5.2.1 발주자와 협의

① 감독자(감리원)은 감리업무 착수와 동시 해당 공사의 내용, 규모, 감리원 배치인원수 등 최소한의 필요한 행정업무 사항을 발주자와 협의하여 결정하고, 이를 발주자와 공사업자에게 통보하여야 한다.

② 감독자(감리원)의 서식을 비치하고 기록 · 보관한다.

1) 감리업무일지
2) 근무상황판
3) 지원업무수행 기록부
4) 착공신고서
5) 회의 및 협의내용 관리대장
6) 문서접수대장 / 문서발송대장
7) 교육실적 기록부
8) 민원처리부
9) 지시부
10) 발주자 지시사항 처리부
11) 품질관리 검사 · 확인대장
12) 설계변경 현황
13) 검사요청서
14) 검사 체크리스트
15) 시공기술자 실명부
16) 검사결과 통보서
17) 기술검토 의견서
18) 주요 기자재 검수 및 수불부
19) 기성부분 감리조서
20) 발생품(잉여자재) 정리부
21) 기성부분 검사조서
22) 기성부분 검사원
23) 준공검사원
24) 기성공정 내역서
25) 기성부분 내역서
26) 준공검사조서
27) 준공감리조서

28) 안전관리 점검표
29) 사고보고서
30) 재해발생 관리부
31) 사후 환경영향조사 결과보고서

③ 계약상대자(시공자)의 서식 비치와 기록 · 보관
1) 하도급 현황
2) 주요 인력 및 장비투입현황
3) 작업일지, 작업계획서
4) 자재승인요청서 사본, 기자재 공급원 승인현황
5) 주간공정계획 및 실적보고서
6) 안전관리비 사용실적 현황, 각종 보험료 납부 사본
7) 각종 측정기록표

④ 감독자(감리원)의 문서관리에 관한 업무
1) 감독(감리)업무일지는 감리원별 분담업무에 따라 항목별(품질관리, 시공관리, 안전관리, 공정관리, 행정 및 민원 등)로 수행업무의 내용을 육하원칙에 따라 기록하며 공사업자가 작성한 공사일지를 매일 제출받아 확인한다.
2) 주요한 현장은 공사시작 전, 시공 중, 준공 등 공사과정을 알 수 있도록 동일 장소에서 사진을 촬영하여 보관한다.
3) 현지조사 보고사항은 그 내용을 구체적으로 작성하여야 한다.
4) 각종 지시, 통보사항 및 회의내용 등 중요한 사항은 감리원 모두가 숙지하도록 교육 또는 공람시킨다.
5) 문서는 공사의 공종별로 분류하여 관리하며, 서류가 손실되는 일이 없도록 목차 및 페이지를 기록하여 보관한다.

5.2.2 시공계획서의 검토 · 확인과 보고 절차 확인

① 감독자(감리원)은 정보통신공사업자로부터 공사시방서의 기준(공사종류별, 시기별)에 의한 시공계획서를 공사착수 전에 제출받아 이를 검토 · 확인하여 7일 안에 승인한 후 시공토록 하여야 하고 시공계획서의 보완이 필요한 경우 그 내용과 사유를 문서로서 통보해야 한다.

② 시공계획서에는 공사시방서의 작성기준과 함께 다음의 내용이 포함되어야 한다.
1) 현장조직표
2) 공사 세부공정표
3) 주요 공정의 시공절차 및 방법
4) 시공일정

5) 주요 장비동원계획
6) 주요 자재 및 인력투입계획
7) 주요 설비사양 및 반입계획
8) 품질관리대책
9) 안전대책 및 환경대책 등
10) 지장물 처리계획과 교통처리대책

③ 감독자(감리원)은 시공계획서를 공사착공계와 별도로 실제 공사착수 전에 제출받아야 하며 공사 중 시공계획서에 중요한 내용변경이 발생할 경우에는 변경 시공계획서를 제출받은 후 5일 이내에 검토·확인하여 승인한 후 시공토록 하여야 한다.

5.3 시공단계 감리원의 승인업무

5.3.1 시공상세도 승인

① 감리원은 공사업자로부터 시공상세도를 사전에 제출받아 다음의 사항을 고려하여 공사업자가 제출한 날부터 7일 이내에 검토·확인하여 승인한 후 시공할 수 있도록 하여야 한다. 다만 7일 이내에 검토·확인이 불가능한 때에는 사유 등을 명시하여 통보하고, 통보사항이 없는 때에는 승인한 것으로 본다.

1) 설계도면, 설계설명서 또는 관계 규정에 일치하는지 여부
2) 현장의 시공기술자가 명확하게 이해할 수 있는지 여부
3) 실제 시공가능 여부
4) 안정성의 확보 여부
5) 계산의 정확성
6) 캐드로 작성된 도면의 선명성, 도면작성 표준에 일치 여부
7) 도면으로 표시 곤란한 내용은 시공 시 유의사항으로 작성되었는지 등의 검토

② 시공상세도는 설계도면 및 설계설명서 등에 불명확한 부분을 명확하게 해줌으로써 시공 상의 착오방지 및 공사의 품질확보가 쉽다.

③ 공사 설계설명서에서 작성하도록 명시한 시공상세도에 대하여 작성하였는지를 확인한다. 다만 발주자가 특별 설계설명서에 명시한 사항과 공사조건에 따라 감리원과 공사업자가 필요한 시공상세도를 조정할 수 있다.

1) 통신단자함의 설치 시공상세도
2) 케이블트레이와 시스템 박스설치 상세도 등

3) 주요 기기 설치도

4) 규격, 치수 등이 불명확하여 시공에 어려움이 예상되는 부위의 각종 상세도면

④ 공사업자는 감리원이 시공상 필요하다고 인정하는 경우에는 시공상세도를 제출하여야 하며, 감리원이 시공상세도(Shop Drawing)를 검토 · 확인하여 승인할 때까지 시공을 해서는 아니된다.

5.3.2 금일 작업실적 및 계획서의 검토 · 확인

① 감리원은 공사업자로부터 명일 작업계획서를 제출받아 공사업자와 그 시행상의 가능성 및 각자가 수행하여야 할 사항을 협의하여야 하고, 명일 작업계획의 공종 및 위치에 따라 감리원의 배치, 감리시간 등의 일일 감리업무 수행을 검토 · 확인하고 이를 감리일지에 기록하여야 한다.

② 감리원은 공사업자로부터 금일 작업실적이 포함된 공사업자의 공사일지 또는 작업일지 사본을 제출받아 계획대로 작업이 추진되었는지 여부를 확인하고, 금일 작업실적과 사용자재량, 품질관리 시험회수 및 성과 등이 서로 일치하는지 여부를 검토 · 확인하고 이를 감리일지에 기록하여야 한다.

5.3.3 시공확인 업무

① 감리원은 주요 공종별, 단계별로 시공규격 및 수량이 설계도서, 시방서의 내용과 일치하는지를 검사하고 확인된 부분에 대하여 다음 공정을 착수하게 한다.

1) 설계도서의 내용과 서로 다른 경우에는 시정사항을 기록, 시정하도록 통보하고 공사시공자가 지적사항을 조치 완료한 후 그 결과를 공사감리자가 재확인하여 다음 공정을 착수하게 한다.

2) 감리원은 정기적으로 공사시공자의 공사일지를 확인하도록 한다.

3) 감리원은 적합한 사용자재, 시공품질 등의 검사항목을 도출하고 이에 따라 시공과정 또는 완료상태와 자재시험 결과를 적정하게 시행되었는지 확인하여 불합격된 부분은 공사시공자에게 시정, 통보한다.

4) 주요 공종의 검사, 확인결과는 해당 공종의 공사가 종료되는 즉시 공사시공자로부터 제출받아 문서화하여 기록을 유지한다.

② 감리원은 다음의 시공 확인업무를 수행하여야 한다.

1) 공사목적물을 제조, 조립, 설치하는 시공과정에서 모든 작업단계의 시공상태 확인

2) 시공 · 확인하여야 할 구체적인 사항은 해당 공사의 설계도면, 설계설명서 및 관계 규정에 정한 공종을 반드시 확인

〈제5-4호 서식〉

주요 정보통신설비 및 중점 관리대상 공종현황

공사명 :

(1) 주요 정보통신설비

설 비 명	설치위치	설비개요 및 규모	설치방법 및 시험	특이사항
작성요령 : 주요 정보통신설비는 기술이 적용되는 설치방법 및 시험내용을 기재한다.				

(2) 중점 관리대상 공종

공 종	위 치	공종개요 및 규모	공 법	중점관리 필요성	특이사항
작성요령 : 중점 관리대상은 시공과정에서 계측 등 지속적인 관리가 필요한 부분을 기재한다.					

〈제5-5호 서식〉

(제1쪽)

정보통신공사 추진현황 보고서

(1) 정보통신공사 계약 개요

- 공 사 명 :
- 위　　치 :
- 공사종류 :
- 사업개요 :
- 계약일자 :
- 준공 예정일자 :
- 사 업 비 :

(단위 : 백만원)

총사업비	도급액	관급액	보상비	설계비	감리비

- 낙 찰 률 :
- 시공회사 :

※ 공동도급일 경우 지분율 표기

- 입찰방법 :

작성요령

1. 공동도급일 경우 지분율 및 이행방식을 기재합니다.
2. 공종별 분리발주 시 각각의 계약내용을 전부 기재합니다.

(제2쪽)

(2) 정보통신공사 추진계획 및 실적(20 . . . 현재

(단위 : 백만원)

구분 / 공종		단위	전체계획		기시공 (. . 까지)		금 회(20 . . ~ . .)				공 정(%)			
							계 획		시 공		전 체		금 회	
			공사량	공사비	공사량	공사비	공사량	공사비	공사량	공사비	계획	실적	계획	실적
구내통신선로	배관공사	m												
	배선공사	m												
	장비설치	식												
	소 계													
방송공동수신	배관공사	m												
	배선공사	m												
	장비설치	식												
	소 계													
이동통신구내	배관공사	m												
	배선공사	m												
	장비설치	식												
	소 계													
CCTV	배관공사	m												
	배선공사	m												
	장비설치	식												
	소 계													
음향설비	배관공사	m												
	배선공사	m												
	장비설치	식												
	소 계													
관급자재비		식												
합 계														
사급자재비		식												
순 공 사 비														
제 경 비		식												
부 가 세														
총 계														

작성요령

1. 전체 계획에서 공사량은 설계수량, 공사비는 계약금액을 기준으로 한다.
2. 기시공은 전회 감리보고서 제출시점까지 시공한 실적을 기재한다.
3. 금회는 전회 감리보고서 제출 후 금회 제출시점까지 시공한 실적을 기재한다.
4. 공사량은 규격 등에 상관없이 합산 가능한 물량은 합산하여 기재하고 합산이 불가한 것은 주자재 물량으로 기재하되 공사비는 해당 분야 총공사비를 기재한다.

5장

(제3쪽)

(3) 정보통신공사 부진공정 만회대책

- 공사명 :
- 공정현황(20 . . 현재)

구분	계획	실적	대비	비고
공정률(%)				

- 부진사유 설명

  –

- 만회대책 설명

  –

5.4 정보통신설비 설치현장 시공확인 검사업무

5.4.1 정보통신설비 설치현장 검사업무

① 감리원은 시공확인 검사업무 수행 기본방향에 따라 수시 검사업무를 성실히 수행하여야 한다.

1) 정보통신공사의 사용전 검사와 관련된 구내통신선로설비공사, 방송공동수신설비공사, 이동통신구내선로설비공사에 해당하는 공사에 대하여는 기술기준에 적합하게 시공하는지를 확인하여야 한다.
2) 정보통신공사의 사용전 검사와 관련된 수시 확인하는 경우에는 확인 시공기준과 검사기준표를 작성하여 시공사의 현장책임자와 함께 확인하고 체크리스트는 다음과 같다.
3) 정보통신감리원은 현장에서의 시공확인을 위한 검사는 해당 공사와 현장조건을 감안한 "검사업무지침"을 현장별로 작성 · 수립하여 발주자의 승인을 받은 후 이를 근거로 검사업무를 수행함을 원칙으로 한다. 검사업무지침은 검사하여야 할 세부공종, 검사절차, 검사시기 또는 검사빈도, 검사 체크리스트 등의 내용을 포함하여야 한다.
4) 수립된 검사업무지침은 모든 시공 관련자에게 배포하고 주지시켜야 하며, 보다 확실한 이행을 위하여 교육한다.

5) 현장에서의 검사는 체크리스트를 사용하여 수행하고, 그 결과를 검사 체크리스트에 기록한 후 공사업자에게 통보하여 후속 공정의 승인여부와 지적사항을 명확히 전달한다.
6) 검사 체크리스트에는 검사항목에 대한 시공기준 또는 적합기준을 기재하여 검사결과의 기술기준적합 여부를 확인한다.
7) 현장확인이 곤란한 공종은 시공 중 감리원의 입회·확인으로 시행한다.
8) 시공자가 검사요청서를 제출할 때 시공기술자 실명부가 첨부되었는지를 확인한다.

② 정보통신감리원은 다음의 사항이 유지될 수 있도록 검사 체크리스트를 작성하여야 한다.
1) 체계적이고 객관성 있는 현장확인과 승인
2) 부주의, 착오, 미확인에 따른 실수를 사전 예방하여 충실한 현장확인 업무유도
3) 확인·검사의 표준화로 현장의 시공기술자에게 작업의 기준 및 주안점을 정확히 주지시켜 품질향상을 도모
4) 객관적이고 명확한 검사결과를 공사업자에게 제시하여 현장에서의 불필요한 시비를 방지하는 등의 효율적인 확인·검사업무 도모

③ 정보통신감리원은 다음의 검사절차에 따라 검사업무를 수행하여야 한다.
1) 검사 체크리스트에 따른 검사는 검사 체크리스트를 첨부하여 검사 요청서를 감리원에게 제출하면 현장확인 검사를 실시하고, 검사결과 통보서를 시공관리책임자에게 통보한다.
2) 검사결과 불합격인 경우에는 그 불합격된 내용을 공사업자가 명확히 이해할 수 있도록 상세하게 불합격 내용을 첨부하여 통보하고, 보완시공 후 재검사를 받도록 조치한 후 감리일지와 감리보고서에 반드시 기록하고 공사업자가 재검사를 요청할 때에는 시공기술자의 서명을 받아 명단을 첨부한다.

④ 정보통신감리원은 검사할 검사항목(Check Point)을 계약설계도면, 설계설명서, 기술기준, 지침 등의 관련 규정을 기준으로 작성하며 공사목적물을 소정의 규격과 품질로 완성하는데 필수적인 사항을 포함하여 검사항목을 결정하여야 한다.

⑤ 감리원은 시공계획서에 따른 일정 단계의 작업이 완료되면 공사업자로부터 검사요청서를 제출받아 그 시공상태를 확인·검사하는 것을 원칙으로 하고, 가능한 한 공사의 효율적인 추진을 위하여 시공과정에서 수시 입회하여 확인·검사하도록 한다.

⑥ 감리원은 검사할 세부공종과 시기를 작업단계별로 정확히 파악하여 검사를 수행하여야 한다.

5.4.2 정보통신공사 현장검사 체크리스트

〈제5-6호 서식〉

검사 체크리스트

항 목		발주규격서	현장검사 체크리스트	감리원 확인	비 고
음향설비	전 선 관				
	배 선				
	유선마이크				
	엠 프				
	믹 스				
	스 피 커				
	무선마이크				
	무선수신기				
영상설비	전 선 관				
	배 선				
	프 로 젝 터				
	스 크 린				
네트워크 설비	전 선 관				
	배 선				
	라 우 트				
	스 위 치				
주차관제	전 선 관				
	배 선				
	주 장 치				
	센 서				
영상감시 설비	전 선 관				
	배 선				
	카 메 라				
	저 장 장 치				
	모 니 터				

〈제5-7호 서식〉

검사요청서

공사명 :

번 호 :
수 신 : 책임감리원

다음과 같은 공종에 대하여 검사를 요청하오니 검사 후 승인하여 주시기 바랍니다.

공 종		세부공종	
위 치			
검 사 부 분			
요 청 일 시			
기 타			

년 월 일

○○ 공사 시공관리책임자 (서명)

첨부 : 도면 · 검사 체크리스트 및 시공기술자 실명부

〈제5-8호 서식〉

현장검사 체크리스트

공사명 :

위 치		검사일시	년 월 일
공 종		검사부분	
세부공종		검 사 자	㊞

검사항목	검사기준 (시방서)	검사결과		조치사항
		합격	불합격	

시공책임자	(서명)	검사감리원	(서명)

〈제5-9호 서식〉

검사결과 통보서

공사명 :

번 호 :
수 신 : ○○공사 시공관리책임자

○○번호의 검사 요청서에 따라 검사하고 그 결과를 다음과 같이 통보합니다.

검 사 자	(서명)	검 사 일 시	
검 사 결 과			
특 기 사 항			

년 월 일

책임감리원 (서명)

첨부 : 검사 체크리스트

작성요령

1. 검사결과 적합할 경우에는 검사결과란에는 "적합", 부적합 시에는 "부적합"이라 기록하고, 부적합의 경우에는 특기사항에 관련 근거 등을 기록합니다.
2. 2부 복사하여 공사업자 및 감리원 각 1부씩 보관합니다.

5장

〈제5-10호 서식〉

검측 및 작업승인서

일련번호 : 년 월 일

공사명		
작업일지	금회검측부분	
	후속작업계획	
작업위치		
기타 첨부사항		

상기와 같이 요청하오니 검측 및 후속작업을 승인하여 주시기 바랍니다.

( )통신공사 현장대리 : (인)

검토의견	승 인		조건부승인		승인불가	
검토사항 (조건 및 불가사유)	(감독관)					

검측 및 후속작업을 승인함.

년 월 일

감독관 (인)

〈제5-11호 서식〉

공사현장 회의록

공사명 :

일 시	년 월 일					
장 소				작성자		
제 목						
회의안건내용	시공사별		소 속	직 위	성 명	확 인
1.	참석자	토신시공사				
2.		건축시공사				
3.		전기시공사				
4.		기계시공사				
5.		설비소방시공사				
6.		전기소방시공사				
회 의 결 과						
구 분	내 용			처리방안	비 고	

〈제5-12호 서식〉

시공상세도 승인요청서

공사명 :

문서번호		요청일자	년 월 일
수 신		요 청 자	시공사 :
검 토 자		작 성 자	
제 목		승인일자	년 월 일
시공상세도면			
의 견			

5장

〈제5-13호 서식〉

공사사진대장

공 사 명	
촬 영 일	년 월 일
사진종별	착수 공정 준공
설 명	
도면의 위치	

사진내용 기록 :

〈제5-14호 서식〉

반입자재 검사신청서

일련번호 : 신청일자 : 년 월 일

<table>
<tr><td>공사명</td><td colspan="5"></td></tr>
<tr><td>자재명</td><td></td><td>규 격</td><td colspan="3"></td></tr>
<tr><td>설계수량</td><td></td><td>기검사수량</td><td></td><td>금회검사신청수량</td><td></td></tr>
<tr><td>잔 량</td><td></td><td colspan="2">시방서 및 도면번호, 관련 규정</td><td colspan="2"></td></tr>
<tr><td>거래명세표번호</td><td></td><td>제조회사</td><td></td><td>납품일자</td><td></td></tr>
<tr><td>시험성적서</td><td>발행처</td><td colspan="2"></td><td>발행일자</td><td></td></tr>
</table>

상기와 같이 반입자재를 검사·신청하니 검사하여 주시기 바랍니다.

( )통신공사 현장대리인 : (인)

<table>
<tr><td>금회검사신청수량</td><td>합격수량</td><td>불합격수량</td><td>입고수량</td><td>잔고수량</td></tr>
<tr><td></td><td></td><td></td><td></td><td></td></tr>
<tr><td>불합격 판정 이유</td><td colspan="4"></td></tr>
<tr><td>검사결과 의견</td><td colspan="4"></td></tr>
</table>

검사자(감독관) : (인)

검사일자 : 년 월 일

5장

5.5 시공단계 감리원의 검토업무

5.5.1 공법 검토

감리원은 특수한 공법이 적용되는 경우의 기술검토 및 시공상 문제점 등을 검토할 때마다 비상주감리원 등을 활용하고, 필요시 발주자와 협의하여 외부 전문가의 자문을 받아 검토의견을 제시할 수 있으며 특수한 공종에 대하여 외부 전문가의 감리 참여가 필요하다고 판단될 경우에는 발주자와 협의하여 조치할 수 있다.

5.5.2 시공단계 행정업무

① 감리원은 감리업무 착수 후 빠른 시일 내에 해당 공사의 내용, 규모, 감리원 배치 인원수 등을 감안하여 각종 행정업무 중에서 최소한의 필요한 행정업무 사항을 발주자와 협의하여 결정하고, 이를 공사업자에게 통보하여야 한다.

② 감리원은 다음 각 호의 문서가 포함된 감리보고서를 공사 규모 등을 감안하여 매월 또는 분기마다 다음달 7일 이내에 발주자에게 2부를 제출하여야 한다.

1) 감리보고서표지(별지서식)
2) 공사추진 계획 및 실적(별지서식)
3) 책임감리원업무일지(별지서식
4) 보조감리원업무일지(별지서식)
5) 검사요청 · 결과 통보서(별지서식)
6) 검사시험체크리스트(별지서식)
7) 주요기자재 검사 및 수불부(별지서식)
8) 공사참여자 실명부 첨부(별지서식)
9) 공사설계 변경현황(별지서식)
10) 공사 사고 보고서(별지서식)
11) 기 타

③ 감리원은 감리업무 수행 상 필요한 경우에는 다음 각 호의 문서를 작성 · 비치하여야 한다.

1) 문서접수 및 발송대장(별지서식)
2) 민원처리부(별지서식)
3) 검사대장(별지서식)
4) 발생품(잉여 및 회수자재) 정리부(별지서식)
5) 안전보건 관리체제(별지서식)
6) 안전교육 실적 기록부(별지서식)
7) 재해 발생 관리부(별지서식)
8) 회의 및 협의내용 관리대장(별지서식)
9) 기성 공정 내역서(별지서식)
10) 기성부분검사원(별지서식)
11) 기성부분 감리조서(별지서식)
12) 기성부분 내역서(별지서식)
13) 기성부분 검사조서(별지서식)
14) 준공검사원(별지서식)
15) 준공검사조서(별지서식)
16) 준공감리조서(별지서식)

④ 감리원은 당해공사에 관하여 다음 각 호의 사항을 포함한 최종감리보고서를 CD-ROM 또는 영구저장매체에 작성하여 감리기간 종료 후 14일 이내에 용역업자

명의로 발주자에게 제출하여야 한다. 이 경우 CD-ROM 또는 영구저장매체의 제출 방법, 대상 및 수량은 제2항의 내용에 따른다.

1) 사업개요 : 정보통신공사 및 감리용역 개요(계약현황 포함)
2) 기술검토내용 총괄 실적
3) 공사추진내용 총괄 실적 : 인력, 장비투입 현황 등
4) 검사내용 총괄 : 공종별 불량률, 부실 유형별 원인 및 방지대책
5) 우수시공 및 실패시공 사례
6) 품질시험 · 검사 총괄
7) 주요기자재 관리실적 총괄
8) 안전관리 실적 총괄 : 안전관리 활동, 안전관리비 사용실적, 안전사고 발생건수 및 원인 · 방지대책
9) 종합분석

⑤ 감리원은 공사업자가 작성한 공사일지를 제출 받아 확인한 후 보관하여야 한다.

⑥ 책임감리원은 제2항제3호의 책임감리원 업무일지를 작성할 때에는 본인의 업무내용을 기록함은 물론 보조감리원들의 업무일지를 확인하고 그 내용을 요약 · 정리함과 동시에 공사추진내용, 검측결과, 현장실정보고 등을 빠짐없이 작성하여 모든 감리원에게 공람·서명토록 하여 감리원 모두가 현장내용을 파악할 수 있게 하고 투명한 감리업무가 이루어질 수 있도록 하여야 한다.

⑦ 감리원은 공사업자가 제출하는 다음 각 호의 서류는 반드시 접수하여야 하며, 접수된 서류에 하자가 있을 경우에는 공사업자에게 문서로 보완지시 하여야 한다.

1) 지급기자재 수급요청서 및 대체사용 신청서
2) 주요기자재 공급원 승인요청서
3) 각종 시험성적표
4) 설계변경 여건보고
5) 준공기한 연기신청서
6) 기성 · 준공검사원
7) 하도급 승인요청서
8) 안전관리 추진실적 보고서(안전관리 활동, 안전관리비 사용실적 등)
9) 물공량 확정보고서 및 물가 변동지수 조정률 계산서
10) 품질 및 환경경영계획서
11) 기타 공사와 관련된 필요한 서류
12) 주요장비 절체계획서
13) '원가계산에 의한 예정가격작성준칙'에 대한 공사원가계산서상의 정보통신공사 관련 보험료 및 근로자 퇴직공제부금비 납부내역과 관련 증빙자료

〈제5-15호 서식〉

공사 추진계획 및 실적

(20 . . .현재, 단위 : 백만원)

구분 / 분야	단위	전체계획		기시공 (. . 까지)		금회(20 . . ~ 20 . .) 계획		금회 시공		공 정(%) 전체		공 정(%) 금회	
		공사량	공사비	공사량	공사비	공사량	공사비	공사량	공사비	계획	실적	계획	실적
	식												
	식												
	식												
	식												
	식												
	식												
	식												
	식												
소 계	식												
합 계													
순공사비	식												
사급자재비	식												
제잡비	식												
공급가액	식												
부가세	%												
총 계													

주) ① 전체 계획에서 공사량은 설계수량, 공사비는 계약금액 기준
② 기시공은 전회 감리보고서 제출시점까지 시공한 실적
③ 금회는 전회 감리보고서 제출 후 금회 제출시점까지 시공한 실적
④ 공사량은 규격 등에 상관없이 합산 가능한 물량은 합산하여 기재하고 합산이 불가한 것은 주자재 물량으로 기재하되 공사비는 해당분야 총공사비를 기재

〈제5-16호 서식〉

착수 신고서

공 사 명 :

계약금액 : 일금 : 원(₩)

계 약 일 : 년 월 일

착 수 일 : 년 월 일

준 공 일 : 년 월 일

위와 같이 정보통신설비공사 감리용역 업무를 수행하기 위하여 착수 신고서를 제출합니다.

년 월 일

제출인 주 소 :

상 호 :

대표자 : (서명)

※ 첨부서류

1. 감리업무 수행계획서
2. 감리비 산출 내역서
3. 상주, 기술지원감리원 배치계획서와 감리원의 경력확인서
4. 감리원 조직 구성내용과 감리원별 투입기간 및 담당업무

〈제5-17호 서식〉

근무상황판

년 월 일(요일)

성 명	예정 업무		행선지	비고
	시 간	내 용		

〈제5-18호 서식〉

작업계획서

공 사 명 :

공 정	위 치	금일작업실적	명일계획	비 고

※ 비고란에는 품질관리검사 계획, 검사요청 등을 기록합니다.

년 월 일

○○ 공사 현장대리인 : (서명)

책임감리원 귀하

〈제5-19호 서식〉

검 사 요 청 서

제　　　호 :　　　　　　　　　20　.　.　.

받음 : ○○공사 책임감리원　○○○

다음과 같은 세부공종에 대하여 검사요청 하오니 검사 후 승인하여 주시기 바랍니다.

위 치 및 공 종	
검 사 부 위	
검 사 요 구 일 시	
검 사 사 항	

붙임 : 검사 체크리스트, 시험성과, 도면, 공사 참여자 실명부

공사업자　　점검직원　　㊞
　　　　　　현장대리인　㊞

〈제5-20호 서식〉

검 사 결 과 통 보 서

번 호 :　　　　　　　　　　　　20　.　.　.

받 음 : ○○공사 정보통신기술자　○○○

문서번호 ○○로 검사요청 한 건에 대하여 20　.　.　. 검사한 결과를 다음과 같이 통보합니다.

1. 검사결과
2. 지시사항

붙임 : 감리원의 검사 체크리스트

감리원　㊞
책임감리원　㊞

※작성요령

① 재검사시에는 붉은 글씨로 "(재)" 를 우측 상단에 작성합니다.
② 공사업자가 재검사 요청을 할 때에는 잘못 시공한 공사 참여자의 서명을 받아 그 명단을 첨부하여야 합니다.
③ 2부를 작성하여 공사업자, 감리원 각 1부 씩 보관합니다.

5장

〈제5-21호 서식〉

검사 및 시험계획서(ITP)

<table>
<tr><td rowspan="2">검사 및
시험계획서</td><td>ITP 번호</td><td>개정번호:</td><td>공사업자/공구명 :</td><td colspan="2">감리단(공구)명 :</td><td>Page</td></tr>
<tr><td colspan="6">공사(작업)명: 장소/위치</td></tr>
<tr><td colspan="3">시 공 자</td><td colspan="4">감 리 단</td></tr>
<tr><td>작성자
(공사
담당)</td><td>검토자
(공사
부서장)</td><td>승인자
(품질부서장/공사부서장)</td><td colspan="2">검토
(감리원/검사점
지정자)</td><td colspan="2">승인자
(감리공구장)</td></tr>
<tr><td></td><td></td><td></td><td colspan="2"></td><td colspan="2"></td></tr>
</table>

<table>
<tr><td rowspan="3">일련번호</td><td rowspan="3">작업공정</td><td rowspan="3">검사점</td><td rowspan="3">적용문서</td><td colspan="3">검 사 점</td><td rowspan="3">비고</td></tr>
<tr><td colspan="2">공 사 업 자</td><td>감리단</td></tr>
<tr><td>공사부서</td><td>품질부서</td><td>검사자</td></tr>
<tr><td></td><td></td><td></td><td></td><td></td><td></td><td></td><td></td></tr>
<tr><td></td><td></td><td></td><td></td><td></td><td></td><td></td><td></td></tr>
<tr><td></td><td></td><td></td><td></td><td></td><td></td><td></td><td></td></tr>
</table>

<table>
<tr><td>검사
점검표</td><td></td><td>검사
요청서</td><td></td><td>ITP번호/
개정번호</td><td></td><td>공사업자(공구)/
감리단명</td><td></td></tr>
<tr><td>장소/위치</td><td></td><td>세부작업명</td><td></td><td>검사/시험일자</td><td colspan="3"></td></tr>
<tr><td>점검표
작성자</td><td></td><td>검토자</td><td></td><td>승인자</td><td colspan="3"></td></tr>
</table>

<table>
<tr><td rowspan="2">일련
번호</td><td rowspan="2">작업공정/검사 ·
시험항목</td><td rowspan="2">적용문서
(합부판정기준)</td><td colspan="2">검사 결과</td><td rowspan="2">조치사항/
비고</td></tr>
<tr><td>공사
업자</td><td>감리단</td></tr>
<tr><td></td><td></td><td></td><td></td><td></td><td></td></tr>
<tr><td></td><td></td><td></td><td></td><td></td><td></td></tr>
<tr><td></td><td></td><td></td><td></td><td></td><td></td></tr>
<tr><td></td><td></td><td></td><td></td><td></td><td></td></tr>
</table>

	검사자(공사업자)	검토자(감리원)	승인자(감리단장)
성명/서명(수결)	/	/	/
조직/소속명	품질: /	감리원: /	감리단장: /
일 자			

* 검사 · 시험 값이 있는 경우 그 값을 기록하고, 합격인 경우에는 비고란에 A, 불합격인 경우에는 UA, 미적용시에는 NA로 표기한다.

〈제5-22호 서식〉

공사참여자 실명부

공사명 :

작업일	작업공종 및 위치	소속	직위	성명	생년월일	공사내용	서명

년 월 일

○○ 공사 현장대리인 (서명)

〈제5-23호 서식〉

주요인력 및 장비투입 현황

공사명 :

인원투입 현황			장비투입 현황			
직종	투입인원	비고	장비명	규격	투입대수	비고

〈제5-24호 서식〉

검사대장

공사 :

감 리 원 : (인)

공 종	검사항목 (설계규격, 단위, 수량 포함)	검사일	검사내용	합격 여부	검사결과 또는 입증자료

※ 적용 : 감리대상 공사의 규모, 특성관계로 ITP를 작성하지 않는 정보통신설비공사감리에 적용합니다.

* 작성요령

1. '검사결과' 상단은 공사업자 점검직원이, 하단은 감리원이 검사한 결과를 수치(실측치)로 기록하고, '검사기준'도 '검사결과'와 비교될 수 있도록 시방서 또는 도면 등에 있는 수치를 작성합니다
2. 수치가 없는 검사항목은 시방서 또는 설계도서에 있는 내용과 검사한 내용으로 기재합니다.
3. 매몰부분은 사진을 첨부합니다.
4. '검사항목' 및 '검사기준'은 각 공종별로 감리원과 협의하여 기재합니다.

〈제5-25호 서식〉

검사 요청서

공사명 :

번 호 :

수 신 : 책임감리원

다음과 같은 공종에 대하여 검사를 요청 하오니 검사 후 승인하여 주시기 바랍니다.

공 종		세부공종	
위 치			
검사부분			
요청일시			
기 타			

년 월 일

○○ 공사 현장대리인 (서명)

※ 첨부 : 도면·검사체크리스트 및 공사참여자 실명부

※ 적용 : 감리대상 공사의 규모, 특성관계로 검사시험계획서(ITP)를 작성하지 않는 정보통신설비공사감리에 적용합니다.

〈제5-26호 서식〉

검사 체크리스트(ITC)

년 월 일(요일)

공 사 명	
공 종	
위 치	

검사항목	검사 기준 (시방서 또는 도면 등)	검사 결과		조치사항
		공사업자	감리원	

공사업자 : (서명)	검사감리원 : (서명)	책임감리원 : (서명)

※ 적용 : 감리대상 공사의 규모, 특성관계로 ITP를 작성하지 않는 정보통신설비공사감리에 적용합니다.

* 작성요령

1. '검사결과' 상단은 공사업자 점검직원이, 하단은 감리원이 검사한 결과를 수치(실측치)로 기록하고, '검사기준'도 '검사결과'와 비교될 수 있도록 시방서 또는 도면 등에 있는 수치를 작성합니다
2. 수치가 없는 검사항목은 시방서 또는 설계도서에 있는 내용과 검사한 내용으로 기재합니다.
3. 매몰부분은 사진을 첨부합니다.
4. '검사항목' 및 '검사기준'은 각 공종별로 감리원과 협의하여 기재합니다.

〈제5-27호 서식〉

<table>
<tr><td colspan="4">검사결과 통보서</td></tr>
<tr><td colspan="4">번 호 :
수 신 : ○○공사 정보통신기술자
○○번호의 검사 요청서에 따라 검사하고 그 결과를 다음과 같이 통보합니다.</td></tr>
<tr><td>검사자</td><td>(서명)</td><td>검사일시</td><td></td></tr>
<tr><td>검사결과</td><td colspan="3"></td></tr>
<tr><td>특기사항</td><td colspan="3"></td></tr>
<tr><td colspan="4">년 월 일
책임감리원 (서명)</td></tr>
<tr><td colspan="4">※ 첨부 : 검사 체크리스트
※ 적용 : 서식 20과 같이 사용합니다.
※ 작성요령
1. 검사결과 적합할 경우에는 검사결과란에는 “적합”, 부적합시에는 “부적합”이라 기록하고, 부적합의 경우에는 특기사항에 관련 근거 등을 기록합니다.
2. 2부 복사하여 공사업자 및 감리원 각 1부씩 보관합니다.</td></tr>
</table>

〈제5-28호 서식〉

회의 및 협의내용 관리대장

책임감리원	

년 월 일(요일)

<table>
<tr><td>공사명</td><td colspan="4"></td></tr>
<tr><td>제목</td><td colspan="4"></td></tr>
<tr><td>협의내용</td><td colspan="4"></td></tr>
<tr><td rowspan="3">참여자</td><td>소 속</td><td>직 위</td><td>성 명</td><td>서 명</td></tr>
<tr><td></td><td></td><td></td><td></td></tr>
<tr><td></td><td></td><td></td><td></td></tr>
<tr><td>장소</td><td colspan="4"></td></tr>
</table>

〈제5-29호 서식〉

주간공정 계획대비 실적보고서

공사명 :

금회보고기간 : 년 월 일 ~ 년 월 일

공 종		공 정						비 고
		금 주			누 계			
		계 획	실 적	대 비	계 획	실 적	대 비	

문제점 및 대책 :

년 월 일

○○ 공사 현장대리인 (서명)

※ 작성 및 기재요령

1. 공종은 금주의 주요공종 및 문제점 공정만 작성합니다.
2. 공정은 물량 또는 비율로 표시합니다.
3. 문제점 및 대책은 상세히 기재하고 토의결과도 기재합니다.

〈제5-30호 서식〉

발주자 지시사항 처리부

공사명 :

번호	접수일	문서번호	지시사항	처리내용

〈제5-31호 서식〉

품질관리 검사확인대장

공사명 :

번호	일자	검사·확인 구간	검사·확인 항목	기존	결과	판정	검사·확인자		감리원		비고
							성명	서명	성명	서명	

※ 작성요령

1. 시험·검사 성과표는 별도 작성할 수 있습니다.
2. 비고란에는 불합격 경우에는 조치내용 등을 기재합니다.

〈제5-32호 서식〉

기술검토 의견서			
공 사 명		확인자	
검토건명		검토자	
검토기간		보고일자 (문서번호)	
1. 검토 근거 및 목적			
2. 검토 내용			
3. 결 과			

〈제5-33호 서식〉

기자재 공급원 승인현황					
공사명					
품 명	규 격	공급원	승인일	특기사항	비고

〈제5-34호 서식〉

주요 기자재 검수 및 수불부

공사명 :

품명	반입일	사용처	설계량	규격	반입량	검수량		부적합 사유	출고		잔량	검수자	확인서명
						적합	부적합		일시	수량			

※ 작성요령

1. 주요기자재에 대한 종류별 품명별로 검수 및 수불현황을 작성합니다.
2. 현장 반입 후 설치장소로 반출까지는 감리원 감독에 따라 관리하며 출고마다 담당감리원이 확인하여 반출량과 잔량을 확인하고 서명합니다.

〈제5-35호 서식〉

발생품(잉여 및 회수자재) 정리부

공사명				착공일	
품 명		규격		준공일	

발생일	품 명 (세부내역)	규 격	단위	수량		발생 사유	보관사항 (발주자 인계여부)
				사용가능	사용불가		

〈제5-36호 서식〉

지 시 부

년 월 일

제 호
공 사 명 :

발 신 :
수 신 :
참 조 :

제 목 :
내 용 :

작성자	(서명)	책임감리원	(서명)

〈제5-37호 서식〉

공사 설계변경 현황

공사명 :

1. 변경회수 :
2. 변경일자 :
3. 주요 변경 내용

공 종	수 량			공 사 비(백만원)			변 경 사 유	비 고
	단위	당초	변경	당초	변경	증・감		
계								

〈제5-38호 서식〉

설계변경 대장(FCN)

공사명 :

일자	공종	수량			공사비			변경사유	단장 서명
		단위	당초	변경	당초	변경	증감		
								*경미한 변경(FCN : Field Change Notice)	

〈제5-39호 서식〉

설계변경 대장(FCR)

공사명 :

일자	공종	수량			공사비			변경사유	승인 일자
		단위	당초	변경	당초	변경	증감		
								*복잡 · 중대한 변경 (FCR : Field Change Request) : 발주자 승인	

〈제5-40호 서식〉

안전보건 관리체제

구 분	선임(전담)자	자 격 유 무	자 격 내 용
안전보건총괄책임자			
안 전 관 리 자			
보 건 관 리 자			
안 전 담 당 자			
안 전 보 건 위원회			노동부에서 각 공사업자로 기 시달, 구성 및 운영여부

〈제5-41호 서식〉

안전교육 실적 기록부

공사명 :

구분	일자	시간	교육 강사	교육내용	참석자 및 서명	비고
교육 장소						

※ 작성요령

1. 교육은 정기와 비정기 교육으로 구분합니다.
2. 현장의 안전 확보를 위하여 작업 전에 매일 아침 일일교육(10분 정도)을 실시하는 것은 교육실적부에는 기록하지 아니합니다.

〈제5-42호 서식〉

안전관리 점검표

점검일자 :　　년　월　일

공사명 :

점검 내용(6하원칙)	점검자		점검결과	비고
	공사업자	감리원		

〈제5-43호 서식〉

공사 사고 보고서

문서번호 :
수　　신 :
참　　조 :

년　월　일
발　신 :　　　(서명)

공 사 명	
계약금액	
공사업자	
착 공 일	
준공예정일	
사고발생일	
최근공정	
피해개요 (6하원칙)	
복구대책	

※ 첨부서류 : 피해광경 사진2매, 피해내역서

제 1 장	정보통신감리용역 발주
제 2 장	발주기관 감독관의 일상감사
제 3 장	발주처 감독자와 정보통신감리원의 업무
제 4 장	정보통신공사의 착공전 감리업무
제 5 장	감리용역 착수단계업무
제6장	**정보통신공사 안전관리업무**
제 7 장	감리원의 보고업무
제 8 장	감리원의 현장관리
제 9 장	설계변경과 계약금액의 변경
제10장	준공검사업무와 감리결과보고
제11장	정보통신설비의 인수 · 인계 감리업무

6.1 안전관리계획

감독자(감리원)은 시공자(계약상대자) 사업장의 유해하거나 위험한 시설 및 장소에 대한 경고, 비상시 조치에 대한 안내, 그 밖에 안전의식의 고취를 위하여 고용노동부령으로 정하는 바에 따라 안전 · 보건표지를 설치하거나 부착하여야 한다. 이 경우 「외국인근로자의 고용 등에 관한 법률」 제2조에 따른 외국인근로자를 채용한 사업주는 노동부장관이 정하는 바에 따라 외국어로 된 안전 · 보건표지와 작업안전수칙을 부착하도록 노력하여야 한다.

[근거] 산업안전보건법 제12조

6.1.1 안전관리조직 편성 및 임무

① 정보통신공사의 안전시공 추진을 위해서는 안전조직을 다음 체계와 같이 구성하되 현장규모와 작업내용 및 산업안전보건법의 해당규정(산업안전보건법 제15조 "안전보건관리책임자" 선임, 제16조 "관리감독자" 지정, 제17조 "안전관리자" 배치, 제19조 "안전보건관리담당자" 지정 및 제24조 "산업안전보건위원회" 운영)에 명시된 업무도 수행되도록 편성한다.

② 책임감리원은 소속 직원 중 안전담당자를 지정하여 공사업자의 안전관리자를 지도 · 감독하도록 하여야 하며, 공사전반에 대한 안전관리계획의 사전검토, 실시확인

및 평가, 자료의 기록유지 등 사고예방을 위한 제반 안전관리업무에 대하여 확인을 하도록 하여야 한다.

③ 감리원은 공사업자에게 공사현장에 배치된 소속 직원 중에서 안전보건관리책임자(정보통신기술자)와 안전관리자(법정자격자)를 지정하게 하여 현장의 전반적인 안전 · 보건문제를 책임지고 추진하도록 하여야 한다.

④ 감리원은 공사업자에게 「근로기준법」, 「산업안전보건법」, 「산업재해보험법」 및 그 밖의 관계 법규를 준수하도록 하여야 한다.

⑤ 감리원은 산업재해 예방을 위한 제반 안전관리 지도에 적극적인 노력과 동시에 안전관계법규를 이행하도록 하기 위하여 다음 각 호와 같은 업무를 수행하여야 한다.

1) 공사업자의 안전조직 편성 및 임무의 법상 구비조건 충족 및 실질적인 활동 가능성 검토
2) 안전관리자에 대한 임무수행 능력보유 및 권한부여 검토
3) 시공계획과 연계된 안전계획의 수립 및 그 내용의 실효성 검토
4) 유해, 위험 방지계획(수립 대상에 한함) 내용 및 실천가능성 검토(「산업안전보건법」 제42조, 제43조)
5) 안전점검 및 안전교육 계획의 수립 여부와 내용의 적정성 검토(「산업안전보건법」 제29조 및 제30조)
6) 안전관리 예산 편성 및 집행계획의 적정성 검토
7) 현장 안전관리규정의 비치 및 그 내용의 적정성 검토
8) 표준 안전관리비는 다른 용도에 사용불가
9) 감리원이 공사업자에게 시공과정마다 발생될 수 있는 안전사고 요소를 도출하고 이를 방지할 수 있는 절차, 수단 등을 규정한 “총체적 안전관리계획서” (TSC : Total Safety Control)를 작성, 활용하도록 적극 권장
10) 안전관리계획의 이행 및 여건 변동 시 계획변경 여부
11) 안전보건협의회 구성 및 운영상태
12) 안전점검 계획수립 및 실시(일일, 주간, 우기 및 해빙기 등 자체 안전점검 등)
13) 안전교육계획의 실시
14) 위험장소 및 작업에 대한 안전조치 이행(고소작업, 추락위험작업, 낙하비래 위험작업, 중량물 취급작업, 화재위험 작업, 그 밖의 위험작업 등)
15) 안전표지 부착 및 유지관리
16) 안전통로 확보, 기자재의 적치 및 정리정돈
17) 사고조사 및 원인분석, 각종 통계자료 유지
18) 월간 안전관리비 사용실적 확인

⑥ 감리원은 안전에 관한 감리업무를 수행하기 위하여 공사업자에게 다음 각 호의 자료를 기록유지하도록 하고 이행상태를 점검한다.

1) 안전업무일지(일일보고)
2) 안전점검 실시(별지서식 37 및 안전업무일지에 기록 유지)
3) 안전교육(안전업무일지에 포함 가능)
4) 각종 사고보고
5) 월간 안전통계(무재해, 사고)
6) 안전관리비 사용실적(별지서식 38)

⑦ 감리원은 공사업자가 작성 · 제출하여 확인한 안전관리계획의 내용에 따라 안전조치 · 점검 등을 이행했는지 여부를 확인하고, 미 이행시 공사업자에게 안전조치 · 점검 등을 선행한 후 시공하게 하여야 한다.

⑧ 감리원은 공사업자가 자체 안전점검을 매일 실시하였는지 여부를 확인하여야 하며, 안전점검 전문기관에 의뢰하여 정기 및 정밀안전점검을 하는 때에는 입회하여 적정한 안전점검이 이루어지는지를 확인하여야 한다.

⑨ 감리원은 정기 및 정밀안전점검 결과를 공사업자로부터 제출받아 검토하여 발주자에게 보고하고, 발주자의 지시에 따라 공사업자에게 필요한 조치를 하여야 한다.

⑩ 감리원은 공사업자의 안전관리책임자 및 안전관리자로 하여금 현장 기술자에게 다음 각 호의 내용과 자료가 포함된 안전교육을 실시하도록 지도 · 감독하여야 한다.

1) 산업재해에 관한 통계 및 정보
2) 작업자의 자질에 관한 사항
3) 안전관리조직에 관한 사항
4) 안전제도, 기준 및 절차에 관한 사항
5) 작업공정에 관한 사항
6) 「산업안전보건법」 등 관계 법규에 관한 사항
7) 작업환경관리 및 안전작업 방법
8) 현장안전 개선방법
9) 안전관리 기법
10) 이상 발견 및 사고발생시 처리방법
11) 안전점검 지도요령과 사고조사 분석요령

6.1.2 안전관리결과 보고서의 검토

감리원은 매 분기마다 공사업자로부터 안전관리 결과보고서를 제출받아 이를 검토하고 미비한 사항이 있을 때에는 시정하도록 조치하여야 하며, 안전관리결과보고서에는 다음 각 호와 같은 서류가 포함되어야 한다.

① 안전관리 조직표
② 안전보건 관리체제
③ 재해발생 현황

④ 안전교육 실적표
⑤ 기타 필요한 서류

6.1.3 사고처리

감리원은 현장에서 사고가 발생하였을 경우에는 공사업자에게 즉시 필요한 응급조치를 취하도록 하고, 그에 대한 상세한 경위 및 검토의견서를 첨부하여 지체 없이 발주자에게 보고하여야 한다(별지서식).

6.1.4 안전보건관리책임자

① 사업주는 사업장에 안전보건관리책임자(이하 "관리책임자"라 한다)를 두어 다음 각 호의 업무를 총괄관리하도록 하여야 한다.
1) 산업재해 예방계획의 수립에 관한 사항
2) 안전보건관리규정의 작성 및 변경에 관한 사항
3) 근로자의 안전 · 보건교육에 관한 사항
4) 작업환경측정 등 작업환경의 점검 및 개선에 관한 사항
5) 근로자의 건강진단 등 건강관리에 관한 사항
6) 산업재해의 원인조사 및 재발방지 대책수립에 관한 사항
7) 산업재해에 관한 통계의 기록 및 유지에 관한 사항
8) 안전 · 보건과 관련된 안전장치 및 보호구 구입 시의 적격품 여부 확인에 관한 사항
9) 그 밖에 근로자의 유해 · 위험 예방조치에 관한 사항으로서 노동부령으로 정하는 사항

② 관리책임자는 안전관리자와 보건관리자를 지휘 · 감독한다.
③ 관리책임자를 두어야 할 사업의 종류 · 규모, 관리책임자의 자격, 그 밖에 필요한 사항은 대통령령으로 정한다.

[근거] 산업안전보건법 제13조

6.1.5 안전보건관리책임자의 선임방법

① 안전보건관리책임자를 두어야 할 사업의 종류 및 규모는 노동부장관이 고시한다.
② 관리책임자는 해당 사업에서 그 사업을 실질적으로 총괄관리하는 사람이어야 한다.
③ 사업주는 관리책임자에게 업무를 수행하는 데 필요한 권한을 주어야 한다.
④ 사업주는 관리책임자를 선임하였을 때에는 그 선임사실 및 업무의 수행내용을 증명할 수 있는 서류를 갖춰 두어야 한다.

[근거] 산업안전보건법 시행령 제9조

6.1.6 안전보건총괄책임자의 직무

① 안전보건총괄책임자의 직무는 다음과 같다.
  1) 작업의 중지 및 재개
  2) 도급사업 시의 안전 · 보건 조치
  3) 수급인의 산업안전보건관리비의 집행감독 및 그 사용에 관한 수급인 간의 협의 · 조정
  4) 안전인증대상 기계 · 기구 등과 자율안전 확인대상 기계 · 기구 등의 사용 여부 확인
  5) 위험성평가의 실시에 관한 사항

[근거] 산업안전보건법 시행령 제24조

6.1.7 안전보건관리책임자의 업무

「산업안전보건법」 제13조제1항제9호에서 "노동부령으로 정하는 사항"이란 법 제41조의2에 따른 위험성평가의 실시에 관한 사항과 안전보건규칙에서 정하는 근로자의 위험 또는 건강장해의 방지에 관한 사항을 말한다.

[근거] 산업안전보건법 시행규칙 제11조

6.1.8 관리책임자의 선임

① 계약상대자(사업주)는 안전보건관리책임자, 안전관리자, 보건관리자, 산업보건의 및 법 제18조제1항에 따른 안전보건총괄책임자를 선임(選任)하거나 지정할 사유가 발생한 경우에는 지체 없이 선임하거나 지정하여야 한다.

② 사업주가 관리책임자 등(안전보건관리책임자 및 안전보건총괄책임자는 제외한다)을 선임 또는 다시 임명하거나 안전관리업무 또는 보건관리업무를 안전관리전문기관 또는 보건관리전문기관에 위탁하거나 위탁 후 수탁기관을 변경한 경우에는 안전관리자 · 보건관리자 · 산업보건의 선임 등 보고서 또는 안전관리자 선임 등 보고서를 관할 지방고용노동관서의 장에게 제출하여야 한다.

[근거] 산업안전보건법 시행령 제14조

6.1.9 관리감독자

① 계약상대자(사업주)는 사업장의 관리감독자(경영조직에서 생산과 관련되는 업무와 그 소속 직원을 직접 지휘 · 감독하는 부서의 장 또는 그 직위를 담당하는 자를

말한다. 이하 같다)로 하여금 직무와 관련된 안전 · 보건에 관한 업무로서 안전 · 보건점검 등 대통령령으로 정하는 업무를 수행하도록 하여야 한다. 다만 위험방지가 특히 필요한 작업으로서 대통령령으로 정하는 작업에 대하여는 소속 직원에 대한 특별교육 등 대통령령으로 정하는 안전 · 보건에 관한 업무를 추가로 수행하도록 하여야 한다.

② 관리감독자가 있는 경우에는 「건설기술진흥법」 안전관리책임자 및 안전관리담당자를 각각 둔 것으로 본다.

[근거] 산업안전보건법 제14조

6.1.10 안전관리감독자의 업무내용

① 안전 · 보건점검 업무
1) 사업장 내 관리감독자가 지휘 · 감독하는 작업과 관련된 기계 · 기구 또는 설비의 안전 · 보건 점검 및 이상 유무의 확인
2) 관리감독자에게 소속된 근로자의 작업복 · 보호구 및 방호장치의 점검과 그 착용 · 사용에 관한 교육 · 지도
3) 해당 작업에서 발생한 산업재해에 관한 보고 및 이에 대한 응급조치
4) 해당 작업의 작업장 정리 · 정돈 및 통로확보에 대한 확인 · 감독
5) 해당 사업장의 산업보건의, 안전관리자 및 보건관리자(보건관리자의 업무를 보건관리전문기관에 위탁한 사업장의 경우에는 그 전문기관의 해당 사업장 담당자)의 지도 · 조언에 대한 협조
6) 위험성평가를 위한 업무에 기인하는 유해 · 위험요인의 파악 및 그 결과에 따른 개선조치의 시행
7) 그 밖에 해당 작업의 안전 · 보건에 관한 사항으로서 노동부령으로 정하는 사항

② 사업주는 관리감독자에게 안전 · 보건점검 업무에 따른 업무수행에 필요한 권한을 부여하고, 시설 · 장비 · 예산, 그 밖의 업무수행에 필요한 지원을 하여야 한다.

③ 소속 직원에 대한 특별교육 등 대통령령으로 정하는 안전 · 보건에 관한 업무란 다음의 업무를 말한다.
1) 유해하거나 위험한 작업에 근로자를 사용할 때 실시하는 특별교육 중 안전에 관한 교육
2) 유해 · 위험기계 등의 안전에 관한 성능검사
3) 그 밖에 해당 작업의 성격상 유해 또는 위험을 방지하기 위한 업무로서 노동부령으로 정하는 업무

[근거] 산업안전보건법 시행령 제10조

6.1.11 안전관리감독자의 유해 · 위험방지 업무

① 사업주는 관리감독자(건설업의 경우 직장 · 조장 및 반장의 지위에서 그 작업을 직접 지휘 · 감독하는 관리감독자를 말한다. 이하 같다)로 하여금 위험방지를 위한 업무를 수행하도록 하여야 한다.
② 사업주는 작업을 시작하기 전에 관리감독자로 하여금 필요한 사항을 점검하도록 하여야 한다.
③ 사업주는 점검결과 이상이 발견되면 즉시 수리하거나 그 밖에 필요한 조치를 하여야 한다.

[근거] 산업안전보건법 시행규칙 제35조

6.1.12 안전관리자

① 사업주는 사업장에 안전관리자를 두어 안전에 관한 기술적인 사항에 관하여 사업주 또는 관리책임자를 보좌하고 관리감독자에게 조언 · 지도하는 업무를 수행하게 하여야 한다.
② 안전관리자를 두어야 할 사업의 종류 · 규모, 안전관리자의 수 · 자격 · 업무 · 권한 · 선임방법, 그 밖에 필요한 사항은 대통령령으로 정한다.
③ 노동부장관은 산업재해 예방을 위하여 필요하다고 인정할 때에는 안전관리자를 정수(定數) 이상으로 늘리거나 다시 임명할 것을 명할 수 있다.
④ 대통령령으로 정하는 종류 및 규모에 해당하는 사업의 사업주는 노동부장관이 지정하는 안전관리 업무를 전문적으로 수행하는 기관(이하 "안전관리전문기관"이라 한다)에 안전관리자의 업무를 위탁할 수 있다.
⑤ 안전관리전문기관의 지정 요건 및 절차에 관한 사항은 대통령령으로 정하고, 안전관리전문기관의 업무수행기준, 안전관리전문기관이 위탁업무를 수행할 수 있는 지역, 그 밖에 필요한 사항은 고용노동부령으로 정한다.

[근거] 산업안전보건법 제15조

6.1.13 안전관리자의 선임

① 해당 사업과 같은 장소에서 이루어지는 도급사업의 공사금액 또는 수급인[하수급인(下受給人)을 포함한다]이 사용하는 상시 근로자는 각각 해당 사업의 공사금액 또는 상시 근로자로 본다.
② 같은 사업주가 경영하는 둘 이상의 사업장이 다음 각 호의 어느 하나에 해당하는 경우에는 그 둘 이상의 사업장에 1명의 안전관리자를 공동으로 둘 수 있다. 이 경

우 해당 사업장의 상시 근로자 수의 합계는 300명 이내이어야 한다.

1) 같은 시 · 군 · 구(자치구를 말한다) 지역에 소재하는 경우

2) 사업장 간의 경계를 기준으로 15킬로미터 이내에 소재하는 경우

③ 같은 장소에서 이루어지는 도급사업에서 도급인인 사업주가 정부가 규정하는 바에 따라 그 사업의 수급인인 사업주의 근로자에 대한 안전관리를 전담하는 안전관리자를 선임한 경우에는 해당 사업의 수급인인 사업주는 안전관리자를 선임하지 않을 수 있다.

④ 사업주는 안전관리자를 선임하거나 안전관리자의 업무를 안전관리전문기관에 위탁한 경우에는 노동부령으로 정하는 바에 따라 선임하거나 위탁한 날부터 14일 이내에 노동부장관에게 증명할 수 있는 서류를 제출하여야 한다.

[근거] 산업안전보건법 시행령 제12조

6.1.14 안전관리자의 업무

① 안전관리자가 수행하여야 할 업무는 다음과 같다.

1) 산업안전보건위원회 또는 안전 · 보건에 관한 노사협의체에서 심의 · 의결한 업무와 사업장의 안전보건관리규정 및 취업규칙에서 정한 업무

2) 안전인증 대상 기계 · 기구 등과 자율안전 확인 대상 기계 · 기구등 구입 시 적격품의 선정에 관한 보좌 및 조언 · 지도

3) 위험성평가에 관한 보좌 및 조언 · 지도

4) 사업장 안전교육계획의 수립 및 안전교육 실시에 관한 보좌 및 조언 · 지도

5) 사업장 순회점검 · 지도 및 조치의 건의

6) 산업재해발생의 원인조사 · 분석 및 재발방지를 위한 기술적 보좌 및 조언 · 지도

7) 산업재해에 관한 통계의 유지 · 관리 · 분석을 위한 보좌 및 조언 · 지도

8) 법 또는 법에 따른 명령으로 정한 안전에 관한 사항의 이행에 관한 보좌 및 조언 · 지도

9) 업무수행 내용의 기록 · 유지

10) 그 밖에 안전에 관한 사항으로서 고용노동부장관이 정하는 사항

② 사업주가 안전관리자를 배치할 때에는 연장근로 · 야간근로 또는 휴일근로 등 해당 사업장의 작업형태를 고려하여야 한다.

③ 사업주는 안전관리업무의 원활한 수행을 위하여 외부 전문가의 평가 · 지도를 받을 수 있다.

④ 안전관리자는 업무를 수행할 때에는 보건관리자와 협력하여야 한다.

[근거] 산업안전보건법 시행령 제13조

〈제6-1호 서식〉

<table>
<tr><td colspan="5">안전관리자 선임 등 보고서</td></tr>
<tr><td rowspan="3">본사</td><td>사업장명</td><td colspan="3"></td></tr>
<tr><td>사업주 또는 대표자</td><td></td><td>전화번호</td><td></td></tr>
<tr><td>소재지</td><td colspan="3"></td></tr>
<tr><td colspan="5">※ * 란은 원수급인인 경우에만 해당합니다.</td></tr>
<tr><td rowspan="8">현장개요</td><td>현장명</td><td></td><td>발주자 또는 도급인</td><td></td></tr>
<tr><td>전화번호</td><td></td><td>휴대전화</td><td></td></tr>
<tr><td>소재지</td><td colspan="3"></td></tr>
<tr><td>공사기간</td><td></td><td>공사금액(상시 근로자수)</td><td>(　　명)</td></tr>
<tr><td>건축물의 연면적</td><td></td><td>건축물의 최대높이(M)*</td><td></td></tr>
<tr><td></td><td></td><td>건축물의 최대층고(M)*</td><td></td></tr>
<tr><td></td><td></td><td></td><td></td></tr>
<tr><td></td><td></td><td></td><td></td></tr>
<tr><td rowspan="10">안전관리자</td><td>성명</td><td></td><td>기관명</td><td></td></tr>
<tr><td>자격/면허번호</td><td colspan="3"></td></tr>
<tr><td rowspan="3">경력</td><td colspan="2">기관명</td><td>기간</td></tr>
<tr><td colspan="2"></td><td></td></tr>
<tr><td colspan="2"></td><td></td></tr>
<tr><td rowspan="2">학력</td><td colspan="2">학교</td><td>학과</td></tr>
<tr><td colspan="2"></td><td></td></tr>
<tr><td>선임 등 연·월·일</td><td colspan="3"></td></tr>
<tr><td>전담·겸임구분</td><td colspan="3"></td></tr>
<tr><td colspan="5">「산업안전보건법 시행규칙」 제14조제2항 및 제32조제3항제4호에 따라 위와 같이 제출합니다.
년　　월　　일
보고인(사업주 또는 대표자)　　　　(서명 또는 인)
귀하</td></tr>
<tr><td colspan="5"></td></tr>
</table>

210mm×297mm(일반용지 60 g / ㎡(재활용품))

6.1.15 도급사업 시의 안전 · 보건조치

① 도급인인 사업주는 작업장을 다음의 구분에 따라 순회점검을 하여야 한다.

1) 다음의 사업의 경우 : 2일에 1회 이상

가. 건설업

나. 제조업

2) 제1호의 사업을 제외한 사업의 경우 : 1주일에 1회 이상

② 수급인인 사업주는 도급인인 사업주가 실시하는 순회점검을 거부 · 방해 또는 기피하여서는 아니되며 점검결과 도급인인 사업주의 시정요구가 있으면 이에 따라야 한다.

③ 도급인인 사업주는 수급인인 사업주가 실시하는 근로자의 해당 안전 · 보건교육에 필요한 장소 및 자료의 제공 등 필요한 조치를 하여야 한다.

④ "노동부령으로 정하는 산업재해 발생위험이 있는 장소"란 다음의 어느 하나에 해당하는 장소를 말한다.

1) 토사 · 구축물 · 인공구조물 등이 붕괴될 우려가 있는 장소
2) 기계 · 기구 등이 넘어지거나 무너질 우려가 있는 장소
3) 안전난간의 설치가 필요한 장소
4) 비계 또는 거푸집을 설치하거나 해체하는 장소
5) 건설용 리프트를 운행하는 장소
6) 지반을 굴착하거나 발파작업을 하는 장소
7) 엘리베이터홀 등 근로자가 추락할 위험이 있는 장소
8) 도급금지 작업을 하는 장소
9) 화재 · 폭발 우려가 있는 다음 각 목의 작업을 하는 장소

가. 선박 내부에서의 용접 · 용단작업

나. 특수화학설비에서의 용접 · 용단작업

다. 인화성 물질을 취급 · 저장하는 설비 및 용기에서의 용접 · 용단작업

10) 안전보건규칙 따른 밀폐공간으로 되어 있는 장소에서 작업을 하는 경우 그 장소
11) 석면이 붙어 있는 물질을 파쇄 또는 해체하는 작업을 하는 장소
12) 위험물질을 제조하거나 취급하는 장소
13) 유기화합물취급 특별 장소
14) 공중전선에 가까운 장소로서 시설물의 설치 · 해체 · 점검 및 수리 등의 작업을 할 때 감전의 위험이 있는 장소
15) 물체가 떨어지거나 날아올 위험이 있는 장소
16) 프레스 또는 전단기(剪斷機)를 사용하여 작업을 하는 장소
17) 안전보건규칙 별표 7에 따른 화학설비 및 그 부속설비에 대한 정비 · 보수 작업이 이루어지는 장소

18) 안전보건규칙 방사선 업무를 하는 장소
19) 차량계 하역운반기계 또는 차량계 건설기계를 사용하여 작업하는 장소
20) 전기 기계 · 기구를 사용하여 감전의 위험이 있는 작업을 하는 장소

⑤ 도급인인 사업주가 하여야 할 조치는 이 규칙에서 정한 사항을 제외하고는 안전보건규칙의 내용에 따른다.

[근거] 산업안전보건법 시행규칙 제30조

6.1.16 산업안전보건관리비의 계상

① 건설업, 선박건조 · 수리업, 그 밖에 대통령령으로 정하는 사업을 타인에게 도급하는 자와 이를 자체사업으로 하는 자는 도급계약을 체결하거나, 자체사업계획을 수립하는 경우 노동부장관이 정하여 고시하는 바에 따라 산업재해예방을 위한 산업안전보건관리비를 도급금액 또는 사업비에 계상(計上)하여야 한다.

② 노동부장관은 산업안전보건관리비의 효율적인 집행을 위하여 다음 각 호의 사항에 관한 기준을 정할 수 있다.
1) 공사의 진척 정도에 따른 사용기준
2) 사업의 규모별 · 종류별 사용방법 및 구체적인 내용
3) 그 밖에 산업안전보건관리비 사용에 필요한 사항

③ 수급인 또는 자체사업을 하는 자는 그 산업안전보건관리비를 다른 목적으로 사용하여서는 아니된다. 이 경우 기준이 정하여져 있는 산업안전보건관리비는 그 기준에 따라 사용하고 고용노동부령으로 정하는 바에 따라 그 사용명세서를 작성하여 부존하여야 한다.

[근거] 산업안전보건법 제30조

6.1.17 산업안전보건관리비의 사용

① 수급인 또는 자체사업을 하는 자가 사업의 일부를 타인에게 도급하려는 경우에는 도급금액 또는 사업비에 계상된 산업안전보건관리비의 범위에서 그의 수급인에게 해당 사업의 위험도를 고려하여 적정하게 산업안전보건관리비를 지급하여 사용하게 할 수 있다.

② 사업주는 고용노동부장관이 정하는 바에 따라 해당 공사를 위하여 계상된 산업안전보건관리비를 그가 사용하는 근로자와 그의 수급인이 사용하는 근로자의 산업재해 및 건강장해 예방에 사용하고, 그 사용명세서를 작성하고 공사종료 후 1년간 보존하여야 한다.

③ "노동부령으로 정하는 자"란 공사금액 3억원(「전기공사업법」에 따른 전기공사 및 「정보통신공사업법」에 따른 정보통신공사는 1억원) 이상 120억원(「건설산업기본법

시행령」 토목공사업에 속하는 공사는 150억원) 미만인 공사를 하는 자를 말한다. 다음 각 호의 어느 하나에 해당하는 공사를 하는 자는 제외한다.

1) 공사기간이 3개월 미만인 공사
2) 육지와 연결되지 아니한 섬지역(제주특별자치도는 제외한다)에서 이루어지는 공사
3) 사업주가 안전관리자의 자격을 가진 사람을 선임(같은 광역 자치단체의 지역 내에서 같은 사업주가 경영하는 셋 이하의 공사에 대하여 공동으로 안전관리자 자격을 가진 사람 1명을 선임한 경우를 포함한다)하여 안전관리자의 업무만을 전담하도록 하는 공사
   가. 이 경우 사업주는 안전관리자 선임 등 보고서(건설업)를 관할 지방고용노동관서의 장에게 제출하여야 한다.
4) 유해 · 위험방지계획서를 제출하여야 하는 공사

[근거] 산업안전보건법 시행규칙 제32조

〈제6-2호 서식〉

(앞 쪽)

산업안전보건관리비 사용계획서

1. 일반사항

<table>
<tr><td>발주자</td><td></td><td rowspan="5">공사
금액</td><td>계</td><td></td></tr>
<tr><td rowspan="4">공사종류
(해당란에 ✓ 표)</td><td rowspan="4">[ ] 일반건설(갑)
[ ] 일반건설(을)
[ ] 중건설
[ ] 철도 또는 궤도신설
[ ] 특수 및 기타건설</td><td>① 재료비(관급별도)</td><td></td></tr>
<tr><td>② 관급재료비</td><td></td></tr>
<tr><td>③ 직접노무비</td><td></td></tr>
<tr><td>④ 그 밖의 사항</td><td></td></tr>
<tr><td>산업안전보건관리비</td><td></td><td colspan="2">산업안전보건관리비
계상대상금액
[공사금액 중 ①+②+③]</td><td></td></tr>
</table>

2. 항목별 실행계획

항 목	금 액	비율(%)
안전관리자 등의 인건비 및 각종 업무수당 등		%
안전시설비 등		%
개인보호구 및 안전장구 구입비 등		%
안전진단비 등		%
안전 · 보건교육비 및 행사비 등		%
근로자 건강관리비 등		%
건설재해 예방 기술지도비		%
본사 사용비		%
총 계		100%

(뒤쪽)

3. 세부 사용계획

항 목	세부항목	단위	수량	금액	산출 명세	사용시기
안전관리자 등의 인건비 및 각종 업무수당 등						
안전시설비 등						
개인보호구 및 안전장구 구입비 등						
안전진단비 등						
안전 · 보건교육비 및 행사비 등						
근로자 건강관리비 등						
건설재해 예방 기술 지도비						
본사 사용비						

〈제6-3호 서식〉

(제1쪽)

사업장 관리카드

1. 사업장 현황

시공업체명		대표자	
공사명		사업개시번호	
현장소재지	(전화번호 :)		
공사금액		전화번호	
공사기간	~	공사계약일	
발주자	성명 또는 기관명 :		
	주소 :		
기술지도	기관명 :		계약일
	전화번호 :		
공사개요			

2. 산업재해 발생현황

재해일	성 명	직 종	최소 소견서상의 치료 예상 기간	재해내용

(제2쪽)

3. 사업장 내 안전 · 보건교육

교육일	교육 구분	장 소	교육 인원		교육방법	실시자
			대상	참석		

4. 위험기계 · 기구 보유현황

기계기구명	보유대수	법정 방호장치명	방호장치 설치현황(대수)			부분설치 및 미비에 따른 조치
			완전설치	부분설치	미비	

5. 보호구 지급현황

지급대상 작업명	보호구명	지급대상 근로사수	지급현황(명)		지급에 따른 조치
			지급	미지급	

(제3쪽)

6. 기술지도 업무수행

연월일	담당요원명	업무수행 내용	개선 요청사항	개선완료 여부 확인일

〈제6-4호 서식〉

<table>
<tr><th colspan="9">공사개요서</th></tr>
<tr><td rowspan="3">시 공 업 체</td><td>회 사 명</td><td colspan="4"></td><td>전화번호</td><td colspan="2"></td></tr>
<tr><td>대 표 자</td><td colspan="7"></td></tr>
<tr><td>본사 소재지</td><td colspan="7"></td></tr>
<tr><td rowspan="3">현 장</td><td>현 장 명</td><td colspan="4"></td><td>현장소장</td><td colspan="2"></td></tr>
<tr><td>현장 소재지</td><td colspan="7"></td></tr>
<tr><td>공 사 기 간</td><td colspan="4"></td><td>공사금액</td><td colspan="2"></td></tr>
<tr><td>발 주 자</td><td>성 명</td><td colspan="4"></td><td>전화번호</td><td colspan="2"></td></tr>
<tr><td>설 계 자</td><td>성 명</td><td colspan="4"></td><td>전화번호</td><td colspan="2"></td></tr>
<tr><td>감 리 자</td><td>성 명</td><td colspan="4"></td><td>전화번호</td><td colspan="2"></td></tr>
<tr><td rowspan="3">공 사 개 요</td><td rowspan="2">대상구조물</td><td rowspan="2">구조</td><td rowspan="2">개소</td><td colspan="2">층수</td><td rowspan="2">굴착깊이
(m)</td><td rowspan="2">최고높이
(m)</td><td rowspan="2">비고</td></tr>
<tr><td>지하</td><td>지상</td></tr>
<tr><td></td><td></td><td></td><td></td><td></td><td></td><td></td><td></td></tr>
<tr><td>구조물 개요</td><td></td><td></td><td></td><td></td><td></td><td></td><td></td><td></td></tr>
<tr><td>주요 공법</td><td></td><td></td><td></td><td></td><td></td><td></td><td></td><td></td></tr>
<tr><td colspan="2">정보통신공사의 종류
1.
2.
3.
4.</td><td></td><td></td><td></td><td></td><td></td><td></td><td></td></tr>
</table>

210mm×297mm[일반용지 60g/㎡(재활용품)]

〈제6-5호 서식〉

개인보호구 지급계획서			
직 종	보 호 구 명	지 급 수 량	지 급 시 기

210mm×297mm[일반용지 60g/㎡(재활용품)]

6.1.18 산업안전보건관리비 계상 및 사용기준 이해

① 적용범위 : 「산업재해보상보험법」 제6조에 따라 「산업재해보상보험법」의 적용을 받는 공사 중 총공사금액 4천만원 이상인 공사에 적용한다. 다만 다음의 각각 어느 하나에 해당되는 공사 중 단가계약에 의하여 행하는 공사에 대하여는 총계약금액을 기준으로 산업안전보건관리비 계상을 적용한다.

1) 「전기공사업법」 전기공사로서 고압 또는 특별고압 작업으로 이루어지는 공사

2) 「정보통신공사업법」 정보통신공사로서 지하맨홀, 관로 또는 통신주에서 작업이 이루어지는 정보통신설비공사

② 계상기준

1) 공사를 다른 이에게 도급하는 자(이하 "발주자"라 한다)와 건설업을 자체사업으로 하는 자(이하 "자기공사자"라 한다)는 안전관리비를 다음과 같이 계상하여야 한다.

2) 발주자가 재료를 제공하거나 물품이 완제품의 형태로 제작 또는 납품되어 설치되는 경우에 해당 재료비 또는 완제품의 가액을 대상액에 포함시킬 경우 해당 재료비 또는 완제품의 가액을 포함시키지 않은 대상액을 기준으로 계상한 안전관리비의 1.2배를 초과할 수 없다.

가. 대상액이 5억원 미만 또는 50억원 이상일 경우에는 대상액에 〈표 6-1〉에서 정한 비율을 곱한 금액

나. 대상액이 5억원 이상 50억원 미만일 때에는 대상액에 〈표 6-1〉에서 정한 비율을 곱한 금액에 기초액을 합한 금액

〈표 6-1〉 공사종류 및 규모별 안전관리비 계상기준표

(단위 : 원)

대상액 / 공사종류	5억원 미만	5억원 이상 50억원 미만		50억원 이상
		비율(X)	기초액(C)	
일반건설공사(갑)	2.93%	1.86%	5,349,000원	1.97%
일반건설공사(을)	3.09%	1.99%	5,499,000원	2.10%
중 건 설 공 사	3.43%	2.35%	5,400,000원	2.44%
철도 · 궤도신설공사	2.45%	1.57%	4,411,000원	1.66%
특수 및 기타 건설공사 (정보통신공사)	1.85%	1.20%	3,250,000원	1.27%

3) 하나의 사업장 내에 건설공사 종류가 둘 이상인 경우(분리발주한 경우를 제외한다)에는 공사금액이 가장 큰 공사종류를 적용한다.

4) 발주자 또는 자기공사자는 설계변경 등으로 대상액의 변동이 있는 경우에 지체 없이 안전관리비를 조정 계상하여야 한다.

가. 설계변경을 실시할 경우 안전관리비 요율적용 방법 : 최초 계약당시의 요율을 준공까지 그대로 적용하지 않고 설계변경 당시의 정부가 고시한 요율을 적용한다.

③ 계상시기

1) 발주자는 원가계산에 의한 예정가격작성 시 안전관리비를 계상하여야 한다. 다만 도급계약상의 대상액을 기준으로 안전관리비를 조정할 수 있다.

2) 자기공사자는 원가계산에 의한 예정가격을 작성하거나 자체 사업계획을 수립하는 경우에 안전관리비를 계상하여야 한다.

3) 대상액이 구분되어 있지 않은 공사는 도급계약 또는 자체사업 계획상의 총공사금액의 70퍼센트를 대상액으로 하여 안전관리비를 계상하여야 한다.

4) 발주자와 수급인은 공사계약을 체결할 경우 계상된 안전관리비를 공사도급계약서에 별도로 표시하여야 한다.

〈표 6-2〉 공사진척에 따른 안전관리비 사용기준

공정률	50퍼센트 이상 70퍼센트 미만	70퍼센트 이상 90퍼센트 미만	90퍼센트 이상
사용기준	50퍼센트 이상	70퍼센트 이상	90퍼센트 이상

※ 공정률은 기성공정률을 기준으로 한다.
– 참고 : 안전관리비 금액의 사용금액 사용기준은 공정률과 동일하게 사용이 가장 타당함
– 기성금 지급 시에도 공정율과 동일하게 지급

④ 안전관리비 항목별 사용기준

1) 수급인 또는 자기공사자는 안전관리비를 다음의 항목별 사용기준에 따라 건설사업장에서 근무하는 근로자의 산업재해 및 건강장해 예방을 위한 목적으로만 사용하여야 한다.

가. 안전관리자 등의 인건비 및 각종 업무수당 등

- 전담 안전·보건관리자의 인건비, 업무수행 출장비(지방고용노동관서에 선임 보고한 날 이후 발생한 비용에 한정한다) 및 건설용 리프트의 운전자 인건비
- 공사장 내에서 양중기·건설기계 등의 움직임으로 인한 위험으로부터 주변 작업자를 보호하기 위한 유도자 또는 신호자의 인건비나 비계 설치 또는 해체, 고소작업대 작업 시 낙하물 위험예방을 위한 하부통제 등 공사현장의 특성에 따라 근로자 보호만을 목적으로 배치된 유도자 및 신호자의 인건비
- 작업을 직접 지휘·감독하는 직·조·반장 등 관리감독자의 직위에 있는 자가업무를 수행하는 경우에 지급하는 업무수당(월급여액의 10퍼센트 이내)

나. 안전시설비 등 : 법 · 영 · 규칙 및 고시에서 규정하거나 그에 준하여 필요로 하는 각종 안전표지 · 경보 및 유도시설, 감시시설, 방호장치, 안전 · 보건시설 및 그 설치비용(시설의 설치 · 보수 · 해체 시 발생하는 인건비 등 경비를 포함한다)

다. 개인보호구 및 안전장구 구입비 등 : 각종 개인 보호장구의 구입 · 수리 · 관리 등에 소요되는 비용, 안전보건 관계자 식별용 의복 및 제1호의 안전 · 보건관리자 및 안전보건보조원 전용 업무용 기기에 소요되는 비용(근로자가 작업에 필요한 안전화 · 안전대 · 안전모를 직접 구입 · 사용하는 경우 지급하는 보상금을 포함한다)

라. 사업장의 안전진단비 : 외부전문가 또는 전문기관을 활용하여 실시하는 각종 진단, 검사, 심사, 시험, 자문, 작업환경측정, 유해 · 위험방지계획서의 작성 · 심사 · 확인에 소요되는 비용, 자체적으로 실시하기 위한 작업환경 측정장비 등의 구입 · 수리 · 관리 등에 소요되는 비용과 전담 안전 · 보건관리자용 안전순찰차량의 유류비 · 수리비 · 보험료 등의 비용

마. 안전보건교육비 및 행사비 등 : 각종 안전보건교육에 소요되는 비용(현장내 교육장 설치비용을 포함한다), 안전보건관계자의 교육비, 자료수집비 및 안전기원제 · 안전보건행사에 소요되는 비용(기초안전보건교육에 소요되는 교육비 · 출장비 · 수당을 포함한다. 단 수당은 교육에 소요되는 시간의 임금을 초과할 수 없다)

바. 근로자의 건강관리비 등 : 각종 근로자의 건강관리에 소요되는 비용 및 작업의 특성에 따라 근로자 건강보호를 위해 소요되는 비용

사. 기술지도비 : 재해예방전문지도기관에 지급하는 기술지도비용

아. 본사 사용비 : 안전만을 전담으로 하는 별도 조직(이하 "안전전담부서"라 한다)을 갖춘 건설업체의 본사에서 사용하는 사용항목과 본사 안전전담부서의 안전전담직원 인건비 · 업무수행 출장비(계상된 안전관리비의 5퍼센트를 초과할 수 없다)

2) 사용하고자 하는 항목이 다음의 어느 하나에 해당하거나 사용불가 내역에 해당하는 경우에는 사용할 수 없다.

가. 공사도급내역서상에 반영되어 있는 경우

나. 다른 법령에서 의무사항으로 규정하고 있는 경우

다. 작업방법 변경, 시설설치 등이 근로자의 안전 · 보건을 일부 향상시킬 수 있는 경우라도 시공이나 작업을 용이하게 하기 위한 목적이 포함된 경우

라. 환경관리, 민원 또는 수방대비 등 다른 목적이 포함된 경우

마. 근로자의 근무여건 개선, 복리 · 후생증진, 사기진작 등의 목적이 포함된 경우

3) 수급인 또는 자기공사자는 안전관리비를 사용하되, 발주자 또는 감리원은 해당

공사의 특성 등을 고려하여 사용기준을 달리 정할 수 있다.

4) 안전전담부서는 안전관리자의 자격을 갖춘 사람 1명 이상을 포함하여 3명 이상의 안전전담직원으로 구성된 안전만을 전담하는 과 또는 팀 이상의 별도조직을 말하며, 본사에서 안전관리비를 사용하는 경우 1년간(1.1~12.31) 본사 안전관리비 실행예산과 사용금액은 전년도 미사용금액을 합하여 5억원을 초과할 수 없다.

5) 수급인 또는 자기공사자는 사업의 일부를 타인에게 도급한 경우 그의 수급인이 사용한 비용을 산업안전보건관리비 범위에서 적정하게 지급할 수 있다.

⑤ 목적 외 사용금액에 대한 감액실시 : 발주자는 수급인이 산업안전보건법에 위반하여 다른 목적으로 사용하거나 사용하지 않은 안전관리비에 대하여 이를 계약금액에서 감액조정하거나 반환을 요구할 수 있다.

⑥ 확 인

1) 수급인 또는 자기공사자는 안전관리비 사용내역에 대하여 공사시작 후 6개월마다 1회 이상 발주자 또는 감리원의 확인을 받아야 한다. 다만 6개월 이내에 공사가 종료되는 경우에는 종료 시 확인을 받아야 한다.

2) 발주자 또는 노동부의 관계 공무원은 안전관리비 사용내역을 수시 확인할 수 있으며, 수급인 또는 자기공사자는 이에 따라야 한다.

3) 발주자 또는 감리원은 안전관리비 사용내역 확인 시 기술지도 계약체결 여부, 기술지도 실시 및 개선 여부 등을 확인하여야 한다.

⑦ 안전관리비 실행예산의 작성과 집행 및 서류관리

1) 수급인 또는 자기공사자는 공사실행예산을 작성하는 경우에 해당 공사에 사용하여야 할 안전관리비의 실행예산을 계상된 안전관리비 총액 이상으로 별도 편성해야 하며, 이에 따라 안전관리비를 사용하고 안전관리비 사용내역서를 작성하여 해당 공사현장에 갖추어 두어야 한다.

2) 사업주는 안전관리비 실행예산을 작성하고 집행하는 경우 선임된 해당 사업장의 안전관리자가 참여하도록 하여야 한다.

3) 안전관리비를 본사에서 사용하는 수급인 또는 자기공사자는 본사 안전관리비 사용내역서와 안전전담부서의 직원이 안전관리업무를 전담하고 있음을 증명할 수 있는 인사명령서, 업무일지 등 관계서류를 본사에 갖추어 두어야 한다.

⑧ 기술지도 횟수

1) 기술지도는 공사기간 중 월 1회 이상 실시하여야 한다.

2) 건설재해예방 기술지도비가 계상된 안전관리비 총액의 20퍼센트를 초과하는 경우에는 그 이내에서 기술지도 횟수를 조정할 수 있다.

〈표 6-3〉 안전관리비의 항목별 사용불가 내역

항 목	사용불가 내역
1. 안전관리자 등의 인건비 및 각종 업무수딩 등 (안전관리비항목별 사용기준 1항제1호 관련)	가. 안전·보건관리자의 인건비 등 1) 안전·보건관리자의 업무를 전담하지 않는 경우 2) 시방고용노동관서에 선임 신고하지 아니한 경우 3) 영 제14조 또는 제18조의 자격을 갖추지 아니한 경우 ※ 선임의무가 없는 경우에도 실제 선임·신고한 경우에는 사용할 수 있음(법상 의무 선임자 수를 초과하여 선임·신고한 경우, 도급인이 선임하였으나 하도급업체에서 추가 선임·신고한 경우, 재해예방전문기관의 기술지도를 받고 있으면서 추가 선임·신고한 경우를 포함한다) 나. 유도자 또는 신호자의 인건비 다. 안전·보건보조원의 인건비 1) 전담 안전·보건관리자가 선임되지 아니한 현장의 경우 2) 보조원이 안전·보건관리업무 외의 업무를 겸임하는 경우 3) 경비원, 청소원, 폐자재 처리원 등 산업안전·보건과 무관하거나 사무보조원(안전보건관리자의 사무를 보조하는 경우를 포함한다)의 인건비
2. 안전시설비 등(안전관리비 항목별 사용기준 제1항 제2호 관련)	원활한 공사수행을 위해 공사현장에 설치하는 시설물, 장치, 자재, 안내·주의·경고 표지 등과 공사수행 도구·시설이 안전장치와 일체형인 경우 등에 해당하는 경우 그에 소요되는 구입·수리 및 설치·해체 비용 등 가. 원활한 공사수행을 위한 가설시설, 장치, 도구, 자재 등 1) 외부인 출입금지, 공사장 경계표시를 위한 가설울타리 2) 각종 비계, 작업발판, 가설계단·통로, 사다리 등 ※ 안전발판, 안전통로, 안전계단 등과 같이 명칭에 관계없이 공사수행에 필요한 가시설들은 사용 불가 – 다만, 비계·통로·계단에 추가 설치하는 추락방지용 안전난간, 사다리 전도방지장치, 틀비계에 별도로 설치하는 안전난간·사다리, 통로의 낙하물 방호선반 등은 사용 가능함 3) 절토부 및 성토부 등의 토사유실 방지를 위한 설비 4) 작업장 간 상호 연락, 작업상황 파악 등 통신수단으로 활용되는 통신시설·설비 5) 공사목적물의 품질확보 또는 건설장비 자체의 운행감시, 공사진척 상황확인, 방법 등의 목적을 가진 CCTV 등 감시용 장비 나. 소음·환경 관련 민원예방, 교통통제 등을 위한 각종 시설물, 표지 1) 건설현장 소음방지를 위한 방음시설, 분진망 등 먼지·분진 비산 방지시설 등 2) 도로 확·포장공사, 관로공사, 도심지 공사 등에서 공사차량 외의 차량유도, 안내·주의·경고 등을 목적으로 하는 교통안전시설물 ※ 공사안내·경고표지판, 차량유도등·점멸등, 라바콘, 현장경계휀스, PE드럼 등 다. 기계·기구 등과 일체형 안전장치의 구입비용 ※ 기성제품에 부착된 안전장치 고장 시 수리 및 교체비용은 사용 가능 1) 기성제품에 부착된 안전장치 ※ 톱날과 일체식으로 제작된 목재가공용 둥근톱의 톱날접촉 예방장치, 플러그와 접지시설이 일체식으로 제작된 접지형 플러그 등 2) 공사수행용 시설과 일체형인 안전시설 라. 동일 시공업체 소속의 타 현장에서 사용한 안전시설물을 전용하여 사용할 때의 자재비(운반비는 안전관리비로 사용할 수 있다)

항 목	사용불가 내역
3. 개인보호구 및 안전장구 구입비 등 (안전관리비 항목별 사용기준 제1항제3호 관련)	근로자 재해나 건강장해 예방목적이 아닌 근로자 식별, 복리・후생적 근무여건 개선・향상, 사기진작, 원활한 공사수행을 목적으로 하는 다음 장구의 구입・수리・관리 등에 소요되는 비용 가. 안전・보건관리자가 선임되지 않은 현장에서 안전・보건업무를 담당하는 현장관계자용 무전기, 카메라, 컴퓨터, 프린터 등 업무용 기기 나. 근로자 보호목적으로 보기 어려운 피복, 장구, 용품 등 1) 작업복, 방한복, 면장갑, 코팅장갑 등 2) 근로자에게 일률적으로 지급하는 보냉・보온장구(핫팩, 장갑, 아이스조끼, 아이스팩 등을 말한다) 구입비 ※ 다만, 혹한・혹서에 장기간 노출로 인해 건강장해는 일으킬 우려가 있는 경우 특정 근로자에게 지급하는 기능성 보호장구는 사용 가능함 3) 감리원이나 외부에서 방문하는 인사에게 지급하는 보호구
4. 사업장의 안전진단비(안전관리비 항목별 사용기준 제1항제4호 관련)	다른 법 적용사항이거나 건축물 등의 구조안전, 품질관리 등을 목적으로 하는 등의 다음과 같은 점검 등에 소요되는 비용 가. 건설기술관리법에 따른 안전점검 및 검사, 차량계 건설기계의 신규등록・정기・구조변경・수시・확인검사 등 나. 「전기사업법」에 따른 전기안전대행 등 다. 「환경법」에 따른 외부 환경소음 및 분진측정 등 라. 민원처리 목적의 소음 및 분진측정 등 소요비용 마. 매설물탐지, 계측, 지하수개발, 지질조사, 구조안전검토 비용 등 공사수행 또는 건축물 등의 안전 등을 주된 목적으로 하는 경우 바. 공사도급내역서에 포함된 진단비용 사. 안전순찰차량(자전거, 오토바이를 포함한다) 구입・임차 비용 ※ 안전・보건관리자를 선임・신고하지 않은 사업장에서 사용하는 안전순찰차량의 유류비, 수리비, 보험료 또한 사용할 수 없음
5. 안전보건교육비 및 행사비 등(안전관리비 항목별 사용기준 제1항제5호 관련)	산업안전보건법령에 따른 안전보건교육, 안전의식 고취를 위한 행사와 무관한 다음과 같은 항목에 소요되는 비용 가. 해당 현장과 별개 지역의 장소에 설치하는 교육장의 설치・해체・운영비용 ※ 다만, 교육장소 부족, 교육환경 열악 등의 부득이한 사유로 해당 현장 내에 교육장 설치 등이 곤란하여 현장 인근지역의 교육장 설치 등에 소요되는 비용은 사용 가능 나. 교육장 대지 구입비용 다. 교육장 운영과 관련이 없는 태극기, 회사기, 전화기, 냉장고 등 비품구입비 라. 안전관리활동 기여도와 관계없이 지급하는 다음과 같은 포상금(품) 1) 일정 인원에 대한 할당 또는 순번제 방식으로 지급하는 경우 2) 단순히 근로자가 일정기간 사고를 당하지 아니하였다는 이유로 지급하는 경우 3) 무재해 달성만을 이유로 전 근로자에게 일률적으로 지급하는 경우 4) 안전관리활동 기여도와 무관하게 관리사원 등 특정 근로자, 직원에게만 지급하는 경우 마. 근로자 재해예방 등과 직접 관련이 없는 안전정보 교류 및 자료수집 등에 소요되는 비용 1) 신문구독 비용

항 목	사용불가 내역
	※ 다만, 안전보건 등 산업재해 예방에 관한 전문적, 기술적 정보를 60% 이상 제공하는 간행물 구독에 소요되는 비용은 사용 가능 2) 안전관리활동을 홍보하기 위한 광고비용 3) 정보교류를 위한 모임의 참가회비가 적립의 성격을 가지는 경우 바. 사회통념에 맞지 않는 안전보건 행사비, 안전기원제 행사비 1) 현장 외부에서 진행하는 안전기원제 2) 사회통념상 과도하게 지급되는 의식 행사비 3) 준공식 등 무재해 기원과 관계없는 행사 4) 산업안전보건 의식고취와 무관한 회식비 사. 「산업안전보건법」에 따른 안전보건교육 강사자격을 갖추지 않은 자가 실시한 산업안전보건 교육비용
6. 근로자의 건강관리비 등(안전관리비 항목별 사용기준 제1항제6호 관련)	근무여건 개선, 복리·후생 증진 등의 목적을 가지는 다음과 같은 항목에 소요되는 비용 가. 복리후생 등 목적의 시설·기구·약품 등 1) 간식·중식 등 휴식시간에 사용하는 휴게시설, 탈의실, 이동식 화장실, 세면·샤워시설 ※ 분진·유해물질사용·석면해체 제거작업장에 설치하는 탈의실, 세면·샤워시설 설치비용은 사용 가능 2) 근로자를 위한 급수시설, 정수기·제빙기, 자외선차단용품(로션, 토시 등을 말한다) ※ 작업장 방역 및 소독비, 방충비 및 근로자 탈수방지를 위한 소금정제 비용은 사용 가능 3) 혹서·혹한기에 근로자 건강증진을 위한 보양식·보약 구입비용 ※ 작업 중 혹한·혹서 등으로부터 근로자를 보호하기 위한 간이 휴게시설 설치·해체·유지비용은 사용 가능 4) 체력단련을 위한 시설 및 운동기구 등 5) 병·의원 등에 지불하는 진료비, 암검사비, 국민건강보험 제공비용 등 ※ 다만, 해열제, 소화제 등 구급약품 및 구급용구 등의 구입비용은 사용 가능 나. 파상풍, 독감 등 예방을 위한 접종 및 약품(신종플루 예방접종 비용을 포함한다) 다. 기숙사 또는 현장사무실 내의 휴게시설 설치·해체·유지비, 기숙사 방역 및 소독·방충비용 라. 다른 법에 따라 의무적으로 실시해야 하는 건강검진 비용 등
7. 본사 사용비(안전관리비 항목별 사용기준 제1항제6호 관련)	가. 본사에 제7조제4항의 기준에 따른 안전보건관리만을 전담하는 부서가 조직되어 있지 않은 경우 나. 전담부서에 소속된 직원이 안전보건관리 외의 다른 업무를 병행하는 경우

6장

〈표 6-4〉 건설공사의 종류 예시표

공사종류	내용 예시
1. 일반건설공사 (갑)	중건설공사, 철도 또는 궤도건설공사, 기계장치공사 이외의 건축건설, 도로신설 등 공사와 이에 부대하여 해당 공사를 현장 내에서 행하는 공사 가. 건축물 등의 건설공사 1) 건축건설공사와 이에 부대하여 해당 공사현장 내에서 행하여지는 공사 2) 목조, 연와조, 블록조, 석조, 철근콘크리트조 등의 건물 건설공사, 건축물의 신설공사와 그의 보수 및 파괴공사 또는 이에 부대하여 행하여지는 건설공사 3) 주택, 축사, 가건물, 창고, 학교, 강당, 체육관, 사무소, 백화점, 점포, 공장, 발전소, 특수공장, 연구소, 병원, 기념탑, 기념건물, 역사 등을 신축, 개축, 보수, 파괴, 해체하는 건설공사 나. 기타 건설공사 1) 중건설공사, 철도 또는 궤도신설공사 (다만, 철도 또는 궤도의 신설공사에 단순히 노무용역과 건설기술만을 제공하는 사업은 제외한다), 건축건설공사, 도로신설공사, 기계장치공사 이외의 기타 건설공사와 이에 부대하여 해당 공사현장 내에서 행하는 건설공사 – 구내에서 인입선공사, 증선공사 등 – 전차궤도의 송전가선의 건설공사와 그 보수공사 – 송전선로, 통신선로 또는 철관의 건설공사 및 기계장치의 산세정 공사 – 신호기의 건설공사 – 그 밖의 각종 건설공사 – 일반 경상보수의 용역사업은 이에 분류 2) 일반건설공사(을), 중건설공사, 철도·궤도신설공사, 특수 및 기타 건설공사의 사업에 직접적으로 관련하여 행하지 않는다고 인정되는 건설공사로서 다른 것에 분류하지 아니한 건설공사 3) 건축물 설비공사(해당 건축물 내외에서 행하는 설비 또는 부대공사) – 해당 건축물 내외의 전기, 전등, 전신기 등의 설비공사 – 해당 건축물 내외의 송배전선로, 전기배선, 전화선로, 네온장치 등의 부설공사 – 해당 건축물 내외의 급수 및 급탕 등의 설비공사 – 해당 건축물 내외의 안전 및 소화 등의 설비공사 – 해당 건축물 내외의 난방, 냉방, 환기, 건조, 온도·습도 조절 등의 설비공사 – 그 밖의 건축물의 설비공사
2. 일반건설 공사 (을)	각종의 기계·기구장치 등을 설치하는 공사 및 각종 기계·기구장치를 위한 조립 및 부설공사와 이에 부대하여 행하여지는 건설공사 가. 각종의 기계 및 기구장치를 위한 기초처리 공사 나. 기계 및 기구장치를 위한 기계대 건설공사 다. 전기수진기, 공기압축기, 건조기, 각종 운반기 등의 조립 및 부설공사 라. 화력 및 원자력 발전시설의 설치공사 마. 변전소 설치 및 수리공사 바. 그 밖의 각종 기계 및 기구의 설치공사 또는 해체공사 사. 기계장치의 수리공사 아. 승강기 및 에스컬레이터의 설치공사 자. 화력, 원자력 및 수력발전소의 수리공사(다만 산세정공사는 제외한다) 차. 통신장비(컴퓨터 통신장비를 포함한다)의 설치, 이전, 철거공사

공사종류	내용 예시
3. 중건설공사	고제방(댐), 수력발전시설, 터널 등을 신설하는 공사 가. 고제방(댐) 등 신설공사 나. 수력발전시설 설비공사 : 이 분야에서 수력발전시설 신설공사, 고제방(댐) 신설공사 및 터널신설공사 등과 이 공사에 부대하여 해당 공사현장에서 행하여지는 공사
4. 철도 또는 궤도 신설공사	철도 또는 궤도 등을 신설하는 공사 가. 철도 또는 궤도 신설공사 : 철도 또는 궤도 신설에 관한 공사와 이에 부대하여 행하는 공사(기설 노반 또는 구조물에서 행하는 철도·궤도 신설공사에 한정한다) 1) 철도 및 궤도의 건설용 기계의 조립 또는 부설공사 2) 철도 및 궤도 신설공사에 따른 역사·과선교, 송전선로 등의 건설공사 ※ 이 공사에서 신설이란 신설선의 건설, 단선을 복선으로 하는 경우 등 신설형태로 시공되는 것을 말한다.
5. 특수 및 기타 건설공사	다른 공사와 분리 발주되어 시간·장소적으로 독립하여 행하는 다음의 공사(다른 공사와 병행하여 행하는 경우에는 일반건설공사(갑)으로 분류한다) 가. 건설산업기본법에 의한 준설공사, 조경공사, 택지조성공사(경지정리공사를 포함한다), 포장공사 나. 전기공사업법에 의한 전기공사 다. 정보통신공사업법에 의한 정보통신공사

〈제6-6호 서식〉

기술지도계약서

<table>
<tr><td rowspan="6">기술지도
위탁
사업장</td><td colspan="2">건설업체명 :</td><td colspan="2">대표자 :</td></tr>
<tr><td colspan="2">공사명 :</td><td colspan="2">사업개시번호 :</td></tr>
<tr><td colspan="2">소재지 :</td><td colspan="2">공사기간 :</td></tr>
<tr><td colspan="2">공사금액 :</td><td colspan="2">계상된 산업안전보건관리비 :</td></tr>
<tr><td rowspan="2">발주자</td><td colspan="3">성명 또는 기관명 :</td></tr>
<tr><td colspan="3">주소 :</td></tr>
</table>

<table>
<tr><td rowspan="3">재해예방
전문지도
기관</td><td>명칭 :</td><td>대표자 :</td></tr>
<tr><td colspan="2">소재지 :</td></tr>
<tr><td>담당자 :</td><td>전화번호 :</td></tr>
</table>

<table>
<tr><td rowspan="3">기술지도</td><td>기술지도
구분</td><td colspan="3">[ ] 건설공사 [ ] 전기 및 정보통신 공사</td></tr>
<tr><td>기술지도
대가</td><td></td><td>기술지도
횟수</td><td>총( )회</td></tr>
<tr><td>계약기간</td><td colspan="3">년 월 일부터 년 월 일까지</td></tr>
</table>

「산업안전보건법 시행규칙」 별표 6의5에 따라 기술지도계약을 체결하고 성실하게 계약사항을 준수하기로 한다.

년 월 일

위탁 사업장명

사업주 또는 대표자 (서명 또는 인)

재해예방 전문지도기관 명칭

재해예방 전문지도기관 대표자 (서명 또는 인)

7.1 감리수행 보고

7.1.1 발주자에게 감리수행 보고

① 감리업무 수행사항을 발주자에게 보고하여야 한다.

1) 사업개요(공사개요, 감리용역개요, 공사여건 등)
2) 기술검토(설계(시공)도면 · 시방서 및 공법 검토, 기술적 문제해결, 설계변경에 따른 자료검토 등)
3) 공정관리(공정현황, 인력 및 장비투입현황, 공사추진현황 등)
4) 시공관리(공종별 시공확인 내용, 부실시공에 대한 조치사항 및 방지대책 등)
5) 자재품질관리(자재의 적합여부 및 품질시험 실시결과 확인사항 등)
6) 감리업무 수행실적(감리업무 수행실적, 감리계획 대 실적대비)
7) 종합분석 및 감리추진 계획(종합분석 · 평가 및 검토의견, 잔여공사 전망 및 감리업무 추진계획 등)

② 감리자는 다음에 해당하는 경우에는 경위 및 검토의견을 발주자에게 보고하여야 한다.

1) 천재지변 및 기타의 사고로 공사진행에 지장이 있을 때
2) 시공자가 정당한 사유 없이 공사를 중단할 때
3) 현장대리인이 사전승인 없이 시공현장에 상주하지 않을 때

4) 시공자가 계약에 따른 시공능력이 없다고 인정될 때
5) 시공자가 공사시행에 불성실하거나 감리자의 지시에 계속하여 2회 이상 응하지 아니한 때
6) 공사에 사용될 중요 자재가 규격에 맞지 아니한 때
7) 기타 시공과 관련하여 중요하다고 인정되는 사항이 있을 때
8) 발주자가 별도 보고·통보의 요청이 있을 때

7.1.2 감리원의 의견제시

① 공사감독자는 공사 중 해당 공사와 관련하여 수급자의 공법변경 요구 등 실정보고사항에 대하여 요구가 있은 날로부터 7일 이내에 이를 검토하고 의견서를 첨부하여 발주자에게 보고하여야 한다.
② 감리원은 시공과 관련하여 검토한 내용에 대하여 스스로 필요하다고 판단될 경우에는 발주자 또는 공사업자에게 그 검토의견을 서면으로 제시할 수 있다.
③ 감리원은 시공 중 예산이 변경되거나 계획이 변경되는 중요한 민원이 발생된 때에는 발주자가 민원처리를 할 수 있도록 검토의견서를 첨부하여 발주자에게 보고하여야 한다.
④ 감리원은 공사와 직접 관련된 민원처리는 민원인과의 대화는 원만하고 성실하게 하여야 하며, 공사업자와 협조하여 적극적으로 해결방안을 강구·시행하고 그 내용은 민원처리부에 기록 비치하여야 한다. 민원처리 사항 중 중요하다고 판단되는 경우에는 검토의견서를 첨부하여 발주자에게 보고하여야 한다.
⑤ 감리원은 발주자(지원업무수행자)가 민원사항 처리를 위하여 조사와 서류작성의 요구가 있을 때에는 적극 협조하여야 한다.

7.1.3 감리원의 월간 및 분기보고

감리원은 다음 사항이 포함된 월간 및 분기보고서를 다음 달 5일 이내로 작성하여 발주자에게 제출하여야 한다.

① 공사추진현황(공사계획의 개요와 공사추진계획 및 실적, 공정현황, 감리용역현황, 감리조직, 감리원 조치내역 등)
② 감리원 업무일지
③ 품질검사 및 관리현황
④ 검사요청 및 결과통보내용
⑤ 주요 기자재 검사 및 수불내용(주요 기자재 검사 및 입·출고가 명시된 수불현황)
⑥ 설계변경 현황

⑦ 자자승인 결과서
⑧ 그 밖에 감리원이 보고를 해야 한다고 판단되는 사항

〈제7-1호 서식〉

정보통신공사 설계변경현황 보고서

1. 공사명 :
   (1) 변경회수 :
   (2) 변경일자 :
   (3) 주요 변경내용

공 종	수 량			공사비(백만원)			변경사유	비 고
	단위	당초	변경	당초	변경	증 · 감		
계								

〈제7-2호 서식〉

현장실정 보고서

번 호	보고일 (문서번호)	승인일 (문서번호)	제 목	내 용	비 고
계					

〈제7-3호 서식〉

기술검토 보고서

번 호	보고일자 (문서번호)	제 목	주요 내용	비 고

〈제7-4호 서식〉

정보통신공사 설계변경현황

공사명 :

(단위 : 천원)

변경회수별	계약일자	총공사비	도급액	관급자재비	기 타	설계변경내용
당 초						

〈제7-5호 서식〉

실정보고 처리현황

공사명 :

번 호	보고일 (문서번호)	승인일 (문서번호)	제 목	내 용

〈제7-6호 서식〉

발주청 지시사항 처리부

공사명 :

번 호	접수일	문서번호	지시사항	처리내용

〈제7-7호 서식〉

주요 인력 및 장비투입현황

공사명 :

인 원 투 입 현 황			장 비 투 입 현 황			
직 종	투입인원	비 고	장비명	규 격	투입대수	비 고

〈제7-8호 서식〉

정보통신감리용역 설계변경현황

공사명 :

구 분	계약일자	계약금액	설계변경내용	비 고
당 초				

〈제7-9호 서식〉

정보통신공사 현장별 검측관리부

공사명 :

공 종 별	검 측 결 과(건수)			비 고
	합 격	불합격	재검측	
계				
구내통신선로설비공사				
방송공동수신설비공사				
이동통신구내선로설비공사				
CCTV설비공사				
음향설비공사				
주차관제설비공사				

〈제7-10호 서식〉

품질시험 · 검사대장

공사명 :

일련번호	년월일	시험 · 검사구분	재료	시험 · 검사항목	시험기준	시험결과	시험결과판정	시험 · 검사자		감리원 확인		비고
								성 명	서 명	성 명	서 명	

작성요령

1. 자재별로 기재합니다.
2. 시험성과표는 별도 기재합니다.
3. 비고란에는 시험결과 불합격 되었을 경우 조치내용 등을 기재합니다.

〈제7-11호 서식〉

(제1쪽)

품질시험 · 검사실적 기록부

공사명 :

(1) 품질 · 시험 검사자

성 명	등 급	품질관리업무 수행기간	비 고
			* 기술자격 또는 학 · 경력 사항 기재

(2) 시험장비 사용현황

장비명	규 격	단 위	수 량	비 고

(제2쪽)

(3) 품질시험 · 검사성과 총괄표

공사명 :

공 종	시험 · 검사종류(재료)	시험 · 검사회수					비 고
		계 획	실 시	합 격	불합격	재시험	

〈제7-12 서식〉

자재관리부

공사명 :

(1) 자재공급원 승인현황

품 명	규 격	공급원	승인일	비고

(2) 관급자재 투입현황

품 명	규 격	단 위	설계량	반입량	사용량	잔 량

(3) 도급자재 투입현황

품 명	규 격	단 위	설계량	반입량	사용량	잔 량

〈제7-13 서식〉

주요 자재검사 및 수불부

공사명 :　　　　　　　　　　　　　　품명 :

설계량	단위	규격	반입일	반입량	합격량	불합격		출고일	출고량	잔량	검수자	서명
					금회 / 누계	불합격량	사유					

작성요령

1. 상단은 반입검수자가 하단은 출고검수자가 기재합니다.
2. 현장반입 후 작업장 반출 시까지는 감리원의 감독하에 관리합니다.
   (매 출고 시마다 감리원이 확인하여 반출량 및 잔량을 확인하여야 합니다.)

〈제7-14 서식〉

정보통신분야별 기술검토서

공사명 :

번 호	보고일자 (문서번호)	제 목	주요 내용	비 고

〈제7-15호 서식〉

기술검토 의견서

공사명 :

기술검토건명		보고일자 (문서번호)	
검토기간		검토자	
1. 검토목적			
2. 검토내용			
3. 결 과			

〈제7-16호 서식〉

우수시공 사례 보고서

공사명 :

(1) 우수시공사례 현황

번 호	제 목	주요 내용	비 고

(2) 우수시공 사례

제 목	
시공기간	
1. 현 황	
2. 문제점	
3. 개선내용	
4. 효 과	

〈제7-17호 서식〉

정보통신공사의 공종별 종합분석 보고서

공사명 :

1. 개 요

2. 공종별 분석

공 종	분석내용	비 고

3. 공사추진 중 문제점 및 대책, 개선사항

문제점	대 책	개선사항

4. 특기사항

5. 맺음말

〈제7-18호 서식〉

정보통신공사 지원업무수행 기록부

공사명 :

일 자	업무수행 사항	지시 또는 중요사항	기 록 자 (직/성명)

작성요령

1. 규격은 A4(16절)용지에 종으로 작성
2. 공사현장에 대한 업무수행사항이 있을 때만 작성하며 그 이외사항은 별도로 기록유지
3. 현장별로 작성하여 비치

〈제7-19호 서식〉

품질시험 · 검사성과 총괄표

공사명 : ㅇㅇ공사(공사기간 . . ~ . . 공정 : %)

공 종	시험대상 · 검사종류	시험 · 검사회수					비 고
		계 획	실 시	합 격	불합격	재시험	

작성일시 : 년 월 일
작 성 자 : 소속 : 직위 :
성 명 : (인 또는 서명)

〈제7-20호 서식〉

발주자 지시사항 처리부

공사명 :

번 호	접수일	문서번호	지시사항	처리내용

〈제7-21호 서식〉

검 측 대 장

공사명 : ○○공사 감리원 : (인)

공 종	검측부위 (설계규격, 단위, 수량 포함)	검측일	검측내용	합격 여부	검측결과 또는 입증자료

주) 매몰부분은 사진첨부

〈제7-22호 서식〉

감리원 지시부

제 호
공 사 명 : 년 월 일

발 신 :
수 신 : ○○정보통신공사(주)대표이사
참 조 :

제 목 :
내 용

작성자	보조감리원 (서명)	책임감리원	(서명)

〈제7-23호 서식〉

현장교육 실적부

공사명 :

일 자	교육담당자	소 속	참석자	생년월일	교육내용	비 고

※ 작성요령

1. 현장사무실에 집결하여 실시하고, 그 실적을 기록 · 비치합니다.
2. 원 · 하도급자를 포함한 기능공 · 인부 등 모든 현장 근무직원을 교육대상으로 합니다.
3. 교육담당자를 미리 지정하여야 합니다.
4. 교육내용란에는 다음과 같이 주요 내용을 기재합니다.
   - 전일 또는 전주 시공결과에 대한 분석 및 평가
   - 금일 또는 금주 공정계획상 부실요인 등 분석 및 토의
   - 하도급자의 건의사항에 대한 해결책 강구
   - 기타 필요한 사항에 대한 토의 등
5. 대표적인 교육광경은 사진 촬영하여 뒷쪽에 붙여야 합니다.
6. 일상교육인 경우에는 참석자란에 참석인원수만 기재하고 비고란에 "일상교육"으로 기재합니다.

7.2 안전관리보건계획서 검토

7.2.1 안전보건관리계획서

안전보건관리계획서 다음의 예시와 같이 작성 검토한다.

<table>
<tr><td colspan="5">안 전 보 건 관 리 계 획 서</td></tr>
<tr><td>공 사 명</td><td colspan="4"></td></tr>
<tr><td>공사계약금액</td><td colspan="4">원 (₩)</td></tr>
<tr><td>시공자 (상호)</td><td colspan="4">00 정보통신(주)</td></tr>
<tr><td>소 재 지</td><td colspan="2"></td><td>대표자성명</td><td></td></tr>
<tr><td>착 공 일</td><td colspan="2">년 월 일</td><td>준공예정일</td><td>년 월 일</td></tr>
<tr><td>공 사 개 요</td><td colspan="4">별 첨</td></tr>
<tr><td>안 전 관 리
인원 및 조직</td><td>별 첨</td><td colspan="2">점 검 확 인
사 항</td><td>별 첨</td></tr>
<tr><td colspan="2">정기 안전 점검 실시 계획
(실시시기, 실시회수등)</td><td colspan="3">별 첨</td></tr>
<tr><td colspan="2">기타 안전관리에 필요한 사항</td><td colspan="3">별 첨</td></tr>
<tr><td colspan="5">년 월 일 계약한 ( )정보통신공사에 대한 안전관리계획서를 제출합니다.

20 년 월 일
00 정보통신(주) 대표 서명 (인)
00시장 귀하</td></tr>
</table>

공 사 개 요

◈ 공 사 명 :
◈ 공 사 위 치 :
◈ 공 사 목 적 :
◈ 공 사 기 간 :
◈ 공 사 비 :
◈ 공 사 내 용

▷ 주요 정보통신공사의 종류(공종)

가. 00공사
나. 00공사
다. 00공사
라. 00공사

◈ 발주자 :
◈ 시공자 :
◈ 목 차

◈ 발주자 :
◈ 시공자 :
◈ 목 차

Ⅰ. 목 적

정보통신공사의 안전관리는 사고가 발생하지 않는 상태를 유지하기 위한 활동, 즉 재해로부터 작업자의 생명과 재산을 보호하기 위한 계획적이고 체계적인 제반 활동을 말하며, 산업안전 보건법의 해당규정을 준수하고 의무와 책임을 성실히 이행하기 위함을 목적으로 한다.

Ⅱ. 적 용 범 위

000 신축 정보통신공사

Ⅲ. 주 요 추 진 사 항

1. 효율적인 안전관리 업무 시행
2. 사전 안전계획서 제도 실시
3. 위험작업에 대한 입회 감독
4. 안전시공 사이클 정착
5. 재해방지 계획
6. 안전조직 체계표
7. 안전교육 및 행사
8. 보호구 지급계획서
9. 안전관리비 사용계획
10. 종류별 안전 점검 상황

1) 효율직 안전관리 업무 시행 : 안전관리 업무를 효율적으호 시행하기 위하여 공사업무가 일부분에 집중되지 않도록 하고, 현장 점검등을 통해 위험요소를 사전 찾아서 조치하는 등 계획적이고 효율적으로 안전 활동을 시행함.

(1) 안전점검 실시 : 1일 2회 이상 현장점검을 실시하여 그 결과는 기록보존하고 지적된 사항은 개선조치를 한다.

(2) 안전한 공사 실시

- 근로자의 불안전한 행동 및 불안전한 상태에 대해 공사 중단을 발동함.
- 대상 : 전 공정, 부분공정, 해당 작업, 해당 협력사 작업까지 포함하고, 공사중단은 소장 이하 안전담당자(안전관리자, 공사담당기사)에게까지 확대한다.

2) 사전 안전계획서 제도 실시 : 공정회의 시 주간 안전계획서를 작성, 계획서에 의한 아전활동을 전개한다.

(1) 주간 안전계획서 작성 : 현장 대리인과 협력사 소장은 공종 및 공구별로 안전계획을 수립한다. 합동으로 점검을 통해 해당작업에 대한 위험 요인에 대해 충분한 검토 및 대책을 수립한다.

(2) 주간 안전계획서에 포함될 사항 : 위험 작업장소, 작업시간, 입회자, 확인자, 조치방법 등

11. 위험 작업에 대한 입회, 감독

안전계획서의 위험작업에 대해서는 안전조치 기준에 의해 작업을 실하고 사전에 확인을 통해 불안전한 요소를 제거하며, 작업 시작부터 종료까지 입회자가 입회하여 관리 감독한다.

12. 안전시공 사이클 정착

안전 활동을 현장의 특성에 맞게 사이클화 하여 지속적이고 체계적인 안전 활동이 전개되도록 한다.

1) 일일 안전시공 CYCLE

① 아침조회 : 현장 작업자가 참석하여 건강상태 확인 및 체조, 지적인, 공지사항 전달

② 작업전 교육 : 반장 및 근로자에게 당일 작업내용, 안전사항

③ 안전점검 : 당해 공정의 안전담당자로 지정된 자는 불안전한 상태 및 근로자의 불안전한 행동에 의한 안전사고, 잠재하고 있는 모든 요소를 지적하고 조치한다.

④ 중식(12:00~13:00)

⑤ 안전점검

⑥ 현장 정리정돈 : 근로자의 안전과 원활한 시공을 위하여 현장소장 이하 전 근로자가 작업 종료전 청소 및 정리정돈을 한다.

* 단, 동절기에는 상기 시간보다 30분 연장 및 단축하여 적용한다.

2) 월간 안전점검 계획

내 용	일 정	대 상
안전, 품질점검	매주 마지막 주 금요일 15:00~16:00	- 현장소장, 전직원 - 월간 정기점검 실시
안전, 품질협의회	매주 마지막 주 금요일 16:00~16:30	- 현장소장, 전직원
안전의 날 행사	매주 첫째주 월요일 아침 조회 시	- 현장소장이하 전 근로자 - 안전교육, 공지사항

13. 안전 보건 및 재해 방지 계획

1) 목적 : 현장에서 불의에 발생하는 안전사고를 미연에 방지하고 작업자의 안정된 작업 환경을 조성하는데 그 목적이 있다.

2) 보호장구의 사용 : 다음의 작업 시는 반드시 보호구를 사용하도록 한다.

가. 추락위험이 있는 트레이, 통신배관과 통신케이블

나. 벽, 기둥의 트레이, 통신배관과 통신케이블 지지대 작업

다. 분진이 현저히 비산하는 장소에서의 트레이, 통신배관과 통신케이블

라. 강렬한 소음을 발하는 장소에서의 트레이, 통신배관과 통신케이블

마. 감전 및 화상의 위험이 있는 현장의 드레이, 통신배관과 동신케이늘

바. 기타 유해 위험한 작업

3) 작업복의 착용 : 작업 중에는 회의 안전보건 관리 수칙상 허용된 기준의 작업복 외 착용을 금한다.

4) 통신시설물의 관리 : 직업안정을 위하여 기계, 장비, 기구 등의 시설물을 항시 양호한 상태로 유지하고, 정기적으로 점검관리를 철저히 한다.

5) 함성수지전선과 구부림 위한 위험물의 관리 : 작업장에 두는 폭발성, 발화성 및 인화성 위험물의 보관은 필요한 최소량에 한하고 위험물 취급 책임자의 지시를 받아 소정의 장소에 안전하게 보관하도록 한다.

6) 지하맨홀 통신케이블 작업시 유해가스가 없는지 가스탐지기로 측정을 마치고, 안전요원 입회하에 맨홀로 접근하기 전 사다리의 추락 위험과 안전도를 검사 후 무전기와 조명시설을 갖추어서 수시 가스측정을 하면서 작업을 한다.

7) 트레이, 통신배관과 통신케이블 작업통로 유지 : 작업통로는 작업장과 구별을 분명히 하여 이를 잘 보존하며, 작업통로 위에 물품을 놓거나 위험물을 놓지 않도록 한다.

8) 트레이, 통신배관과 통신케이블 작업환경의 개설 : 현장 작업자의 정리정돈 및 청소에 노력하고 환기, 채광, 조명, 소음, 분진 등에 유의하여 안전한 작업환경을 유지하도록 한다.

14. 안전교육 계획

위험성이나 유해성, 원자재의 취급지식과 방법 등을 아래와 같은 안전교육을 통하여 안전하게 행동으로 옮길 수 있도록 태도를 형성하는 것을 목적으로 한다.

종 류	대 상	실시시기	교육기간	교육장소	강사	교육내용	교육교재
관리 감독자 교육	안전책임자 안전관리자 안전담당자 전직원	연1회	2일간 (16시간 이상)	안전협회 교육장	안전 협회 강사	산업안전보건법에 의함	안전협회 교재
정기 안전 교육	전 근로자	매월 1회 이상, 작업 개시 전	매월2시간 이상	현장 사무실	안전 관리자, 안전 담당자	산업안전보건법에 의함	안전협회 교재 교안
작업 변경시 교육	변경작업시 해당근로자	작업 변경시	작업변경 전 1시간	현장	안전 담당자	산업안전보건법에 의함	안전협회 교재 교안

7장

15. 안전관리 조직도 작성

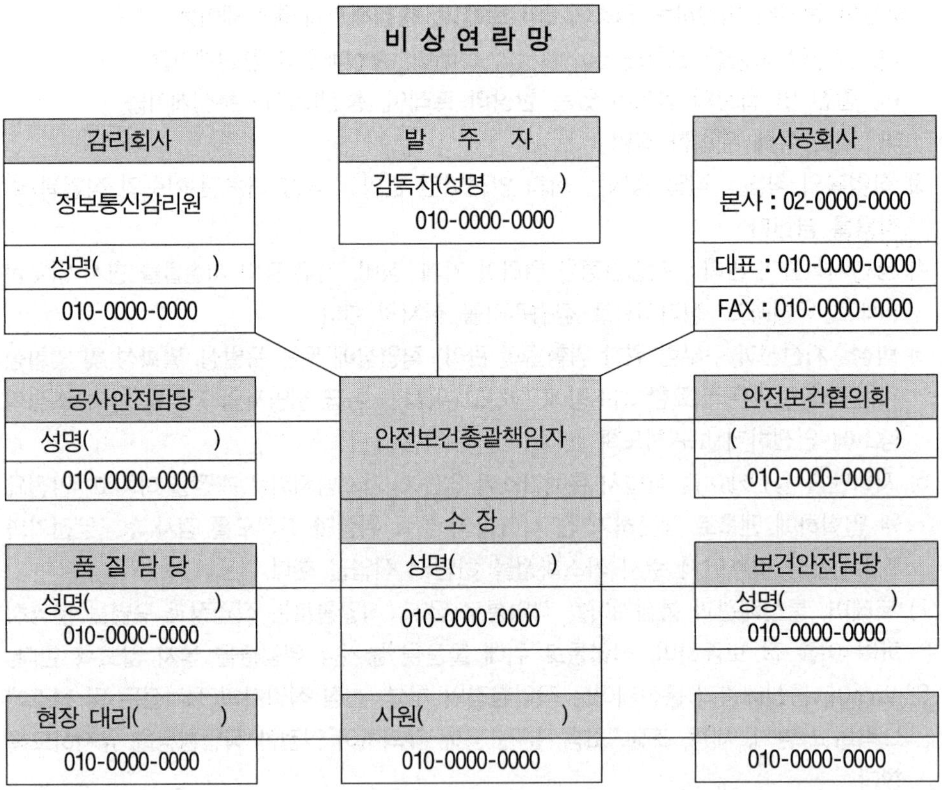

16. 보호구 지급 계획서

품　　명	단위	누계	금회구입	배치계획	비고
안전화	컬레	-	5	5	
안전장갑	개	-	50	50	
방진 마스크	개	-	10	10	
면 마스크	개		10	10	
안전경고 테이프	개		20	20	
출입금지판	개		5	5	
안전 표어판	장		5	5	
안전 포스트	장		5	5	
무재해 기록판	개		1	1	
안전수칙판	개		2	2	
신호용 랜턴	개		3	3	
차량유도등	세트		3	3	

17. 안전관리비 사용계획서 작성하기

구 분	금 액	비 율	법정비율
1. 법령에 의거 선임하는 안전관리자의 인건비, 각종수당	₩3,000,000	30%	40%미만
2. 안전시설비 등	₩3,000,000	30%	50%미만
3. 개인보호구, 안전장구 구입비	₩1,000,000	10%	30%미만
4. 사업장의 안전진단비 등	₩600,000	6%	30%미만
5. 안전보건교육비, 행사비 등	₩500,000	5%	30%미만
6. 근로자의 건강진단비 등	₩500,000	5%	10%미만
7. 건설재해예방기술지도 수수료	₩1,400,000	14%	20%미만
계	₩10,000,000	100%	

18. 공사 종류별 안전점검 내용

공사 종류별 안전점검 내용	점검 결과
가. 구내통신선로설비공사의 안전점검 (1) 천장 케이블트레이 설치 작업의 추락 예방 안전점검 (2) 천장 풀박스와 노출배관 설치 작업의 추락 예방 안전점검 (3) 천장 통신케이을 설치시 공정별 사고 예방대상 기록 나. 가공통신 케이블공사의 안전점검 (1) 전주에서 통신케이블설치 작업의 추락 예방 안전점검 (2) 신호수 배치를 하여 지정통행로 운행안내 (3) 전주와 옥상의 고압전선과 혼촉 예방 안전점검 다. 지하 인입 배관 및 맨홀설치공사의 안전점검 (1) 지하 매설물 도면 입수하여 가스, 전기, 상·하수도 확인 후 지하작업의 가스중독 예방 안전점검 (2) 굴착기 작업방법과 계획의 안전성 확보 (3) 작업 구역내의 안전시설 및 위험방지 조치 라. 방송공동수신설비공사의 안전점검 (1) 옥상에 TV, 위성, FM, DMB안테나설치 작업 시 안전사고 예방 (2) 옥상 및 외벽 안테나 급전선의 작업 시 안전사고 예방 (3) 천장 내부 및 옥내 안테나 급전선의 작업 시 안전사고 예방 마. 이동통신설비공사의 안전점검 (1) 옥상 이동통신용 안테나설치 작업의 추락 예방 안전점검 (2) 지하주차장의 천장 배관과 안테나 급전선 설치 작업의 추락 예방 안전점검 바. 방송음향설비공사의 안전점검 (1) 천장 스피커 설치의 추락 예방 안전점검 (2) 강당 천장에 매입 혹은 노출용 스피커 케이블작업의 추락 예방 안전점검 사. CCTV카메라 설치의 안전점검 (1) 외벽, 천장, 전주대상으로 카메라설치 시 추락 예방 안전점검 (2) 외벽, 천장, 전주대상으로 카메라dyud 케이블설치 시 추락 예방 안전점검	

〈제7-23호 서식〉

안전관리점검표

공 사 명 : . . .현재

점검내용	점검결과		현상태	감독(감리) 확인	비고
	양호	불량			
1. 비상연락망 비치 점검상태					
2. 안내표지판 및 안전표지판 설치상태					
3. 도로통행에 장애가 되는 지장물 정리상태					
4. 공사용 장비가동 상태					
5. 작업장 주변 유도요원 배치상태 및 위험물(인화성물질) 보관상태					
6. 사용차량 점검 및 운영자 교육실시					
7. 도로횡단 구조물 작업시 교통상태 및 안전 유도장치 설치상태					
8. 야간 순찰조 운영 및 이행상태					
9. 안전교육 실시 및 이행상태					
10. 안전사고를 대비한 각종 조치사항 점검					
11. 전기누전, 감전의 위험 및 난로점검, 소화기, 방화사 등 비치상태					
12. 안전관리자 현장상주 이행상태, 기타 위험개소 점검상태					

〈제7-24호 서식〉

안전보건 관리체제

공사명 :

(1) 안전보건 관리체제

구 분	선임(전담)자	자격유무	자격내용
안전보건총괄책임자			
안 전 관 리 자			
보 건 관 리 자			
안 전 담 당 자			
안 전 보 건 위원회			노동부에서 각 시공회사로 전달, 구성 및 운영여부

(2) 재해발생현황 집계표

구 분	재해자 수	사 망	부 상				직업병	재해율
			4~7일	8~29일	1~3월 미만	3월 이상		
분기별								
( )월								
( )월								

(3) 현황도

구분	계	추락	전도	충 돌	낙하 비례	붕괴 도괴	협작	감 전	폭발 화재	파열	기타
분기별											
( )월											
( )월											

안전점검표

공사명 : 년 월 일

점검내용	점검자		점검결과	비고
	공사업자	감리원		

7장

7.2.2 사고처리

현장에서 사고가 발생하였을 경우에 공사감리원은 시공자에게 즉시 필요한 응급조치를 취하도록 하고 상세한 경위 및 검토의견서를 첨부하여 발주자에게 지체 없이 보고하여야 한다.

〈제8-5호 서식〉

공사사고 보고서

공사명 :

수신 : 분류기호 :

참조 : 제출년월일 :

발신 : (서명)

공 사 명	
계 약 금 액	
시 공 자	
착 공 년 월 일	
준공예정 년월일	
사고발생 년월일	
최 근 공 정	
피 해 개 요	
복 구 대 책	
첨 부 서 류	피해 광경사진, 피해 내역서

8.1 감리원의 시공 현장관리

8.1.1 현장에 종사하는 시공기술자 교육

감리원은 공사업자에게 현장에 종사하는 시공기술자의 양질시공, 의식고취를 위한 다음의 현장 정기교육을 해당 현장의 특성에 적합하게 실시하도록 하게 하고, 그 내용을 교육실적 기록부에 기록 · 비치하여야 한다.

① 관련 법령 · 통신분야 기술기준 등의 내용과 공사현황 숙지에 관한 사항

② 감리원과 현장에 종사하는 기술자들의 화합과 협조 및 양질시공을 위한 의식교육

③ 시공결과 · 분석 및 평가

④ 작업시 유의사항 등

8.1.2 제3자의 손해방지

① 감리원은 다음의 공사현장 인근상황을 공사업자에게 충분히 조사하도록 하여 시공과 관련하여 제3자에게 손해를 주지 않도록 시공업자에게 대책을 강구하게 하여야 한다.

1) 건축구조물 훼손

2) 전기시설물 훼손

3) 구내에 운영 중인 각종 설비의 무단조작 및 훼손
4) 지하매설물
5) 인접건조물

② 감리원은 당해 공사시행으로 인하여 지상건조물 및 지하매설물(급·배수관, 가스관, 전선관, 통신케이블 등)에 손해를 끼쳐 제3자에게 손해를 준 경우에는 공사업자 부담으로 즉시 원상 복구하여 민원이 발생되지 않도록 하여야 한다. 또한 제3자에게 피해보상 문제가 제기되었을 경우에는 감리원은 객관적이고 공정한 판단에 근거한 의견을 제시할 수 있다.

8.1.3 공사업자에 대한 지시 및 수명사항의 처리

① 감리원의 시공업자에게 업무지시
1) 감리원이 공사와 관련하여 공사업자에게 지시를 하고자 할 경우에는 서면으로 하는 것을 원칙으로 하며, 현장여건에 따라 시급한 경우 또는 경미한 사항에 대하여는 우선 구두지시로 시행하도록 조치하고, 추후에 이를 서면으로 확인하여야 한다.
2) 감리원의 지시내용은 해당 공사설계도면 및 설계설명서 등 관계 규정에 근거, 구체적으로 기술하여 공사업자가 명확히 이해할 수 있도록 지시하여야 한다.
3) 감리원은 지시사항에 대하여 그 이행상태를 수시로 점검하고 공사업자로부터 이행결과를 보고받아 기록·관리하여야 한다.

② 발주자로부터 지시를 받은 감리원의 업무처리
1) 감리원은 발주자로부터 공사와 관련하여 지시를 받았을 경우에는 그 내용을 기록하고 신속히 이행되도록 조치하여야 하며, 그 이행결과를 점검·확인하여 발주자에게 서면으로 조치결과를 보고하여야 한다.
2) 감리원은 해당 지시에 대한 이행에 문제가 있을 경우에는 의견을 제시할 수 있다.
3) 감리원은 각종 지시, 통보사항 등을 감리원 모두가 숙지하고 이행에 철저를 기하기 위하여 교육 또는 공람시켜야 한다.

8.1.4 현장 시공상태 촬영 보관

① 감리원은 시공업자에게 시공사진을 공종별로 공사시작 전부터 끝났을 때까지의 공사과정, 공법, 공종별, 공사추진 단계에 따라 촬영하고 공사내용(시공일자, 현장 시공위치, 도면의 위치, 공종, 작업내용 등) 설명서를 기록하여 제출을 요구한다.
1) 주요한 공사현황은 공사시작 전, 시공 중, 준공 등 시공과정을 알 수 있도록 가급적 동일 장소에서 촬영

2) 시공 후 검사가 불가능하거나 곤란한 부분
   가. 통신접지설비의 접지봉, 접지반, 접지배관 설치상태
   나. 매몰, 수중 구조물
   다. 매몰되는 구내배관(옥내, 옥외의 통신배관) 설치상태
   라. 통신용 단자함 주변의 매몰배관, 통신매홀 설치상태
   마. 바닥 콘크리트 매몰배관, 벽체 매입배관 설치상태
   바. 지하 매입배관의 보호표시 촬영

② 감리원이 중요하다고 판단되는 시설물(지하배관 콘크리트 매입배관 등)에 대하여는 공사과정을 비디오테이프 등으로 촬영하도록 하여야 한다.

③ 촬영한 사진은 디지털 파일, CD(필요시 촬영한 비디오테이프)을 제출받아 수시 검토·확인할 수 있도록 보관하고 준공시 발주자에게 제출하여야 한다.

8.1.5 현장대리인 등 시공기술자의 교체

① 감리원은 공사업자의 시공기술자 등이 해당 공사현장에 적합하지 않다고 인정되는 경우에는 공사업자 및 시공기술자에게 문서로 시정을 요구하고, 이에 불응하는 때에는 발주자에게 그 실정을 보고하여야 한다.

② 공사현장에 적합하지 않다고 인정되는 경우 : 감리원으로부터 시공기술자의 실정보고를 받은 발주자는 지원업무담당자에게 실정 등을 조사·검토하게 하여 교체 사유가 인정될 경우에는 공사업자에게 시공기술자의 교체를 요구하여야 한다. 이 경우 교체요구를 받은 공사업자는 특별한 사유가 없으면 신속히 교체요구에 응하여야 한다.

8장

1) 시공기술자 및 안전관리자가 관계 법령에 따른 배치기준, 겸직금지, 보수교육 이수 및 품질관리 등의 법규를 위반하였을 때
2) 시공관리책임자가 감리원과 발주자의 사전 승낙을 받지 아니하고 정당한 사유 없이 해당 공사현장을 이탈한 때
3) 시공관리책임자가 고의 또는 과실로 공사를 조잡하게 시공하거나 부실시공을 하여 일반인에게 위해(危害)를 끼친 때
4) 시공관리책임자가 계약에 따른 시공 및 기술능력이 부족하다고 인정되거나 정당한 사유 없이 기성공정이 예정공정에 현격히 미달한 때
5) 시공관리책임자가 불법 하도급을 하거나 이를 방치하였을 때
6) 시공기술자의 기술능력이 부족하여 시공에 차질을 초래하거나 감리원의 정당한 지시에 응하지 아니할 때
7) 시공관리책임자가 감리원의 검사·확인 등 승인을 받지 아니하고 후속공정을 진행하거나 정당한 사유 없이 공사를 중단할 때

8.1.6 감리원의 품질관리 업무

① 감리원은 공사업자가 공사계약문서에서 정한 품질관리계획대로 품질에 영향을 미치는 모든 작업을 성실하게 수행하는지 검사·확인 및 관리할 책임이 있다.

② 감리원은 공사업자가 품질관리계획 이행을 위해 제출하는 문서를 검토·확인 후 필요한 경우에는 발주자에게 승인을 요청하여야 한다.

③ 감리원은 품질관리계획이 발주자로부터 승인되기 전까지는 공사업자에게 해당 업무를 수행하게 하여서는 아니된다.

④ 감리원이 품질관리계획과 관련하여 검토·확인하여야 할 문서는 계획서, 절차 및 지침서 등을 말한다.

⑤ 감리원은 공사업자가 작성 제출한 품질관리계획서에 따라 품질관리 업무를 적정하게 수행하였는지 여부를 검사·확인하여야 하며, 검사결과 시정이 필요한 경우에는 공사업자에게 시정을 요구할 수 있으며, 시정을 요구받은 공사업자는 지체없이 시정하여야 한다.

⑥ 감리원은 부실시공으로 인하여 재시공 또는 보완 시공되지 않도록 가급적 품질상태를 수시로 검사·확인하여 부실공사가 사전에 방지되도록 적극 노력하여야 한다.

8.1.7 정보통신공사용 자재와 정보통신장비의 승인

① 정보통신감리원은 공사업자에게 공정계획에 따라 사전에 정보통신공사용 자재와 정보통신시스템(KS의무화 품목) 등 자재승인요청서를 반입 7일 전까지 제출하도록 요구하여야 한다. 다만 관련 법령에 따라 품질검사를 받았거나, 품질을 인정받은 기자재에 대하여는 예외로 한다.

② 감리원은 시험성적서가 품질기준을 만족하는지 여부를 확인하고 품명, 공급원, 납품실적 등을 고려하여 적합한 것으로 판단될 경우에는 주요 기자재 공급승인 요청서를 제출받은 날부터 7일 이내에 검토하여 승인하여야 한다.

③ 감리원은 공사업자에게 KS마크가 표시된 양질의 정보통신시스템(공사용 자재)를 선정하도록 감리하여야 한다.

④ 감리원은 정보통신(시스템)설비 공급원 승인 후에도 반입 사용자재에 대한 품질관리시험 및 품질변화여부 등에 대하여도 수시로 확인하여야 한다.

⑤ 감리원은 자재승인 요청서를 시공자로부터 제출받을 때 주요 기자재에 대하여는 KS규격품 여부와 발주자의 시방서 규격과 일치하는지를 확인하고, 적합 여부를 발주처에 검토결과를 통보하여야 한다.

⑥ 감리원은 공사시방서에 규정한 경우의 주요 자재승인요청서에 다음의 관계 서류를 첨부하도록 하여야 한다.

1) 품질시험 대행 국·공립시험기관의 시험성과
2) 납품실적 증명
3) 시험성과 대비표
4) 자재의 카탈로그
5) 사용설명서
6) 발주처에서 요구하는 제품의 성능 및 기능설명서

8.1.8 정보통신공사 자재승인요청서 접수

시공사가 정보통신자재를 납품할 계약자가 현장에 장비를 투입하기 전 감리원에게 통신장비의 규격과 특성, 기능이 발주처의 규격과 일치하다는 근거를 제시하면 감리원이 그 근거자료와 발주처의 규격이 일치 여부를 확인한다.

확인하는 과정은 타 현장에서의 운영실태, 문제점, 성능, 기능을 확인하고 발주처에 의견을 〈제8-1호 서식〉에 첨부하여 문서로 제출하고 발주처의 승인을 받아 시공사에 통보한다.

〈제8-1호 서식〉

정보통신공사 자재승인요청서 감리원 확인 검토서

NO	품명	규격	설계량	잔량	발주처 규격	납품자 규격	검토결과	감리원 확인	비고

8장

8.1.9 정보통신공사용 자재승인요청서

정보통신 시공사가 정보통신감리단에 발송한 문서의 예시는 다음과 같다.

〈제8-2호 서식〉 자재승인요청서(시공사 → 감리단)

ㅇㅇ정보통신(주)

우 700-200 / 00광역시 00구 00동 123 / TEL (053)000-1234(代) / Fax (053)000-1235)

문서번호 : ㅇㅇ통신 00-01호
시행일자 : 20 . . .
수 신 : ㅇㅇ감리단장
참 조 : 정보통신감리원

선 결			결재(공람)		
접수일시	20 . . 시 분	번호			
처 리 과					

제 목 : ○○시 청소년복지센터 신축 정보통신공사 자재승인 요청

1. 귀 사의 무궁한 발전을 기원합니다.
2. 년 월 일 ㅇㅇ광역시장과 계약 체결한 ㅇㅇ청소년복지센터 신축 정보통신공사의 자재승인 요청을 붙임과 같이 제출하오니 승인 후 통보해 주시기 바랍니다.

붙임 : 1) 자재승인요청서
2) 자재카탈로그
3) 방송통신기자재적합성승인
4) 자재별 KS품질인증서
5) 국제규격적합확인서
6) 공공기관시험성적서 끝.

업무담당 감독관경유
ㅇㅇㅇ(인)

ㅇㅇ정보통신(주)
주소 :
대표이사 ㅇㅇㅇ(인)

ㅇㅇ감리단장 귀하

〈제8-3호 서식〉

자재승인요청 내역서

공사명 : ○○동 보건지소 신축 정보통신공사

NO (카탈로그 NO)	품명	규격	설계량	승인요청		단위	시공사의 승인요청 자재			
				금회	잔량		A사	모델	B사	모델
1. 옥외 인입 통신 공사										
1.01	HI-PVC관-지중	HI-PVC 36C	99			M				
1.02	케이블표시시트	200×250	22			M				
1.03	맨홀뚜껑	철제주물	1			EA				
1.04	맨홀(기성품)	450×950×700	1			EA				
2. 구내 통신 선로설비 공사										
2.01	HI-PVC 전선관	HI-PVC 16C	130			M				
2.02	HI-PVC 전선관	HI-PVC 22C	2			M				
2.03	접지용전선	F-GV 10mm^2	11			M				
2.04	UTP CABLE	CAT'5E 4P 0.5mm	239			M				
2.05	PVC 박스(카바부)	S/W용	3			EA				
2.06	모듈러잭	8PIN 2구	3			EA				
2.07	접지동봉	16ϕ×1800mm×3ea	1			EA				
2.08	외함(전비 SUS)	500×600×150	7			EA				
2.09	UTP 단자대	25P	7			EA				
2.10	PATCH PANEL	12PORT	7			EA				
2.11	외함(전비 SUS)	500×600×150	1			EA				
2.12	전화 단자대	110 BLOCK	1			EA				
2.13	피뢰보안기	10P	1			EA				
3. LAN설비 공사										
3.01	HI-PVC 전선관	HI-PVC 16C	111			M				
3.02	HI-PVC 전선관	HI-PVC 22C	137			M				

8장

8.1.10 자재승인 결과통보 문서 발송

정보통신공사용 자재를 현장에 투입하기 전에 감리원(감독관)에게 설계내역서와 공사시방서에 적용된 규격과 일치하는 3개 회사 자재를 비교할 수 있도록 카탈로그를 첨부하여 문서로 제출하고, 발주처의 결과 통보는 다음의 서식을 참조한다.

〈제8-4호 서식〉

정보통신공사 자재승인 결과통보

내역서 순번	품명	규격	설계량	잔량	발주처 규격	A사 규격	B사 규격	C사 규격	발주처 승인제품	비고

8.1.11 공사용 자재의 규격 확인업무

① 각종 공사용 자재의 확인 : 감리자는 시공 전에 시방서의 자재규격서, 설계에 채택한 공사용 자재의 카탈로그를 근거로 설계도서의 각종 재료를 확인한 후 발주자(건축주)에게 승인하기 이전에 보고한 이후에 승인하며 승인 과정에 수급에 문제가 없는지 반드시 시공사의 의견을 청취하여 확인하고 승인한다.

② 자재의 선정

1) 감리자는 공사시공자에게 공사용 자재선정에 관한 사항을 제출하게 하여 적합성 여부(규격, 품질, 색상 등)를 검토 · 확인한다.

2) KS 표시품을 우선 사용토록 하되 KS가 없는 품목은 설계도서에 명시된 품질 등

을 검토해서 공사의 품질이 확보되도록 협의한다.

3) 선정된 견본품은 반입되는 자재의 검수기준으로 활용하기 위하여 감리사무실에 비치한다.

③ 자재의 확인

1) 반입된 자재가 견본품과 일치하는지 여부를 확인(시험성적서 및 품질관리 시험 포함)후 사용하도록 한다.

2) 공사감리자는 자재의 품질확인에 관한 기록을 보관한다.

④ 자재의 품질관리 : 감리자는 공사시공자가 사용자재에 대하여 시방서, 법령에 따라 수행하는 품질관리 시험업무 및 시험성과에 관하여 검토 · 확인한다.

⑤ 공사자재의 검사

1) 공사에 사용할 자재는 신품이어야 하며 품질 · 규격 등은 반드시 설계서와 일치되어야 한다. 그러나 설계서에 명확히 정하지 아니한 것은 표준품 이상으로서 계약의 목적을 달성하는 데에 가장 적합한 것이어야 한다.

2) 계약상대자는 공사자재를 사용하기 전에 공사감독관의 검사를 받아야 하며, 불합격된 자재는 즉시 대체하여 다시 검사를 받아야 한다.

3) 검사에 따른 검사에 이의가 있을 경우 계약상대자는 계약담당자에게 재검사를 청구할 수 있으며, 재검사가 필요하다고 인정되는 경우 계약담당자는 지체 없이 재검사하도록 조치해야 한다.

4) 계약담당자는 계약상대자로부터 공사에 사용할 자재의 검사를 요청받거나 재검사의 요청을 받은 때에는 정당한 이유 없이 검사를 지체할 수 없다.

5) 계약상대자가 불합격된 자재를 즉시 이송하지 않거나 대체하지 아니하는 경우에는 계약담당자가 일방적으로 불합격 자재를 제거하거나 대체시킬 수 있다.

6) 계약상대자는 시험 · 조합이 필요한 자재가 있는 경우 공사감독관의 참여하에 그 시험 · 조합을 해야 한다.

7) 수중 · 지하에 매몰하는 인공구조물 그밖에 준공 후 외부로부터 검사할 수 없는 인공구조물의 공사는 공사감독관의 참여하에 시공해야 한다.

8) 계약상대자가 자재검사 조건에 위배되거나 설계서에 합치되지 않는 시공을 한 때에는 계약담당자는 인공구조물의 대체 · 개조를 명할 수 있다.

9) 재검사와 불합격 자재사용을 한 경우 계약금액을 증감하거나 계약기간을 연장할 수 없다. 다만, 재검사 결과 적합한 자재인 것으로 판명될 때에는 재검사에 소요된 기간에 대하여는 계약기간을 연장할 수 있다.

감사정보	비 고
1. 00도 00시청 자가통신망 광케이블설치 감리용역과업요청서에 감리원은 시공자재를 승인 하도록 규정하여 입찰하였다.	

광케이블설치 정보통신공사 2개 공구이며 시공사가 2개 회사로 2개 시공사는 감리원과 긴밀하게 협의하면서 입찰한 광케이블 A사 규격은 B사 규격 보다 높은 성능이고 설계단가도 높았다. B사 제품은 가격도 낮은 금액으로 KS규격인 B사 자재를 감리원에게 자재승인 요청 할 테니 승인을 부탁 하였다. 감리원은 KS규격인 근거로 B사를 승인하려는 단계에서 감리원에대한 청렴의 문제가 발생하였다.

2. 감리원의 업무 확인 : 정보통신공사업법시행령제8조의2제 6호 사용자재의 규격 및 적합성에 관한 검토·확인 이며 자재승은 규정은 없고 만일 발주처가 승인한 자재의 공급원 확인업무는 가능함(감리수행기준에 자재승인 항목 개정이 필요)
3. 발주처 조치사항 : 발주처에서는 A자재를 선정하여 설계 단계에서 단가가 높은 규격을 채택하여 발주를 하였다. 만일 B자재를 설치하면 단가의 차이와 규격의 불일치를 감리원과 시공사가 KS표준품으로 판단은 발주처가설계변경 필요성과 감리원의 자재승인 책임이 따른다.
   감리용역과업지시서의 자재승인권한은 정보통신공사업법시행령제8조의 2 (감리원의업무범위)에 없어 발주처로 변경하여 시행조치 사례
4. 공사계약일반조건제12조 : 공사에 사용할 자재는 신품이어야 하며 품질·규격 등은 반드시 설계서와 일치되어야 한다. 그러나 설계서에 명확히 정하지 아니한 것은 표준품 이상으로서 계약의 목적을 달성하는 데에 가장 적합한 것이어야 한다. 본 현장은 발주처에서 자재를 승인하였으며 품질·규격 등은 반드시 설계서와 일치되어야 한다.는 규정을 이해한 시공사는 A규격의 자재를 설치하여 준공처리하였다.

8.1.12 자재관리 및 품질관리

① 감리원은 해당 공사의 설계도서, 설계설명서, 공정계획, 규격서 등을 검토하여 품질관리가 소홀해지기 쉽거나 하자발생 빈도가 높으며 정보통신시스템을 중점 품질관리 대상으로 선정하여 다른 공종에 비하여 우선적으로 입회, 확인하여야 하며 중점 품질관리 공종 선정 시 고려해야 할 사항은 다음과 같다.

1) 공정계획에 따른 월별, 공종별 정보통신시스템 시험종목 및 시험회수
2) 공사업자의 품질관리 요원 및 공정에 따른 충원계획
3) 정보통신시스템에 대한 품질관리 담당감리원이 직접 입회, 확인이 가능한 적정 시험 회수
4) 공정의 특성상 품질관리 상태를 육안 등으로 간접 확인할 수 있는지 여부
5) 작업조건의 양호, 불량상태
6) 다른 현장의 시공사례에서 하자발생 빈도가 높은 공종인지 여부
7) 품질관리 불량내용의 시정이 용이한지 여부

8) 시공 후 지중에 매몰되어 추후 확인이 어렵고 재시공이 곤란한지 여부
9) 불량 시 인근 부위 또는 다른 공종에 미치는 영향의 대소
10) 시공지역이 아주 넓어서 접근이 어렵거나 용이한지 여부

② 감리원은 선정된 중점 품질관리 공종별로 관리방안을 수립하여 공사업자에게 실행하도록 지시하고 다음 내용의 실행결과를 수시로 확인하여야 한다.
1) 중점 품질관리 공종과 정보통신시스템의 선정
2) 중점 품질관리 공종별로 시공 중 및 시공 후 발생되는 예상 문제점
3) 각 문제점에 대한 대책방안 및 시공지침
4) 중점 품질관리 대상 정보통신설비, 시공부분, 하자발생 가능성이 큰 지역 또는 부분을 선정
5) 중점 품질관리 대상의 세부관리 항목의 선정
6) 중점 품질관리 정보통신공사 공종의 품질확인 지침
7) 중점 품질관리 대장을 작성, 기록·관리하고 확인하는 절차

③ 감리원은 중점 품질관리 대상으로 선정된 공종은 효율적인 품질관리를 위하여 다음과 같이 관리하여야 한다.
1) 감리원은 중점 품질관리 대상으로 선정된 공종에 대한 관리방안을 수립하여 시행 전에 발주자에게 보고하고 공사업자에게도 통보한다.
2) 해당 공종 및 시공부위는 상황판이나 도면 등에 표기하여 업무담당자, 감리원, 공사업자 모두가 항상 숙지하도록 한다.
3) 공정계획 시 중점 품질관리 대상 공종이 동시에 여러 개소에서 시공되거나 공휴일, 야간 등 관리가 소홀해질 수 있는 시기에 시공되지 않도록 조정한다.
4) 필요시 해당 부위에 "중점 품질관리 공종" 팻말을 설치하고 주의사항을 명기한다.
5) 시공 중 감리원은 물론 시공관리책임자가 반드시 입회하도록 한다.

8.1.13 공사용 자재 및 관급자재(지급자재)의 검수 및 관리

① 감리원은 공사업자에게 공정계획에 따라 사전에 공사용 자재 수급계획을 수립하여 기자재가 적기에 현장에 반입되도록 검토하고, 지급기자재의 수급계획에 대하여는 발주자에 보고하여 자재의 수급차질에 따른 공정지연이 발생하지 않도록 하여야 한다.

② 감리원은 주요 기자재 수급계획이 공정계획과 부합되는지 확인하고, 미비점이 있으면 공사업자에게 계획을 수정하도록 하여야 한다.

③ 감리원은 공사목적물을 구성하는 주요기기, 설비, 제조품, 자재 등의 주요 기자재가 공급원 승인을 받은 후 현장에 반입되면 공사업자로부터 송장 사본을 접수함과 동시에 반입된 기자재를 검수하고, 그 결과를 검수부에 기록·비치하여야 한다.

④ 감리원은 계약 품질조건과의 일치여부를 확인하는 기자재 검수를 할 때에 규격, 성능, 수량뿐만 아니라 반드시 품질의 변질여부를 확인하여야 한다. 변질되었을 때에는 즉시 현장에서 반출하도록 하고 반출여부를 확인하여야 하며, 의심스러운 것은 별도 보관하도록 한 후 품질시험 결과에 따라 검수여부를 확정하여야 한다.
⑤ 감리원은 공사업자에게 현장에 반입된 기자재가 도난 및 우천에 따른 훼손 또는 유실되지 않게 품목별, 규격별로 관리 · 저장하도록 하여야 하고 공사현장에 반입된 검수기자재 또는 시험합격 기자재는 공사업자 임의로 공사현장 이외로 반출하지 못하도록 하여야 하고 주요 기자재 검수 및 수불부에 기록 · 관리하여야 한다.
⑥ 감리원은 수급요청한 기자재가 배정되면 납품지시서에 기록된 품명, 수량, 인도장소 등을 확인하고, 공사업자에게 인수준비 후 인수하도록 하여야 한다.
⑦ 감리원은 현장에서 품질시험 · 검사를 실시할 수 없는 기자재는 공사업자와 공동 입회하여 생산공장에서 시험 · 검사를 실시하거나 의뢰시험을 요청하여 시험결과를 사전에 검토하여 품질을 확인하여야 한다.
⑧ 감리원은 기자재가 현장에 반입되면 송장 또는 납품서를 확인하고 수량, 규격, 외관상태 등을 검사하며 주요 기자재 운반차량의 송장을 확인하여야 한다.
⑨ 감리원은 지급기자재의 현장 반입검사 이후 이의제기 등을 예방하기 위하여 공사업자가 검사에 입회하도록 한다.
⑩ 감리원은 지급기자재에 대한 검수조서를 작성할 때에는 공사업자가 입회하여 날인하도록 하고, 검수조서는 발주자에게 보고하여야 한다.
⑪ 공사업자는 현지사정에 따라 지급기자재가 적기에 공급되지 못하여 공사추진에 지장이 발생한 경우에는 대체 사용요청을 할 수 있다.
⑫ 감리원은 공정계획, 공기 등을 감안하여 공사업자의 요청으로 대체사용이 불가피하다고 판단될 경우에는 발주자의 승인을 받은 후 허용하도록 한다.
⑬ 감리원은 대체사용 기자재에 대하여도 품질, 규격 등을 확인하고 검수를 해야 한다.
⑭ 감리원은 잉여지급 기자재가 발생하였을 때에는 품명, 수량 등을 조사하여 발주자에게 보고하여야 하며, 공사업자에게 지정장소에 반납하도록 하여야 한다.

8.1.14 기존 통신설비와 지장물 철거확인

① 감리원은 기존 통신설비를 철거할 때에는 공사업자에게 철거품목의 규격 · 수량 등을 조사하도록 하고, 철거 전 · 후의 광경사진도 촬영(동일지점)하도록 하여 조사내역과 사진을 제출받아 확인 · 검토하여 필요시 발주자에게 보고하여야 한다.
② 감리원은 공사 중에 지하매설물 등 새로운 지장물을 발견하였을 때에는 공사업자로부터 상세한 내용이 포함된 지장물 조서를 제출받아 이를 확인한 후 발주자에게 조속히 보고하여야 한다.

8.1.15 현장상황 보고

① 감리원은 시공 중 불가항력적인 재해의 발생, 시공 중단의 필요성 등 감리원의 권한에 속하지 않는 사태가 발생될 경우에는 육하원칙에 따라 검토의견을 첨부하여 발주자에게 현장상황을 신속히 보고하고 그 지시에 따라야 한다.

② 감리원은 공사현장에 다음의 사태가 발생하였을 때에는 필요한 응급조치를 취하는 동시에 상세한 경위를 발주자에게 보고하여야 한다.

1) 천재지변 등의 사유로 공사현장에 피해가 발생하였을 때
2) 시공관리책임자가 승인 없이 2일 이상 현장에 상주하지 않을 때
3) 공사업자가 정당한 사유 없이 공사를 중단할 때
4) 공사업자가 계약에 따른 시공능력이 없다고 인정되거나 공정이 현저히 미달될 때
5) 공사업자가 불법하도급 행위를 할 때
6) 그 밖에 공사추진에 지장이 있을 때

8.1.16 발주처의 동의 받아 감리원의 공사중지 명령

① 감리원은 공사업자가 설계도서 및 관련 규정의 내용에 적합하지 아니하게 해당 공사를 시공하는 경우에는 발주자의 동의를 받아 재시공 또는 공사중지 명령이나 그 밖에 필요한 조치를 할 수 있다.

② 제1항에 따라 감리원으로부터 재시공 또는 공사중지 명령이나 그 밖에 필요한 조치에 관한 지시를 받은 공사업자는 특별한 사유가 없으면 이에 따라야 한다.

[근거] 정보통신공사업법 제9조

8장

8.1.17 시정명령 등

① 정보통신분야 관계 법령을 위반하여 부실하게 시공을 하고 시공사가 개선을 하지 않을 경우 법적 조치방법은 다음과 같다.

1) 감리원이 발주처에 즉시 보고를 하고 발주처에서는 계약의 위반사항을 확인 하여 개선 명령하는 방법
2) 지역 시 · 도지사에게 통보를 하여 시공사의 부실시공에 대한 개선 명령을 하는 방법

② 시 · 도지사는 공사업자가 다음에 해당하면 기간을 정하여 그 시정을 명하거나 그 밖에 필요한 지시를 할 수 있다.

1) 「전기통신기본법」 등 관계 법령을 위반하여 시공함으로써 공사를 부실하게 할 우려가 있는 경우

[근거] 정보통신공사업법 제65조5호

8.1.18 재시공 또는 공사중지 명령

① 정보통신공사업법 제9조에 따라 감리원은 공사업자가 공사의 설계도서, 설계설명서 그 밖에 관계 서류의 내용과 적합하지 아니하게 시공하는 경우에는 재시공 또는 공사중지 명령이나 그 밖에 필요한 조치를 할 수 있다.
② 감리원으로부터 재시공 또는 공사중지 명령 그 밖에 필요한 조치에 대한 지시를 받은 공사업자는 특별한 사유가 없으면 이에 응하여야 한다.
③ 감리원이 재시공 또는 공사중지 명령 그 밖에 필요한 조치를 취한 때에는 발주자에게 보고하여야 한다.
④ 감리원으로부터 재시공 또는 공사 중지 명령 그 밖에 필요한 조치에 관한 보고를 받은 발주자는 이를 검토한 후 시정여부의 확인, 공사 재개지시 등 필요한 조치를 하여야 한다.
⑤ 재시공 또는 공사중지 명령을 한 이후 발주자가 공사중지 사유가 해소되었다고 판단되어 공사재개를 지시할 때에는 감리원이 현장감리를 하여야 한다.
⑥ 감리원은 공사업자가 재시공, 공사중지 명령 등에 대한 필요한 조치를 이행하지 아니한 때에는 「정보통신공사업법」 제65조의5호, 제66조의12호에 따라 공사업자에 대한 제재조치를 취하도록 발주자에게 요구하여야 한다.
⑦ 공사중지 및 재시공 지시의 범위

1. **재시공** : 시공된 공사가 품질확보 미흡 또는 위해를 발생시킬 우려가 있다고 판단되거나, 감리원의 확인 · 검사에 대한 승인을 받지 아니하고 후속 공정을 진행한 경우와 관계 규정에 맞지 아니하게 시공한 경우

2. 공사중지
   1) 품질확보 미흡과 중대한 위해 발생 공사중지 : 시공된 공사가 품질확보 미흡 또는 중대한 위해를 발생시킬 우려가 있다고 판단되거나, 안전상 중대한 위험이 발견된 경우에는 공사중지를 지시할 수 있으며 공사중지는 부분중지와 전면중지로 구분한다.
   2) 동절기 공사중지 시행 : 발주자가 동절기 공사중지를 시행하면 공사의 기간이 연장이 되고 정보통신공사업자와 정보통신감리업자는 변경계약을 실시하고 이에 따른 시공자가 예정공정표를 수정하여 감리원에게 제출하면 감리원은 검토 후 발주자(감독자)에게 변경된 공정을 통보하여야 한다.
      가. 부분중지
         (1) 재시공 지시가 이행되지 않는 상태에서는 다음 단계의 공정이 진행됨으로써 하자발생이 될 수 있다고 판단될 때
         (2) 안전시공상 중대한 위험이 예상되어 물적, 인적 중대한 피해가 예견될 때
         (3) 동일 공정에 있어 3회 이상 시정지시가 이행되지 않을 때
         (4) 동일 공정에 있어 2회 이상 경고가 있었음에도 이행되지 않을 때

나. 전면중지

(1) 공사업자가 고의로 공사의 추진을 지연시키거나, 공사의 부실 발생우려가 짙은 상황에서 적절한 조치를 취하지 않은 채 공사를 계속 진행하는 경우

(2) 부분중지가 이행되지 않음으로써 전체공정에 영향을 끼칠 것으로 판단될 때

(3) 지진 · 해일 · 폭풍 등 불가항력적인 사태가 발생하여 시공을 계속할 수 없다고 판단될 때

(4) 천재지변 등으로 발주자의 지시가 있을 때

8.1.19 시공사의 영업정지와 등록취소

「전기통신기본법」 등 관계 법령을 위반하여 부실하게 공사를 시공한 경우이다.

[근거] 정보통신공사업법 제66조

8.1.20 감리원의 공사현장 정리

① 감리원은 공사현장이 항상 깨끗이 정리 정돈되어 효율적인 시공관리가 되도록 수시로 현장을 확인 · 점검하여야 한다.

② 시공이 완료되었을 때에는 준공 전에 공사업자에게 공사용 가설시설물의 철거, 잉여자재 반출 등 현장을 정리하도록 감리하여야 한다.

8장

8.2 공정관리

8.2.1 공정관리방법

① 감리원은 해당 공사가 정해진 공기 내에 시방서, 도면 등에 따라 소용의 품질을 갖추어 완성될 수 있도록 시공자를 지도하여야 한다.

② 감리원은 공사 착공일(시작일)부터 30일 이내에 공사업자로부터 공정관리 계획서를 제출받아 제출받은 날부터 14일 이내에 검토하여 승인하고 발주자에게 제출하여야 하며, 다음의 사항을 검토 · 확인하여야 한다.

1) 공사업자의 공정관리 기법이 공사의 규모, 특성에 적합한지 여부

2) 계약서, 설계설명서 등에 공정관리 기법이 명시되어 있는 경우에는 명시된 공정관리 기법으로 시행되도록 감리
3) 계약서, 설계설명서 등에 공정관리 기법이 명시되어 있지 않을 경우에는 단순한 공종 및 보통의 공종 공사인 경우에는 공사조건에 적합한 공정관리 기법을 적용하도록 하고, 복잡한 공종의 공사 또는 감리원이 PERT/CPM 이론을 기본으로 한 공정관리가 필요하다고 판단하는 경우에는 별도의 PERT/CPM 기법에 의한 공정관리를 적용하도록 조치
4) 특수한 현장여건으로 전산 공정관리 등이 필요하다고 판단되는 경우에는 발주자에게 별도의 공정관리를 시행하도록 건의
5) 감리원은 일정관리와 원가관리, 진도관리가 병행될 수 있는 종합관리 형태의 공정관리가 되도록 조치

③ 감리원은 공사의 규모, 공종 등 제반여건을 감안하여 공사업자가 공정관리 업무를 성공적으로 수행할 수 있는 공정관리 조직을 갖추도록 다음의 사항을 검토·확인하여야 한다.

1) 공정관리 요원자격 및 그 요원 수의 적합 여부
2) Software와 Hardware 규격 및 그 수량의 적합 여부
3) 보고체계의 적합성 여부
4) 계약공기의 준수 여부
5) 각 공종별 작업공기에 품질·안전관리가 고려되었는지 여부
6) 지정휴일과 기상조건 감안 여부
7) 자원조달 여부
8) 공사주변의 여건 및 법적 제약조건 감안 여부
9) 주공정의 적합 여부
10) 동원 가능한 장비, 그 밖의 부대설비 및 그 성능 감안 여부
11) 동원 가능한 작업인원과 작업자의 숙련도 감안 여부
12) 특수장비 동원을 위한 준비기간의 반영 여부
13) 그 밖에 필요하다고 판단되는 사항

8.2.2 정보통신공사감리원의 공사진도 관리

① 감리원은 시공자로부터 전체 실시공정표에 의거한 월간, 주간 상세공정표를 사전에 제출받아 검토·확인하고 공정지연을 방지하기 위하여 주 공정 중심의 일정관리가 될 수 있도록 시공자를 감독하여야 한다.

② 감리원은 매주 또는 매월 정기적으로 공사진도를 확인하여 예정공정과 실시공정을 비교하여 공사의 부진 여부를 검토한다.

③ 감리원은 현장여건, 기상조건, 지장물 이설 등에 따른 관련 기관 협의사항이 정상적으로 추진되는지를 검토·확인하여야 한다.
④ 감리원은 공정진척도 현황을 최근 1주일 전의 자료가 유지될 수 있도록 관리하고, 공정지연을 방지하기 위하여 주 공정 중심의 일정관리가 될 수 있도록 공사업자를 감리하여야 한다.
⑤ 감리원은 주간 단위의 공정계획 및 실적을 공사업자로부터 제출받아 검토·확인하고, 필요한 경우에는 공사업자의 시공관리책임자를 포함한 관계 직원 합동으로 금주작업에 대한 실적을 분석·평가하여야 한다.
⑥ 공사추진에 지장을 초래하는 문제점, 잘못 시공된 부분의 지적 및 재시공 등의 지시와 재발방지대책, 공정진도의 평가, 그 밖에 공사추진상 필요한 내용의 협의를 위한 주간 또는 월간 공사추진회의를 개최하고 그 회의록을 관리하여야 한다.

감사정보	비 고
1. 700일 장기계속 공사의 총 공사금액 12억원을 계약한 정보통신공사업자가 400일만에 50%공정을 이행했다며 기성금 청구하여 감독자는 정보통신감리원에게 공정표를 확인하도록 하고 50%가 맞다며 실행내역서를 작성하여 기성금을 받아갔다. 2. 공사보증업체 대표가 10일 이후 감독자에게 와서 그 업체가 어제 부도소식을 전하면서 기성금을 얼마 지급하였는가요? 6억원을 지급하였다고 하였고 감리원과 감독자의 무능함과 보증업체의 불만이 너무 많았다. 3. 감사 지적사항 : 공정표상의 공정률은 50%이지만 실제 현장에 투입한 자재와 인력수는 32%투입하고 부도가 되었으며 감리원과 감독자는 예정공정표의 부실작성과 공정관리의 문제점이 지적이 되었다.	

8.2.3 부진공정 만회대책

① 감리원은 공사진도율이 계획공정 대비 월간 공정실적이 10% 이상 지연(계획공정 대비 누계공정실적이 100% 이상일 경우는 제외)되거나 누계공정실적이 5% 이상 지연될 때는 시공자로 하여금 부진사유 분석, 만회대책 및 만회공정표 수립을 지시하여야 한다.
② 감리원은 시공자가 제출한 부진공정 만회대책을 검토·확인하고, 그 이행상태를 점검하여야 한다. 또한 공사추진회의 등을 통하여 미조치 내용에 대한 필요대책 등을 수립하여 정상공정을 회복할 수 있도록 조치하여야 한다.

8장

8.2.4 수정 공정계획

① 감리원은 설계변경 등으로 인한 자재량의 증감, 공법변경과 불가항력에 의한 공사중지, 현장실정 또는 시공자의 사정 등으로 인하여 공사진척실적이 지속적으로 부진할 경우 공정계획을 재검토하여 수정 공정계획수립의 필요성을 검토한다.

② 감리원은 시공자로부터 수정 공정계획을 제출받아 제출일로부터 7일 이내에 검토·승인하고 발주자에게 보고한다.

③ 공사감독자는 수정 공정계획을 검토할 때 수정목표 종료일이 당초 계약 종료일을 초과하지 않도록 조치하여야 하며, 초과할 경우는 그 사유를 분석하고 검토의견을 작성하여 공정계획과 함께 발주자에게 보고한다.

8.2.5 공정보고

① 감리원은 주간 및 월간단위의 공정현황을 공사업자로부터 제출받아 검토·확인한다.

② 감리원은 공정현황을 분기감리보고서에 포함하여 발주자에게 보고한다.

③ 감리원은 발주자가 준공기한 연기를 요청할 경우에는 타당성을 검토·확인하고 검토의견서를 첨부하여 발주자(감독관)에게 보고한다.

8.3 품질관리·검사

8.3.1 품질관리방법

① 감리원은 공사업자가 작성·제출한 품질관리 계획서에 따라 시험, 검사·확인이 실시되는지를 확인하여야 한다.

② 감리원은 품질관리를 위한 검사·확인은 「정보통신공사업 제6조 기술기준의 준수」에 따른 통신설비기술기준 확인과 「산업표준화법」에 따른 한국산업규격에 적합한 자재를 사용하는지 확인하여야 한다.

③ 감리원은 공사업자에게 각 공정마다 준비과정에서부터 작업완료까지의 각 과정마다 품질확보를 위한 수단, 절차 등을 규정한 총괄품질관리계획서(TQC : Total Quality Control)를 작성·제출하도록 하고 이를 검토·확인한다.

④ 감리원은 해당 공사에 사용될 정보통신설비·기구 및 자재가 규격에 적합한 것이 선정되고, 시공 시 품질관리가 효과적으로 수행되어 하자발생을 사전에 예방할 수 있도록 품질관리 계획을 다음과 같이 지도한다.

1) 공정계획에 따라 시험종목을 선정하여 공사업자가 적정 품질관리를 할 수 있도록 사전에 지도한다.
2) 공인기관에 의뢰시험을 실시해야 할 종목과 현장에서 실시 가능한 종목으로 구분하여 시험계획을 수립하고 의뢰시험의 경우에는 의뢰시험기관을 사전에 선정하여 소요 시험기간을 확인한다. 현장시험의 경우에는 공정계획에 따라 소요 시험장비를 사전에 현장시험실에 비치하도록 한다.
3) 각종 시험기록 서식은 해당 공사의 특성에 적합하도록 결정하고 공사업자가 공정계획서를 제출할 때에는 품질관리에 필요한 시험요원수와 시험장비 등을 명시한 품질관리계획서를 첨부하도록 하여 효율적인 품질관리가 이루어질 수 있도록 사전 점검한다.
4) 공사업자가 품질관리 시험요원의 자격이나 능력을 보유하고 있는지 확인하고 미흡한 부분은 사전에 교육 · 지도하며, 품질관리에 부적합한 자를 형식적으로 배치하였을 경우에는 교체하도록 한다.
5) 1일 공정계획에 따른 품질관리 시험계획서를 접수하면 공종별, 시험종목별 품질관리 시험요원을 확인하고 중점 품질관리 대상인 경우에는 품질관리 시험이 우선적으로 이루어질 수 있도록 지도한다.
6) 공사업자의 품질관리책임자는 책임기술자를 임명하여 품질관리에 대한 책임과 권한이 시공관리책임자와 동등 수준이 되어 실질적인 품질관리가 이루어질 수 있도록 확인한다.

8장

8.3.2 시공품질관리 해당 기술기준적용

정보통신기술기준의 적용 대상은 다음의 기술기준을 말한다.

① 정보통신공사업법시행령제5조(설계에 있어서의 기술기준) 법 제6조제1항에서 "대통령령으로 정하는 기술기준"이란 다음 각 호의 기술기준을 말한다.

1) 「방송통신발전 기본법」 제28조제1항에 따른 기술기준1의2. 「전기통신사업법」 제61조, 제68조제2항, 제69조제2항 및 제69조의2제2항에 따른 기술기준
2) 「전파법」 제37조제1항, 제45조, 제47조, 제47조의2제1항 · 제2항 및 제47조의3 제1항에 따른 기술기준
3) 「방송법」 제79조제1항에 따른 기술기준
4) 「건축법 시행령」 제87조제5항 및 「주택건설기준 등에 관한 규정」 제32조, 제32조의2, 제39조 및 제42조에 따른 기술기준
5) 다른 법령에서 공사의 설계 등과 관련하여 과학기술정보통신부장관이 정하도록 한 기술기준이나 표준

[근거] 정보통신공사업법 시행령 제5조

8.3.3 기술기준 준수 감리의무

① 공사를 설계하는 자는 대통령령으로 정하는 기술기준에 적합하게 설계하여야 한다.
② 감리원은 설계도서 및 관련 규정에 적합하게 공사를 감리하여야 한다.
③ 감리원은 발주자 또는 공사업자가 품질검사 · 확인을 외부 전문기관 등에 대행시키고자 할 때에는 그 적정성 여부를 검토 · 확인하여야 한다.
[근거] 정보통신공사업법 제6조

8.3.4 기술검토 의견서

① 감리원은 시공 중 발생되는 기술적 문제점, 설계변경사항, 공사계획 및 공법변경 문제, 설계도면과 설계설명서 상호 간의 차이, 모순 등의 문제점, 그 밖에 공사업자가 시공 중 당면하는 문제점 및 발주자가 해당 공사의 기술검토를 요청한 사항에 대하여 현지실정을 충분히 조사, 검토, 분석하여 공사업자가 공사를 원활히 수행할 수 있는 해결방안을 제시하여야 한다.
② 기술검토를 할 때는 기술검토서 양식에 작성하여 제출하고 상세 기술검토내역 또는 근거가 첨부되어야 한다.

8.3.5 검사성과에 관한 확인

① 감리원은 해당 공사의 품질관리를 효율적으로 수행하기 위하여 공정별 검사종목과 측정방법 및 품질관리 기준을 숙지하고 공사업자가 제출한 품질관리 검사성과를 확인하여야 하며, 검사성과표를 다음과 같이 활용한다.
1) 감리원은 공사업자에게 공사의 검사결과표가 준공검사 완료까지 기록 · 보관되도록 하고 이를 기성검사, 준공검사 등에 활용한다.
2) 감리원은 검사결과 미비점이 발견되거나 불합격으로 판정되어 재검사를 실시하였을 경우에는 당초 검사결과표를 반드시 첨부하고 이를 모두 관리 · 보관 한다.
3) 발주자는 지형 · 지세에 따라 달라지는 접지저항측정 등의 확인 · 기록 및 입회절차를 생략하고 매몰하는 행위를 발견하였을 때에는 해당 부위에 대한 각종 시험 등을 무효로 처리하고 필요시 재시험을 할 수 있으며, 설계도서 및 관계 법령에 적합하게 유지 · 관리되도록 한다.

② 감리원은 검사성과서를 발주자에게 제출하여야 한다.

8.4 시공사의 선금지급에 대한 자문

시공사가 선금지급 신청을 하기 발주처 감독관과 정보통신감리원에게 자문을 요청하는 경우 관련 규정을 참조한다.

「국가를 당사자로 하는 계약에 관한 법률」, 「지방자치단체를 당사자로 하는 계약에 관한 법률」 등 관련 규정에 선금을 지급하도록 규정하고 있다.

「지방계약법」 제18조, 시행령 제67조 및 「지방재정법 시행령」 제96조에 따라 지방자치단체에서 선금과 대가를 지급하도록 규정하고 있다.

8.4.1 선금지급의 신청

① 선금의 의의 : 선금은 계약상대자의 계약이행 전 또는 기성대가지급 전에 미리 그 대금의 일부를 지급하는 것으로 공사, 제조 및 용역계약에 있어서 해당 계약의 노임이나 자재구입비, 보험료 등에 우선 충당할 수 있게 하기 위해 계약체결 후 즉시 지급할 수 있도록 하고 있으며, 선금제도의 실효성을 확보하기 위하여 계약금액 규모별로 일정률은 의무적으로 지급해야 한다.

② 선금과 대가의 신청 : 선금·대가 등을 공동수급체에게 지급할 때에는 구성원별로 구분 기재된 신청서를 공동수급체 대표자가 제출하게 해야 하며, 그 대표자가 부도·파산 등 불가피한 사유로 신청서를 제출할 수 없을 때에는 공동수급체의 다른 구성원의 연명으로 신청서를 제출하게 할 수 있다.

③ 선금과 대가의 지급 : 선금과 대가는 공동수급체 구성원 각자에게 지급해야 한다. 다만 주계약자 관리방식에서 선금을 구성원 각자에게 지급할 수 없는 불가피한 사유가 있는 경우에는 공동수급체 대표자(주계약자)에게 일괄 지급할 수 있다.

8.4.2 선금지급 대상

① 대상 범위

1) 다음 요건을 모두 충족해야 지급대상이 된다.

가. 계약금액(단가계약의 경우에는 선금지급 요청일까지의 발주금액)이 3천만 원 이상인 공사와 물품 제조계약 및 1천만 원 이상인 용역계약(발주기관이 시스템 특성 등에 맞게 소프트웨어의 일부에 대하여 수정·변경을 요구하여 체결한 소프트웨어 사업을 포함)

나. 입찰참가 자격제한을 받고 그 제한기간 중에 있지 아니한 경우

다. 선금지급일 기준 선금을 지급하려는 회계연도에 기성금을 지급한 사실이 없는 경우. 단, 원자재 가격급등 등 불가피한 사유로 인하여 선금을 지급하지 아니하면 계약이행이 곤란한 경우는 제외한다.

2) 지급범위

가. 계약금액의 100분의 70을 초과하지 아니하는 범위에서 계약금액 규모에 따라 선금의무지급률 이상으로 지급해야 한다. 다만 계약상대자가 선금의무지급률 이하로 신청하는 경우는 신청한 바에 따라 지급한다.

선금 의무지급률	공 사	물품제조 · 용역	비 고
계약금액의 30%	100억 원 이상	10억 원 이상	
계약금액의 40%	100억 원 미만 20억 원 이상	10억 원 미만 3억 원 이상	
계약금액의 50%	20억 원 미만	3억 원 미만	

나. 물품과 용역계약에 있어서 초기에 기술개발자금이 집중적으로 사용되는 경우에는 계약금액의 70% 범위 이내에서 당초 선금지급 규모보다 10% 추가 지급이 가능하다.

② 선금지급의 예외

1) 자금사정 등 불가피한 사유로 인하여 선금의 전부 또는 일부의 지급이 곤란하다고 인정되는 경우에는 계약상대자에게 그 사유를 서면으로 통지해야 한다. 단 계약상대자로부터 선금지급 요청이 없는 경우에는 서면으로 통지하지 아니할 수 있다.

2) "선금지급이 곤란하다고 인정되는 경우"란 다음의 어느 하나에 해당하는 사유를 말한다.

가. 발주자의 자금사정으로 자금배정이 지연될 경우. 단 자금배정이 있을 경우 즉시 선금지급을 해야 한다.

나. 계약체결 후 불가피한 사유로 이행착수가 상당기간 지연될 것이 명백한 경우. 단 그 사유가 해소되는 경우 즉시 선금지급을 해야 한다.

다. 계약상대자로부터 선금지급 요청이 없는 경우

8.4.3 선금지급 관련 유의사항

① 기성금의 공제 : 원자재 가격급등 등 불가피한 사유로 인하여 선금을 추가 지급하는 경우로서 이미 기성대가 등을 지급한 때에는 계약금액(단가계약의 경우는 발주금액)에서 그 대가를 공제한 금액을 기준으로 선금을 지급한다.

② 이월사업의 선금지급 : 계속비와 명시이월비 예산에 따른 계약에 대하여 선금을 지

급하는 경우에는 계약금액 중 해당 연도 이행금액을 기준으로 하며, 장기계속계약의 경우는 각 연차계약금액을 기준으로 한다.

③ 채무부담행위 예산에 따른 계약 시 선금지급 : 「지방재정법」 제44조의 채무부담행위 예산에 따른 계약에 대하여 선금을 지급하는 경우에는 채무부담행위액 상환을 위한 세출예산이 반영된 연도에만 선금을 지급할 수 있다. 다만 채무부담행위와 세출예산이 혼합되어 있는 계약의 경우에는 세출예산이 전체 계약금액에서 차지하는 비율을 고려하여 지급할 수 있다.

④ 잔여 이행기간의 계산

1) 선금을 지급할 수 있는 경우에도 잔여 이행기간이 선금지급 신청일을 기준으로 30일을 초과하지 아니할 경우에는 선금을 지급할 수 없다.

2) 선금을 지급할 수 있는 경우에도 잔여 이행기간이 선금지급 신청일을 기준으로 30일을 초과하지 아니할 경우에는 선금을 지급할 수 없음에도 불구하고 다음의 어느 하나에 해당하는 경우에는 잔여이행기간이 선금지급 신청일을 기준으로 30일 이내인 경우에도 선금을 지급할 수 있다.

가. 국내 · 외 연수(「지방자치법 시행령」 제33조 별표5 · 별표6 및 관련 조례에 따라 지방의회의원에 대하여 공무상 출장 시 지급하는 여비와 지방자치단체 여비조례에 따라 지급되는 여비는 제외), 수학여행 등 선금지급이 우선되어야 하는 경우

나. 긴급을 요하는 재난복구공사

다. 원자재 가격급등, 환율, 물가변동 등 그 밖의 긴급한 사유로 선금을 지급하지 아니하고는 계약이행이 곤란하다고 판단되는 경우

⑤ 회계연도 마감에 따른 선금지급

1) 회계연도 내 지급 시 : 계약담당자는 계약이행에 필요한 기간 등에 비추어 계약을 체결한 연도 안에 해당 예산을 전액 집행할 수 없는 경우로서 해당 예산의 사고이월이 불가피하다고 인정된 때에는 계약을 체결한 연도 안에 집행할 수 있는 금액을 한도로 선금을 지급해야 한다. 이 경우 출납폐쇄기한까지를 계약을 체결한 동일 회계연도로 본다.

2) 회계연도 이후 지급 : 계약담당자는 지급해야 할 선금 중 전년도에 미지급된 금액은 예산을 이월한 연도에 지급할 수 있다.

8.4.4 선금지급 채권확보

① 선금지급 채권확보 방법

1) 보증서제출 : 선금을 지급할 경우에는 계약상대자로 하여금 증권 또는 보증서를 제출하게 해야 한다.

2) 보증서 제출의 면제 : 공공기관과 계약을 체결한 경우에는 보증서 제출을 면제할 수 있다.
   가. 국가기관과 다른 지방자치단체(「지방자치법」 제159조에 따른 지방자치단체조합을 포함한다)
   나. 「공공기관의 운영에 관한 법률」에 따른 공공기관 중 공기업과 준정부기관
   다. 「지방공기업법」에 따른 지방공사·공단
   라. 국가·지방자치단체가 기본재산의 100분의 50 이상을 출자·출연(법률에 따라 귀속시킨 경우를 포함한다. 이하 같다)한 법인
   마. '농업협동조합법'에 따른 조합·조합공동사업법인 및 그 중앙회, '수산업협동조합법'에 따른 어촌계·수산업협동조합 및 그 중앙회, '산림조합법'에 따른 산림조합과 그 중앙회, '중소기업협동조합법'에 따른 중소기업협동조합과 그 중앙회, '한국농촌공사 및 농지관리기금법'에 따른 한국농촌공사, '한국지방재정공제회법'에 따른 한국지방재정공제회, '한국지방행정연구원 육성법'에 따른 한국지방행정연구원, '자치단체 출연연구원의 설립 및 운영에 관한 법률'에 따른 시·도의 연구원, '대한지방행정 공제회법'에 따른 대한지방행정공제회 또는 '민법'에 따라 설립된 한국지방자치발전연구원·지방의회발전연구원·지방공기업평가원, '학교안전사고 예방 및 보상에 관한 법률'에 따른 학교안전공제회 및 학교안전공제중앙회
3) 지급 확약서의 제출 : 계약담당자는 보증서 제출이 면제된 계약상대자가 계약이행 중 선금반환사유가 발생한 때에는 선금잔액에 해당하는 금액을 현금(체신관서나 은행법의 적용을 받는 금융기관이 발행한 자기앞 수표를 포함한다)으로 반납할 것을 보장하기 위하여 그 지급을 확약하는 내용의 문서를 제출하게 해야 한다. 이 경우 선금보증서 제출이 면제된 기관이 선금상환 요건이 발생한 경우에는 기성·준공대가와 상계할 수 있다.

② 선금보증에 따른 이자의 가산
1) 선금에 대하여 채권확보 조치를 하는 경우 보증·보험금액은 선금액에 그 금액에 대한 보증·보험기간에 해당하는 이자상당액(선금보증서의 약정이율 적용을 원칙으로 하되, 약정이율을 정하지 않은 경우 「지방재정법」 제77조에 따라 지방자치단체의 장이 지정한 금고의 정기예금 이율을 말한다. 이하 같다)을 가산한 금액 이상으로 해야 한다.
2) 계약담당자는 선금정산 시 선금정산액에 대한 사용내역이 확인된 경우에는 계약상대자의 요청에 따라 해당 선금잔액(선금액에서 선금정산액을 공제한 금액을 말한다. 이하 같다)에 해당 이자상당액을 가산한 금액을 기준으로 채권확보 조치를 할 수 있다.

③ 보증기간

1) 선금에 대한 보증·보험기간의 개시일은 선금지급일 이전이어야 하며 그 종료일은 이행기간의 종료일로부터 60일 이상에 해당하는 경우에는 30일 이상)으로 해야 한다.

2) 계약담당자가 그 이행기간을 연장할 경우에는 계약상대자로 하여금 당초의 보증·보험기간에 그 연장하려는 기간을 가산한 기간을 보증·보험기간으로 하는 증권·보증서를 제출하게 해야 한다.

8.4.5 선금의 사용과 정산

① 선금사용방법

1) 계약상대자에게 선금을 지급할 때에는 다음 사항을 준수하게 해야 한다.

가. 수령한 선금을 해당 계약의 노임(공사계약은 제외)지급과 자재확보 등 해당 계약목적 달성을 위한 용도로 사용

나. 원도급자나 공동수급체 대표자는 공동수급체 구성원이나 하수급자에게 선금 수령사실을 5일 이내에 서면통지

2) 발주자가 공동수급체 대표자나 원도급자에게 선금을 지급한 때에는 선금지급일로부터 15일 이내에 공동수급체 구성원이나 하수급자에게 현금으로 지급하게 하고, 선금배분 여부를 확인해야 한다.

3) 발주자는 선금전액 사용 시 등에 지급된 선금이 적합한 용도로 사용되었는지 여부를 확인할 필요가 있는 때에는 계약상대자에게 사용내역서를 제출하게 해야 하며, 선금을 전액 정산하기 이전에는 계약에 따라 발생한 권리의무를 제3자에게 양도하게 할 수 없다. 다만 선금지급을 보증한 기관의 동의를 얻어 공사대금청구권을 양도하려는 경우에는 선금을 전액 정산하기 이전이라도 공사대금청구권을 제3자에게 양도하게 할 수 있다.

② 반환청구와 재지급

1) 선금을 지급한 후 다음 사항에 해당하는 경우에는 해당 선금잔액에 대해서 계약상대자에게 지체 없이 그 반환을 청구해야 한다. 다만 계약상대자의 책임 있는 사유로 인하여 반환하는 경우에는 해당 선금잔액에 대한 이자상당액을 가산하여 청구해야 한다.

가. 계약을 해제·해지하는 경우

나. 선금지급조건을 위배한 경우

다. 사고이월 등으로 반환이 불가피하다고 인정하는 경우

라. 정당한 사유 없이 선금수령일로부터 15일 이내에 공동수급체 구성원이나 하수급자에게 선금을 배분하지 않은 경우

2) 계약상대자의 책임 있는 사유로 인하여 선금을 반환하는 경우 이자상당액의 계산방법은 매일의 선금잔액에 대한 일변계산에 의하며 계산기간은 반환 시까지로 한다.
3) 선금 반환청구 시 기성부분에 대한 미지급액이 있는 경우에는 선금잔액을 그 미지급액에 우선적으로 충당해야 한다. 다만 「건설산업기본법」과 「하도급거래공정화에 관한 법률」에 따라 하도급대금 지급보증이 되어 있지 않은 경우로서 「계약집행기준」 제13장 공사계약 일반조건 제11절 2가(하도급계약 중 하수급인이 시공한 부분에 상당하는 금액에 대하여는 계약상대자가 하수급인에게 대가지급을 의뢰한 것으로 보아 해당 하수급인에게 직접 지급해야 한다)는 규정에 따라 하도급대가를 직접 지급하는 때에는 우선적으로 하도급대가를 지급한 후 기성부분에 대한 미지급액의 잔액이 있을 경우 선금잔액과 상계할 수 있다.
4) 발주자는 원도급자나 공동수급체 대표자가 공동수급체 구성원이나 하수급자에게 정당한 사유 없이 선금을 적정하게 배분하지 아니한 경우에는 반환된 선금을 공동수급체 구성원 또는 하수급자에게 직접 지급할 수 있다. 이 경우 하도급직불합의 또는 직접지급 사전동의를 확인하고 계약상대자가 요구할 경우에는 해당 하수급인이 계약상대자에게 보증서를 제출하게 해야 한다.
5) 사고이월 등을 할 경우 계약담당자는 선금잔액에 대하여 계약상대자에게 반환을 청구해야 하며, 반납받은 선금잔액을 이월사업에 계속 집행할 필요가 있는 경우에는 이를 이월된 연도에 계약상대자에게 다시 지급할 수 있다.

③ 선금지급조건

1) 발주자는 계약상대자에게 선금을 지급하려는 경우에는 채권확보조치, 선금의 사용과 배분, 정산과 반환청구 등 그밖에 필요한 사항을 선금지급 조건으로 명시해야 한다.
2) 계약목적을 달성하기 위한 용도 이외의 다른 목적에 사용해서는 안되고 노임지급과 자재확보에 우선 사용해야 하며, 선금전액을 사용한 후에는 사용내역서를 제출해야 한다.

④ 선금의 정산 : 선금은 기성 · 기납 부분의 대가지급 시마다 다음 방식에 따라 산출한 선금정산액 이상을 정산해야 한다.

$$\text{선금정산액} = \text{선금액} \times \frac{\text{기성(기납) 부분의 대가상당액}}{\text{계약금액}}$$

제9장 설계변경과 계약금액의 변경

9.1 설계변경 및 계약금액의 조정규정

9.1.1 설계변경 및 계약금액 조정방법

① 감리원은 설계변경 및 계약금액 변경시 계약서류와 「국가를 당사자로 하는 계약에 관한 법률」, 「지방자치단체를 당사자로 하는 계약에 관한 법률」 등 관련 규정에 따라 시행한다.

② 감리원은 공사시행 과정에서 위치변경과 연장 증감 등으로 인한 수량증감이나 단순 구조물의 추가 또는 삭제 등의 경미한 설계변경 사항이 발생한 경우에는 우선 변경 시공토록 지시할 수 있으며 사후에 발주자에게 서면 보고하여야 한다. 이 경우 경미한 설계변경의 구체적 범위는 발주청이 정한다.

③ 발주자는 외부적 사업환경의 변동, 사업추진 기본계획의 조정, 공법변경, 기타 자재의 추가 등으로 설계변경이 필요한 경우에는 다음의 서류를 첨부하여 서면으로 감리원(공사감독자)에게 설계변경을 하도록 지시하여야 한다. 단 발주자가 설계변경 도서를 작성할 수 없을 경우에는 설계변경 개요서만 첨부하여 설계변경 지시를 할 수 있다.

1) 설계변경 개요서
2) 설계변경 도면, 시방서, 계산서 등
3) 수량산출조서
4) 기타 필요한 서류

④ 설계변경 지시를 받은 공사감리원은 지체 없이 시공자에게 동 내용을 통보하여야 한다.

⑤ 감리원(감독자)는 발주자의 방침에 따라 설계변경이 가능한 서류(설계변경 개요서, 설계변경 도면, 시방서, 계산서, 수량산출조서, 기타 필요한 서류)를 작성하여 발주자에게 제출(감독자는 설계변경 필요성에 대한 내부보고 결정을 받고 설계변경 실시)하여야 한다.

⑥ 시공자 건의에 의한 설계변경 절차

1) 시공자가 현지여건과 설계도서가 부합되지 않거나 공사비의 절감과 공사의 품질향상을 위한 개선사항 등 설계변경이 필요하여 설계변경 사유서, 설계변경 도면, 개략적인 수량증감내역 및 공사비 증감내역 등의 서류를 첨부하여 정보통신공사감리원에게 제출한다.

2) 감리원은 이를 검토·확인하고 검토의견서를 첨부하여 발주자에게 실정보고를 하고, 발주자의(감독자)로부터 결정 통보를 받은 후 시공자에게 설계변경 결과를 통보한다.

⑦ 설계변경 요구를 받은 경우 발주자 업무처리

1) 설계변경에 대한 기술검토를 위하여 소속직원으로 기술검토팀(T/F팀)을 구성(필요 시 민간전문가 구성)하여 설계변경에 대한 타당성을 검토한다.

2) 처리기간은 단순한 사항일 때는 7일 이내, 그 이외의 사항은 14일 이내에 방침을 확정하여 감리원에게 통보하고 해당 기일내에 처리가 곤란하여 방침결정이 지연될 경우에는 그 사유를 명시하여 통보하여야 한다.

3) 발주자는 설계변경 원인이 설계자의 하자라고 판단되는 경우에는 설계자에게 부실설계 책임을 지울 수 있다.

4) 감리원은 설계변경 등으로 인한 계약금액의 조정을 위한 각종 서류를 시공자로부터 제출받아 검토·확인한 후 소속기업체 대표자에게 보고하여야 하며, 감리업자(대표자)는 소속 감리원에게 검토·확인하게 하고 대표자 명의로 발주자에게 제출하여야 한다.

5) 변경설계도서의 설계자는 책임감리원, 심사자는 비상주 감리원이 날인하여야 한다. 다만 대규모 통합감리의 경우, 설계자는 실제 설계담당 감리원과 책임감리원이 연명으로 날인하고 변경설계도서의 표지양식은 사전에 발주처와 협의하여 정한다.

6) 정보통신감리원은 설계변경 등으로 인한 계약금액 조정업무 처리는 공사추진에 지장을 초래하지 않도록 적기에 계약변경이 이루어질 수 있도록 조치하여야 한다.

7) 최종 계약금액의 조정은 예비준공 검사기간 등을 고려하여 늦어도 준공예정일 45일 전까지 발주자에 제출되어야 한다.

8) 감리원은 공사시행 과정에서 당초 설계대로 변경 없이 시공하도록 하고 현지여건

에 따른 위치변경과 연장 증감 등으로 인한 수량증감이나 단순 구조물의 추가 또는 삭제 등의 경미한 설계변경 사항이 발생한 경우에는 설계변경도면, 수량증감 및 증감공사비 내역을 시공자로부터 제출받아 검토·확인하고 발주청에 서면 보고하여야 한다. 이 경우 경미한 설계변경의 구체적 범위는 발주청이 정한다.

9.1.2 설계변경으로 인한 계약금액의 조정

① 공사계약에서 설계변경으로 인하여 공사량의 증감이 발생하였을 때에는 해당 계약금액을 조정한다.

② 입찰참가자가 물량내역서를 직접 작성하여 산출내역서를 제출하는 공사의 경우에는 입찰참가자가 직접 작성한 부분에 누락·오류 등이 있어 계약내용을 변경하더라도 계약금액을 증액할 수 없다.

③ 예정가격의 100분의 86 미만으로 낙찰된 공사계약의 계약금액을 증액 조정하려는 경우로서 해당 증액 조정금액이 원래 계약금액의 100분의 10 이상인 경우에는 해당 발주기관장의 승인을 받아야 한다.

④ 계약금액을 조정할 때에는 다음의 기준에 따른다.

1) 증감된 공사량의 단가는 제출한 산출내역서상의 단가로 한다. 다만 계약단가가 예정가격의 단가(이하 "예정가격단가"라 한다)보다 높은 경우로서 물량이 증가하게 되는 경우 그 증가된 물량에 대한 적용단가는 예정가격단가로 한다.

2) 계약단가가 없는 신규비목의 단가는 설계변경 당시를 기준으로 하여 산정한 단가에 낙찰률을 곱한 금액으로 한다.

3) 지방자치단체에서 설계변경을 요구한 경우(계약상대자에게 책임이 없는 사유로 인한 경우를 포함한다)에는 증가된 물량 또는 신규비목의 단가는 설계 변경 당시를 기준으로 하여 산정한 단가와 그 단가에 낙찰률을 곱한 금액의 범위에서 계약당사자 간에 협의하여 결정한다. 다만 계약당사자 간에 협의가 이루어지지 아니하는 경우에는 다음 계산식에 따라 계산한 금액으로 한다.

[설계변경 당시를 기준으로 하여 산정한 단가 + (설계변경 당시를 기준으로 하여 산정한 단가×낙찰률)] × 50/100

⑤ 계약상대자가 새로운 기술·공법 등(지방자치단체의 설계와 같은 수준 이상의 기능·효과를 가진 기술·공법·기자재 등을 포함)을 사용함으로써 공사비의 절감, 시공기간의 단축 등에 효과가 현저할 것으로 인정되어 계약상대자의 요청에 의하여 필요한 설계변경을 하였을 때에는 그 절감액의 100분의 30에 해당하는 금액을 감액하여 계약금액을 조정한다.

⑥ 새로운 기술·공법 등의 범위와 한계에 관하여 이의가 있을 때에는 「건설기술 진흥법 시행령」 제19조에 따른 기술자문위원회(이하 "기술자문위원회"라 한다)에

청구하여 심의를 받아야 한다. 다만 기술자문위원회가 설치되어 있지 아니한 경우에는 「건설기술진흥법」 제5조에 따른 지방건설기술심의위원회(이하 "지방건설기술심의위원회"라 한다)의 심의를 받아야 한다.

⑦ 계약금액의 증감분에 대한 일반관리비 및 이윤 등은 제출한 산출내역서상의 일반관리비율 및 이윤율 등에 의하여 산출하되 안전행정부령으로 정하는 비율을 초과할 수 없다.

⑧ 발주자는 계약금액을 증액 조정할 때에는 정부가 정하는 바에 따라 그 적절성과 적법성을 심사하여야 한다.

⑨ 제조 · 용역 등의 계약에서 계약금액을 조정하는 경우에는 계약금액의 조정규정을 준용할 수 있다.

[근거] 지방자치단체를 당사자로 하는 계약에 관한 법률 시행령 제74조

9.1.3 설계변경이 필요한 부분의 시공전 완료

설계변경은 그 설계변경이 필요한 부분의 시공 전에 완료하여야 한다.

다만 공정이행의 지연으로 품질저하가 우려되는 등 긴급하게 공사를 수행하게 할 필요가 있는 경우에는 계약상대자와 협의하여 설계변경의 시기 등을 명확히 정하고, 설계변경을 완료하기 전에 우선 시공하게 할 수 있다.

[근거] 지방자치단체를 당사자로 하는 계약에 관한 법률 시행규칙 제73조

9.1.4 그 밖에 계약내용의 변경으로 인한 계약금액의 조정

공사, 제조 등의 계약에서 공사기간 · 운반거리의 변경 등 계약내용의 변경으로 계약금액을 조정하여야 할 필요가 있는 경우에는 그 변경된 내용에 따라 실비를 초과하지 아니하는 범위에서 조정한다.

〈제9-1호 서식〉

설계변경현황

공사명 :

일자	공 종	수 량			공사비			변경사유	비 고
		단위	당초	변경	당초	변경	증감		

9.1.5 설계변경계약 전 기성고 및 지급자재의 지급

① 정보통신공사감리원은 발주자의 방침을 지시받았거나, 승인을 받은 설계변경 사항의 기성고는 해당 공사의 변경계약을 체결하기 전이라도 당초 계약된 수량과 공사비 범위 안에서 설계변경 승인사항의 공사 기성부분에 대하여 확인하고 기성고를 사정하여야 한다. 발주청은 공사감독관이 확인하고 사정한 동 기성부분에 대하여 기성금을 지불하여야 한다.

② 기성공정 내역서를 기준으로 기성금을 지급할 수 있다.

9.1.6 물가변동으로 인한 계약금액의 조정요청 서류검토

① 시공자로부터 물가변동에 따른 계약금액 조정 · 요청을 받은 정보통신공사감리원은 경우 다음의 서류를 작성 · 제출토록 요구받아 검토한다.

1) 물가변동 조정요청서
2) 계약금액 조정요청서
3) 품목조정률 또는 지수조정률 산출근거
4) 계약금액 조정 산출근거
5) 기타 설계변경에 필요한 서류

② 공사감독자는 시공자로부터 계약금액 조정요청을 받은 날로부터 14일이내에 검토의견을 첨부하여 발주자에게 보고하여야 한다.

9.1.7 물가변동 등에 따른 계약금액의 조정

① 공사 · 물품 · 용역, 그 밖에 재정지출의 원인이 되는 계약을 체결한 후 물가변동 및 설계변경, 그 밖에 계약내용의 변경으로 인하여 계약금액을 조정할 필요가 있으면 그 계약금액을 조정한다.

② 정부와 지방자치단체의 재정지출 원인이 되는 계약을 체결(장기계속공사와 장기물품제조 등의 경우에는 제1차 계약의 체결을 말한다)한 날부터 90일 이상 지나고 동시에 다음의 어느 하나에 해당되는 경우에는 정부가 정하는 바에 따라 계약금액(장기계속공사와 장기물품제조 등의 경우에는 제1차 계약체결 시 덧붙여 적은 총공사와 총제조 등의 금액)을 조정한다. 이 경우 조정기준일(조정사유가 발생한 날)부터 90일 이내에는 이를 다시 조정하지 못한다.

1) 입찰일(수의계약의 경우에는 계약체결일을 말하고, 2차 이후의 계약금액 조정의 경우에는 직전 조정기준일)을 기준일로 하여 안전행정부령으로 정하는 바에 따라 산출된 품목조정률이 100분의 3 이상 증감된 경우

2) 입찰일을 기준으로 하여 안전행정부령으로 정하는 바에 따라 산출된 지수조정률이 100분의 3 이상 증감된 경우

③ 환율변동으로 인하여 계약금액 조정요건이 성립된 경우에는 계약금액을 조정한다.

④ 「지방재정법 시행령」 제96조(선금급으로서 지급할 수 있는 경비, 계약금액이 3천만원 이상인 공사·제조나 1천만원 이상인 용역의 경우, 행정부장관이 정하는 바에 의하여 계약체결 후 계약상대방의 청구를 받은 날부터 14일 이내에 선금급으로서 지급하여야 한다. 다만 자금사정 등 불가피한 사유로 인하여 선금급으로서 지급이 불가능하여 그 사유를 계약 상대방에게 문서로써 통지한 경우에는 그러하지 아니하다)에 따라 해당 계약상대자에게 선금을 지급한 것이 있을 때에는 제1항에 따라 산출한 증가액에서 행정부령으로 정하는 바에 따라 산출한 금액을 공제한다.

⑤ 최고판매가격이 고시되는 물품을 구매하는 경우 또는 그 밖에 제1항을 적용해서는 물품을 조달하기 곤란한 경우에는 계약체결 시에 계약금액의 조정에 관하여 달리 정할 수 있다.

⑥ 천재지변 또는 원자재의 가격급등으로 인하여 해당 조정 제한기간 내에 계약금액을 조정하지 아니하여 계약이행이 곤란하다고 인정되는 경우와 가격변동으로 인하여 입찰일을 기준일로 하여 산정한 해당 자재의 가격증감률이 100분의 15 이상인 때에는 그 자재에 한정하여 계약금액을 조정한다.

[근거] 지방자치단체를 당사자로 하는 계약에 관한 법률 제22조, 시행령 제73조

9.1.8 그 밖에 계약내용의 변경으로 인한 계약금액의 조정

① 발주자는 공사·물품·용역, 그 밖에 재정지출의 원인이 되는 계약을 체결한 후 물가변동 및 설계변경, 그 밖에 계약내용의 변경으로 인하여 계약금액을 조정할 필요가 있으면 그 계약금액을 조정한다.

감사정보	비 고
1. 정보통신공사 중 건축공사의 설계변경으로 면적이 건축면적이 증가하여 통신배관과 통신배선의 증가 금액이 20,000천원의 설계변경이 있어서 설계변경을 실시하였다. 2. 정보통신감리원은 설계변경 검토 의견서에 일반관리비는 계약 당시의 비율로 지출하면 문제가 없을 것이라는 의견서를 받고 계약 당시의 비율로 감독자는 지출을 하였다. 3. 감사에서 지출당시의 일반관리비율을 적용하지 않았으니 추가 지출비용을 반납 조치하도록 지적하였다.	매년 조달청 고시 경비 확인할 것

② 공사, 제조 등의 계약에서 물가변동으로 인한 계약금액의 조정과 설계변경으로 인한 계약금액의 조정의 경우 외에 공사기간·운반거리의 변경 등 계약내용의 변경으로 계약금액을 조정하여야 할 필요가 있는 경우에는 그 변경된 내용에 따라

실비를 초과하지 아니하는 범위에서 조정한다.

③ 계약금액의 증감분에 대한 일반관리비 및 이윤 등은 제출한 산출내역서상의 일반관리비율 및 이윤율 등에 의하여 산출하되 행정부령으로 정하는 비율을 초과할 수 없다.

[근거] 지방자치단체를 당사자로 하는 계약에 관한 법률 시행령 제75조

9.1.9 물가변동으로 인한 계약금액의 조정 산출방식

① 수의계약의 경우에는 계약체결일을 말하고, 2차 이후의 계약금액 조정의 경우에는 직전 조정기준일을 기준일로 하여 안전행정부령으로 정하는 바에 따라 산출된 품목조정률이 100분의 3 이상 증감된 경우에 따른 품목조정률과 이에 관련된 등락폭 및 등락률의 산정은 다음 각 호의 산식에 따른다. 이 경우 품목 또는 비목 및 계약금액 등은 조정기준일 이후에 이행될 부분을 그 대상으로 하며, “계약단가”란 증감된 공사량의 단가는 제출한 산출내역서상의 단가(이하 “계약단가”라 한다)로 한다. 다만 계약단가가 예정가격의 단가보다 높은 경우로서 물량이 증가하게 되는 경우 그 증가된 물량에 대한 적용단가는 예정가격단가로 한다.

② 각 품목 또는 비목의 계약단가를 말하고, “물가변동당시가격”이란 물가변동 당시에 산정한 각 품목 또는 비목의 가격을 말하며, “입찰당시가격”이란 입찰서 제출마감일 당시에 산정한 각 품목 또는 비목의 가격을 말한다.

1) $\text{품목조정률} = \dfrac{\text{각 품목 또는 비목의 수량에 등락폭을 곱하여 산출한 금액의 합계액}}{\text{계약금액}}$

2) $\text{등락폭} = \text{계약단가} \times \text{등락률}$

3) $\text{등락률} = \dfrac{(\text{물가변동당시가격} - \text{입찰당시가격})}{\text{입찰당시가격}}$

③ 신규개발품, 특수규격품 등을 사용한 특수한 물품 · 공사 · 용역 등 계약의 특수성으로 인하여 적정한 거래실례가격이 없는 경우에는 원가계산에 의한 가격이다. 이 경우 원가계산에 의한 가격은 계약의 목적이 되는 물품 · 공사 · 용역 등을 구성하는 재료비 · 노무비 · 경비와 일반관리비 및 이윤으로 계산한다.

④ 예정가격을 기준으로 계약한 경우 제1항제1호의 산식 중 각 품목 또는 비목의 수량에 등락폭을 곱하여 산출한 금액의 합계액은 그 합계액에 비례하여 증감되는 일반관리비 및 이윤 등을 포함하여야 한다.

⑤ 등락폭을 산정하는 경우에는 다음의 기준에 따른다.

1) 물가변동당시가격이 계약단가보다 높고 그 계약단가가 입찰당시가격보다 높은 경우의 등락폭은 물가변동당시가격에서 계약단가를 뺀 금액으로 한다.

9장

2) 물가변동당시가격이 입찰당시가격보다 높고 계약단가보다 낮은 경우의 등락폭은 영으로 한다.

⑥ 입찰일을 기준으로 하여 안전행정부령으로 정하는 바에 따라 산출된 지수조정률이 100분의 3 이상 증감된 경우에 따른 지수조정률은 계약금액(조정기준일 이후에 이행될 부분을 그 대상으로 한다)의 산출내역을 구성하는 비목군 및 다음의 지수 등의 변동률에 따라 산출한다.

1) 한국은행이 조사하여 공표하는 생산자물가 기본분류지수 또는 수입물가지수
2) 다음의 어느 하나에 해당하는 자가 결정·허가 또는 인가한 노임·가격 또는 요금의 평균지수
   가. 정 부
   나. 지방자치단체
   다. 「공공기관의 운영에 관한 법률」에 따른 공공기관
   라. 「지방공기업법」에 따른 지방공기업
3) 조사·공표된 가격의 평균지수
4) 그 밖에 지수와 유사한 지수로서 행정부장관이 정하는 지수

⑦ 계약금액을 조정하는 경우 그 조정금액은 계약금액 중 조정기준일 이후에 이행되는 부분의 대가(이하 "물가변동적용대가"라 한다)에 품목조정률 또는 지수조정률을 곱하여 산출하되, 계약상 조정기준일 전에 이행이 완료되어야 할 부분은 물가변동적용대가에서 제외한다. 다만, 지방자치단체에 책임이 있는 사유 또는 천재지변 등 불가항력의 사유로 이행이 지연된 경우에는 물가변동적용대가에 포함한다.

⑧ 선금을 지급한 경우의 공제금액의 산출은 다음 산식에 따른다. 이 경우 장기계속공사계약·장기물품제조 등의 계약 또는 계속비 예산으로 집행하는 공사계약 등에서 물가변동적용대가는 해당 연도 계약체결분 또는 해당 연도 이행금액을 기준으로 한다.

공제금액 = 물가변동적용대가 × (품목조정률 또는 지수조정률) × 선금급률

⑨ 물가변동당시가격은 입찰당시가격을 산정한 경우에 적용한 기준과 방법을 동일하게 적용하여 산정하여야 한다. 다만, 천재지변 또는 원자재 가격급등 등 불가피한 사유가 있는 경우에는 입찰당시가격을 산정할 때에 적용한 방법과 달리할 수 있다.

⑩ 계약금액을 증액하여 조정하려는 경우에는 계약상대자로부터 계약금액의 조정을 청구받은 날부터 30일 이내에 계약금액을 조정하여야 한다. 이 경우 예산배정의 지연 등 불가피한 사유가 있을 때에는 계약상대자와 협의하여 조정기한을 연장할 수 있으며, 계약금액을 증액할 수 있는 예산이 없을 때에는 공사량 또는 제조량 등을 조정하여 그 대가를 지급할 수 있다.

⑪ 정부는 제4항에 따른 지수조정률의 산출요령 등 물가변동으로 인한 계약금액의 조정에 필요한 세부사항을 정할 수 있다.

[근거] 지방자치단체를 당사자로 하는 계약에 관한 법률 시행규칙 제72조

9.1.10 물가변동으로 인한 계약금액의 조정

① 물가변동으로 인한 계약금액의 조정은 「지방자치단체를 당사자로 하는 계약에 관한 법률」 등 관련 규정에 따라 시행한다.

② 동일한 계약에 대한 계약금액의 조정 시 품목소성률과 지수조정률을 동시에 적용해서는 아니되며, 계약을 체결할 때에 계약상대자가 지수조정률 방법을 원하는 경우 외에는 품목조정률 방법으로 계약금액을 조정하도록 계약서에 명시해야 한다. 이 경우 계약이행 중 계약서에 명시된 계약금액 조정방법을 임의로 변경해서는 아니된다. 다만 계약서에 명시하지 않은 경우와 특정규격의 자재별 가격변동에 따른 계약금액을 조정할 경우에는 본문의 규정에 불구하고 품목조정률에 따른다.

③ ①에 따라 계약금액을 증액하는 경우에는 계약상대자의 청구에 의하고, 계약상대자는 준공대가(장기계속계약의 경우는 각 차수별 준공대가) 수령 전까지 조정신청을 해야 조정금액을 지급받을 수 있으며, 조정된 계약금액은 직전의 물가변동으로 인하여 계약금액 조정기준일로부터 90일 이내에 이를 다시 조정할 수 없다. 다만 천재 · 지변이나 원자재의 가격급등으로 해당 기간 안에 계약금액을 조정하지 아니하고는 계약이행이 곤란하다고 인정되는 경우에는 계약을 체결한 날이나 직전 조정기준일로부터 90일 이내에도 계약금액을 조정할 수 있다.

④ 계약상대자는 "다"에 따라 계약금액의 증액을 청구하는 경우에는 계약금액 조정 내역서를 첨부해야 한다.

⑤ 발주자는 ①부터 ④까지에 따라 계약금액을 증액하는 경우에는 계약상대자의 청구를 받은 날로부터 30일 이내에 계약금액을 조정해야 한다. 이 경우 예산배정의 지연 등 불가피한 경우에는 계약상대자와 협의하여 그 조정기한을 연기할 수 있으며, 계약금액을 증액할 수 있는 예산이 없는 때에는 공사량 등을 조정하여 그 대가를 지급할 수 있다.

⑥ 발주자는 ④와 ⑤에 따른 계약상대자의 계약금액 조정 청구내용이 일부 미비하거나 분명하지 아니한 경우에는 지체 없이 필요한 보완요구를 해야 하며, 이 경우 계약상대자가 보완요구를 통보받은 날부터 발주기관이 그 보완을 완료한 사실을 통지받은 날까지의 기간은 "마"의 기간에 산입하지 아니한다. 다만 계약상대자의 계약금액 조정 청구내용이 계약금액 조정요건을 충족하지 않았거나 관련 증빙서류가 첨부되지 아니한 경우에는 그 사유를 명시하여 계약상대자에게 해당 청구서를 반송해야 하며, 이 경우 계약상대자는 그 반송사유를 충족하여 계약금액 조정을 다시 청구해야 한다.

⑦ 「국가를 당사자로 하는 계약에 관한 법률」, 「지방자치단체를 당사자로 하는 계약에 관한 법률」 등 관련 규정에 따른 계약금액 조정요건을 충족했으나 계약상대자가 계약금액 조정신청을 하지 않을 경우 하수급인은 이러한 사실을 계약담당자에게 통보할 수 있으며, 통보받은 계약담당자는 이를 확인한 후 계약상대자에게 계약

금액 조정신청과 관련된 필요한 조치 등을 해야 한다.

⑧ 「국가를 당사자로 하는 계약에 관한 법률」, 「지방자치단체를 당사자로 하는 계약에 관한 법률」 등 관련 규정에 따라 계약금액을 조정한 때에는 40일 이내에 계약상대자의 관련 하도급 계약금액의 조정 여부를 확인해야 하며, 하도급 금액을 조정하지 않았다면 계약상대자에게 즉시 조정하도록 요구해야 한다.

[근거] 지방자치단체 입찰 및 계약집행기준

9.1.11 그밖에 계약내용의 변경으로 인한 계약금액의 조정

① 공사계약에 있어서 공사기간 · 운반거리의 변경 등 계약내용의 변경으로 계약금액을 조정해야 할 필요가 있는 경우에는 그 변경된 내용에 따라 실비를 초과하지 아니하는 범위 안에서 이를 조정한다.

② 계약내용의 변경은 변경되는 부분의 이행에 착수하기 전에 완료해야 한다. 다만 계약담당자는 계약이행의 지연으로 품질저하가 우려되는 등 긴급하게 계약을 이행하게 할 필요가 있는 때에는 계약상대자와 협의하여 계약내용 변경의 시기 등을 명확히 정하고, 계약내용을 변경하기 전에 계약을 이행하게 할 수 있다.

③ 계약금액이 증액될 때에는 계약상대자의 신청에 따라 조정해야 한다.

[근거] 지방자치단체 입찰 및 계약집행기준

감사정보	비 고
1. 1월 15일부터 2월 28일까지 동절기 공사중지를 하고 3월 1일경 변경계약(60%) 공정기간에 공사중지 해제를 하였다. 2. 현장감사관의 현장감사 : 감독자와 비상주 감리원에게 준공일자를 물었는데 당초의 준공일자로 답변을 하였으며 예정공정표는 변경공정이 아니었으며 안전관리비를 지출한 실적도 없었다. 3. 계약규정에는 변경계약을 하게 되면 동시에 감리원과 감독자가 어떤 조치를 신속하게 하여야 하는지를 확인하고 실행하여야 한다.	

9.1.12 특정규격 자재의 가격변동으로 인한 계약금액 조정

① 「국가를 당사자로 하는 계약에 관한 법률」,「지방자치단체를 당사자로 하는 계약에 관한 법률」 등 관련 규정에 따라 특정규격의 자재별 가격변동에 따른 계약금액을 조정하는 경우에는 품목조정률 방법에 따르며, 품목조정률, 등락폭, 등락률의 산정 방법 등은 국가와 지방자치단체를 당사자로 하는 계약법률 규정을 준용한다.

② ①에 따른 계약금액 조정 후 물가변동으로 인한 계약금액을 조정하는 경우에는 다음 각 호의 기준에 따른다.

1) 「국가를 당사자로 하는 계약에 관한 법률」,「지방자치단체를 당사자로 하는 계약에

관한 법률」 등 관련 규정에 따라 계약금액을 조정하는 경우 품목조정률 산출시 적용하는 등락률의 산정은 산출한 등락률에서 제1항에 따른 특정규격 자재의 등락률을 빼고(특정규격 자재의 가격이 하락한 경우에는 합하여) 산정한다.

2) 계약금액을 조정하는 경우 지수조정률은 다음 각 호와 같이 산출한다.

가. 비목군 분류 시 특정규격의 자재가 속해 있는 비목군에서 특정규격 자재의 비목군을 따로 분류한다.

나. 계수산출시 "가"에 따라 조정된 금액을 제외하고 산출하며, 특정규격 자재의 비목군과 특정규격 자재를 제외한 비목군에 해당하는 금액이 차지하는 비율에 따라 각각 계수를 산출한다.

다. 지수조정률 산출 시 특정규격 자재의 비목군의 지수변동률은 특정규격 자재의 등락폭에 해당하는 지수상승률을 빼고(하락률일 경우에는 합한다), 특정규격 자재의 조정기준일부터 물가변동으로 인한 계약금액 조정기준일까지 지수상승률은 합산하여 산출한다.

③ 계약담당자는 총액증액조정요건과 단품증액조정요건이 동시에 충족되는 경우에는 총액증액조정을 적용하여야 한다. 다만 다음 각 호의 경우에는 단품증액조정을 우선 적용할 수 있다.

1) 단품증액조정이 총액증액조정보다 하수급자에게 유리한 경우

2) 그밖에 발주기관의 계약관리 효율성 제고 등을 위해 단품증액조정을 적용할 필요가 있다고 인정되는 경우

[근거] 지방자치단체 입찰 및 계약집행기준

9.1.13 90일 이내 계약금액 조정요건

9장

① 다음의 어느 하나에 해당하는 경우에는 계약체결일이나 직전 조정기준일부터 90일 이내에 계약금액을 조정할 수 있다.

1) 조사·공표된 해당 직종의 노임단가의 평균등락률이 7% 이상 증감된 경우

2) 관계 중앙행정기관의 장이 발표한 공종별 실적공사비 단가의 평균등락률이 7% 이상 증감된 경우

3) 등락률이 아래와 같이 발생한 경우

가. 공사, 용역, 물품제조 계약 : 5% 이상 증가

나. 물품구매 계약 : 10% 이상 증가

4) 예정공정표의 계약이행기간이 90일 이내로서 기준시점(입찰일)과 비교시점의 자재구매가격(가중치방식 평균가격)이 5% 이상 증감된 경우

5) 공사, 용역 및 물품제조계약에서 품목조정률이나 지수조정률이 3%(물품구매계약은 6%) 이상 상승하고, 그 밖의 객관적 사유로 90일 이내에 계약금액을 조정

하지 아니하고는 계약이행이 곤란하다고 판단되어 계약심사부서의 검토의견을 첨부하여 계약심의위원회에서 계약금액의 조정을 결정한 경우

감사정보	비 고
1. 11월 20일에 공사를 착공하고 그 다음 연도 1월 10일경 작년 12월 기준 외산자재값이 9%가량 올라서 시공사는 그 자재를 납품 못하겠으니 물가변동제도를 적용해 달라고 하였다. 2. 외국 제조사에 문서로 질의하니 사실 그대로였으며 8%증가 금액으로 합의하고 장비를 현장에 설치하여 준공 처리하였다. 3. 어느 규정에 위반이 되었는가?	

② 조정기준일은 ①의 조건이 충족된 최초의 날을 말한다.

1) 계약상대자는 물가변동으로 인한 계약금액 조정을 하는 경우에는 원자재가격 급등과 이에 따라 계약금액에 미치는 영향, 계약이행이 곤란한 객관적 사유 등에 대한 증빙서류를 계약담당자에게 제출해야 한다.

2) 계약이행이 곤란한 객관적 사유에 대한 증빙서류에는 다음과 같은 내용이 포함될 수 있다.

가. 입찰 또는 계약체결 시 예상할 수 없었던 사유(환율급등, 파업 등)로 인하여 계약금액을 조정하지 아니하고는 계약수행이 곤란한 상황

나. 납품지연, 납품거부, 계약포기 등의 사유로 제재조치를 받는 것이 계약을 이행하는 것보다 비용이 더 유리한 상황

다. 과도한 추가비용이 소요되어 계약목적물을 적기에 이행할 수 없는 상황

라. 그밖에 계약상대자의 책임 없는 사유

[근거] 지방자치단체 입찰 및 계약집행기준

9.1.14 계약금액의 감액조정

① 발주자는 감액조정 요건이 충족되는 경우에는 계약상대자에게 통보하여 계약금액을 감액 조정한다. 다만 계약금액 조정요건의 충족여부 등을 자체적으로 확인할 수 없는 경우에는 「국가를 당사자로 하는 계약에 관한 법률」, 「지방자치단체를 당사자로 하는 계약에 관한 법률」 등 관련 규정에 따른 원가검토기관에 위탁할 수 있다. 다만 계약금액의 감액조정금액이 원가검토기관 위탁수수료보다 낮을 것으로 예상되는 경우 감액조정을 생략할 수 있다.

② 총액감액조정과 단품감액조정요건이 동시에 충족되는 경우에는 원칙적으로 총액감액조정을 우선 적용한다.

③ 직전 계약금액 조정 시에 단품증액조정을 한 경우에는 단품감액조정요건이 충족되면 원칙적으로 단품감액조정을 해야 한다. 다만 계약담당자는 단품감액조정을 적용함으

로써 총액증액조정의 등락요건이 입찰일이나 직전 조정기준일로부터 조기에 충족되어 추가적인 계약금액 조정이 예상되는 경우 그 단품감액조정을 생략할 수 있다.

④ 직전 계약금액조정 시에 단품증액조정요건과 총액증액조정요건이 동시에 충족하여 단품증액조정을 적용하지 못한 경우에는 단품감액조정을 적용하지 아니한다.

⑤ 단품감액조정을 할 경우 그 대상인 특정규격의 자재(부산물이나 작업설은 제외한다)는 산출내역서의 재료비 항목의 자재로 한다. 다만 산출내역서만으로 재료비 항목을 구분하기 어려운 경우 산출내역서 작성 시 제출한 기초자료(일위대가 등)를 활용하여 재료비 항목으로 구분하여 단품감액조정을 적용할 수 있다.

⑥ 계약금액을 감액 조정할 경우 「국가를 당사자로 하는 계약에 관한 법률」, 「지방자치단체를 당사자로 하는 계약에 관한 법률」 등 관련 규정에 따른 선금공제를 적용하지 않는다.

⑦ 해당 조정기준일 이후에 이행된 부분에 대해 조정통보 전에 지급된 기성대가(준공대가 포함)는 물가변동적용대가에서 공제한다. 다만 계약담당자가 계약상대자에게 감액조정 통보 후 지급한 기성·준공대가나 개산급으로 지급한 기성대가는 물가변동적용대가에 포함한다.

⑧ 단품감액조정이나 총액감액조정을 할 경우 계약상대자가 직전 계약금액 조정시에 단품증액조정이나 총액증액조정으로 인하여 조정받은 금액을 하수급인 등에게 배분한 것과 동일한 방식으로 회수·관리하도록 해야 한다.

[근거] 지방자치단체 입찰 및 계약집행기준

9.2 설계변경 실시

9.2.1 설계변경의 대상

① 설계변경은 다음의 어느 하나에 해당하는 때에 한다.

1) 설계서의 내용이 불분명하거나 누락·오류 또는 상호 모순되는 점이 있을 경우
2) 지질, 용수 등 공사현장의 상태가 설계서와 다를 경우
3) 새로운 기술·공법 사용으로 공사비의 절감과 시공기간의 단축 등의 효과가 현저할 경우
4) 그밖에 발주기관이 설계서를 변경할 필요가 있다고 인정할 경우 등

감사정보	비 고
○○시청 10층 규모의 신청사 공사를 시행 중 시공사 대표가 정보통신감리원과 발주처 감독관에게 다음과 같이 문서로 요구를 하였다.	

감사정보	비 고
1. 1층 민원실부터 3층까지 22mm 배관을 설계량만큼 구매하여 시공결과 600m가 부족하였고, 6층부터 9층까지도 300m가 부족하였으며 UTP 통신케이블 700m와 광케이블 300m가 부족하였으니 설계변경을 요청한다. 2. 감독자는 수신 공문내용을 기준으로 자재의 수량증가와 인력수 증가확인과 설계변경을 실시하기 위하여 감리원에게 검토 의뢰를 하였는데 사실이었다. 3. 설계용역감독은 실시설계 도서의 층별 산출서의 확인부실과 감리원의 착공 전에 설계도서 검토의 소홀이 나타났다. 4. 문제점 발생 : 공사비용증가에 따른 추가적 예산이 부족하여 추가경정예산을 실시하여야 하고 변경계약을 하지 못한 상태에서 건축공사와 동시에 정보통신공사를 진행하여야 하는 등 여러 가지 문제점을 가져왔다. – 설계변경을 완료하고 시공을 하지 못하고 시공을 진행시키고 준공단계에서 설계변경을 해야 하는 어려움이 있다. – 설계용역 감독의 업무 태만은 시공감독과 감리원까지 어렵다. 5. 감리원과 감독자의 조치결과 : 설계변경 당시의 시중가격 자재비 단가를 반영하여 준공처리를 하였다. 6. 감사실시 : 설계변경 사유, 계약단가 미적용 사유, 일상감사와 계약심사 미시행 사유, 지출금액의 과다 지출된 금액을 반납조치하고 지적사항 조치결과를 요구한다.	

② 설계변경에 있어서 다음의 사항은 설계서에 포함하지 아니한다.

1) 수의계약으로 체결한 공사의 산출내역서. 다만「국가를 당사자로 하는 계약에 관한 법률」,「지방자치단체를 당사자로 하는 계약에 관한 법률」 등 관련 규정에 따라 수의계약 안내공고 시 교부하거나 게재하는 물량내역서는 설계서에 포함한다.
2)「국가를 당사자로 하는 계약에 관한 법률」,「지방자치단체를 당사자로 하는 계약에 관한 법률」 등 관련 규정에 따라 일괄입찰과 대안입찰(대안이 채택된 공종에 한함) 공사의 산출내역서
3) 입찰에서 새로운 기술 · 공법 · 기자재 등이 채택된 공종의 산출내역서

③ 설계변경은 그 설계변경이 필요한 부분의 시공 전에 완료해야 한다. 다만 계약담당자는 공정이행의 지연으로 품질저하가 우려되는 등 긴급하게 공사를 수행할 필요가 있는 때에는 계약상대자와 협의하여 설계변경의 시기 등을 명확히 정하고, 설계변경을 완료하기 전에 우선시공을 하게 할 수 있다.

[근거] 지방자치단체 입찰 및 계약집행기준

9.2.2 설계서의 정정 · 보완

① 계약상대자는 공사계약의 이행 중 설계서의 내용이 불분명하거나 설계서에 누락 · 오류가 있거나 설계서간에 상호모순 등이 있는 사실을 발견한 때에는 설계변경이

필요한 부분의 이행 전에 해당 사항을 분명히 한 서류를 작성하여 계약담당자와 공사감독관에게 동시에 이를 통지해야 한다.

② 발주자는 설계서의 내용이 불분명에 따른 통지를 받은 즉시 공사가 적절히 이행될 수 있도록 다음 각 호의 어느 하나에 해당하는 방법으로 설계변경 등 필요한 조치를 해야 한다.

1) 설계서의 내용이 불분명한 경우(설계서만으로는 시공방법, 투입자재 등을 확정할 수 없는 경우)에는 설계자의 의견과 발주기관이 작성한 단가산출서 · 수량산출서 등의 검토를 통하여 당초 설계서에 따른 시공방법 · 투입자재 등을 확인한 후 확인된 사항대로 시공해야 하는 경우에는 설계서를 보완하되 계약금액의 조정은 필요 없으며, 확인된 사항과 다르게 시공해야 하는 경우에는 설계서를 보완하고 계약금액을 조정해야 한다.
2) 설계서에 누락 · 오류가 있는 경우에는 그 사실을 조사 확인하고 계약목적물의 기능과 안전을 확보할 수 있도록 설계서를 보완한다.
3) 설계도면과 공사설계설명서는 서로 일치하나 물량내역서와 상이한 경우에는 설계도면과 공사설계설명서에 물량내역서를 일치시킨다.
4) 설계도면과 공사설계설명서가 상이한 경우로서 물량내역서가 설계도면과 상이하거나 공사설계설명서와 상이한 경우에는 설계도면과 공사설계설명서 중 최선의 공사시공을 위하여 우선되어야 할 내용으로 설계도면 · 공사설계설명서를 확정한 후 그 확정된 내용에 따라 물량내역서를 일치시킨다.

[근거] 지방자치단체 입찰 및 계약집행기준

9.2.3 현장상태에 따른 설계변경

① 계약상대자는 공사의 이행 중 지질, 용수, 지하매설물 등 공사현장의 상태가 설계서와 다른 사실을 발견한 때에는 지체 없이 설계서에 명시된 현장상태와 상이하게 나타난 현장상태를 기재한 서류를 작성하여 계약담당자와 공사감독관에게 동시에 이를 통지해야 한다.

② 발주자는 공사현장의 상태가 설계서와 다른 사실에 대하여 통지를 받은 즉시 현장을 확인하고 현장상태에 따라 설계서를 변경해야 한다.

[근거] 지방자치단체 입찰 및 계약집행기준

9.2.4 신기술 · 신공법에 따른 설계변경

① 계약상대자는 새로운 기술 · 공법(발주기관의 설계와 동등이상의 기능 · 효과를 가진 기술 · 공법 및 기자재 등을 포함한다. 이하 같다)을 사용함으로써 공사비의 절

감과 시공기간의 단축 등에 효과가 현저할 것으로 인정하는 경우에는 다음 각 호의 서류를 첨부하여 공사감독관을 거쳐 계약담당자에게 서면으로 설계변경을 요청할 수 있다.

1) 제안사항에 대한 구체적인 설명서
2) 제안사항에 대한 산출내역서
3) 수정 공정예정표
4) 공사비의 절감과 시공기간의 단축효과
5) 그 밖의 참고사항

② 발주자는 설계변경을 요청받은 때에는 이를 검토하여 그 결과를 계약상대자에게 통지해야 한다. 이 경우 새로운 기술·공법 등의 범위와 한계에 대하여 이의가 있을 때에는 「건설기술관리법 시행령」 제21조에 따른 설계자문위원회(이하 "설계자문위원회"라 한다)에 청구하여 심의를 받아야 한다. 다만 설계자문위원회가 설치되어 있지 아니한 경우에는 「건설기술관리법」 제5조에 따른 지방건설기술심의위원회의 심의를 받아야 한다.

③ 계약상대자는 새로운 기술·공법 설계변경 요청에 따른 요청이 승인된 때에는 지체 없이 새로운 기술·공법으로 수행할 공사에 대한 시공 상세도면을 공사감독관을 거쳐 계약담당자에게 제출해야 한다.

④ 계약상대자는 새로운 기술·공법 설계변경 요청에 따른 계약담당자의 결정에 대하여 이의를 제기할 수 없으며, 또한 새로운 기술·공법의 개발에 소요된 비용과 새로운 기술·공법에 따른 설계변경 후 그 기술·공법에 따른 시공이 불가능한 것으로 판명된 경우 시공에 소요된 비용을 발주기관에 청구할 수 없다.

[근거] 지방자치단체 입찰 및 계약집행기준

9.2.5 발주기관의 필요에 따른 설계변경 통보

① 발주자는 다음의 어느 하나에 해당하는 사유로 인하여 설계서를 변경할 필요가 있다고 인정할 경우에는 계약상대자에게 이를 서면으로 통보할 수 있다.

1) 해당 공사의 일부변경이 수반되는 추가공사의 발생
2) 특정공종의 삭제
3) 공정계획의 변경
4) 시공방법의 변경
5) 그밖에 공사의 적정한 이행을 위한 변경

② 발주자는 설계변경을 통보할 때에는 다음의 서류를 첨부해야 한다. 다만 발주기관이 설계서를 변경 작성할 수 없을 경우에는 설계변경 개요서만 첨부하여 설계변경을 통보할 수 있다.

1) 설계변경개요서
2) 수정 설계도면과 공사설계설명서
3) 그 밖에 필요한 서류

③ 계약상대자는 다음의 어느 하나에 해당하는 사유로 인하여 설계서를 변경에 따른 통보를 받은 즉시 공사 이행상황과 자재 수급상황 등을 검토하여 설계변경 통보내용의 이행가능 여부(이행이 불가능하다고 판단될 경우에는 그 사유와 근거자료를 첨부)를 계약담당자와 공사감독관에게 동시에 이를 서면으로 통지해야 한다.
1) 해당 공사의 일부변경이 수반되는 추가공사의 발생
2) 특정공종의 삭제
3) 공정계획의 변경
4) 시공방법의 변경
5) 그밖에 공사의 적정한 이행을 위한 변경

[근거] 지방자치단체 입찰 및 계약집행기준

9.2.6 소요자재의 수급방법 변경

① 발주자는 발주기관의 사정으로 인하여 당초 관급자재로 정한 품목을 계약상대자와 협의하여 계약상대자가 직접 구입하여 투입하는 자재(이하 "사급자재"라 한다)로 변경하거나 관급자재 등의 공급지체로 공사가 상당기간 지연될 것이 예상되어 계약상대자가 대체사용 승인을 신청한 경우로서 이를 승인한 경우에는 이를 서면으로 계약상대자에게 통보해야 한다. 이 때 계약담당자는 계약상대자와 협의하여 변경된 방법으로 일괄하여 자재를 구입할 수 없는 경우에는 분할하여 구입하게 할 수 있으며, 분할구입하게 할 경우에는 구입시기별로 이를 서면으로 계약상대자에게 통보해야 한다.

감사정보	비 고
1. 사례 : 30일 남은 준공기간에 시공업자가 감리원에게 보고하기를 현재 설계에 반영되어있는 관급자재는 3개월전에 단종이 되어서 시중에 없어 구할 수가 없다. 1) 당초 제품보다 성능이 우수한 다른 제품으로 변경하여 납품을 하겠으며 이 제품으로 납품이 되도록 자재변경승인을 해 달라고 하였다. 2) 감리원은 감독자에게 보고하고 감독자는 그렇게 하라고 지시하여 시공사의 요청 자재를 설치하고 준공처리하였다. 3) 사업종료 감사에서 현재 설치된 정보통신장비는 당초 설계의 제품보다 성능이 낮고 가격이 높으며 정부기관의 시험과 성능평가를 하고 재검토하여 당초 설계의 제품보다 성능이 같거나 우수한 제품을 설치하고 결과를 통보 요구하는 지적을 받았다. 2. 문제 : 시공사는 경비지출이 크다며 재설치를 불가를 통보하며 감독자와 감	

감사정보	비 고
리원의 승인하에서 설치는 정당하다고 주장. 3. 분쟁 : 감독자는 감리업체에 책임을 전가하는 사례가 발생하였다. 4. 처리방법 : 장비(자재)의 변경은 타 현장에 설치 운영사례, 성능평가서, 가격의 적정성 조사서, 정부인증제품 여부, 단종 사실여부를 제조사에 문서로 질의, 당초 제품보다는 우수한 제품사실조사와 시험성적서, 감독자의 보고서작성 기관장까지 보고, 변경을 해야 하는 사유 등 감리원과 감독자가 조치할 업무를 소홀히 하여 일어난 사례이다. 5. 감리원의 조치방향 : 이러한 사례가 발생하면 감리원은 검토의견서에 시공사의 의견을 참조하여 위의 내용(처리방법)을 기록하여 발주자에게 통보하는 방법을 조치를 취하여야 한다.	

② 발주자는 공사의 이행 중 설계변경 등으로 인하여 당초 관급자재의 수량이 증가되는 경우로서 증가되는 수량을 적기에 지급할 수 없어 공사의 이행이 지연될 것으로 예상되는 등 필요하다고 인정되는 때에는 계약상대자와 협의한 후 증가되는 수량을 계약상대자가 직접 구입하여 투입하도록 이를 서면으로 계약상대자에게 통보할 수 있다.

③ 자재의 수급방법을 변경한 경우에는 계약담당자는 통보당시의 가격에 따라 그 대가(기성부분에 실제 투입된 자재에 대한 대가)를 기성대가 · 준공대가에 합산하여 지급해야 한다. 다만, 계약상대자의 대체사용 승인신청에 따라 자재를 대체 사용한 경우에는 계약상대자와 합의된 장소와 일시에 현품으로 반환할 수도 있다.

④ 발주자는 당초 계약 시의 사급자재를 관급자재로 변경할 수 없다. 다만, 원자재의 수급 불균형에 따른 원자재 가격급등 등 사급자재를 관급자재로 변경하지 않으면 계약목적을 이행할 수 없다고 인정될 때에는 계약당사자간에 협의하여 변경할 수 있다.

⑤ 추가되는 관급자재를 사급자재로 변경하거나 사급자재를 관급자재로 변경한 경우에는 계약금액을 조정해야 한다.

[근거] 지방자치단체 입찰 및 계약집행기준

9.2.7 설계변경에 따른 추가조치 등

① 발주자는 설계변경을 하는 경우 변경사항이 안전과 관련이 있는 때에는 하자발생 시 책임한계를 명확하게 하기 위하여 당초 설계자의 의견을 듣고 조치하여야 한다.

② 발주자는 설계변경을 하는 경우 계약상대자로 하여금 다음의 사항을 계약담당자와 감독관에게 동시에 제출하게 할 수 있으며, 이 경우 계약상대자는 이에 따라야 한다.

1) 해당 공종의 수정 공정예정표
2) 해당 공종의 수정도면과 수정 상세도면
3) 조정이 요구되는 계약금액과 기간
4) 다른 공정에 미치는 영향

③ 발주자는 당초의 설계도면과 시공 상세도면을 계약상대자가 수정하여 제출하는 경우에는 그 수정에 소요된 비용을 계약상대자에게 지급해야 한다.

[근거] 지방자치단체 입찰 및 계약집행기준

9.3 계약금액의 조정 실시

9.3.1 설계변경으로 인한 계약금액의 조정

① 발주자는 설계변경으로 시공방법의 변경, 투입자재의 변경 등 공사량의 증감이 발생하는 경우에는 다음의 어느 하나에 해당하는 기준에 따라 계약금액을 조정해야 한다.

1) 증감된 공사량의 단가는 계약단가로 한다. 다만 계약단가가 예정가격단가보다 높은 경우로서 물량이 증가하게 되는 경우 그 증가된 물량에 대한 적용단가는 예정가격단가로 한다.

2) 산출내역서에 없는 품목·비목(동일한 품목이라도 성능, 규격 등이 다른 경우를 포함한다. 이하 "신규비목"이라 한다)의 단가는 설계변경 당시(설계도면의 변경을 요하는 경우에는 변경도면을 발주기관이 확정한 때, 설계도면의 변경을 요하지 않는 경우에는 계약당사자간에 설계변경을 문서로 합의한 때, 우선시공을 한 경우에는 그 우선시공을 하게 한 때를 말한다)를 기준으로 산정한 단가에 낙찰률(예정가격에 대한 낙찰금액·계약금액의 비율을 말한다)을 곱한 금액으로 한다.

감사정보	비 고
1. 사례 : 공사를 입찰을 하여 계약 후 7일 만에 시공사는 현재 설계된 관급자재는 금액이 너무 높고 시공하면 적자가 발생하니 같은 성능의 자재로 변경하여 설치하도록 해주시오. 왜 특정한 자재를 설계에 반영하여 특혜를 주고 다른 제품은 가격도 저렴하고 성능도 우수하니 자재승인 시에 본사의 요청 제품으로 설치가 되도록 해달라며 감리원과 발주자에게 문서를 발송하였다. 2. 감독자는 감리원에게 의견을 달라고 하자 감리원은 설계된 자재를 사용하여야 한다고 기록하여 답변을 해주었다. 3. 감독관은 감리회사대표에게 시공사의 불만이 많고 감리원의 수행능력 미달로 교체를 구두로 요구하였다. 4. 시공사는 특정자재를 구매하는 사례를 개선해 달라며 관할 시청에 감사를 요청하였다. 5. 감리 교체요구 : 구체적인 답변이 아니고 너무 간단하고 감리경력이 없는 감리원이라고........감독자의 분쟁자세는 잘못하는 사례이다. 6. 결과 : 설계용역업자가 설계에 채택한 자재규격의 결정은 본 사업의 통신망은 보안을 위하여 적절한 설계의 통신보안장비로서 변경 없이 시행조치	

9장

② 발주자가 설계변경을 요구한 경우(계약상대자의 책임 없는 사유로 인한 경우를 포함)에는 설계변경으로 시공방법의 변경, 투입자재의 변경 등 공사량의 증감이 발생하는 경우에도 불구하고 증가된 물량이나 신규비목의 단가는 설계변경 당시를 기준으로 하여 산정한 단가와 그 단가에 낙찰률을 곱한 금액의 범위 안에서 발주기관과 계약상대자가 서로 주장하는 각각의 단가기준에 대한 근거자료 제시 등을 통하여 성실히 협의하여 결정한다. 다만 계약당사자간에 협의가 이루어지지 아니하는 경우에는 설계변경 당시를 기준으로 하여 산정한 단가와 그 단가에 낙찰률을 곱한 금액을 합한 금액의 100분의 50으로 한다.

감사정보	비 고
1. 사례 : 설계변경으로 자재량이 전체의 양보다 20% 증가(증액 2억5천만원)하였다. 단가를 결정하는데 시공사의 견적으로 시중가격으로 단가를 조사하여 감리원이 검토를 해주었다. 이후 감독자는 감리원의 의견대로 단가를 설계에 반영하여 설계변경을 실시하고 준공처리를 하였다. 2. 정기감사 지적 : 증가물량의 단가는 설계변경 당시를 기준으로 하여 산정한 단가와 그 단가에 낙찰률을 곱한 금액의 범위 안에서 단가를 경정하지 않고 1개사의 견적처리는 예산낭비 발생으로 초과 금액(2억5천만원)을 납부 조치할 것(시공사는 억울하여 불가통보하고, 감리원은 그런 규정 몰랐다하고, 감독자는 월급으로는 너무 부담이 크다 하고, 감사부서는 30일 이내 입금하지 않으면 특별조치 시행통보)	

③ 최저가 낙찰제 공사로서 설계변경에 따른 계약금액 조정시 실적공사비를 적용하는 경우에는 다음에 따라 계약금액을 조정한다.

1) 증가된 공사량의 단가는 예정가격산정 시 실적공사비가 적용된 경우 설계변경 당시를 기준으로 하여 산정한 실적공사비 단가로 한다.
2) 신규비목의 단가는 실적공사비를 기준으로 산정하고자 하는 경우 설계변경 당시를 기준으로 산정한 실적공사비 단가로 한다.

④ 설계변경의 경우에는 해당 절감액의 100분의 30에 해당하는 금액을 감액한다.

⑤ 설계변경으로 시공방법의 변경, 투입자재의 변경 등 공사량의 증감이 발생하는 경우와 주자가 설계변경을 요구한 경우에 따른 계약금액의 증감분에 대한 간접노무비, 산재보험료 및 산업안전보건관리비 등 승률비용과 일반관리비 및 이윤은 산출내역서의 간접노무비율, 산재보험료율 및 산업안전보건관리비율 등의 승률비율과 일반관리비율 및 이윤율에 의하되 설계변경 당시의 관계법령과 정부가 정한 율을 초과할 수 없다.

⑥ 발주자는 예정가격의 100분의 86 미만으로 낙찰된 공사계약의 계약금액을 "가"에 따라 증액 조정하려는 경우로서 해당 증액조정금액(제2차 이후의 계약금액 조정에 있어서는 그 전에 설계변경으로 인하여 감액·증액 조정된 금액과 증액 조정하려는 금액을 모두 합한 금액을 말한다)이 당초 계약서의 계약금액(장기계속공사나 단

년도 차수계약의 경우에는 부기된 총 공사금액)의 100분의 10 이상인 경우에는 기관장의 승인을 얻어야 한다.

⑦ 일부 공종의 단가가 세부공종별로 분류되어 작성되지 아니하고 총계방식으로 작성(이하 "1식 단가"라 한다)되어 있는 경우에도 설계도면이나 공사설계설명서가 변경되어 1식 단가의 구성내용이 변경되는 때에는 계약금액을 조정해야 한다.

⑧ 발주기관은 계약금액을 조정하는 경우에는 계약상대자의 계약금액조정 청구를 받은 날부터 30일 이내에 계약금액을 조정해야 한다. 이 경우 예산배정의 지연 등 불가피한 경우에는 계약상대자와 협의하여 그 조정기한을 연장할 수 있으며, 계약금액을 조정할 수 있는 예산이 없는 때에는 공사량 등을 조정하여 그 대가를 지급할 수 있다.

⑨ 발주자는 계약상대자의 계약금액조정 청구내용이 부당함을 발견한 때에는 지체 없이 필요한 보완요구 등의 조치를 해야 한다. 이 경우 계약상대자가 보완요구 등의 조치를 통보받은 날부터 발주기관이 그 보완을 완료한 사실을 통지받은 날까지의 기간은 계약금액을 조정하는 경우에는 계약상대자의 계약금액조정 청구를 받은 날부터 30일 이내에 계약금액을 조정기간에 산입하지 아니한다.

⑩ 계약금액을 조정하는 경우에는 계약상대자의 계약금액조정 청구를 받은 날부터 30일 이내에 계약금액을 조정에 따른 계약상대자의 계약금액조정 청구는 준공대가(장기계속공사의 경우에는 각 차수별 준공대가) 수령 전까지 해야 조정금액을 지급받을 수 있다.

[근거] 지방자치단체 입찰 및 계약집행기준

9.3.2 설계변경으로 인한 계약금액 조정의 제한 등

① 다음의 어느 하나의 방법으로 체결된 공사계약에 있어서는 설계변경으로 계약내용을 변경하는 경우에도 발주자의 책임있는 사유 또는 천재·지변 등 불가항력의 사유로 인한 경우를 제외하고는 그 계약금액을 증액할 수 없다.

1) 최저가 낙찰제의 입찰금액 적정성 심사에서 설계조건 및 내용(가설재료 또는 시공장비 등)의 변경에 의한 공사비의 절감사유를 제출하여 체결된 공사계약(심사과정에서 채택된 설계조건 및 내용에 한함)
2) 일괄입찰과 대안입찰(대안이 채택된 공종에 한함)을 실시하여 체결된 공사계약
3) 기본설계 기술제안입찰 또는 실시설계 기술제안(기술제안이 채택된 부분에 한함)을 실시하여 체결된 공사계약

② 발주자는 다음의 어느 하나에 해당하는 경우에는 물량내역서의 누락사항이나 오류 등으로 설계를 변경하는 경우에도 그 계약금액을 증액할 수 없다.

1) 입찰참가자가 교부받은 물량내역서를 수정하여 작성한 경우(발주기관에서 물량수정을 허용한 부분에 한함)

2) 입찰에 참가하려는 자가 물량내역서를 직접 작성하고 단가를 적은 산출내역서를 제출하는 경우

③ 발주자는 일괄입찰에 따른 기본설계기술제안 입찰의 경우 계약체결 이전에 실시설계적격자에게 책임이 없는 다음의 어느 하나에 해당하는 사유로 실시설계를 변경한 경우에는 계약체결 이후 즉시 설계변경에 의한 계약금액 조정을 하여야 한다.

1) 민원이나 환경 · 교통영향평가 또는 관련 법령에 따른 인허가조건 등으로 인하여 기본설계에 따른 실시설계를 추가로 변경하는 경우
2) 발주기관이 제시한 기본계획서 · 입찰안내서 또는 기본설계서에 명시되거나 반영되지 아니한 사항에 대하여 해당 발주기관이 보완을 요구하거나 실시설계 심의 시 보완을 요구하는 경우
3) 지방건설기술심의위원회(심의를 위탁한 경우 중앙건설기술심의위원회 또는 중앙행정기관에 설치된 설계자문위원회를 말한다)가 실시설계 심의과정에서 변경을 요구한 경우

감사정보	비 고
1. 사례 : 시청종합청사 신축 일괄입찰공사 사업으로 기본설계 기술제안입찰을 하여 A사가 실시설계 적격자로 선정이 되었다. 2. A사에게 지방건설기술심의위원회에서 구내전화설비를 아날로그 통신방식에서 디지털 방식으로 변경하도록 보완 조치를 하였다. 3. 준공 이후 감사에서 디지털 방식으로 미채택한 사유를 제출요구하였다. 4. 답변 : 정보통신감독자는 A사가 시행하는 것이 아니고 시청 예산으로 시행하려면 예산의 부담이 많아 내부 결정결과(내부결제) 시행보류하였다.	

④ 발주자의 책임 있는 사유나 불가항력의 사유란 다음의 어느 하나에 해당하는 경우를 말한다. 다만 설계 시 공사 관련 법령 등에 정한 바에 따라 설계서가 작성된 경우에 한한다.

1) 사업계획 변경 등 발주기관의 필요에 따른 경우
2) 발주기관 외에 해당 공사와 관련된 인허가기관 등의 요구가 있어 이를 발주기관이 수용하는 경우
3) 공사 관련 법령(표준설계설명서, 전문설계설명서, 설계기준 및 지침 등 포함)의 제 · 개정으로 인한 경우
4) 공사 관련 법령에 정한 바에 따라 시공했음에도 불구하고 발생되는 민원에 따른 경우
5) 발주기관이나 공사 관련기관이 교부한 지하매설 지장물 도면과 현장상태가 상이하거나 계약이후 신규로 매설된 지장물에 따른 경우
6) 토지 · 건물소유자의 반대, 지장물의 존치, 관련 기관의 인허가 불허 등으로 지질조사가 불가능한 부분의 경우

7) 계약당사자 누구의 책임에도 속하지 않는 사유에 따른 경우

⑤ 계약금액을 증·감 조정하려는 경우 증·감되는 공사물량은 수정전의 설계도면과 수정후의 설계도면을 비교하여 산출한다.

⑥ 발주자의 책임 있는 사유나 불가항력의 사유의 어느 하나에 정한 사유에 해당되지 않는 경우로서 현장상태와 설계서의 상이 등으로 인하여 설계변경을 하는 경우에는 전체공사에 대하여 증·감되는 금액을 합산하여 계약금액을 조정하되, 계약금액을 증액할 수는 없다.

⑦ 발주자는 계약금액 조정과 관련하여 연차계약별로 준공되는 장기계속공사의 경우에는 계약체결 시 전체공사에 대한 증·감 금액의 합산처리방법, 합산잔액의 다음 연차계약으로의 이월 등 필요한 사항을 정하여 운영해야 한다.

[근거] 지방자치단체 입찰 및 계약집행기준

9.3.3 계약금액 변경 시의 보증금의 조정 및 추가납부

발주자는 계약금액이 조정된 경우에는 이에 상응하는 금액의 보증금을 추가로 납부하게 하거나 반환하여야 한다. 다만 보증금을 보증보험증권 등으로 납부한 경우로서 계약금액이 감액된 경우에는 계약상대자의 요청이 있을 때에만 반환한다.

[근거] 지방자치단체를 당사자로 하는 계약에 관한 법률 시행규칙 제60조

9.3.4 그 밖에 계약내용의 변경으로 인한 계약금액의 조정

공사기간 및 운반거리의 변경 등 계약내용의 변경은 그 계약의 이행에 착수하기 전에 완료하여야 한다. 다만 발주자는 계약이행의 지연으로 품질저하가 우려되는 등 긴급하게 계약을 이행하게 할 필요가 있는 경우에는 계약상대자와 협의하여 계약내용 변경의 시기 등을 명확히 정하고, 계약내용을 변경하기 전에 우선 이행하게 할 수 있다.

[근거] 지방자치단체를 당사자로 하는 계약에 관한 법률 시행규칙 제74조

9.3.5 실비의 조정

발주자는 공사, 제조 등의 계약에서 공사기간의 변경 등 계약내용의 변경으로 계약금액을 조정하여야 할 필요가 있는 경우에는 그 변경된 내용에 따라 실비를 초과하지 아니하는 범위에서 조정하여 실비를 산정한다.

① 실비의 산정 : 실비의 산정은 변경된 내용을 기준으로 산정한 단가와 당초 단가와의 차액범위 안에서 계약당사자간에 협의하여 결정한다. 다만 계약당사자간에 협의가 이루어지지 아니하는 경우에는 변경된 내용을 기준으로 산정한 단가와 당초

단가를 합한 금액의 100분의 50으로 한다.

② 산정기준

1) 발주자는 그 밖의 계약내용의 변경으로 계약금액을 조정할 때에는 실제 사용된 비용 등 객관적으로 인정될 수 있는 자료(원가계산을 할 때 단위당 가격은 거래실례가격 또는 통계작성지정기관이 조사하여 공표한 가격)에 따른 가격을 활용하여 실비를 산출해야 한다.

2) 발주자는 간접노무비 산출을 위하여 계약상대자로 하여금 급여 연말정산서류, 임금 지급대장 및 공사감독의 현장확인 복명서 등 간접노무비 지급 관련 서류를 제출케 하여 이를 활용할 수 있다.

3) 발주자는 경비의 산출을 위하여 계약상대자로부터 경비지출 관련 계약서, 요금고지서, 영수증 등 객관적인 자료를 제출하게 하여 활용할 수 있다.

③ 정보통신공사의 설계변경 후 원가계산서 검토 방법

1) 건축공사와 병행하여 정보통신공사를 발주 단계에서 건축공사 제비율을 적용하고 설계 변경을 하는 경우는 계약 당시의 율을 적용한다.

2) 건축공사와 병행하지 않고 정보통신공사를 시행하는 경우는 정보통신분야 제비율을 적용한다.

3) 다음의 건축공사(통신)원가계산 제비율 적용은 발주처의 발주 당시 보험료 등을 바르게 작성 여부를 확인하고, 시공 중 설계변경 시에는 발주당시의 보험료를 적용하고 신년도 개정된 보험료를 적용하지 않는다.

4) 보험료분야는 매년 관련법이 개정이 되고 항목별 율이 변경 내용은 매년 1월에 고시된 내용을 조달청에서 수집하여 알려주고 있다.

④ 공사이행기간의 변경에 따른 실비산정

1) 간접노무비는 연장 또는 단축된 기간 중 해당 현장에서 수행해야 할 노무량을 산출하고, 그 노무량에(원가계산을 할 때 단위당 가격은 거래실례가격 또는 통계작성지정기관이 조사하여 공표한 가격)에 따른 해당 직종의 단가를 곱하여 계산하되, 실제 지급된 임금수준을 초과할 수 없다.

2) 공사이행기간의 변경사유가 발생하면 계약상대자는 그 예상되는 기간 동안 현장유지·관리에 소요되는 인력투입계획을 발주기관에 제출해야 하며, 계약담당자는 공사의 규모·내용·기간 등을 고려하여 계약상대자와 협의하여 연장 또는 단축된 기간 중 해당현장에서 수행해야 할 노무량을 정해야 한다.

3) 간접노무비의 해당 직종의 단가는 대상자의 업무수행내용을 고려하여 가장 적정하다고 판단하는 단가를 적용해야 하며, 계약담당자가 적정한 단가가 없다고 인정하는 경우에는 공사이행기간의 변경사유가 발생하기 전 최근 3개월의 급여를 참고하여 단가를 산출하여 적용할 수 있다.

4) 연장 또는 단축된 기간 동안 발생한 경비 중 산재보험료 등 승률비용과 일반관리비, 이윤은 산출내역서상의 산재보험료율 등의 승률비율과 일반관리비율, 이윤율에 따르되 공사이행기간의 변경사유가 발생한 당시(계약당사자간에 계약기간 변경을 문서로 합의한 때를 말한다)의 관계법령과 안전행정부장관 등이 정한 율을 초과할 수 없다.
   가. 조달청에서 원가계산 제비율적용기준 매년 변경 고시하는 규정을 확인하여 지급당시의 변경고시 제비율을 확인하고 계약당시와 현재의 금액 비교하여 낮은 금액으로 지출(표 9-1)
5) 경비 중 연장 또는 단축된 기간 동안 발생한 경비는 반영한 비목 외에 계약담당자가 필요하다고 인정하는 비목, 계약상대자가 제출한 경비지출 관련 계약서, 요금고지서, 영수증 등 객관적인 자료의 금액을 확인하여 반영할 수 있다.
6) 공사이행변경사유가 발생하면 계약상대자는 계약보증서 · 공사이행보증서 · 하도급대금지급보증서 · 공사손해보험 등의 보증기간을 연장해야 하며, 계약담당자는 보증수수료의 영수증 등을 근거로 금액을 확인하여 계약금액에 반영해야 한다.

감사정보	비 고
1. 사례 : 00시청 복지회관 신축하는 과정에 감독자가 관급자재의 납품업무를 하면서 현장에는 준공일자와 납품일자가 내일인데 건축공사가 마무리 되지 않고 시건장치가 없어 도난의 우려가 있고 납품할 수 없어 감리원이 감독자에게 어떻게 조치를 하는지 질문하였다. 2. 감독자는 납품자에게 회사의 창고에 10일간 임시 보관하였다가 건축공사가 마무리 되면 현장에 설치하도록 지시하였다. 3. 현장감사에서 이런 방법은 잘못되었다고 지적했다. 4. 규정 : 공사이행 변경사유가 발생하면 계약상대자로부터 계약보증서 · 공사이행보증서를 받아 두어야 하는데 미이행 5. 조치방법 : 납기일 7일 이전까지 납품자에게 연기조치 통보문서를 발송하여 납품자가 지체하는 일이 없도록 조치한다.	

7) 불가피하게 건설장비의 유휴가 예상되는 경우 계약상대자는 그 사유 등 사실관계를 계약담당자와 공사감독관에게 통지해야 하며, 계약담당자가 계약의 이행여건상 필요하다고 인정하는 경우에 한하여 유휴 장비비를 다음 각 호의 기준에 따라 반영할 수 있다.
   가. 임대장비 : 유휴기간 중 실제로 부담한 장비임대료
   나. 보유장비 : $(\text{장비가격} \times \text{시간당 장비손료계수}) \times \left(\frac{\text{연간표준가동시간}}{365\text{일}}\right)$
   $\times$ 유휴일수$\times \frac{1}{2}$

〈표 9-1〉 건축공사(통신)원가계산 제비율 적용기준(매년 적용율이 변동되는 조달청 고시 사례)

<table>
<tr><th rowspan="3">공사규모
〈재료비+
직접노무비
+산출경비〉
의 합계액</th><th rowspan="3">공 사 기 간</th><th colspan="2">간 접
노무비</th><th colspan="2">기타경비</th><th>산재,고용
보 험 료</th><th>환경보전비</th><th>퇴직공제
부금비</th><th colspan="2">산업안전보건관리비</th><th>일반관리비</th><th>이 윤</th></tr>
<tr><th colspan="2">(직노)×율</th><th colspan="2">(재+노)×율</th><th rowspan="2">(노)×율</th><th rowspan="2">(재+직노+산경)×율</th><th rowspan="2">(직노)
×율</th><th>도급자관급
미포함</th><th>(재+직노)×율</th><th>(재+노+
경)×율</th><th rowspan="2">(노+경+일)
× 율</th></tr>
<tr><th>건축</th><th>산업
설비</th><th>건축</th><th>산업
설비</th><th>도급자관급
포함
(a,b중
작은금액)</th><th>a.(재+직노+도
급자관급)×율
b.(재+직노)×율
×1.2</th><th>건축,
산업설비</th></tr>
<tr><td rowspan="4">50억 미만</td><td>6개월 이하(183일)</td><td>9.1</td><td>10.8</td><td>5.1</td><td>5.9</td><td rowspan="3">[산재보험료]
:3.8</td><td rowspan="16">• 0.9 : 도로(교량, 터널, 활주로)
• 0.4 : 플랜트(발전소, 쓰레기소각로)
• 0.5 : 지하철
• 1.5 : 철도
• 0.5 : 상하수도(폐수, 하수처리장, 정수장)
• 1.8 : 항만(오탁, 준설토, 방지막설치 필요 시, 간척, 준설)
• 0.8 : 항만(방지막 불필요시, 간척, 준설)
• 1.1 : 댐
• 0.6 : 택지개발
• 0.8 : 기타 토목(하천 등)
• 0.7 : 주택(재개발, 재건축)
• 0.3 : 주택(신축)
• 0.5 : 주택 외 건축
• 0.3 : 조경, 기타
※ 기타 : 전문, 개보수 공사
※ 적용 제외 : 전기, 정보통신, 소방시설, 문화재수리공사</td><td rowspan="16">2.3</td><td colspan="2" rowspan="16">〈재료비(도급자관급 포함) + 직접노무비〉의 합계액
5억 미만
• 일반건설
– 갑 : 2.93
– 을 : 3.09
• 중건설 : 3.43
• 철도 · 궤도 : 2.45
• 특수 및 기타 : 1.85

5억~50억 미만
• 일반건설
– 갑 : 1.86+5,349천원
– 을 : 1.99+5,499천원
• 중건설
– 2.35+5,400천원
• 철도 · 궤도
– 1.57+4,411천원
• 특수 및 기타
– 1.20+3,250천원

50억이상
• 일반건설
– 갑 : 1.97
– 을 : 2.10
• 중건설 : 2.44
• 철도 · 궤도 : 1.66
• 특수 및 기타 : 1.27</td><td rowspan="16">〈추정가격〉 기준
<u>50억 미만</u> : 6.0
<u>50~300억 미만</u> : 5.5
<u>300~1000억 미만</u> : 4.8
<u>1000억 이상</u> : 4.3

전문 · 전기 · 통신 소방 · 기타
<u>5억 미만</u> : 6.0
<u>5~30억 미만</u> : 5.5
<u>30~100억 미만</u> : 4.8
<u>100억 이상</u> : 4.3</td><td rowspan="16">〈추정가격〉 기준
<u>50억 미만</u> : 15.0
<u>50~300억 미만</u> : 12.0
<u>300~1000억미만</u> : 10.0
<u>1000억 이상</u> : 9.0

건강, 연금보험료
(직노)×율
[건강] : 1.7
[연금] : 2.49

노인장기요양보험료
(건강보험료×율)
6.55</td></tr>
<tr><td>7~12개월(365일)</td><td>8.4</td><td>10.2</td><td>5.3</td><td>6.6</td></tr>
<tr><td>13~36개월(1095일)</td><td>7.7</td><td>9.6</td><td>6.2</td><td>6.2</td></tr>
<tr><td>36개월 초과(1096일)</td><td>7.5</td><td>9.3</td><td>6.5</td><td>6.7</td><td rowspan="13">[고용보험료]
• 1등급 : 1.39
• 2등급 : 1.17
• 3등급 : 0.97
• 4등급 : 0.92
• 5등급 : 0.89
• 6등급 : 0.88
• 7등급이하 : 0.87

※ 등급별 금액(추정금액 기준)은 “조달청 유자격자 명부 기준 (공고 2013-64호, 2013.12. 26)” 참고</td></tr>
<tr><td rowspan="4">50억 이상
~300억
미만</td><td>6개월 이하(183일)</td><td>7.9</td><td>9.6</td><td>6.0</td><td>5.9</td></tr>
<tr><td>7~12개월(365일)</td><td>7.3</td><td>9.1</td><td>6.2</td><td>6.6</td></tr>
<tr><td>13~36개월(1095일)</td><td>6.6</td><td>8.5</td><td>7.1</td><td>6.2</td></tr>
<tr><td>36개월 초과(1096일)</td><td>6.4</td><td>8.1</td><td>7.4</td><td>6.7</td></tr>
<tr><td rowspan="4">300억 이상
~1000억
미만</td><td>6개월 이하(183일)</td><td>7.7</td><td>9.5</td><td>6.0</td><td>4.6</td></tr>
<tr><td>7~12개월(365일)</td><td>7.1</td><td>9.0</td><td>6.2</td><td>5.3</td></tr>
<tr><td>13~36개월(1095일)</td><td>6.4</td><td>8.4</td><td>7.0</td><td>4.9</td></tr>
<tr><td>36개월 초과(1096일)</td><td>6.1</td><td>8.0</td><td>7.3</td><td>5.4</td></tr>
<tr><td rowspan="4">1000억
이상</td><td>6개월 이하(183일)</td><td>7.7</td><td>9.4</td><td>5.9</td><td>4.1</td></tr>
<tr><td>7~12개월(365일)</td><td>7.0</td><td>8.9</td><td>6.1</td><td>4.8</td></tr>
<tr><td>13~36개월(1095일)</td><td>6.3</td><td>8.3</td><td>7.0</td><td>4.4</td></tr>
<tr><td>36개월 초과(1096일)</td><td>6.1</td><td>7.9</td><td>7.3</td><td>4.9</td></tr>
</table>

□ 산업안전보건관리비 적용 시 건설업의 분류(고용노동부 고시 제2013-47호)
- ㅇ 일반건설(갑) : 건축건설, 도로신설, 기타 건설, 철도 · 궤도의 보수복구공사, 기설로 면에 레일만 부설하는 공사
- ㅇ 일반건설(을) : 기계장치공사, 삭도건설공사
- ㅇ 철도 또는 궤도신설 : 철도, 궤도신설(기설노반 또는 구조물에 한함) 및 그에 따른 역사 · 과선교, 송전선로
- ㅇ 중건설 : 고제방(댐)(높이 20m 이상의 제방, 방파제, 안벽), 수력발전시설, 터널(지하 10m 이상 복개식 지하철도, 지하도, 지하상가 및 통신선로 등의 인입통신구 등) 신설공사
- ㅇ 특수 및 기타 건설 : 준설, 조경(전문 포함), 택지조성(경지정리 포함), 포장 등의 단독 발주공사에 한함(타 공사와 병행하는 경우 : 일반건설(갑) 적용) 전기공사, 정보통신공사는 타공 사와 독립하여 행하는 공사에 한함.

□ 적용기준 등(※ 상세내용은 해당 부처 고시 참조)
- ㅇ 산업안전보건관리비 : 총공사금액 4천만원 이상 건설공사
- ㅇ 산재, 고용보험료 : 모든 건설공사에 적용(주택건설업자, 건설업자, 전기공사업자, 정보통신공사업자, 소방시설업자, 문화재수리업자)(다만 총금사금액((도급금액+관급금액)에서 부가세 제외) 2천만원 미만의 건설공사를 건설업자가 아닌 자가시공 시 적용 제외(고용노동부 고시 제2013-56호, 국토교통부 고시 제2013-738호)
- ㅇ 건강, 연금보험료 : 공사기간 1개월 이상 모든 공사에 반영(국토교통부 고시 제2013-738호)
  - * 공사착공일이 미정인 경우 1개월은 30일로 간주하여 계상
- ㅇ 노인장기요양보험료 : 공사기간 1개월 이상 모든 공사에 반영(국토교통부 고시 제2013-738호)
- ㅇ 퇴직공제부금비 : 추정금액 3억원 이상 건설공사(국토교통부 고시 제2012-361호)
- ㅇ 공사이행보증수수료 : 최저가입찰대상공사, 기술제안입찰공사, 대안 및 일괄 등 대형공사(「국가계약법 시행령」 제52조제1항제3호)
- ㅇ 환경보전비 : 건설공사현장에 설치하는 환경오염방지시설의 설치 및 운영에 소요되는 비용

□ 전기 · 통신 · 소방 · 전문 및 기타 공사의 경우 일반관리비요율을 제외한 각종 제비율은 <u>주 공종을 따라 적용</u>(분리발주 여부와 무관)

□ 기타 경비 항목 : 수도광열비, 복리후생비, 소모품비 및 사무용품비, 여비 · 교통 · 통신비, 세금과공과, 도서인쇄비

⑤ 일반관리비와 이윤 : 일반관리비와 이윤은 산출된 금액에 산출내역서의 일반관리비율과 이윤율에 따르되 변경 당시에 정한 비율을 초과할 수 없다. 또한 원가계산에 의한 가격을 기준으로 예정가격을 결정할 때 일반관리비의 비율은 다음 각 호의 어느 하나의 율을 초과하지 못한다.

1) 공사 : 100분의 6
2) 음 · 식료품의 제조 · 구매 : 100분의 14
3) 섬유 · 의복 · 가죽제품의 제조 · 구매 : 100분의 8
4) 나무 · 나무제품의 제조 · 구매 : 100분의 9
5) 종이 · 종이제품 · 인쇄출판물의 제조 · 구매 : 100분의 14
6) 화학 · 석유 · 석탄 · 고무 · 플라스틱 제품의 제조 · 구매 : 100분의 8
7) 비금속광물제품의 제조 · 구매 : 100분의 12
8) 제1차 금속제품의 제조 · 구매 : 100분의 6
9) 조립금속제품 · 기계 · 장비의 제조 · 구매 : 100분의 7
10) 수입물품의 구매 : 100분의 8
11) 제1호부터 제10호까지의 물품 외의 물품의 제조 · 구매 : 100분의 11
12) 용역 : 100분의 5

9.4 관급자재 구매와 납품 감독업무

9장

9.4.1 관급자재 납품 착수계 제출

① 관급자재 구매 시방서 내용에 계약상대자는 착수계를 제출하도록 일정과 서류 종류를 요구하고 있으므로, 그 일정에 맞추어 착수계를 제출하여야 한다.

② 감리회사는 입찰 공고문과 과업지시서 내용에 관급자재(발주처지급자재)가 본 감리용역에 포함되었는지와 감리용역 산출서에 비용이 반영되어 있는지를 반드시 확인하고 입찰에 응하여야 한다.

③ 관급자재를 현장에 납품하여 설치를 하기 전 정보통신감리원은 이 업무까지도 감리용역비용에 포함되었는지 제외되어 있는지를 잘 모르고 감독자가 지시하는 대로 감리업무에 포함하여 여러 가지 검토를 해달라는 요구와 검수, 검사, 시운전 현장에 참여하여 시운전 결과서까지도 요구를 하는 경우가 많이 있다.

④ 감리원은 감리용역 계약서와 감리용역 과업수행요구서에 도급공사비용인지, 아니면 총사업비급액에서 도급공사비용 금액표기와 관급자재(발주처 지급자재)가 용역

에 포함이 되어 있으며 관급자재의 시운전 검사방법과 내용을 제시 하면서 어떻게 검사실시 요구 내용이 없으면 감리업무에 제외가 된다.

9.4.2 수량조절과 계약금액 조정

관급자재의 구매와 납품의 감독업무를 담당하는 발주처 감독관이나 정보통신감리원은 계약규정에 따라 차질 없이 업무를 수행하여야 한다.

① 수량조절 : 계약담당자는 필요에 따라 계약된 물품(품목 · 규격)의 수량을 100분의 10 범위 안에서 증감 조절할 수 있다. 다만 계약담당자는 해당 물품의 수급상황 등을 고려하여 부득이하다고 판단하는 경우 계약상대자의 동의를 얻어 100분의 10 범위를 초과하여 계약수량을 증가시킬 수 있다.

② 물가변동으로 인한 계약금액의 조정

1) 물가변동으로 인한 계약금액의 조정은 「국가를 당사자로 하는 계약에 관한 법률」, 「지방자치단체를 당사자로 하는 계약에 관한 법률」 등 관련 규정에 정한 바에 따른다.

2) 동일한 계약에 대한 계약금액의 조정 시 품목조정률과 지수조정률을 동시에 적용해서는 아니되며, 계약을 체결할 때에 계약상대자가 지수조정률 방법을 원하 는 경우 외에는 품목조정률 방법으로 계약금액을 조정하도록 계약서에 명시해야 한다. 이 경우 계약이행 중 계약서에 명시된 계약금액 조정방법을 임의로 변경해서는 아니된다. 다만 계약서에 명시하지 않은 경우에는 품목조정률에 따른다.

3) 물가변동으로 인한 계약금액을 증액하는 경우에는 계약상대자의 청구에 의하고, 계약상대자는 완납대가(장기계속계약의 경우에는 각 차수별 완납대가) 수령 전까지 조정신청을 해야 조정금액을 지급받을 수 있으며, 조정된 계약금액은 직전의 물가변동으로 인한 계약금액 조정기준일로부터 90일 이내에 이를 다시 조정할 수 없다. 다만 천재 · 지변이나 원자재의 가격급등으로 해당 기간 안에 계약금액을 조정하지 아니하고는 계약이행이 곤란하다고 인정되는 경우에는 계약을 체결한 날이나 직전 조정기준일로부터 90일 이내에도 계약금액을 조정할 수 있다.

4) 계약상대자는 물가변동으로 인한 계약금액의 증액을 청구하는 경우에는 계약금액 조정 내역서를 첨부해야 한다.

5) 발주자는 물가변동으로 인한 계약금액을 증액하는 경우에는 계약상대자의 청구를 받은 날부터 20일 이내에 계약금액을 조정해야 한다. 이 경우 예산배정의 지연 등 불가피한 사유가 있는 경우에는 계약상대자와 협의하여 그 조정기간을 연장할 수 있으며, 계약금액을 증액할 수 있는 예산이 없는 때에는 제조량 등을 조정하여 그 대가를 지급할 수 있다.

6) 물가변동으로 인한 계약상대자의 계약금액 조정 청구내용이 일부 미비하거나

분명하지 아니한 경우에는 지체 없이 필요한 보완요구를 해야 하며, 이 경우 계약상대자가 보완요구를 통보받은 날부터 발주기관이 그 보완을 완료한 사실을 통지받은 날까지의 기간은 계약금액을 조정에 따른 기간에 산입하지 아니 한다. 다만 계약상대자의 계약금액조정 청구내용이 계약금액조정요건을 충족하지 않았거나 관련 증빙서류가 첨부되지 아니한 경우에는 그 사유를 명시하여 계약상대자에게 해당 청구서를 반송해야 하며, 이 경우 계약상대자는 그 반송사유를 충족하여 계약금액 조정을 다시 청구해야 한다.

9.4.3 관급자재 계약이행의 지체 처리업무

① 지연배상금

1) 계약상대자는 계약서에서 정한 납품기한 안에 물품을 납품하지 아니한 때에는 매 지체일수마다 계약서에서 정한 지연배상금률을 계약금액(장기계속계약의 경우에는 연차별 계약금액)에 곱하여 산출한 금액(이하 “지연배상금”이라 한다)을 현금으로 납부해야 한다.

2) 발주자는 지연배상금의 경우에 기납부분에 대한 검사를 거쳐 해당 부분을 인수(인수하지 아니하고 관리 · 사용하고 있는 경우를 포함)한 때에는 그 부분에 상당하는 금액을 계약금액에서 공제한다. 다만 기납부분의 인수는 성질상 분할할 수 있는 물품에 대한 완성부분으로서 인수하는 것에 한한다.

3) 발주자는 다음의 어느 하나에 해당되어 납품이 지체되었다고 인정할 때에는 그 해당일수를 지연의 지체일수에 산입하지 아니한다.

가. 천재 · 지변 등 불가항력의 사유에 따른 경우

나. 계약상대자가 대체 사용할 수 없는 중요 관급재료의 공급이 지연되어 제조공정의 진행이 불가능한 경우

다. 발주기관의 책임으로 제조의 착수가 지연되었거나 중단된 경우

라. 그밖에 계약상대자의 책임에 속하지 않은 사유로 인하여 지체된 경우

4) 발주자는 지연배상금에 따른 지체일수를 다음에 따라 산정해야 한다.

가. 납품기한 안에 물품을 납품한 때에는 검사에 소요된 기간은 지체일수에 산입하지 아니한다. 다만 납품기간 이후에 시정조치를 한 때에는 시정조치를 한 날부터 최종 준공검사에 합격한 날까지의 기간을 지체일수에 산입한다.

나. 납품기간을 지나서 물품과 검사서류를 제출한 때에는 납품기한의 다음날부터 검사(시정조치를 한 때에는 최종검사)에 합격한 날까지의 기간을지체일수에 산입한다.

다. 납품기한의 말일이 공휴일(토요일과 관련 법령에 따라 발주기관의 휴무일인 경우를 포함한다. 이하 같다)인 경우는 납품기한이 다음날로 종료되고 지체일수는 그 종료일의 다음날부터 기산한다.

5) 발주자는 산출된 지연배상금을 계약상대자에게 지급될 대가, 대가지급 지연에 대한 이자 또는 그 밖의 예치금 등과 상계할 수 있다.

② 계약기간의 연장

1) 계약상대자의 책임에 속하지 않은 사유로 인하여 사유가 계약기간 안에 발생한 경우에는 계약기간 종료 전에 지체 없이 계약담당자에게 서면으로 계약기간의 연장신청과 그 연장으로 인하여 추가비용이 발생하는 경우에는 계약금액 조정신청을 함께 해야 한다. 다만 연장사유가 계약기간 안에 발생하여 계약기간을 지나서 종료된 경우에는 그 사유가 종료된 후 즉시 계약기간의 연장신청과 계약금액 조정신청을 함께 해야 한다.

2) 발주자는 계약상대자의 책임에 속하지 않은 사유에 따른 계약기간 연장신청이 접수된 때에는 즉시 그 사실을 조사 확인하고 계약이 적절히 이행될 수 있도록 계약기간의 연장 등 필요한 조치를 해야 한다.

3) 발주자는 계약상대자의 책임에 속하지 않은 사유 연장청구를 승인한 경우에는 지연배상금을 부과해서는 아니된다.

4) 계약기간을 연장한 경우에는 그 변경된 내용에 따라 실비를 초과하지 아니하는 범위 안에서 계약금액을 조정한다.

5) 계약상대자의 의무불이행으로 인하여 발생한 지연배상금이 계약보증금 상당액에 달한 경우로서 계약목적물이 국가정책사업 대상이거나 계약의 이행이 노사분규 등 불가피한 사유로 인하여 지연된 때에는 계약기간을 연장할 수 있다.

6) 계약의 이행이 불가피한 사유에 따른 계약기간의 연장은 지연배상금이 계약보증금상당액에 달한 때에 해야 하며, 연장된 계약기간에 대하여는 지연배상금을 부과해서는 아니된다.

③ 계약상대자의 책임 있는 사유로 인한 계약의 해제 · 해지

1) 다음의 어느 하나에 해당하는 경우에는 계약상대자의 책임 있는 사유로 인한 계약의 해제 · 해지사유가 된다.

가. 계약상대자의 계약상 의무불이행을 이유로 계약보증금 또는 계약보증금에 해당하는 금액을 해당 지방자치단체에 세입 조치하는 경우

나. 지연배상금의 징수사유가 발생하고 그 금액이 계약금액(장기물품제조계약의 경우 차수별 계약금액)의 100분의 10 이상인 경우로서 계약상대자의 책임 있는 사유로 인하여 계약을 이행할 가능성이 없음이 명백하다고 인정되는 경우

다. 입찰과정에서 거짓서류를 제출하여 부당하게 낙찰을 받은 경우

라. 입찰, 수의계약 및 계약이행 과정에서 관계공무원 등에게 직접 또는 간접적으로 사례, 증여, 금품 · 향응 제공을 하는 등 청렴서약서의 내용을 위반한 경우

마. 계약상대자가 정당한 이유 없이 계약담당자의 이행촉구에 따르지 아니한 경우

바. 계약상대자의 부도, 파산, 해산, 영업정지, 사업 또는 영업에 관한 등록 · 인가 · 허가 등의 취소, 그 밖의 사유로 계약이행이 곤란하다고 인정되는 경우

사. 계약서의 납품기한이나 연장된 납품기한 안에 계약상대자가 계약된 규격 등과 같은 물품을 거부하거나 완료하지 못할 때

아. 계약상대자의 책임 있는 사유로 인하여 납품기일 안에 납품할 가능성이 없음이 명백하다고 인정될 경우

자. 장기물품제조 등의 계약에 있어서 제2차 이후의 계약을 체결하지 아니하는 경우

차. 그밖에 정상적인 계약관리를 방해하는 불법 · 부정행위가 있거나 계약조건을 위반하고 그 위반으로 인하여 계약의 목적을 달성할 수 없다고 인정될 경우

2) 발주자는 지연배상금의 징수사유가 발생의 경우에는 계약을 해제 · 해지해야 하며, 부당하게 낙찰을 받은 경우의 경우에는 해당 지방자치단체의 계약심의 위원회에서 다음의 사유 중 어느 하나에 해당된다고 인정하는 경우를 제외하고는 해당 계약을 해제 · 해지해야 한다.

가. 다른 법률에서 계약의 해제 · 해지를 특별히 금지한 경우

나. 계약의 긴급한 이행이 필요한 경우로서 새로운 계약을 체결하면 계약의 목적을 달성하기 곤란한 경우

다. 천재지변 등 부득이한 사유로 계약의 이행이 지연되는 경우로서 계약을 계속 유지할 필요성이 있다고 인정되는 경우

라. 그 밖에 계약의 이행정도 등을 고려하여 계약을 해제 또는 해지하면 계약목적을 달성하기 곤란하거나 지방자치단체에 손해가 발생할 것으로 판단되는 경우

3) 계약담당자는 계약을 해제 · 해지할 때에는 그 사실을 해당 계약상대자에게 통지하고 기납 부분 검사를 필한 물품을 기납 부분으로서 인수한 경우에는 해당 부분에 상당하는 대가를 계약상대자에게 지급한다.

4) 계약상대자는 계약상 기한 안에 납품할 수 없다고 인정될 때에는 지체 없이 계약담당자에게 통지해야 한다.

5) 계약상대자의 책임 있는 사유에 따라 계약이 해제 · 해지되는 경우 계약상대자는 지급받은 선금에 대하여 미정산 잔액이 있는 경우에는 그 잔액에 대한 약정이자 상당액을 가산하여 발주기관에 상환해야 한다. 이 경우 계약담당자는 상환할 금액과 기성부분의 대가를 상계할 수 있다.

6) 발주자는 지연배상금이 계약금액의 100분의 10 이상에 달했으나 해당 계약을 해제 또는 해지하지 아니하는 경우에는 계약상대자로 하여금 잔여계약 이행 금액에 대하여 계약보증금을 추가로 내도록 해야 한다.

④ 사정변경에 따른 계약의 해제 · 해지

1) 발주자는 객관적으로 명백한 발주기관의 불가피한 사정이 발생한 때에는 계약을 해제 · 해지할 수 있다.

2) 발주자는 계약을 해제 · 해지하는 경우에는 다음에 해당하는 금액을 해제 · 해지

한 날부터 14일 이내에 계약상대자에게 지급해야 한다. 이 경우 계약보증금을 동시에 반환해야 한다.

가. 기성준공하고 미지급된 금액

나. 전체 물품제조의 완성을 위하여 계약의 해제 · 해지일 이전에 투입된 계약상대자의 인력 · 재료 및 장비의 철수비용

3) 계약상대자는 선금에 대한 미정산 잔액이 있는 경우에는 이를 발주기관에 상환해야 한다. 이 경우 미정산 잔액에 대한 이자는 가산하지 아니한다.

9.4.4 관급자재 물품의 검사

① 계약상대자는 계약이행을 완료한 때에는 그 사실을 서면으로 계약담당자에게 통지하고 필요한 검사를 받아야 한다. 기납부분에 대하여 완납 전에 대가의 전부 또는 일부를 지급하려는 때에도 또한 같다.

② 「산업표준화법」 제15조에 따라 인증을 받은 제품, 「품질경영 및 공산품안전관리법」 제6조에 따라 품질경영우수기업 등으로 선정된 자가 제조한 제품, 「조달사업에 관한 법률」 제3조의3에 따라 조달청장이 정하여 고시한 품질관리기준에 적합한 자가 제조한 물품에 대하여는 검사를 면제해야 한다. 다만 해당 물품이 국민의 생명보호, 안전, 보건위생 등을 위하여 검사가 필요하다고 인정하거나 불량자재의 사용, 다수의 하자발생 등으로 해당 물품의 품질확인이 필요한 경우 검사를 실시할 수 있다는 내용이 계약에 포함되어 있는 경우에는 그러하지 아니하다.

③ 발주자는 계약이행을 완료의 통지를 받은 때에는 검사 관계규정과 다음의 요령에 따라 계약서 그 밖의 관계서류에 따라 그 날로부터 14일 이내에 계약상대자의 입회하에 그 이행을 확인하기 위한 검사를 해야 한다. 다만 천재 · 지변 등 불가항력인 사유로 인하여 검사를 완료하지 못한 경우에는 해당 사유가 존속되는 기간과 해당 사유가 소멸된 날로부터 3일까지는 이를 연장할 수 있다.

1) 검사는 품질, 수량, 포장, 표기상태, 포장명세서, 품질 식별기호 등에 관하여 행한다.

2) 물품을 신규로 제조할 필요가 있거나 물품의 성질상 제조과정이 중요한 경우에는 제조과정에서 검사를 할 수 있다.

3) 계약상대자는 검사를 받기 위하여 발주기관이 지정하는 장소에 물품을 반입한 때에는 즉시 반입통지를 해야 한다.

4) 검사에 필요한 일체의 비용과 검사를 하기 위한 변형, 소모, 파손 또는 변질로 생기는 손상은 계약상대자의 부담으로 한다.

④ 발주자는 계약이행을 완료의 검사에 있어서 계약상대자의 계약이행 내용의 전부 또는 일부가 계약에 위반되거나 부당함을 발견한 때에는 필요한 시정조치를 할 수

있다. 이 경우에는 계약상대자로부터 그 시정을 완료한 사실을 통지받은 날로부터 14일의 기간을 계산한다.

⑤ 계약이행을 완료검사 불이행의 경우에 계약이행기간이 연장될 때에는 계약담당자는 지연배상금을 부과한다.

⑥ 계약상대자는 납품완료 검사에 따른 검사에 입회·협력해야 한다. 계약상대자가 입회를 거부하거나 검사에 협력하지 아니함으로써 발생하는 지체에 대하여는 완료검사 불이행를 준용한다.

⑦ 발주자는 검사를 완료한 때에는 그 결과를 지체 없이 서면으로 계약상대자에게 통지해야 한다. 이 경우 계약상대자는 검사에 이의가 있을 때에는 재검사를 요청할 수 있으며, 계약담당자는 필요한 조치를 해야 한다.

9.4.5 관급자재 품질의 보증

① 계약상대자는 검수와는 별도로 납품 후 1년간 납품한 물품의 규격과 품질이 계약내용과 동일함을 보증해야 한다.

② 발주자는 납품 후 1년 이내 납품한 물품의 규격과 품질이 계약내용과 상이함을 발견한 때에는 그 사실을 계약상대자에게 통지하고 해당 물품을 대체납품하거나 해당 물품대금을 반환하도록 청구할 수 있다.

③ 계약상대자는 납품 후 1년 이내 납품한 물품의 규격과 품질이 계약내용과 상이함을 발견한 때의 통지를 받으면 조속히 해당 물품을 계약조건에 따라 대체 납품해야 한다. 이 경우에 모든 대체물품대와 이에 따르는 경비는 계약상대자의 부담으로 한다.

④ 대체불품에 대하여는 납품 후 1년간 납품한 물품의 규격과 품질이 계약내용과 동일함을 적용한다.

⑤ 계약상대자가 계약담당자가 요구한 물품의 대체를 거부하거나, 계약담당자가 통지를 한 후 정한 기일 안에 물품의 대체 납품을 하지 못할 때에는 계약상대자는 해당 물품대를 발주기관에 반납해야 한다.

9.4.6 관급자재 납품대가의 지급

① 계약상대자는 계약이행을 완료한 후 납품에 따른 검사에 합격한 때에는 정한 절차에 따라 대가지급을 청구할 수 있다.

② 발주자는 대가지급의 청구를 받은 때에는 그 청구를 받은 날로부터 7일 이내에 그 대가를 지급해야 한다. 이 경우 계약상대자와 합의하여 7일을 초과하지 아니하는 범위 안에서 대가의 지급기간을 연장하는 특약을 정할 수 있다.

③ 천재지변 등 불가항력의 사유로 인하여 대가를 지급할 수 없게 된 경우에는 해당

사유가 존속되는 기간과 해당 사유가 소멸된 날로부터 3일까지는 대가의 지급을 연장할 수 있다.

④ 기성부분 · 기납부분에 대한 대가를 지급하는 경우에는 계약수량, 이행의 전망, 이행기간 등을 참작하여 적어도 매 30일마다 공평하게 지급해야 하며 이행을 확인하기 위한 검사에 따른 검사를 한 후 계약상대자의 청구를 받은 날로부터 7일 이내에 지급해야 한다.

⑤ 발주자는 계약이행을 완료한 후 납품에 따른 검사와 기성부분 · 기납부분에 대한 대가의 청구를 받은 후 그 청구내용의 전부나 일부가 부당함을 발견한 때에는 그 사유를 명시하여 계약상대자에게 해당 청구서를 반송할 수 있다. 이 경우에는 반송한 날로부터 재청구를 받은 날까지의 기간은 지급기간에 이를 산입하지 아니한다.

⑥ 기성부분에 대한 대가를 지급하는 경우에는 산출내역서의 단가에 따라 이를 계산한다.

9.4.7 관급자재 특허권 등의 사용

계약상대자는 해당 계약의 이행에 제3자의 권리의 대상으로 되어 있는 특허권 등을 사용할 때에는 그 사용에 관한 일체의 책임을 져야 한다. 다만 계약문서에 지정되지 않은 특허권 등의 사용을 발주기관이 요구한 경우에는 소요된 비용을 계약상대자에게 지급해야 한다.

9.4.8 국민건강보험료 등의 사후정산

① 발주자는 보험료 사후정산을 한다. 국민건강보험료 등을 사후정산하기로 한 계약에 대하여는 대가지급 시 정산해야 한다.

② 발주자는 설계서 등의 변경으로 인하여 직접노무비가 증 · 감될 경우 그 증 · 감 비율만큼 국민건강보험료 등을 조정해야 한다.

9.4.9 기술지식의 이용과 비밀엄수 의무

① 발주자는 계약서에 정한 바에 따라 계약상대자가 제출하는 각종 보고서, 정보, 그 밖의 자료와 이에 따라 얻은 기술지식의 전부 또는 일부를 계약상대자의 승인을 얻어 발주기관의 이익을 위하여 복사, 이용 또는 공개할 수 있다.

② 계약상대자는 해당 계약을 통하여 얻은 모든 정보나 국가의 기밀사항을 계약이행의 전후를 막론하고 외부에 누설할 수 없다.

9.5 기성검사

9.5.1 기성(일부)검사 근거

발주자는 계약상대자가 계약의 전부 또는 일부의 이행을 끝내면 이를 확인하기 위하여 계약서 · 설계서 및 그 밖의 관계 서류에 따라 이를 검사하거나 소속 공무원 등에게 위임하여 검사하게 하여야 한다.

[근거] 지방자치단체를 당사자로 하는 계약에 관한 법률 제17조

9.5.2 기성검사 실시

① 계약상대자는 기성부분에 대하여 완성 전에 대가의 전부 또는 일부를 지급받고자 할 때에는 그 사실을 서면으로 계약담당자에게 통지하고 필요한 검사를 받아야 한다.

② 기성 대가지급 시의 기성검사는 공사감독관이 작성한 감독조서의 확인으로 갈음할 수 있다.

③ 기성검사 시 검사에 합격된 자재라도 단순히 공사현장에 반입된 것만으로는 기성부분으로 인정할 수 없다. 다만 계약상대자가 직접 또는 제3자에게 위탁하여 가공 · 조립 또는 제작된 자재인 때에는 해당 자재의 특성, 용도 및 시장거래상황 등을 고려하여 반입(해당 자재를 계약목적물에 투입하는 과정의 특수성으로 인하여 가공 · 조립 또는 제작하는 공장에서 기성검사를 실시하여 검사에 합격한 경우를 포함)된 자재의 100분의 50 범위 안에서 기성부분으로 인정할 수 있다.

9.5.3 기성검사자의 임명

① 감리원은 공사업자로부터 기성부분검사원을 접수하였을 때에는 신속히 검토 · 확인하고, 기성부분 감리조서와 다음 각 호의 서류를 첨부하여 지체 없이 용역업자에게 제출하여야 한다.

1) 주요기자재 검수 및 수불부
2) 감리원의 검사기록 서류 및 시공 당시의 사진
3) 품질시험 및 검사성과 총괄표
4) 발생품 정리부
5) 기타 감리원이 필요하다고 인정하는 서류와 준공검사원에는 지급기자재 잉여분 조치현황과 공사의 사전검사 확인서류, 안전관리점검 총괄표 추가 첨부

② 용역업자는 기성부분검사 또는 장기계속공사의 연차별 예비준공검사를 함에 있어 현장이 원거리 또는 벽지에 위치하고, 책임감리원으로도 검사가 가능하다고 인정되는 경우에는 발주자와 협의하여 책임감리원을 검사자로 임명할 수 있다.

〈제9-2호 서식〉

<table>
<tr><td colspan="3">(기성) 검사 체크리스트</td></tr>
<tr><td>시방서 내용(발주처 요구사항)</td><td>검사결과</td><td>보완조치 내용</td></tr>
<tr><td></td><td></td><td></td></tr>
<tr><td colspan="3">현장명 :

검사일자 : 년 월 일

검사자 : 정보통신감리원
성 명 : (인)</td></tr>
</table>

③ 용역업자는 기성부분검사원을 접수하였을 때에는 3일 이내에 기술지원감리원을 임명하여 검사하도록 하며, 이 사실을 즉시 검사자로 임명된 자에게 통보하고, 발주자에게 보고하여야 한다. 다만 「국가를 당사자로 하는 계약에 관한 법률 시행령」 제55조제7항 본문에 따른 약식 기성검사 시에는 책임감리원을 검사자로 임명하여 검사하도록 한다.

④ 용역업자는 부득이한 사유로 소속 직원이 검사를 할 수 없다고 인정할 때에는 발주자와 협의하여 소속 직원 이외의 자 또는 전문검사기관에게 그 검사를 하게 할 수 있다. 이 경우 검사결과는 서면으로 작성하여야 한다.

⑤ 용역업자는 각종설비, 복합공사 등 특수공종이 포함된 공사의 준공검사를 할 때 필요한 경우에는 발주자와 협의하여 전문기술자를 포함한 합동 준공검사반을 구성할 수 있다.

⑥ 발주자는 필요한 경우에는 소속 직원에게 기성검사 과정에 입회하도록 하고, 준공검사 과정에는 소속 직원을 입회시켜 준공검사자가 계약서, 시방서, 설계도서 등 관계 서류에 따라 준공검사를 실시하는지 여부를 확인하여야 하며, 필요시 완공된 시설물 인수기관 또는 유지관리기관의 직원에게 검사에 입회·확인할 수 있도록 조치하여야 한다.

⑦ 발주자는 제6항에 따른 준공검사에 입회할 경우에 해당 공사가 복합공종인 경우 공종별로 팀을 구성하여 공동 입회하도록 할 수 있으며, 준공검사 실시여부를 확인하여야 한다.

⑧ 용역업자는 외부전문가에 의한 검사가 필요한 부분에 대하여는 검사 전에 검사에 필요한 전문기술자가 참여하여 필수적인 검사 공종, 검사를 위한 시험장비 등 체계적으로 작성한 검사 계획서를 발주자에게 제출하여 승인을 받고, 승인을 받은 계획서에 따라 다음과 같은 검사절차에 따라 검사를 실시하여야 한다.

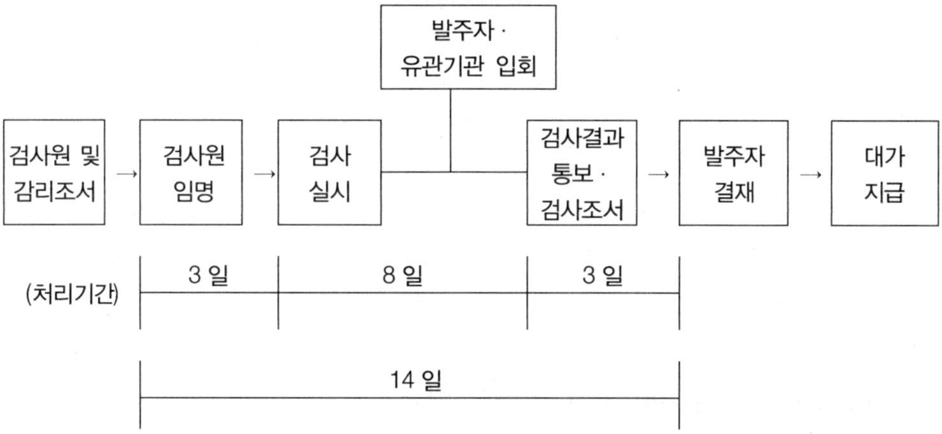

9.5.4 검사기간

① 기성 검사자(이하 "검사자"라 한다.) 는 계약에 소정 기일이 명시되지 않는 한 임명 통지를 받은 날부터 8일 이내에 해당 공사의 검사를 완료하고 검사조서를 작성하여 검사 완료일부터 3일 이내에 검사결과를 소속 용역업자에게 보고하여야 하며, 용역업자는 신속히 검토 후 발주자에게 지체 없이 통보하여야 한다.

② 검사자는 검사조서에 검사사진을 첨부하여야 한다.

③ 용역업자는 천재지변 등 불가항력으로 인해 제1항에서 정한 기간을 준수할 수 없을 때에는 검사에 필요한 최소한의 범위에서 검사기간을 연장할 수 있으며, 이를 발주자에게 통보하여야 한다.

④ 불합격 공사에 대한 보완, 재시공 완료 후 재검사 요청에 대한 검사기간은 공사업자로부터 그 시정을 완료한 사실을 통보받은 날부터 제1항의 기간을 계산한다.

9.5.5 기성검사

① 검사자는 당해 공사의 검사 시에 상주감리원 및 공사업자 또는 정보통신기술자 등을 입회하게 하여 계약서, 시방서, 설계도면, 그 밖의 관계 서류에 따라 다음 각 호의 사항을 검사하여야 한다. 다만 「국가를 당사자로 하는 계약에 관한 법률 시행령」 제55조제7항 본문에 따른 약식 기성검사의 경우에는 책임감리원의 감리조서와 기성부분 내역서에 대한 확인으로 갈음할 수 있다(별지서식 42~49).

1) 기성검사
가. 기성부분 내역이 설계도서대로 시공되었는지 여부
나. 사용된 가자재의 규격 및 품질에 대한 실험의 실시여부
다. 시험기구의 비치와 그 활용도의 판단
라. 지급기자재의 수불 실태
마. 주요 시공과정을 촬영한 사진의 확인
바. 감리원의 기성검사원에 대한 사전검토 의견서
사. 품질시험 · 검사성과 총괄표 내용
아. 기타 검사자가 필요하다고 인정하는 사항

② 검사자는 시공된 부분이 수중 또는 지하에 매몰되어 사후검사가 곤란한 부분과 주요 시설물에 중대한 영향을 주거나 대량의 파손 및 재시공 행위를 요하는 검사는 검사조서와 사전검사 등을 근거로 하여 검사를 시행할 수 있다.

9.5.6 불합격 공사에 대한 재시공 명령

기성검사자는 검사에 합격되지 아니한 부분이 있을 때에는 용역업자에게 지체 없이 그 내용을 보고하고, 용역업자의 지시에 따라 책임감리원은 즉시 공사업자에게 보완시공 또는 재시공을 하게한 후 공사가 완료되면 다시 검사 절차에 따라 검사원을 제출하도록 하여야 하며, 용역업자는 해당 공사의 검사자에게 재검사를 하게 하여야 한다.

〈제9-3호 서식〉

<table>
<tr><th colspan="3">(기성) 검사 체크리스트</th></tr>
<tr><th>시방서 내용(발주처 요구사항)</th><th>검사결과</th><th>보완조치 내용</th></tr>
<tr><td></td><td></td><td></td></tr>
<tr><td colspan="3">현장명 :
검사일자 : 년 월 일
검사자 : 정보통신감리원
성 명 : (인)</td></tr>
</table>

〈제9-4호 서식〉

기성공정 내역서

공사명 :

년 월 일부터 년 월 일까지 기성공정 내역을 다음과 같이 보고합니다.

□ 기성공정내역

공종	분야	전체계획		보할 (%)	금회 기성공정		누계공정		비고
		공사량	공사비		공사량	기성률 (%)	공사량	공정률 (%)	

년 월 일

00공사 현장대리인 (서명)

〈제9-5호 서식〉

기성부분 내역서

1. 도급액 :
2. 공사명 :
3. 기성부분금액 : 일금 원정(₩)
4. 내 역 :

공사내역	규격	도급액			금회 기성액			전회까지의 기성액			적용
		수량	단가	금액	수량	금액	비율(%)	수량	금액	비율(%)	

〈제9-6 서식〉

공사 기성부분 검사조서

공사명 :

년 월 일 준공

년 월 일 와 계약분

위 공사 제 회 기성부분검사의 명을 받아 20 년 월 일 검사한 결과 별지 내역서와 같이 전공사에 대하여 그 기성공정을 %로 조정합니다.

단, 수중지하 및 구조물 내부 또는 저부 등 시공 후 매몰된 부분의 검사는 별지 감리조서에 의거함.

년 월 일

기성부분 검사자 : (인)

입회원 : (인)

귀 하

〈제9-7호 서식〉

기성부분 감리조서

공사명 :

년 월 일 준공

년 월 일 와 계약분

위 공사의 가밀원으로 임명받아 년 월 일 일까지 감리한 결과 (제 회 기성검사까지의) 공사 전반에 결쳐 공사설계도서, 품질관리 및 기타 약정대로 어김없이 전 공사의 (%가)기성준공되었음을 인정합니다.

년 월 일

책임감리원 (서명)

귀 하

〈제9-8호 서식〉

기성부분 검사원

감리원 경유 (인)

1. 공 사 명 :
2. 위 치 :
3. 계 약 금 액 :
4. 계약 연월일 :
5. 착공 연월일 :
6. 준 공 기 한 :
7. 현 재 공 정 : . . 현재 %
8. 첨 부 서 류 : 기성공정 내역서, 기성부분 사진

위 공사의 도급시행에 있어서 공사전반에 걸쳐 공사설계도서, 품질관리기준 및 기타 약정대로 어김없이 기성되었음을 확인하오며 만약 공사의 시공, 감리 및 검사에 관하여 하자가 발견될 시는 즉시 변상 또는 재시공할 것을 서약하고 이에 기성검사원을 제출하오니 검사하여 주시기 바랍니다.

년 월 일

주 소 :

상 호 :

성 명 :

귀 하

제10장 준공검사업무와 감리결과보고

10.1 준공검사 실시

10.1.1 준공(전부)검사 근거

① 발주자는 계약상대자가 계약의 전부 또는 일부의 이행을 끝내면 이를 확인하기 위하여 계약서 · 설계서 및 그 밖의 관계 서류에 따라 이를 검사하거나 소속 공무원 등에게 위임하여 검사하게 하여야 한다.

[근거] 지방자치단체를 당사자로 하는 계약에 관한 법률 제17조

② 「국가를 당사자로 하는 계약에 관한 법률」 제14조제1항의 규정에 의한 검사는 계약상대자로부터 당해 계약의 이행을 완료한 사실을 통지받은 날부터 14일이내에 완료하여야 한다. 다만 장관이 정하는 경우에는 7일의 범위내에서 그 검사기간을 연장할 수 있다.

[근거] 국가를 당사자로 하는 계약에 관한 법률 시행령 제55조

10.1.2 준공검사 실시

① 공사를 완성하면 준공검사를 실시한다.

1) 계약상대자는 공사를 완성한 때에는 그 사실을 준공신고서 등 서면으로 계약담당자(책임감리를 하는 공사에 있어서는 해당 공사의 감리전문회사)에게 통지하

고 필요한 준공검사를 받아야 한다.

2) 발주자 준공검사의 통지를 받은 때에는 계약서, 설계서, 준공신고서 그 밖의 관계서류에 따라 그 날로부터 14일 이내에 계약상대자의 입회하에 그 이행을 확인하기 위한 검사를 해야 한다.
   가. 천재 · 지변 등 불가항력적인 사유로 인하여 검사를 완료하지 못한 경우에는 해당 사유가 존속되는 기간과 해당 사유가 소멸된 날로부터 3일까지는 이를 연장할 수 있다.
   나. 공사계약금액(관급자재가 있는 경우에는 관급자재 대가를 포함한다)이 100억 원 이상이거나 기술적 특수성 등으로 인하여 14일 이내에 검사를 완료할 수 없는 특별한 사유가 있는 때에는 7일 범위 안에서 검사기간을 연장할 수 있다.
3) 계약담당자 준공검사에 있어서 계약상대자의 계약이행 내용의 전부 또는 일부가 계약에 위반되거나 부당함을 발견한 때에는 필요한 시정조치를 해야 한다.
4) "3)"의 경우에 계약이행기간이 연장될 때에는 계약담당자는 지연배상금을 부과해야 한다.
5) 계약상대자는 준공검사에 입회 · 협력해야 한다.
6) 발주자는 검사를 완료한 때에는 그 결과를 지체 없이 계약상대자에게 통지해야 한다. 이 경우 계약상대자는 검사에 대한 이의가 있을 때에는 재검사를 요청할 수 있으며 계약담당자는 필요한 조치를 해야 한다.
7) 계약상대자는 준공검사완료 통지를 받은 때에는 모든 공사시설, 잉여자재, 폐기물 및 가설물을 공사장으로부터 즉시 철거 반출해야 하며 공사장을 정돈해야 한다.
8) 공사의 준공 단계에서 잉여자재가 발생하면 잉여자재 발생부를 시공사가 작성하고 감리원의 확인을 거쳐 발주자에게 제출하여야 한다.

10.1.3 준공검사 입회

① 발주자는 물품를 납품하면 납품수량을 확인하고 그 장비의 성능과 기능이 시방서(규격서)대로 기능을 하는지를 확인하여야 한다.

② 발주자는 공사가 준공이 되면 소속 직원에게 검사 과정에 입회하도록 하고, 준공검사과정에는 소속 직원을 입회시켜 준공검사자가 계약서, 설계설명서, 설계도서 등 관계 서류에 따라 준공검사를 실시하는지 여부를 확인하여야 하며, 필요시 완공된 시설물 인수기관 또는 유지관리기관의 직원에게 검사에 입회 · 확인할 수 있도록 조치하여야 한다.

③ 발주자는 준공검사에 입회할 경우에는 해당 공사가 복합공종인 경우에는 공종별로 팀을 구성하여 공동 입회하도록 하고, 검사결과서를 작성하여 준공검사 실시여부를 확인하여야 한다.

10.1.4 준공검사자 임명

① 감리원은 공사업자로부터 준공검사원을 접수하였을 때에는 신속히 검토 · 확인하고, 감리조서와 다음 각 호의 서류를 첨부하여 지체 없이 용역업자에게 제출하여야 한다.

1) 주요기자재 검수 및 수불부
2) 감리원의 검사기록 서류 및 시공 당시의 사진
3) 품질시험 및 검사성과 총괄표
4) 발생품 정리부
5) 기타 감리원이 필요하다고 인정하는 서류와 준공검사원에는 지급기자재 잉여분 조치현황과 공사의 사전검사 확인서류, 안전관리점검 총괄표 추가 첨부

② 용역업자는 준공검사원을 접수하였을 때에는 3일 이내에 기술지원감리원을 임명하여 검사하도록 하며, 이 사실을 즉시 검사자로 임명된 자에게 통보하고, 발주자에게 보고하여야 한다. 다만 「국가를 당사자로 하는 계약에 관한 법률 시행령」 제55조제7항 본문에 따른 약식 기성검사 시에는 책임감리원을 검사자로 임명하여 검사하도록 한다.

③ 용역업자는 기성부분검사 또는 장기계속공사의 연차별 예비준공검사를 함에 있어 현장이 원거리 또는 벽지에 위치하고, 책임감리원으로도 검사가 가능하다고 인정되는 경우에는 발주자와 협의하여 책임감리원을 검사자로 임명할 수 있다.

④ 용역업자는 부득이한 사유로 소속 직원이 검사를 할 수 없다고 인정할 때에는 발주자와 협의하여 소속 직원 이외의 자 또는 전문검사기관에게 그 검사를 하게 할 수 있다. 이 경우 검사결과는 서면으로 작성하여야 한다.

⑤ 용역업자는 각종설비, 복합공사 등 특수공종이 포함된 공사의 준공검사를 할 때 필요한 경우에는 발주자와 협의하여 전문기술자를 포함한 합동 준공검사반을 구성할 수 있다.

⑥ 발주자는 필요한 경우에는 소속 직원에게 기성검사 과정에 입회하도록 하고, 준공검사 과정에는 소속 직원을 입회시켜 준공검사자가 계약서, 시방서, 설계도서 등 관계 서류에 따라 준공검사를 실시하는지 여부를 확인하여야 하며, 필요시 완공된 시설물 인수기관 또는 유지관리기관의 직원에게 검사에 입회 · 확인할 수 있도록 조치하여야 한다.

⑦ 발주자는 제6항에 따른 준공검사에 입회할 경우에 해당 공사가 복합공종인 경우 공종별로 팀을 구성하여 공동 입회하도록 할 수 있으며, 준공검사 실시여부를 확인하여야 한다.

⑧ 용역업자는 외부전문가에 의한 검사가 필요한 부분에 대하여는 검사 전에 검사에 필요한 전문기술자가 참여하여 필수적인 검사 공종, 검사를 위한 시험장비 등 체계적으로 작성한 검사 계획서를 발주자에게 제출하여 승인을 받고, 승인을 받은 계획서에 따라 다음과 같은 검사절차에 따라 검사를 실시하여야 한다.

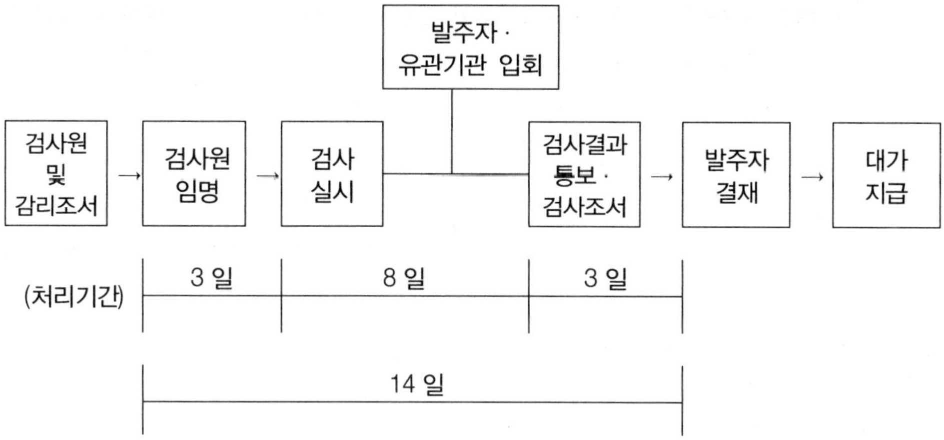

10.1.5 검사기간

① 준공검사자(이하 "검사자"라 한다)는 계약에 소정 기일이 명시되지 않는 한 임명통지를 받은 날부터 8일 이내에 해당 공사의 검사를 완료하고 검사조서를 작성하여 검사 완료일부터 3일 이내에 검사결과를 소속 용역업자에게 보고하여야 하며, 용역업자는 신속히 검토 후 발주자에게 지체 없이 통보하여야 한다.

② 검사자는 검사조서에 검사사진을 첨부하여야 한다.

③ 용역업자는 천재지변 등 불가항력으로 인해 제1항에서 정한 기간을 준수할 수 없을 때에는 검사에 필요한 최소한의 범위에서 검사기간을 연장할 수 있으며, 이를 발주자에게 통보하여야 한다.

④ 불합격 공사에 대한 보완, 재시공 완료 후 재검사 요청에 대한 검사기간은 공사업자로부터 그 시정을 완료한 사실을 통보받은 날부터 제1항의 기간을 계산한다.

10.1.6 시운전

① 감리원은 당해 공사 완료 후 준공검사 전에 사전 시운전 등이 필요한 부분에 대하여는 공사업자에게 다음 각 호의 사항이 포함된 시운전을 위한 계획을 수립하여 시운전 30일 이내에 제출하도록 하고, 이를 검토하여 발주자에게 제출하여야 한다.

1) 시운전 일정
2) 시운전 항목 및 종류
3) 시운전 절차
4) 시험장비 확보 및 보정
5) 기계 · 기구 사용계획
6) 운전요원 및 검사요원 선임계획

② 감리원은 공사업자로부터 시운전 계획서를 제출받아 검토, 확정하여 시운전 20일 이내에 발주자 및 공사업자에게 통보하여야 한다.

10장

③ 감리원은 공사업자에게 다음 각 호와 같이 시운전 절차를 준비하도록 하여야 하며, 시운전에 입회하여야 한다.

1) 기기점검
2) 예비운전
3) 시운전
4) 성능보장운전
5) 검수
6) 운전인도

④ 감리원은 시운전 완료 후에 다음 각 호의 성과품을 공사업자로부터 제출받아 검토 후 발주자에게 인계하여야 한다.

1) 운전개시, 가동절차 및 방법
2) 점검항목 점검표
3) 운전지침
4) 기기류 단독 시운전 방법 검토 및 계획서
5) 성능시험 성적서(성능시험 보고서)

10.1.7 준공검사

① 준공검사자는 당해 공사의 검사 시에 상주감리원 및 공사업자 또는 정보통신기술자 등을 입회하게 하여 계약서, 시방서, 설계도면, 그 밖의 관계 서류에 따라 다음 각 호의 사항을 검사하여야 한다. 다만「국가를 당사자로 하는 계약에 관한 법률 시행령」제55조제7항 본문에 따른 약식 기성검사의 경우에는 책임감리원의 감리조서와 기성부분 내역서에 대한 확인으로 갈음할 수 있다(별지서식 42~49).

1) 준공검사
   가. 완공된 시설물이 설계도서대로 시공되었는지의 여부
   나. 시공시 현장 상주감리원이 작성 비치한 제 기록에 대한 검토
   다. 폐품 또는 발생물의 유무 및 처리의 적정여부
   라. 지급기자재의 사용적부와 잉여자재의 유무 및 그 처리의 적정여부
   마. 제반 가설시설물의 제거와 원상복구 정리 상황
   바. 감리원의 준공검사원에 대한 검토의견서
   사. 기타 검사자가 필요하다고 인정하는 사항

② 준공검사자는 시공된 부분이 수중 또는 지하에 매몰되어 사후검사가 곤란한 부분과 주요 시설물에 중대한 영향을 주거나 대량의 파손 및 재시공 행위를 요하는 검사는 검사조서와 사전검사 등을 근거로 하여 검사를 시행할 수 있다.

10.1.8 불합격 공사에 대한 재시공 명령

준공검사자는 검사에 합격되지 아니한 부분이 있을 때에는 용역업자에게 지체 없이

그 내용을 보고하고, 용역업자의 지시에 따라 책임감리원은 즉시 공사업자에게 보완시공 또는 재시공을 하게한 후 공사가 완료되면 다시 검사 절차에 따라 검사원을 제출하도록 하여야 하며, 용역업자는 해당 공사의 검사자에게 재검사를 하게 하여야 한다.

10.1.9 예비준공검사

① 공사현장에 주요 공사가 완료되고 현장이 정리단계에 있을 때에는 준공예정일 2개월 전에 준공기한 내 준공가능 여부 및 미진한 사항의 사전 보완을 위해 예비 준공검사를 실시하여야 한다. 다만 소규모 공사인 경우에는 발주자와 협의하여 생략할 수 있다.

② 감리업자는 전체공사 준공 시에는 책임감리원, 비상주감리원 중에서 고급감리원 이상으로 검사자를 지정하여 합동으로 검사하도록 하여야 하며, 필요시 지원업무 담당자 또는 시설물 유지관리 직원 등을 입회하도록 하여야 한다. 연차별로 시행하는 장기계속공사의 예비준공검사의 경우에는 해당 책임감리원을 검사자로 지정할 수 있다.

③ 예비준공검사는 감리원이 확인한 정산설계도서 등에 따라 검사하여야 하며, 그 검사내용은 준공검사에 준하여 철저히 시행되어야 한다.

④ 책임감리원은 예비준공검사를 실시하는 경우에는 공사업자가 제출한 품질시험 · 검사총괄표 〈제10-1호 서식〉의 내용을 검토하고 검사를 하여야 한다.

⑤ 예비준공 검사자는 검사를 행한 후 보완사항에 대하여는 공사업자에게 보완을 지시하고 준공검사자가 검사시 확인할 수 있도록 감리업자 및 발주자에게 검사결과를 제출하여야 한다. 공사업자는 예비준공검사의 지적사항 등을 완전히 보완하고 책임감리원의 확인을 받은 후 준공검사원을 제출하여야 한다.

10.1.10 구내통신선로설비공사, 방송공동수신설비공사, 이동통신구내통신선로설비공사의 예비준공검사 리스트 작성

① 감리원은 정보통신민원업무인 사용전검사와 관련된 분야의 3가지 공사에 대하여는 감리원이 직접 측정기로 측정을 실시하고 기술기준 규정을 기준으로 예비준공검사를 실시하여야 한다.

② 감리를 실시한 정보통신공사분야는 부실한 감리결과서를 제출하여 시, 군, 구청장에게 제출하여 담당자가 직접 현장에서 확인검사에서 부실감리가 확인 · 발생하지 않도록 다음의 체크리스트를 활용하여 지적된 분야를 준공검사에서 다시 확인한 후에 검사결과표를 관할 시, 군, 구청장에게 제출하여야 한다.

③ 「정보통신공사업법」 제36조 정보통신사용전검사의 규정에 해당되는 감리대상공사의 예비준공 총괄 검사표 〈제10-1호 서식〉과 공종별 검사표 〈제10-2호 서식〉를 작성하여 감리결과서에 첨부하여 발주자에게 제출한다.

10.1.11 검사기간

① 계약상대자로부터 해당 계약의 이행을 완료한 사실을 통지받은 날부터 14일 이내에 완료하여야 한다. 다만 행정부장관이 정하는 경우에는 7일의 범위에서 그 검사기간을 연장할 수 있다.
   1) 검사자 임명(지정) : 3일 이내(발주부서장)
   2) 현장검사 실시 : 8일 이내(감리, 감독)
   3) 검사결과 통보(검사조서) : 3일 이내(계약부서에 통보)
② 검사를 할 때 조사설계 용역계약인 경우, 그 용역계약의 상대자가 조사설계 대상사업의 총사업비를 적정하게 산정하였는지를 함께 검사하여야 한다.
③ 발주기관장으로부터 검사를 위입받은 자는 검사를 할 때 계약상대자의 계약이행내용의 전부 또는 일부가 계약에 위반되거나 부당함을 발견하였을 때에는 지체 없이 필요한 시정조치를 명하여야 한다.
④ 기성대가지급 시의 기성검사는 감독을 하는 자가 작성한 감독조서의 확인으로 갈음할 수 있다. 다만 그 검사 3회마다 1회는 완료검사를 실시하여야 한다.
   [근거] 지방자치단체를 당사자로 하는 계약에 관한 법률 시행령 제64조

10.1.12 검사자의 자격

감독의 직무와 검사의 직무는 겸할 수 없다. 다만 다음의 어느 하나에 해당하는 경우에는 그러하지 아니하다.

① 특별한 기술이 필요한 검사에서 감독을 하는 자 외의 자로 하여금 검사를 하게 하는 것이 현저하게 곤란한 경우
② 유지 · 보수에 관한 공사 등 해당 계약의 이행 후 지체 없이 검사를 하지 아니하면 그 이행의 확인이 곤란한 경우
③ 계약금액이 3억원 이하인 물품의 제조 또는 공사계약의 경우
④ 「건설기술진흥법」 제39조제2항와 「전력기술관리법」 제12조 등 의무적으로 건설사업관리 또는 감리를 하여야 하는 공사계약에 규정된 공사계약의 경우
⑤ 감독조서의 확인으로 기성검사를 갈음하는 경우
   [근거] 지방자치단체를 당사자로 하는 계약에 관한 법률 시행령 제66조

〈제10-1호 서식〉

<table>
<tr><td colspan="5">예비준공 총괄 검사표 [결과 완료, 미시공, 시공불량]</td></tr>
<tr><td rowspan="2">검사 항목 예시</td><td rowspan="2">시공 여부</td><td colspan="2">검사 결과</td><td rowspan="2">조치 할 사항</td></tr>
<tr><td>결과</td><td>내 용</td></tr>
<tr><td>1. 통신용배관은 KDC8454 이상 규격인가?</td><td></td><td></td><td></td><td></td></tr>
<tr><td>2. 단자함은 옥외에 설치를 하지 않아야하고 높이는 함의 하부에서 30cm이상인가?</td><td></td><td></td><td></td><td></td></tr>
<tr><td>3. 케이블트레이와 덕터는 흔들림이 없는가?</td><td></td><td></td><td></td><td></td></tr>
<tr><td>4. 통신장비는 구매규격에 적합한 제품을 설치 하였는가?</td><td></td><td></td><td></td><td></td></tr>
<tr><td>5. 시공 현장 마당의 지하 매입 배관은 지표로 부터 60cm 이하로 시공 되었는가?</td><td></td><td></td><td></td><td></td></tr>
<tr><td>6. 광케이블의 특성은 기술기준에 적합한 특성이 측정 되었는가?</td><td></td><td></td><td></td><td></td></tr>
<tr><td>7. 통신용 접지는 10옴으로 시공하고 보호기는 100옴으로 시공 하였는가 ?</td><td></td><td></td><td></td><td></td></tr>
<tr><td>8. 지상파 디지털 텔레비전의 TV수신레벨 75옴 기준 직렬 단자에는 37~67dBμV 이상인가?</td><td></td><td></td><td></td><td></td></tr>
<tr><td>9. 단자함의 회선 번호는 현장과 일치 여부 ?</td><td></td><td></td><td></td><td></td></tr>
<tr><td>10. 단자함과 보호기에 연결된 접지선의 굵기는 100옴의 경우 1.6 mm 이상인가 ?</td><td></td><td></td><td></td><td></td></tr>
<tr><td>11. 세대단자함과 지능형홈네트워크 주장치 구간 의 배관은 1공 이상 시공하였는가?</td><td></td><td></td><td></td><td></td></tr>
<tr><td>12. 종합유선방송 8VSB방식 디지털방송 75옴 기준 직렬 단자에는 37~67dBμV 이상인가?</td><td></td><td></td><td></td><td></td></tr>
<tr><td>13. 꼬임케이블 성능 측정 결과 기술기준에 적합한가 ?</td><td></td><td></td><td></td><td></td></tr>
<tr><td colspan="5">검사일자 년 월 일</td></tr>
<tr><td>시공자 현장대리인</td><td>성명</td><td colspan="2"></td><td>인</td></tr>
<tr><td>정보통신감리원</td><td>성명</td><td colspan="2"></td><td>인</td></tr>
</table>

〈제10-2호 서식〉

공사 종류별 예비준공 검사표 예시

검사대상 공사의 종류	검사항목	검사결과	보완조치내용	검사자 (감리원)
1. 네트워크 장비공사 검사				
2. 영상설비공사 검사				
3. 장비별 시방서 기능 검사				
4. 방송공동수신설비 검사				
5. 이동통신구내선로설비 검사				
6. 구내통신선로설비공사				
7. CCTV설비 검사				

〈제10-3호 서식〉

방송공동 수신 안테나 시설의 질적수준

착 공 일			완 공 일	
감리자	상호		엔지니어링사업자 신고번호 (기술사무소 등록번호)	제 호
	감리원	(서명 또는 인)	전화번호(이동 전화번호)	

검사항목 및 내용 (해당공사만 기재)	검사결과	검사자

측정항목		기준값	측정값 (직렬단자)	
주파수대역		54~2,150MHz		
출력레벨 (75Ω 연결 시)	아날로그채널(FM포함)	55~85dBμV		
	디지털 채널(8VSB) 초고화질 채널(OFDM, QAM)	37~67dBμV 39~69dBμV		
	이동멀티미디어방송채널	23~53dBμV		
	디지털위성빙송채널	36~66dBμV		
채널 간의 레벨차 (동일변조방식)	인접사용 채널 간	5dB이내		
	비인접사용 채널 간	10dB이내		
신호대잡음비 (S/N비)	아날로그채널	-		
	디지털 채널(8VSB) 초고화질 채널(OFDM, QAM)	22dB이상 24dB이상		
	이동멀티미디어방송채널	14dB이상		
	디지털위성방송채널	14dB이상		

10장

〈제10-4호 서식〉

종합유선방송 구내전송선로설비의 질적수준

착 공 일			완 공 일	
감리자	상 호		엔지니어링사업자 신고번호 (기술사무소 등록번호)	제 호
	감리원	(서명 또는 인)	전화번호(이동 전화번호)	

검사항목 및 내용 (해당공사만 기재)	검사결과	검사자

측 정 항 목			기 준 값	측 정 값 (직렬단자)	
주파수범위			54~1,002MHz		
출력레벨 (75Ω 연결 시)	아날로그채널		55~85dBμV		
	디지털채널	8VSB	37~67dBμV		
		QPSK	29~59dBμV		
		64QAM	35~65dBμV		
		256QAM	42~72dBμV		
채널 간의 레벨차 (동일 변조 방식)	인접사용 채널 간		5dB이내		
신호대 잡음비 (S/N비)	아날로그채널		40dB이상		
	디지털채널	8VSB	22dB이상		
		QPSK	14dB이상		
		64QAM	20dB이상		
		256QAM	27dB이상		

〈제10-5호 서식〉

구내통신선로 동케이블 성능 측정기록표

공사명 : 100MHz 기준

층별, 실별위치	반사손실 (dB)	감쇠 (dB)	근단누화 손실(dB)	근단누화 전력합 손실(dB)	원단감쇠 대 누화비 (dB)	원단감쇠 대 누화비 전력합(dB)	전달지연 (ns)	전달지연 변이(ns)

〈제10-6호 서식〉

구내통신선로 광섬유케이블 링크 성능 측정기록표

공사명				측정자	(인)	입회자	(인)
측정일자	년 월 일	감리원	(인)	측정장비			

가. 공동주택 및 업무용 건축물

종 류	파장(nm)	채널 손실	측정값
단일 모드	1,310	7dB 이하	
	1,550	7dB 이하	
다중 모드	850	13dB 이하	
	1,300	9dB 이하	

주) 링크성능은 집중구내통신실에서 광섬유케이블의 종단(세대단자함 또는 인출구)까지의 기준임

나. 공동주택 외 주거용 건축물 및 기타 건축물

종 류	파장(nm)	채널 손실	측정값
단일 모드	1,310	3.45dB 이하	
	1,550	3.45dB 이하	

10장

〈제10-7호 서식〉

접지저항 측정기록표

공사명 :

설비위치		측정자	(인)	입회감리원	(인)
측정일자	년 월 일	접지방식		측정장비	

측정대상	기준치(Ω)	측정치(Ω)	판 정
국선단자함 접지			
중간담자함 접지			
MDF 랙 접지			
이동통신중계기용 접지			
장치함 접지			
통신장비주장치설치 접지			
케이블덕트 및 트레이 접지			

측정 사진

10.1.13 준공검사자의 확인업무

① 검사자는 해당 공사검사 시에 상주감리원 및 공사업자 또는 시공관리책임자 등을 입회하게 하여 계약서, 설계설명서, 설계도서, 그 밖의 관계 서류에 따라 다음 각 호의 사항을 검사하여야 한다. 다만 「국가를 당사자로 하는 계약에 관한 법률」,「지방자치단체를 당사자로 하는 계약에 관한 법률」 등 관련 규정에 따른 약식 기성검사의 경우에는 책임감리원의 감리조사와 기성부분 내역서에 대한 확인으로 갈음할 수 있다.

1) 기성검사

가. 기성부분 내역이 설계도서대로 시공되었는지 여부

나. 사용된 가자재의 규격 및 품질에 대한 실험의 실시여부

다. 시험기구의 비치와 그 활용도의 판단

라. 지급기자재의 수불 실태
마. 주요 시공과정을 촬영한 사진의 확인
바. 감리원의 기성검사원에 대한 사전검토 의견서
사. 품질시험 · 검사성과 총괄표 내용
아. 그 밖에 검사자가 필요하다고 인정하는 사항

2) 준공검사
가. 완공된 시설물이 설계도서대로 시공되었는지의 여부
나. 시공 시 현장상주 감리원이 작성 비치한 제 기록에 대한 검토
다. 폐품 또는 발생물의 유무 및 처리의 적정 여부
라. 지급 기자재의 사용적부와 잉여자재의 유무 및 그 처리의 적정 여부
마. 제반 가설시설물의 제거와 원상복구 정리상황
바. 감리원의 준공 검사원에 대한 검토의견서
사. 그 밖에 검사자가 필요하다고 인정하는 사항

② 검사자는 시공된 부분이 수중 또는 지하에 매몰되어 사후검사가 곤란한 부분과 주요 시설물에 중대한 영향을 주거나 대량의 파손 및 재시공 행위를 요하는 검사는 검사조서와 사전검사 등을 근거로 하여 검사를 시행할 수 있다.

10.1.14 준공도면 등의 검토 · 확인

① 감리원은 준공 설계도서 등을 검토 · 확인하고 완공된 목적물이 발주자에게 차질없이 인계될 수 있도록 지도 · 감독하여야 한다. 감리원은 공사업자로부터 가능한 한 준공예정일 1개월 전까지 준공 설계도서를 제출받아 검토 · 확인하여야 한다.
② 감리원은 공사업자가 작성 · 제출한 준공도면이 실제 시공된 대로 작성되었는지 여부를 검토 · 확인하여 발주자에게 제출하여야 한다. 준공도면은 계약서에 정한 방법으로 작성되어야 하며, 모든 준공도면에는 감리원의 확인 · 서명 한다.

10.1.15 발주자 시방서 내용검토 결과보고

① 정보통신설비별 감리결과를 요구하는 시방서내용에 따라 각 설비에 대한 시방서를 확인하여 그 결과를 보고하여야 하고, 준공검사시 운영자 설명서를 감리원이 설치자와 제조사로부터 제출받아 확인하고 발주자에게 3부를 제출하여야 한다.
② 현장에 정보통신설비를 설치하기 전 자재승인 절차를 거치고 설치 중에도 승인한 제품이 맞는지 확인과 준공단계에서 정보통신설비 종류별로 준공검사표를 작성하여 발주처 감독관에게 3부를 작성하여 제출하도록 한다.

〈제10-8호 서식〉

준 공 검 사 원

감리원 경유 (인)

1. 공사명 :

2. 공사위치 :

3. 계약금액 :

4. 계약년월일 :

5. 착공년월일 :

6. 준공기한 :

7. 실지준공년월일 :

8. 첨부서류 : 준공사진

위 공사의 도급시행에 있어서 공사전반에 걸쳐 공사설계도서, 품질관리기준 및 기타 약정대로 어김없이 준공되었음을 확인하오며 만약 공사의 시공, 감리 및 검사에 관하여 하자가 발견될 시는 즉시 실액변상 또는 재시공할 것을 서약하고 이에 준공검사원을 제출합니다.

20 년 월 일

주 소:
상 호:
성 명:

시장 귀하

〈제10-9호 서식〉

<table>
<tr><td colspan="4" align="center">○○정보통신설비별 준공검사표</td></tr>
<tr><td>시방서
순 번</td><td>발주처 시방서내용</td><td>현장에 설치된 설비의 전기적
특성과 기능</td><td>감리결과 내용</td></tr>
<tr><td>1</td><td></td><td></td><td></td></tr>
<tr><td>2</td><td></td><td></td><td></td></tr>
<tr><td>3</td><td></td><td></td><td></td></tr>
<tr><td colspan="4">현장명 :

검사일자 : 년 월 일
검사자 : 정보통신감리원
성 명 : (인)</td></tr>
</table>

10.1.16 감독조서와 검사조서 제출

① 감독 또는 검사를 한 자는 감독 또는 검사의 결과 계약이행의 내용이 당초의 계약내용에 적합하지 아니한 경우에는 그 사실 및 조치에 관한 의견을 감독조서 또는 검사조서에 적어 소속 기관의 장 또는 계약담당자에게 제출하여야 한다.

② 감독자는 「국가를 당사자로 하는 계약에 관한 법률」, 「지방자치단체를 당사자로 하는 계약에 관한 법률」 등 관련 규정에 따라 감독을 하는 자는 감독조서를 작성하여야 한다.

③ 「국가를 당사자로 하는 계약에 관한 법률 시행령」 제56조(검사조서의 작성생략) 법 제14조제2항 단서의 규정에 의하여 검사조서의 작성을 생략할 수 있는 경우는 다음 각 호와 같다.

1) 계약금액이 3천만원이하인 계약의 경우
2) 매각계약의 경우
3) 전기 · 가스 · 수도의 공급계약 등 그 성질상 검사조서의 작성을 필요로 하지 아니하는 계약의 경우

10장

〈제10-10호 서식〉

준공검사원 제출 공문 작성 사례

문서번호 : ㅇㅇ통신감리 제20 - ㅇㅇ호

시행일자 : . . .

수 신 :

참 조 :

제 목 : ㅇㅇ정보통신공사의 준공검사원 제출

---

1. 귀 기관의 무궁한 발전을 기원합니다.

2. 계약번호 제 20( )-( )호(. .) 관련입니다.

3. 위 관련으로 실시한( )정보통신감리용역에 대한 준공검사원을 첨부와 같이 제출합니다.

첨부 : 준공검사원 1부. -끝-

ㅇㅇ 발주기관장 귀하

〈제10-11호 서식〉

준공 감리조서

1. 공사명 :

2. 계약금액 :

3. 계약일 : 년 월 일

4. 착공일 : 년 월 일

5. 준공일 : 년 월 일

6. 계약자 : (주) 대표이사( )

년 월 일 와 계약분

위 공사의 정보통신감리원으로 임명받아 년 월 일부터 년 월 일까지 실지 현장감리한 결과 공사전반에 걸쳐 공사설계도서, 품질관리기준 및 기타 약정대로 어김없이 전 공사가 준공되었음을 인정합니다.

년 월 일

책임감리원 (인)

귀하

〈제10-12호 서식〉

준공검사조서

1. 공사명 :

2. 계약금액 :

3. 계약일 : 년 월 일

4. 착공일 : 년 월 일

5. 준공일 : 년 월 일

6. 계약자 : (주) 대표이사( )

위 공사의 준공검사명을 받아 년 월 일부터 년 월 일까지 검사한 결과설계서, 시방서, 준공도면 및 설계도서대로 준공되었음을 인정함.

년 월 일

준공검사자 : (서명)

입 회 자 : (서명)

( ) 귀하

〈제10-13호 서식〉

준공내역 총괄표

1. 용역명 : (   )정보통신공사의 정보통신감리용역

2. 총공사비 :

3. 도급액 :

4. 지급자재비 :

5. 공종별 준공내역

도 급 금 액		관급자재 금액		비 고
공 종	금 액	종 류	금 액	
재료비				
노무비				
경 비				
일반관리비				
이 윤				
부가세				
합 계				

6. 하자책임기간 구분

1) 정보통신공사의 하자책임기간 :

2) 관급자재의 하자책임기간 :

〈제10-14호 서식〉

발생품(잉여자재) 정리부

공사명				착공일	
품 명		규격		준공일	

발생일	품 명	규 격	단위	수 량		발생 사유	보관사항 (발주자인계)
				사용가능	사용불가		

〈제10-15호 서식〉

기성 및 준공검사 현황

공사명 :

연도(차수)	구 분	기성 및 준공금액	검사일	검사자	비 고

10.1.17 준공검사 불합격에 대한 재시공 명령

준공검사자는 검사에 합격되지 아니한 부분이 있을 때에는 감리업자에게 지체 없이 그 내용을 보고한다. 또한 감리업자의 지시에 따라 책임감리원은 즉시 공사업자에게 보완시공 또는 재시공을 하게 한 후 공사가 완료되면 다시 검사절차에 따라 검사원을 제출하도록 하여야 하며, 감리업자는 해당 공사의 검사자에게 재검사를 하게 하여야 한다.

10.1.18 감리결과 보고서 작성

① 감리원의 최종감리보고 준비서류 : 감리원은 다음 내용이 포함된 최종감리보고서를 감리기간 종료 후 7일 이내에 발주자에게 제출하여야 한다.

1) 공사 및 감리용역 개요 등(사업목적, 공사개요, 감리용역 개요, 설계용역 개요)
2) 공사추진 실적현황(기성 및 준공검사 현황, 공종별 추진실적, 설계변경 현황, 공사현장 실정보고 및 처리현황, 지시사항 처리, 주요 인력 및 장비투입현황, 하도급 현황, 감리원 투입현황)
3) 품질관리 실적(검사요청 및 결과통보현황, 각종 측정기록 및 조사표, 시험장비 사용현황, 품질관리 및 측정자 현황, 기술검토실적 현황 등)
4) 주요 기자재 사용실적(기자재 공급원 승인현황, 주요 기자재 투입현황, 사용자재 투입현황)
5) 안전관리 실적(안전관리조직, 교육실적, 안전점검실적, 안전관리비 사용실적)
6) 환경관리 실적(폐기물발생 및 처리실적)
7) 종합분석 내용

② 정보통신공사 최종 감리결과 보고서 표지는 다음의 서식을 참조한다.

10.1.19 최종 감리결과 보고서 작성방법

① 최종 감리결과 보고서 : 1부(사본 3부)
② 사업목적, 공사개요, 감리용역 개요
③ 공사추진 실적현황 : 기성 및 준공검사 현황, 공종별 추진실적, 설계변경 현황, 공사현장 실정보고 및 처리현황, 지시사항 처리, 주요 인력 및 장비투입현황, 하도급 현황, 감리원 투입현황
④ 품질관리 실적 : 검사요청 및 결과통보현황, 각종 측정기록 및 조사표, 시험장비 사용현황, 품질관리 및 측정자 현황, 기술검토실적 현황
⑤ 주요 기자재 사용실적 : 기자재 공급원 승인현황, 주요 기자재 투입현황, 사용자재 투입현황
⑥ 안전관리 실적 : 안전관리조직, 교육실적, 안전점검실적, 안전관리비 사용실적

⑦ 환경관리 실적(폐기물발생 및 처리실적)
⑧ 감리원은 감리결과에 대한 보고서를 세부과업 내용에 명시된 바에 따라 작성하여 제출하여야 한다(감리수행 시 협의조정함).
1) 최종 보고서는 용역완료 후 7일 이내 3부 제출
2) 유지관리 지침서는 필요시와 공사완료 후 7일 이내 3부 제출

10.1.20 최종 감리결과 보고서 내용

최종 감리결과 보고서는 다음의 서류를 모두 제출하는 것이 아니라 현장의 공사규모에 따라 서류를 갖추어 발주자에게 제출한다.

① 공사계획 및 공정표의 검토내용
② 공사업자가 작성한 시공 상세도면의 검토·확인 내용
③ 설계도서와 시공도면의 내용이 현장조건에 적합한지 여부와 시공가능성 등에 관한 사전검토내용
④ 공사가 설계도서 및 관련 규정에 적합하게 행하여지고 있는지에 대한 확인 내용
⑤ 공사 진척부분에 대한 조사 및 검사 내용
⑥ 사용자재의 규격 및 적합성에 관한 검토·확인 내용
⑦ 재해예방대책 및 안전관리의 확인 내용
⑧ 설계변경에 관한 사항의 검토·확인 내용
⑨ 하도급에 대한 타당성 검토내용
⑩ 준공도서의 검토 및 준공확인 내용
⑪ 정보통신공사의 설계도서의 적합성(기술기준에 적합) 검토 내용
⑫ 「정보통신공사업법 시행령」 제35조 규정에 의한 정보통신공사의 사용전검사(감리결과 통보)에 필요한 관련 서류제출
⑬ 지적사항에 대한 조치지시 및 확인, 합동점검 입회 내용
⑭ 물가변동에 따른 계약금액 조정 시 검토 및 서류 내용
⑮ 시공상태의 평가결과

10.1.21 감리완료 보고 대상 유의 사항

① 정보통신공사의 사용전검사 규정에 해당되지 않는 정보통신공사의 공종별공사의 부분은 별도의 각 설비별 감리결과 보고서를 별도로 작성하여 발주자에게 제출한다.
② 정보통신감리업자가 발주자에게 지원할 사항 : 「정보통신공사업법」 제11조에 따라 정보통신공사의 사용전검사에 해당되는 3가지 공종(구내통신선로설비, 방송공동수신설비, 이동통신구내선로설비공사)와 그 이외 공종의 공사가 준공되어 감리

용역이 완료된 7일 이내에 감리 완료보고서를 발주자에게 제출하고 「정보통신공사업법 시행령」 제14조에 따라 발주자는 감리결과 사본 중 정보통신공사의 사용전검사 규정에 해당되는 3가지 공종의공사는 시장, 군수, 구청장에게 제출한다.

〈제10-16호 서식〉

발주기관명 :	계약번호 - ○○-○○○

○○정보통신공사 감리결과보고서

(감 리 결 과 보 고 서 표 지)

20　　.　　.

○○정보통신감리회사

표이사 ○○○ (인)

① 감리결과 보고서의 시공분야 첨부서류

1) 공사착공계 : 첨부서류 : 현장대리인계, 현장대리인 자격증사본, 현장대리인 재직증명서, 예정공정표, 안전관리자 선임계, 현장기술자 및 대표자 보안각서, 정보통신공사업등록증 사본, 계약서 사본, 계약내역서, 시공계획서, 안전관리계획서, 품질관리계획서
2) 준공 후 정산 서류(각종 보험료 납부 지출관련 증명서)
3) 자재수급 계획서
4) 기술자 동원인원 계획표
5) 설계변경 관련 보고서
6) 설계변경 서류
7) 일일 작업 보고서(자재승인요청서)
8) 주간, 월간 보고서
9) 반입자재 검수서
10) 반입자재 수불부
11) 자재반입 검사표
12) 설계변경 요청서
13) 공사계획 변경 승인요청서
14) 설계변경 승인요청서
15) 시설공사 설비내역서
16) 하도급 승인요청서
17) 기성정산 및 준공신청서
18) 준공검사원(준공계) 제출,
19) 준공내역서
20) 준공 관련 설계도서
21) 공사 사진첩(공사전, 공사 중, 공사완료 구분하여 현장별 촬영사진, 매몰부분 사진 포함
22) 준공도면 CD
23) 안전관리비 사용계획서
24) 각종보험료 지출증비 서류
25) 안전교육일지
26) 공사현황, 주요 자재현황, 공사진도 현황, 비상연락표, 안전관리수칙
27) 감리원 출근부
28) 감리원 일지
29) 실시설계 준공도서 사본,
30) 감리결과 보고서
    가. 감리결과 보고서 서류의 종류
        • 시공상태의 평가결과(각종 시험성적서 포함)
        • 시공자재의 규격 및 적합성 평가결과
        • 기술자 배치의 적정성 평가결과
    나. 통신설비별 운영자 사용설명서, 카탈로그 자료, 기자재의 제조사 담당자연락처, 납품설치회사 담당기술자 연락처
        • 정보통신설비별, 각 실별 정보통신설비의 측정 결과표
31) 기타 필요한 서류, 도표 등
32) 공사감리 일지
33) 준공검사 총괄표
34) KS자재 및 정부인정 방송통신자재의 사용 총괄표

35) 공사현황 사진
36) 감리용역 과업지시서에 요구한 각종 서류
37) 장비운영 매뉴얼

② 정보통신 감리용역 분야 첨부서류

1) 감리착수계(통신감리회사 등록증 사본, 감리원재직증명서, 감리원자격증사본, 감리원보안각서, 감리수행 예정공정표)
2) 착공전 설계도서 검토 결과서
3) 공사 착공계 검토 의견서
4) 감리수행계획서
5) 감리 주간, 월간 보고서
6) 감리지시서
7) 감리업무일지
8) 감리 준공계
9) 준공검사 조서
10) 감리계약 내역서
11) 감리수행 사진첩 (칼라),
12) 행정서류 인수인계
13) 감리원 출근부
14) 각종 자재승인결과서
15) 현장자재반입 관리
16) 자재의 품질관리 실태
17) 안전관리 관련 서류
18) 설계변경 관련 서류
19) 정산관리 서류
20) 공사계획변경 승인서
21) 시설물 인계인수 내역서
22) 설계변경 검토결과 의견서
23) 관급자재 반입검토 결과서
24) 기성부분 시공확인서류

10.1.21 발주자에게 감리결과 통보

① 「정보통신공사업법」 제8조제1항에 따라 공사의 감리를 발주받은 용역업자는 공사에 대한 감리를 끝냈을 때에는 대통령령으로 정하는 바에 따라 그 감리결과를 발주자에게 서면으로 알려야 한다.

[근거] 정보통신공사업법 제11조(감리결과의 통보)

② 감리용역업자는 「정보통신공사업법」 제11조(감리결과 통보)에 따라 공사에 대한 감리를 완료한 때에는 공사가 완료된 날부터 7일 이내에 다음 각 호의 사항이 포함된 감리결과를 발주자에게 통보하여야 한다.

1) 착공일 및 완공일
2) 공사업자의 성명
3) 시공상태의 평가결과
4) 사용자재의 규격 및 적합성 평가결과
5) 정보통신기술자 배치의 적정성 평가결과

[근거] 정보통신공사업법 시행령 제14조(감리결과의 통보)

10.1.23 감리결과 통보서식의 종류

① 감리용역업자는「정보통신공사업법」제11조 및「정보통신공사업법 시행령」제14조에 따라 발주자에게 통보해야 하는 감리결과에 다음 서식은 다음과 같다.

1) 감리결과 보고서
2) 시공상태의 평가결과서(사용전검사와 관련 서식임을 유의하고 다른 공종도 시공상태의 평가결과서를 작성하여야 한다)
3) 사용자재의 규격 및 적합성 평가결과서(모든 공종 작성)
4) 정보통신기술자 배치의 적정성 평가결과서

[근거] 정보통신공사업법 시행에 관한 규정 제3조(감리결과 통보서식)

10.2 발주자의 감리결과 제출의무

10.2.1 발주자의 감리결과서 제출 방법

① 제출근거 : 정보통신공사업법시행령 제35조(착공전 설계도 확인 및 사용전검사의 대상공사) ① 법 제36조제1항에서 "대통령령으로 정하는 공사"란 별표 1에 따른 구내통신선로 · 이동통신구내선로 · 방송공동수신설비의 공사를 말한다. 다만 다음 각 호의 구분에 따른 공사는 제외한다.

1) 착공전 설계도 확인의 경우
   가. 연면적 150제곱미터 이하인 건축물에 설치되는 공사
   나.「건축법」제14조에 따른 신고대상건축물에 설치되는 공사
2) 사용전검사의 경우
   가. 제1호가목 또는 나목의 공사
   나. 감리를 실시한 공사

② 공사를 발주한 자는 제1항제2호나목의 경우 제14조에 따라 발주자에게 통보한 감

리결과보고서의 사본(설계도면 등 부속서류는 제외한다)을 특별자치시장 · 특별자치도지사 · 시장 · 군수 · 구청장(자치구의 구청장을 말한다)에게 제출하여야 한다.

10.2.2 발주자가 지방자치단체장에게 감리결과 제출 서식

① 제출근거 : 정보통신공사업법시행령 제35조제2항 관련(제10-17호~30호 서식)

〈제10-17호 서식〉

감리결과 사본제출 공문 예시

우 700-100 / ㅇㅇ도 ㅇㅇ군 ㅇㅇ면 ㅇㅇㅇ-ㅇ번지(새주소) TEL.

문서번호 : ㅇㅇㅇㅇ-ㅇㅇ호
시행일자 : 년 월 일
수신 : 시, 군, 구청장
참조 : 사용전검사담당과장
제목 : 감리결과 보고서 제출

선 결				결재 (공람)		
접수 일시		접수 번호				
처리과						

1. 귀기관의 발전을 기원합니다.
2. ㅇㅇ도 ㅇㅇ군 ㅇㅇ면 ㅇㅇ리 ㅇㅇ번지( )정보통신공사를 준공하고 「정보통신공사업법 시행령」 제35조 ②항 규정에 의하여 정보통신공사 감리결과 내용을 붙임과 같이 감리결과 보고서를 제출합니다.
   가. 건축물 개요
      o 공건축의 주용도 :
      o 발주자 : ㅇㅇㅇ
      o 발주자 주 소 :
      o 건축현황 : 지상 ㅇ층 지하 ㅇ층 , 연면적 : m^2
      o 건축물 대지주소 :
   나. 착공일자 :
   다. 준공일자 :
   라. 정보통신공사의 종류 : 구내통신선로설비공사, 방송공동수신설비공사, 이동통신구내선로설비공사, 방송공동수신설비 대상이 아닌 경우의 종합유선방송구내선로설비공사
   마. 붙임 : 1. 정보통신공사 감리결과 보고서 사본 - 1부

년 월 일

발주자 : 성명(상호) (인)

10장

〈제10-18호 서식〉

정보통신공사 감리결과 보고서

감리자	상 호		엔지니어링 사업자 신고번호 (기술사사무소등록번호)	제 호
	감 리 원	(서명 또는 인)	전화번호 (이동전화번호)	
	주 소			

시공사	상 호		정보통신공사업 등록번호	제 호
	대표자		전화번호	
	주 소			

공 사 명			
현 장 주 소			
공사의 종류			
구조 및 용도			
건축면적	제곱미터	연 면 적	제곱미터/지상 층, 지하 층
착공일	. . .	완 공 일	. . .

「정보통신공사업법」 제11조 및 같은 법 시행령 제14조에 따라 정보통신공사 감리결과를 보고합니다.

년 월 일

상 호:

대 표 자: (서명 또는 인)

(발주자) 귀하

제출서류	1. 시공상태의 평가결과서 1부 2. 사용자재의 규격 및 적합성 평가결과서 1부 3. 정보통신기술자배치의 적정성 평가결과서 1부 4. 정보통신공사 도급 및 (재)하도급 계약서 사본 1부 5. 감리원 자격증

210mm×297mm[백상지(80g/m^2)]

첨부 : 1. 구내통신선로설비 측정 : 광케이블 측정결과 ,UTP 케이블 측정결과 출력물 제출－각 1부.
2. 방송공동수신설비 측정 : 아울렛 수신레벨 측정결과 출력물－각 1부.
3. 접지저항 측정 : 접지 현장별 측정 사진첩－1부.
4. 공사 진척부분(준공단계)에 대한 검사결과표 1부

〈제10-19호 서식〉

시공상태 평가결과서

작성일자 : 년 월 일

공 사 명	
현 장 주 소	
공사의 종류	

감리자	상 호		엔지니어링 사업자신고번호 (기술사무소등록번호)	제 호
	감 리 원	(서명 또는 인)	전화번호 (이동전화번호)	

검사항목 및 내용(해당 공사만 기재)	기술기준적합 여부	검 사 자
1. 구내통신선로설비공사에 대한 검사		
1) 방송통신 기자재의 형식승인제품 사용 여부		
2) 국선수용 및 구내회선의 충분한 예비 회선수 확보 여부		
3) 구내통신실 위치 및 면적 확보의 적정 여부		
4) 국선 인입관로 적정 여부		
5) 국선 예비 인입배관 확보 및 굵기의 적합 여부		
6) 국내 건물간선계, 수평배선계 및 옥내배관의 적정 여부		
7) 국선/중간/세대 등 통신단자함 설치 및 요건 충족 여부		
8) 구내 배선방식(성형배선)의 적정 여부		
9) 예비전원 설비 확보 및 접지설비 적정 여부		
2. 방송공동수신설비(지상파TV, DMB방송, 위성방송, FM라디오, 종합유선방송)공사에 대한 검사		
1) 공통사항		
가. 배관, 배선, 증폭기, 분배기의 외부 교체 용이성 여부		
나. 옥내배관 및 배선의 적정 여부		
다. 장치함 설치장소 및 공간확보의 적정 여부		
2) 지상파TV, 위성방송, FM라디오방송설비		
가. 방송통신기자재의 형식승인, 해당 성능기준 제품사용 여부		
나. 수신안테나 설치방법의 적정성 여부		
다. 수신안테나의 레벨조정 및 출력레벨의 적정성 사용 여부		
3) 종합유선방송설비		
가. 방송통신기자재의 형식승인 제품사용 여부		
나. 인입설비(지하/가공/맨홀/핸드홀/인입배관)의 적정 여부		
다. 지상파TV 및 종합유선방송설비 분리 설치방식 적정 여부		
라. 신호분배 및 신호레벨의 적정 여부		
3. 이동통신구내선로설비공사에 대한 검사		
1) 급전선 인입표준도 등에 의한 적정 설치 여부		
2) 옥외안테나와 중계장치간 배관 및 덕트의 적정 설치 여부		
3) 접속함 설치, 전원 및 접지설비의 적정 여부		
4) 중계장치, 송수신용 안테나 설치장소의 확보 여부		
4. 지능형 홈네트워크 설비 등 기타 정보통신공사에 대한 검사		

〈제10-19호의 1 서식〉

[정보통신공사업법시행령제35조(사용전검사대상공사) 외 시공상태 평가결과서]

(가) CCTV설비설치공사의 시공상태 평가 결과서

시공상태 평가 내용			
시방서 및 도면 번호	검사항목 및 내용	검사 결과	검사자
시방서 번호			
001			
002			
003			
004			
005			
도면번호			
001			
002			
003			
004			
005			

(나) 통합방송장비설치공사의 시공상태 평가 결과서

시공상태 평가 내용			
시방서 및 도면 번호	검사항목 및 내용	검사 결과	검사자
시방서 번호			
001			
002			
003			
004			
005			
도면번호			
001			
002			
003			
004			
005			

(다) 자가망정보통신공사의 시공상태 평가 결과서

시공상태 평가 내용			
시방서 및 도면 번호	검사항목 및 내용	검사 결과	검사자
시방서 번호			
001			
002			
003			
004			
005			
도면번호			
001			
002			
003			
004			
005			

(라) 구내방송 및 강당방송장비 설치공사의 시공상태 평가 결과서

시공상태 평가 내용			
시방서 및 도면 번호	검사항목 및 내용	검사 결과	검사자
시방서 번호			
001			
002			
003			
004			
005			
도면번호			
001			
002			
003			
004			
005			

(마) 네트워크장비설치공사의 시공상태 평가 결과서

시공상태 평가 내용			
시방서 및 도면 번호	검사항목 및 내용	검사 결과	검사자
시방서 번호			
001			
002			
003			
004			
005			
도면번호			
001			
002			
003			
004			
005			

(바) 어린이 보호구역 CCTV설비공사의 시공상태 평가 결과서

시공상태 평가 내용			
시방서 및 도면 번호	검사항목 및 내용	검사 결과	검사자
시방서 번호			
001			
002			
003			
004			
005			
도면번호			
001			
002			
003			
004			
005			

〈제10-20호 서식〉

사용자재의 규격 및 적합성 평가결과서

작성일자 : 년 월 일

<table>
<tr><td rowspan="2">감리자</td><td>상 호</td><td></td><td>엔지니어링 사업자신고번호
(기술사무소등록번호)</td><td>제 호</td></tr>
<tr><td>감 리 원</td><td>(서명 또는 인)</td><td>전화번호
(이동전화번호)</td><td></td></tr>
</table>

<table>
<tr><td>공 사 명</td><td colspan="3"></td></tr>
<tr><td>현 장 주 소</td><td colspan="3"></td></tr>
<tr><td>착 공 일</td><td>. . .</td><td>완 공 일</td><td>. . .</td></tr>
</table>

사용자재는 내역서에 기록된 자재류 모두 기록

<table>
<tr><td rowspan="2">연번</td><td rowspan="2">품 명</td><td rowspan="2">규 격</td><td rowspan="2">단위</td><td rowspan="2">설계량</td><td rowspan="2">반입량</td><td rowspan="2">반입일</td><td rowspan="2">합격량</td><td colspan="2">불 합 격</td><td rowspan="2">검수자</td></tr>
<tr><td>불합격량</td><td>사 유</td></tr>
<tr><td>1</td><td></td><td></td><td></td><td></td><td></td><td></td><td></td><td></td><td></td><td></td></tr>
<tr><td>2</td><td></td><td></td><td></td><td></td><td></td><td></td><td></td><td></td><td></td><td></td></tr>
<tr><td>3</td><td></td><td></td><td></td><td></td><td></td><td></td><td></td><td></td><td></td><td></td></tr>
<tr><td>4</td><td></td><td></td><td></td><td></td><td></td><td></td><td></td><td></td><td></td><td></td></tr>
<tr><td>5</td><td></td><td></td><td></td><td></td><td></td><td></td><td></td><td></td><td></td><td></td></tr>
<tr><td>6</td><td></td><td></td><td></td><td></td><td></td><td></td><td></td><td></td><td></td><td></td></tr>
<tr><td>7</td><td></td><td></td><td></td><td></td><td></td><td></td><td></td><td></td><td></td><td></td></tr>
<tr><td>8</td><td></td><td></td><td></td><td></td><td></td><td></td><td></td><td></td><td></td><td></td></tr>
<tr><td>9</td><td></td><td></td><td></td><td></td><td></td><td></td><td></td><td></td><td></td><td></td></tr>
<tr><td>10</td><td></td><td></td><td></td><td></td><td></td><td></td><td></td><td></td><td></td><td></td></tr>
<tr><td>11</td><td></td><td></td><td></td><td></td><td></td><td></td><td></td><td></td><td></td><td></td></tr>
<tr><td>12</td><td></td><td></td><td></td><td></td><td></td><td></td><td></td><td></td><td></td><td></td></tr>
<tr><td>13</td><td></td><td></td><td></td><td></td><td></td><td></td><td></td><td></td><td></td><td></td></tr>
<tr><td>14</td><td></td><td></td><td></td><td></td><td></td><td></td><td></td><td></td><td></td><td></td></tr>
<tr><td>15</td><td></td><td></td><td></td><td></td><td></td><td></td><td></td><td></td><td></td><td></td></tr>
<tr><td>16</td><td></td><td></td><td></td><td></td><td></td><td></td><td></td><td></td><td></td><td></td></tr>
<tr><td>17</td><td></td><td></td><td></td><td></td><td></td><td></td><td></td><td></td><td></td><td></td></tr>
<tr><td>18</td><td></td><td></td><td></td><td></td><td></td><td></td><td></td><td></td><td></td><td></td></tr>
<tr><td>19</td><td></td><td></td><td></td><td></td><td></td><td></td><td></td><td></td><td></td><td></td></tr>
<tr><td>20</td><td></td><td></td><td></td><td></td><td></td><td></td><td></td><td></td><td></td><td></td></tr>
</table>

210mm×297mm[백상지(80g/m²)]

〈제10-21호 서식〉

정보통신기술자 배치의 적정성 평가결과서

작성일자 : 년 월 일

<table>
<tr><td>공 사 명</td><td colspan="3"></td></tr>
<tr><td>현 장 주 소</td><td colspan="3"></td></tr>
<tr><td>착 공 일</td><td>. . .</td><td>완 공 일</td><td>. . .</td></tr>
</table>

<table>
<tr><td rowspan="3">감
리
자</td><td>상 호</td><td></td><td>엔지니어링 사업자신고번호
(기술사무소등록번호)</td><td>제 호</td></tr>
<tr><td>감 리 원</td><td>(서명 또는 인)</td><td>전화번호
(이동전화번호)</td><td></td></tr>
<tr><td>주 소</td><td></td><td></td><td></td></tr>
</table>

<table>
<tr><td rowspan="3">시
공
사</td><td>상 호</td><td></td><td>전화번호</td><td></td></tr>
<tr><td>대 표 자</td><td></td><td>정보통신공사업 등록번호</td><td>제 호</td></tr>
<tr><td>주 소</td><td colspan="3"></td></tr>
</table>

성 명	자 격 등 급	자격발급번호	업무배치 구분(현장배치기간)

상기 정보통신기술자는 ( ) 정보통신공사현장에 「정보통신공사업법」 제33조 및 같은 법 시행령 제34조에 따라 적절하게 배치되었으며, 공사전반에 걸쳐 설계도, 시방서 및 기타 도급계약 등 관계법령에 따라 그 업무를 성실히 수행하였음을 확인합니다.

년 월 일

발주자 ( ) 귀하

210mm×297mm[백상지(80g/m²)]

〈제10-22호 서식〉

<table>
<tr><td colspan="3">정보통신공사도급 표준계약서</td><td>계약번호 제 호
공고번호 제 호</td></tr>
<tr><td rowspan="2">계약자</td><td>발 주 처</td><td colspan="2">자치단체의 장 또는 계약담당자 성명 :
• 상호 또는 법인명 • 대표자
• 주소 • 전화번호
• 법인등록번호</td></tr>
<tr><td>계 약 상 대 자</td><td colspan="2">• 상호 또는 법인명 • 대표자
• 주소 • 전화번호
• 법인등록번호</td></tr>
<tr><td rowspan="10">계약내용</td><td>공 사 명</td><td colspan="2"></td></tr>
<tr><td>계 약 금 액</td><td colspan="2">금 원정(₩)</td></tr>
<tr><td>총 공 사 부 기 금 액</td><td colspan="2">금 원정(₩)</td></tr>
<tr><td>계 약 보 증 금</td><td colspan="2">금 원정(₩)</td></tr>
<tr><td>현 장(현 장 주 소)</td><td colspan="2"></td></tr>
<tr><td>지 연 배 상 금 률</td><td colspan="2">%</td></tr>
<tr><td>물가변동계약금액조정방법</td><td colspan="2">. . . ~ . . .</td></tr>
<tr><td>착 공 연 월 일</td><td colspan="2"></td></tr>
<tr><td>준 공 연 월 일</td><td colspan="2"></td></tr>
<tr><td>그 밖 의 사 항</td><td colspan="2"></td></tr>
</table>

하자담보책임(복합공종의 경우 공종별 구분 기재)

공 종	공종별 계약금액	하자보수보증금률(%) 및 금액	담보책임 존속기간
		( )% 금 원정	
		( )% 금 원정	
		( )% 금 원정	

자치단체의 장(계약담당자) 또는 발주자 성명( )과 계약상대자는 상호 대등한 입장에서 붙임의 계약문서에 의하여 위의 공사에 대한 도급계약을 체결하고 신의에 따라 성실히 계약상의 의무를 이행할 것을 확약한다. 이 계약의 증거로서 계약서를 작성하여 당사자가 기명날인한 후 각각 1통씩 보관한다.

붙임서류 : 1. 공사 입찰유의서 1부
2. 공사계약 일반조건 1부
3. 공사계약 특수조건 1부
4. 설계서 1부
5. 산출내역서 1부

년 월 일

자치단체의 장 또는 계약담당자 (인)
계약상대자 (인)

210mm×297mm(신문용지 54g/m²)

10장

〈제10-23호 서식〉

(앞쪽)

<table>
<tr><td colspan="3" rowspan="2">감리용역 표준계약서</td><td>계약번호 제 호</td></tr>
<tr><td>공고번호 제 호</td></tr>
<tr><td rowspan="2">계
약
서</td><td>발 주 처</td><td colspan="2">자치단체의 장 또는 계약담당자 성명
• 상호 또는 법인명 • 대표자
• 주 소 • 전화번호
• 법인등록번호</td></tr>
<tr><td>계 약 상 대 자</td><td colspan="2">• 상호 또는 법인명 • 법인등록번호
• 주 소 • 전화번호
• 대표자</td></tr>
<tr><td rowspan="8">계
약
내
용</td><td>용 역 명</td><td colspan="2"></td></tr>
<tr><td>계 약 금 액</td><td colspan="2">금 원정(₩)</td></tr>
<tr><td>총용역부기금액</td><td colspan="2">금 원정(₩)</td></tr>
<tr><td>계 약 보 증 금</td><td colspan="2">금 원정(₩)</td></tr>
<tr><td>지 연 배 상 금 률</td><td colspan="2">%</td></tr>
<tr><td>계 약 기 간</td><td colspan="2">. . . ~ . . .</td></tr>
<tr><td>위 치</td><td colspan="2"></td></tr>
<tr><td>그 밖의 사항</td><td colspan="2"></td></tr>
</table>

자치단체의 장(계약담당자)과 계약상대자는 상호 대등한 입장에서 붙임의 계약문서에 의하여 위 용역에 대한 도급계약을 체결하고 신의에 따라 성실히 계약상의 의무를 이행할 것을 확약하며, 이 계약의 증거로서 계약서를 작성하여 당사자가 기명날인한 후 각각 1통씩 보관한다.

붙임서류 : 1. 용역 입찰유의서 1부
2. 용역계약 일반조건 1부
3. 용역계약 특수조건 1부
4. 과업내용서 1부
5. 산출내역서 1부

년 월 일

지방자치잔체의 장 또는 계약담당자 (인)

계약상대자 (인)

210mm×297mm(신문용지 54g/m²)

〈제10-24호 서식〉

자체감리원지정확인서

발주자	상 호		사업자등록번호	
	대표자		엔지니어링활동주최 통신 등록번호	제 호
	주 소			

감리원 성명	자격등급	자격발급 번호	업무배치 구분	생년월일	발급일자	재직기간	소속

상기 정보통신특급감리자 성명( )는 ( )공공기관의 재직자로서 정보통신공사의 현장(○○광역시 ○○구 ○○동 ○○○번지의 ○○아파트 ○○단지 제 ○○공구)의 정보통신감리자로 ○○년 ○○월 ○○일자로 지징해서 ○○년 ○○월 ○○일끼지 정보통신감리를 수행했음을 확인합니다.

년 월 일

발주자 : ○○○ (인)

○○시, 군, 구청장 귀하

※ 자체 감리가 가능한 정부, 지방자치단체 등 기관에서 자체감리를 실시한 경우 : 자체감리원 지정확인서를 시, 군, 구청장에게 감리결과 보고서에 첨부하여 제출하여야한다.

〈제10-25호 서식〉 광케이블 측정 결과표

광케이블 시험 DATA

공사명	ㅇㅇ단지 아파트 건립공사	작업구간	MDF-102동
공정명	구내 광케이블 접속 및 시험	FDF 선번	102동 3, 4
작업일	20 . .	작업자	ㅇㅇㅇ

[core 3]

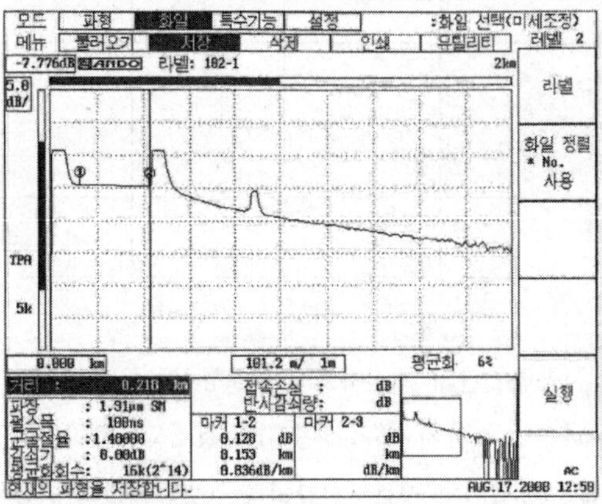

DATA 설명	MDF~102동 1공구

[core 3]

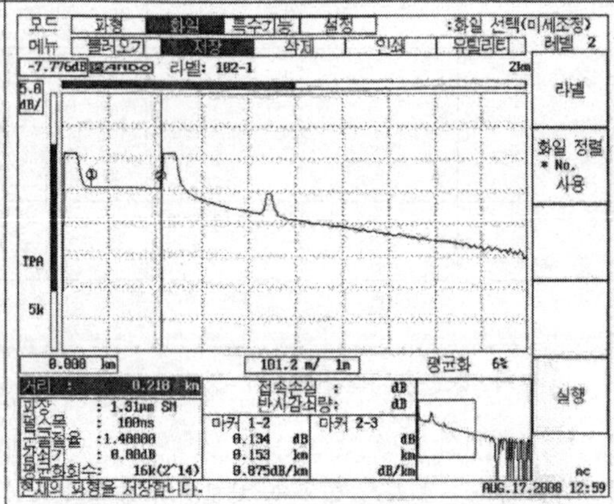

DATA 설명	102동 1공구~MDF

[core 4]

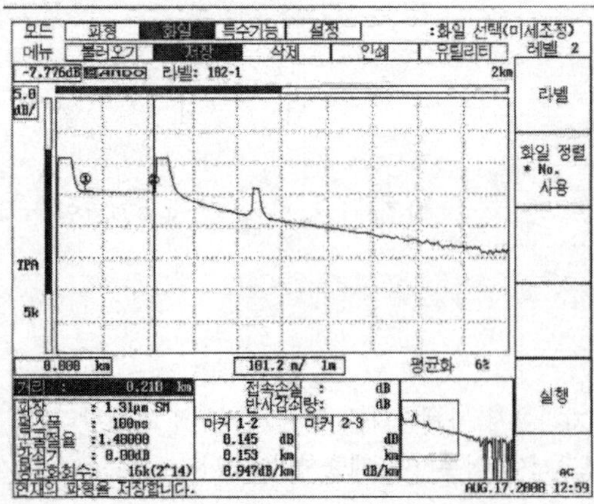

[core 4]

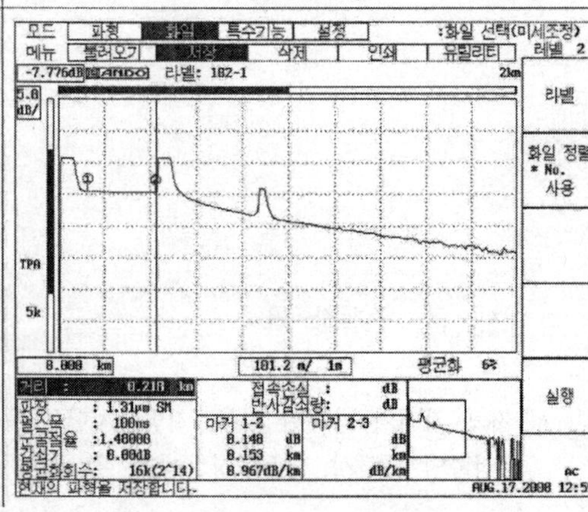

〈제10-26호 서식〉 정보통신 감리현장 사진

사 진	사 진
① 국선단자함 설치 내부 사진	② UTP케이블 링크 측정 사진
사 진	사 진
③ 구내통신 인출구 설치 사진	④ 접지 저항 측정 사진
사 진	사 진
⑤ 방송공동설비 직렬단자 설치	⑥ 국선의 지하인입 배관 설치 사진

〈제10-27호 서식〉 UTP 케이블 측정 결과표

LINKWARE
CABLE TEST MANAGEMENT SOFTWARE

Cable ID: J.K-TOWAR/1F-3

Test Summary: PASS

Date / Time: 02/18/2008 01:08:29pm	Operator: Your Name	Model: DSP-4300
Headroom: 10.7 dB (NEXT 36-78)	Software Version: 1.925	Main S/N: 8168006
Test Limit: Korea Cat 5e Channel	Limits Version: 5.17K	Remote S/N: 7695026
Cable Type: UTP 100 Ohm Cat 5e	NVP: 69.0%	Main Adapter: LIA 013
Fault Anomaly Threshold: 15%	Shield Test: N/A	Remote Adapter: LIA 012

Wire Map	1 2 3 4 5 6 7 8 S
PASS									
	1 2 3 4 5 6 7 8

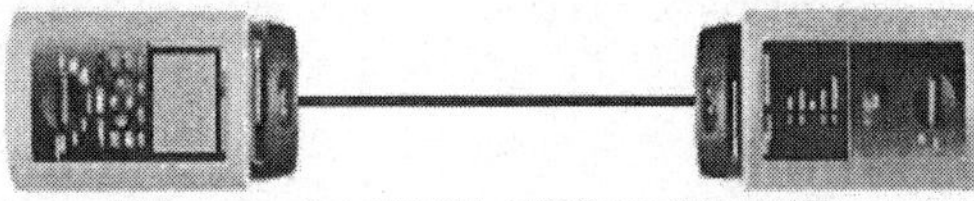

Length (ft), Limit 315	[Pair 78]	153
Prop. Delay (ns), Limit 555	[Pair 45]	233
Delay Skew (ns), Limit 50	[Pair 45]	7
Resistance (ohms), Limit 25.0	[Pair 45]	7.9
Impedance (ohms), Limit 85-115	[Pair 36]	108
Insertion Loss Margin (dB)	[Pair 45]	14.8
Frequency (MHz)	[Pair 45]	100.0
Limit (dB)	[Pair 45]	24.0

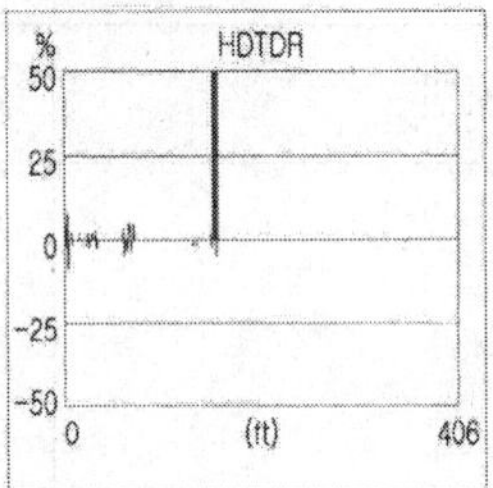

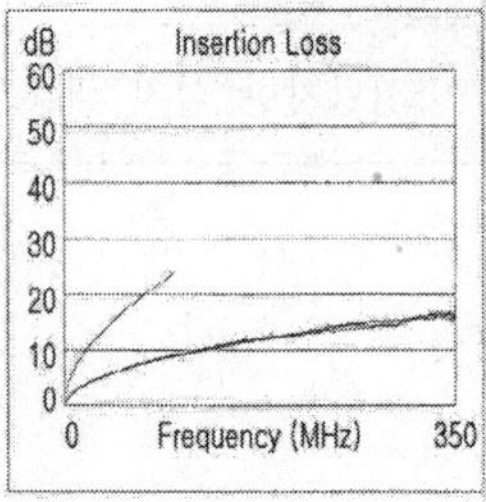

	Worst Case Margin		Worst Case Value	
PASS	MAIN	SR	MAIN	SR
Worst Pair	36-78	12-45	36-78	12-45
NEXT (dB)	10.7	11.0	12.8	14.0
Freq. (MHz)	25.1	10.2	95.6	89.4
Limit (dB)	40.4	46.9	30.4	30.9
Worst Pair	36	12	36	12
PSNEXT (dB)	12.9	12.6	14.9	16.1
Freq. (MHz)	63.8	15.7	95.8	99.8
Limit (dB)	30.4	40.7	27.4	27.1

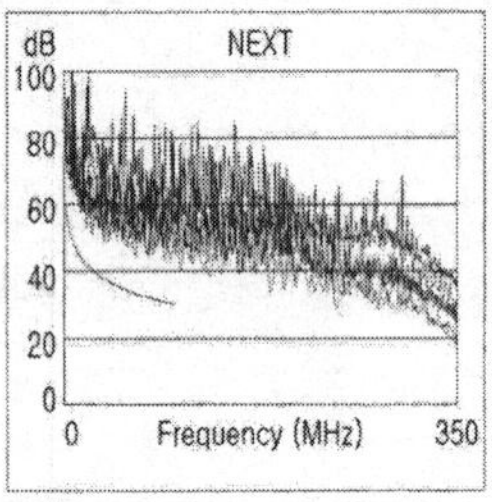

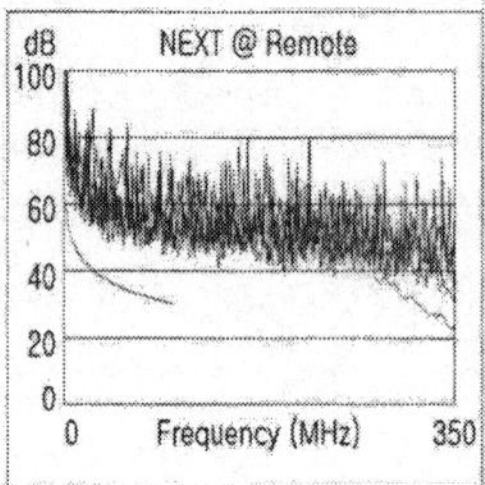

PASS	MAIN	SR	MAIN	SR
Worst Pair	12-36	12-36	12-36	12-36
ELFEXT (dB)	17.1	17.3	17.5	17.6
Freq. (MHz)	92.4	92.4	100.0	100.0
Limit (dB)	18.1	18.1	17.4	17.4
Worst Pair	12	12	12	12
PSELFEXT (dB)	17.4	16.7	17.4	16.7
Freq. (MHz)	100.0	100.0	100.0	100.0
Limit (dB)	14.4	14.4	14.4	14.4

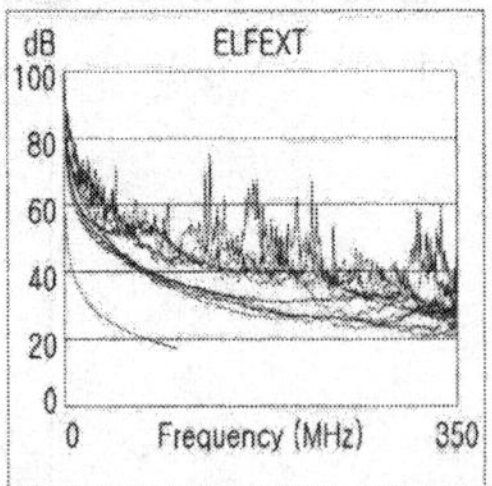

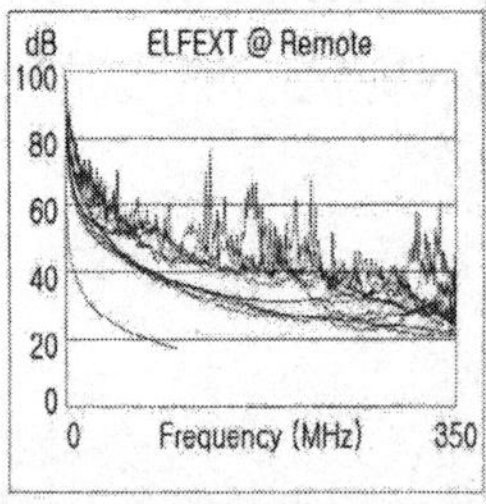

PASS	MAIN	SR	MAIN	SR
Worst Pair	36	36	36	78
RL (dB)	1.1	5.2	2.5	5.8
Freq. (MHz)	35.6	35.8	94.0	57.0
Limit (dB)	14.5	14.5	10.3	12.5

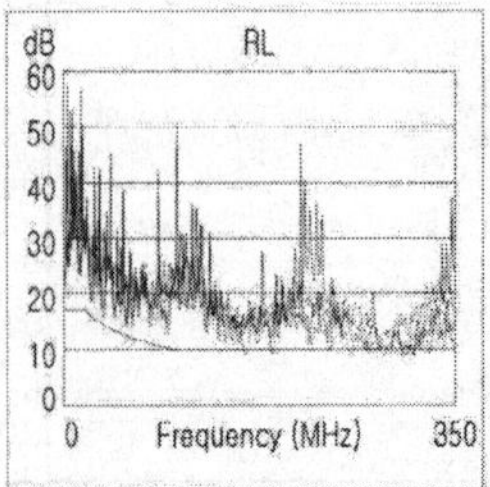

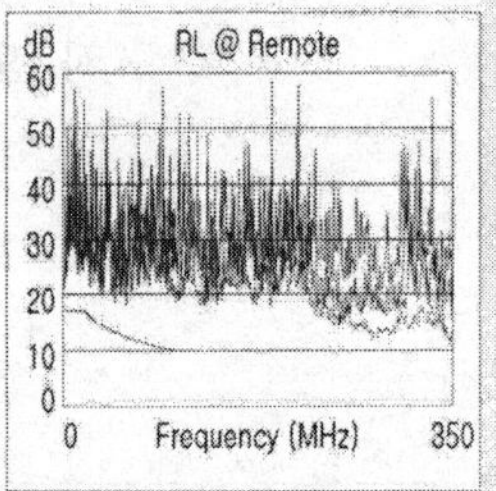

〈제10-28호 서식〉 방송공동수신설비 수신 레벨 측정결과표

세대별 TV수신레벨 측정표

측정동	측정기구명	측정자	ㅇㅇ정보통신 : ㅇㅇㅇ
211동	Teleman TV Signal Analyzer 1501i	확인자	통신감리원 : ㅇㅇㅇ

세대별 \ CH	ANALOG AFN (02)	ANALOG EBS (06)	ANALOG KBS1 (07)	ANALOG MBC (09)	ANALOG KBS2 (11)	ANALOG TBC (13)	DIGITAL KBS1 (14)	DIGITAL TBC (15)	DIGITAL KBS2 (16)	DIGITAL MBC (17)	DIGITAL EBS (18)	위성 EBS1 (20)	위성 EBS2 (22)	위성 EBSe (24)	OUN (26)	위성 SBS (28)	위성 STAR (30)	위성 STAR (32)	위성 STAR (34)	위성 STAR (36)	위성 STAR (38)	위성 BS1 (40)	위성 BS2 (42)
107호	77	75	75	73	75	75	74	77	75	73	77	75	74	73	75	76	76	77	77	77	75	76	73
207호	75	76	77	74	77	75	73	77	76	77	77	75	76	75	75	75	75	76	74	73	77	76	74
307호	73	75	73	76	77	75	75	77	73	76	75	75	77	75	75	76	74	73	77	75	75	76	75
407호	74	77	75	75	77	76	74	73	75	77	75	75	76	76	77	74	77	76	73	76	75	73	73
507호	77	73	77	73	76	75	75	75	76	75	76	76	77	77	75	76	75	73	75	75	76	74	77
607호	77	77	75	75	77	73	76	76	77	73	77	75	76	76	76	75	77	76	77	73	74	77	75
707호	77	75	75	77	77	77	76	76	73	76	76	77	76	73	75	76	77	77	74	77	75	76	74
807호	77	75	75	73	75	75	74	77	75	73	77	75	74	73	75	76	76	77	77	77	75	76	73
907호	75	76	77	74	77	75	73	77	76	77	77	75	76	75	75	75	75	76	74	73	77	76	74

10.2.3 준공도면 등의 검토 · 확인

① 감리원은 준공 설계도서 등을 검토 · 확인하고 완공된 목적물이 발주자에게 차질없이 인계될 수 있도록 지도 · 감독하여야 한다. 감리원은 공사업자로부터 가능한 한 준공예정일 1개월 전까지 준공 설계도서를 제출받아 검토 · 확인하여야 한다.

② 감리원은 공사업자가 작성 · 제출한 준공도면이 실제 시공된 대로 작성되었는지 여부를 검토 · 확인하여 발주자에게 제출하여야 한다. 준공도면은 계약서에 정한 방법으로 작성되어야 하며, 모든 준공도면에는 감리원의 확인 · 서명이 있어야 한다.

10.2.4 감리결과보고서 사본 제출

① 정보통신감리원은 통신민원업무인 사용전검사의 규정에 따라 공사를 준공 설계도면을 검토하고 준공하도록 하여야 한다.

② 「정보통신공사업법시행령」 제35조 ②항 공사를 발주한 자는 제1항제2호나목의 경우 제14조에 따라 발주자에게 통보한 감리결과보고서의 사본(설계도면 등 부속서류는 제외)을 특별자치시장 · 특별자치도지사 · 시장 · 군수 · 구청장(자치구의 구청장을 말한다)에게 제출하여야 한다.

〈제10-29호 서식〉 감리원자격증 사본

■ 정보통신공사업법 시행에 관한 규정 [별지 제3호서식]

감 리 원 자 격 증

과학기술정보통신부

○○정보통신공사협회

145mm × 90mm[보존용지(1종) 120g/㎡]

(제2쪽)

감 리 원 자 격 증

발 급 번 호 :	사 진 (2.5㎝×3㎝)
등 급 :	
성 명 :	
생 년 월 일 :	
주 소 :	

「정보통신공사업법」 제8조 및 같은 법 시행령 제9조에 따라 감리원 자격증을 교부합니다.

년 월 일

○○정보통신공사협회장 직인

145mm × 90mm[보존용지(1종) 120g/㎡]

〈제10-30호 서식〉 엔지니어링사업자 신고증

■ 엔지니어링산업진흥법시행규칙 제7조 제2항 [별지 제9호서식]

<table>
<tr><th colspan="5">엔지니어링사업자 신고증</th></tr>
<tr><td>명 칭</td><td colspan="4"></td></tr>
<tr><td>대표자성명</td><td colspan="2"></td><td>생년월일</td><td></td></tr>
<tr><td>소 재 지</td><td colspan="2"></td><td>전화번호(FAX, E-mail)</td><td></td></tr>
<tr><td rowspan="3">엔지니어링업</td><td>신고번호</td><td colspan="3">제 호</td></tr>
<tr><td>기술부문</td><td colspan="3">등 개 부문</td></tr>
<tr><td>전문분야</td><td colspan="3">등 개 분야</td></tr>
<tr><td rowspan="3">엔지니어링
컨설팅업</td><td>신고번호</td><td colspan="3">제 호</td></tr>
<tr><td>기술부문</td><td colspan="3">등 개 부문</td></tr>
<tr><td>전문분야</td><td colspan="3">등 개 분야</td></tr>
<tr><td>신고 연 월 일</td><td colspan="4">년 월 일</td></tr>
<tr><td colspan="5">「엔지니어링산업 진흥법」 제21조제1항 및 같은 법 시행규칙 제7조에 따라 위와 같이 신고하였음을 증명합니다.
년 월 일
협회장 직인</td></tr>
</table>

10.2.5 준공단계 도면의 기술기준 적합 검토

① 정보통신공사업법에서 준공단계 기술기준 적합 검토의무 : 정보통신공사업법제76조(벌칙) 다음 각 호의 어느 하나에 해당하는 자는 500만원 이하의 벌금에 처한다.

1) 제6조에 따른 기술기준을 위반하여 설계 또는 감리를 한 자

② 정보통신공사업법시행령에서 준공단계 도면검토 근거 법 : 정보통신공사업법시행령 제8조의2(감리원의 업무범위) 법 제8조제2항 후단에 따른 감리원의 업무범위는 다음 각 호와 같다.

1) 공사 진척부분에 대한 조사 및 검사

2) 준공도서의 검토 및 준공확인

〈제10-31호 서식〉 공사 진척부분 검사와 준공도서 검토 결과표

[근거] 정보통신공사업법시행령제8조의2(감리원의 업무범위)제5호, 제10호

정보통신공사 진척부분 검사와 준공도서 검토 결과표

발주자		접수 일자	. . .
주용도		연면적	( )제곱미터
현장 주소			
회사명	. . .	연락처	
감리원	성명 :	검사일자	. . .
공사종류	구내통신선로설비공사	이동통신구내선로설비공사	방송공동수신설비공사
대상 확인	대상	대상	대상

결과 : 적합, 해당 없음

1 구내통신선로설비공사

1. 방송통신기자재 설계반영 여부 확인

항목	내용	결과	근거
방송통신 기자재 규격품	1. 공사시방서에 방송통신기자재는 전파법의 적합인증 제품(KC)과 정부인증규격품(KS)을 시공 1) 모듈러 잭/플러그, 배선반(110블럭) 등	적합	전파법 제58조 의2

2. 분계점 시공 확인 및 검사

항목	내용	결과	근거
분계점	1. 사업용방송통신설비와 이용자방송통신설비의 분계점은 도로와 택지 또는 공동주택단지의 각 단지와의 경계점기준 설계 2. 국선과 구내선의 분계점을 사업용방송통신설비의 국선접속설비와 이용자방송통신설비가 최초로 접속되는 점(국선단자함)	적합	방송통신설비의 기술기준에 관한 규정 제4조
분계점 접속 기준	분계점에서의 접속방식은 간단하게 분리·시험할 수 있도록 국선단자함 설치	적합	방송통신설비의 기술기준에 관한 규정 제5조

3. 옥외회선 시공 확인 및 검사

항목	내용	결과	근거
옥외회선 지하인입	구내통신선로설비의 옥외회선은 지하로 인입(引入)하도록 설치		방송통신설비의 기술기준에 관한 규정 제18조

4. 맨홀 설치 확인 및 검사

항목	내용	결과	근거
맨홀 장소	1. 맨홀 또는 핸드홀은 케이블의 설치 및 유지·보수 등의 작업 시 필요한 공간을 확보할 수 있는 구조로 설치 2. 맨홀 또는 핸드홀은 케이블의 설치 및 유지·보수 등을 위한 차량출입과 작업이 용이한 위치에 설치하도록 설치 3. 맨홀 또는 핸드홀에는 주변 실수요자용 통신케이블을 분기할 수 있는 인입 관로를 설치하도록 설치		접지설비·구내통신설비·선로설비 및 통신공동구등에 대한 기술기준 제48조

5. 지하관로 매설

항목	내용	결과	근거
지하 관로 매설	1. 지면에서 관로상단까지의 거리는 기준에 맞게 설치 1) 「도로법 시행령」 [별표 2] 제1호 마목 : 0.8m 이상 2) 철도, 고속도로 횡단구간 등 특수한 구간 : 1.5m 이상 2. 시방서에 관로 상단부와 지면사이에는 관로보호용 경고테이프를 관로 매설경로에 따라 매설하도록 설명 설치 3. 관로는 가스등 다른 매설물과 50cm 이상 떨어져 매설하도록 설계 4. 맨홀 또는 핸드홀간에 매설하는 관로는 케이블 견인에 지장을 주지 아니하는 곡률을 유지하고 직선성을 유지하도록 설치		접지설비·구내통신설비·선로설비 및 통신공동구등에 대한 기술기준 제47조

6. 옥내통신선 이격거리

항목	내용	결과	근거
옥내 통신선 이격 거리	1. 옥내통신선은 이격거리를 기준으로 설계 1) 300V초과 전선과의 이격거리는 15cm 이상 2) 300V이하 전선과의 이격거리는 6cm 이상(애자사용 전기공사시 전선과 이격거리는 10cm 이상) 3) 도시가스배관과는 혼촉 되지 않도록 설치		접지설비·구내통신설비·선로설비 및 통신공동구등에 대한 기술기준 제23조

7. 보호기 및 접지

항목	내용	결과	근거
보호기 및 접지	1. 보호기, 금속으로 된 주배선반, 단자함(구내통신단자함, 옥외분배함 등), 장치함 및 지지물 접지단자를 설치하여 접지하도록 설치		방송통신설비의 기술기준에 관한 규정 제7조

8. 업무용 건축물의 통신실 면적 확보

항목	내용	결과	근거
업무용 건축물 통신실 확보	1. 6층 이상이고 연면적 5,000m^2 이상인 업무용 건축물의 집중구내통신실과 층구내통신실 설치 1) 집중구내통신실 : 10.2m^2 이상으로 1개소 이상 확보하여 설계 확인 2) 층 구내통신실을 확보하여 설치 (1) 각 층별 전용면적이 1,000m^2 이상인 경우에는 각 층별로 10.2m^2 이상으로 1개소 이상 (2) 각 층별 전용면적이 800m^2 이상인 경우에는 각 층별로 8.4m^2 이상으로 1개소 이상 (3) 각 층별 전용면적이 500m^2 이상인 경우에는 각 층별로 6.6m^2 이상으로 1개소 이상 3) 각 층별 전용면적이 500m^2 미만인 경우에는 각 층별로 5.4m^2 이상으로 1개소 이상 2. 6층 이상이고 연면적 5,000m^2 이상인 업무용 건축물외의 업무용 건축물은 집중구내통신실을 확보하여 설치 1) 건축물의 연면적이 500m^2 이상인 경우 10.2m^2 이상으로 1개소 이상 확보 2) 500m^2 미만인 경우는 5.4m^2 이상으로 1개소 이상 3) 같은 층에 집중구내통신실과 층구내통신실을 확보하여야 하는 경우에는 집중구내통신실만을 확보 4) 층별 전용면적이 500m^2 미만인 경우로서 각 층별로 통신실을 확보하기가 곤란한 경우에는 하나의 층구내통신실에 2개층 이상의 통신설비를 통합하여 수용할 수 있다. 이 경우 층구내통신실 확보면적은 통합 수용된 각 층의 전용면적을 합하여 층구내통신실의 확보 면적란의 기준을 적용 확인 5) 같은 층에 층구내통신실을 2개소 이상으로 분리 설치하려는 경우 층구내통신실의 면적은 최소 5.4m^2 이상 3. 집중구내통신실은 지상에 설계하고 조명시설과 통신장비전용의 전원설비를 갖추어야 하며 출입구에 잠금장치를 설치		방송통신설비의 기술기준에 관한 규정 제19조

9. 맨홀설치

항목	내용	결과	근거
맨홀 설치	1. 국선인입을 위한 관로, 맨홀, 핸드홀 및 전주 등 구내통신선로설비는 사업자의 맨홀, 핸드홀 또는 인입주로부터 건축물의 최초 접속점까지의 인입거리가 가능한 최단거리 설치하도록 설치 2. 국선을 지하로 인입하는 경우에는 배관, 맨홀 및 핸드홀 등을 [별표 2] 제1호 표준도에 준하여 설치하도록 설치 3. 구내의 맨홀 또는 핸드홀을 설치하지 아니하고 [별표 2] 제2호 표준도에 준하여 설치하도록 설치 - 인입선로 길이가 246m 미만이고 인입선로상 분기되지 않은 경우 - 5회선 미만의 국선을 인입하는 경우 4. 건축주가 5회선 미만의 국선을 지하로 인입시키기 위해 사업자가 이용하는 인입맨홀·핸드홀 또는 인입주까지 지하배관을 설치하는 경우에는 [별표 2의1] 표준도에 준하여 설치 5. 종합유선방송설비의 인입을 위한 배관의 공수는 1공 이상으로 하며, 인입관로상 맨홀 및 핸드홀 등은 구내통신선로설비의 맨홀 및 핸드홀 등과 공용으로 사용할 수 있도록 설치		접지설비·구내통신설비·선로설비 및 통신공동구 등에 대한 기술기준 제26조

10. 접지설비

항목	내용	결과	근거
접지 저항	1. 통신관련 접지저항은 10Ω 이하를 기주으로 설치		접지설비·구내통신설비·선로설비 및 통신공동구 등에 대한 기술기준 제5조
	1. 다음의 경우는 100Ω 이하로 설계 확인 1) 선로설비중 선조·케이블에 대하여 일정 간격으로 시설하는 접지 (단, 차폐 케이블은 제외) 2) 국선 수용 회선이 100회선 이하인 주배선반 3) 보호기를 설치하지 않는 구내통신단자함		
접지선	접지선은 PVC 피복 동선 또는 그 이상의 절연효과를 갖는 절연전선을 사용하고 접지극은 부식이나 토양오염 방지 를 고려한 도전성 재료를 설치 1) 10Ω 이하인 경우 직경 2.6mm 이상 2) 100Ω 이하인 경우 직경 1.6mm 이상		
접지체	접지체는 가스, 산 등에 의한 부식의 우려가 없는 곳에 매설하여야 하며, 접지체 상단이 지표로부터 수직 깊이 75cm 이상 되도록 매설하되 동결심도보다 깊도록 하여 설치		

11. 공동주택 통신실의 면적 확보

항목	내용	결과	근거
공동 주택 통신실 확보	1. 공동주택의 구내통신실 면적 확보 기준에 맞게 확보 확인 1) 50세대 이상 500세대 이하 단지 : $10m^2$ 이상으로 1개소 2) 500세대 초과 1,000세대 이하 단지 : $15m^2$ 이상 1개소 3) 1,000세대 초과 1,500세대 이하 단지 : $20m^2$ 이상 1개소 4) 1,500세대 초과 단지 : $25m^2$ 이상으로 1개소 2. 집중구내통신실은 외부환경에 영향이 적은 지상에 확보 3. 집중구내통신실에는 조명시설과 통신장비전용의 전원설비 구비여부 4. 집중구내통신실의 출입구에는 잠금장치를 설치		방송통신설비의 기술기준에 관한 규정 제19조

12. 홈 네트워크배관 공수

항목	내용	결과	근거
홈 네트 워크 배관 공수	1. 구내의 옥내와 옥외에 한국산업표준 규격의 배관, 덕트 또는 트레이 설치 1) 주택에 홈네트워크설비를 설치하는 경우 세대단자함과 홈네트워크 주장치간에는 홈네트워크용 배관을 1공 이상 설계(제5항제2호의 규정보다 통신용 배관에 여유가 있는 경우 공용 가능)		접지설비·구내통신설비·선로설비 및 통신공동구등에 대한 기술기준 제28조

13. 인입배관

항목	내용	결과	근거
인입 배관	1. 배관의 내경은 선로외경의 2배 이상이 되도록 설계 확인 1) 주거용 건축물 중 공동주택의 인입배관의 내경은 다음의 기준에 적합 설치 가. 20세대 이상의 공동주택 : 최소 54mm 이상 나. 20세대 미만의 공동주택 : 최소 36mm 이상 2) 주거용 및 기타건축물의 경우 - 1공 이상의 예비공을 포함하여 2공 이상 3) 업무용건축물의 경우에 - 2공 이상의 예비공을 포함하여 3공 이상		접지설비·구내통신설비·선로설비 및 통신공동구등에 대한 기술기준 제27조

14. 구내간선계와 건물간선계

항목	내용	결과	근거
구내간 선계와 건물간 선계	1. 동등 이상 내경을 가진 예비공 1공 이상을 포함하여 2공 이상 설치 2. 트레이 및 덕트 등을 설치할 경우에는 증설을 고려하여 여유 공간을 확보 설치		접지설비·구내통신설비·선로설비 및 통신공동구등에 대한 기술기준 제28조

15. 옥내배관

항목	내용	결과	근거
배관의 요건	1. 배관은 기계적 강도를 가진 내부식성 금속관 또는 한국산업표준 KS C 8454 (지하에 매설되는 배관의 경우에는 KS C 8455) 규격 이상의 합성수지제 전선관을 설치 2. 배관의 내경은 배관에 수용되는 케이블단면적의 총합계가 배관 단면적의 32% 이하로 설치 3. 배관의 굴곡은 가능한 완만하게 처리하여야 하되, 곡률반경은 배관 내경의 6배 이상으로 설치 4. 배관의 1구간에 있어서 굴곡개소는 3개소 이내이어야 하며, 1개소의 굴곡 각도는 90°이내로 하며 3개소의 합계는 180°이내로 시공하도록 시방서에 설명		접지설비·구내통신설비·선로설비 및 통신공동구 등에 대한 기술기준 제28조
수평 배선계	성형구조 또는 성형배선으로 설치		

16. 덕트의 설치

항목	내용	결과	근거
덕트 요건	1. 덕트는 선로를 용이하게 수용할 수 있는 구조와 유지·보수를 위한 충분한 공간이 있도록 설치 2. 수직으로 설치된 덕트의 주변에는 선로의 포설, 유지 및 보수의 작업을 용이하게 할 수 있는 디딤대 등을 설치 3. 덕트의 내부에는 선로의 포설에 필요한 선로 받침대를 60cm 내지 150cm의 간격으로 설계(선로용 배관 별도 설치 시 예외 가능) 4. 바닥 덕트 외의 덕터는 내부에 유지·보수 작업용 조명 또는 전기콘센트 설치		접지설비·구내통신설비·선로설비 및 통신공동구 등에 대한 기술기준 제28조
덕트 설치	1. 덕트는 유지·보수를 위한 충분한 공간이 있도록 설치 2. 수직으로 설치된 덕트의 주변에는 선로의 포설, 유지 및 보수의 작업을 용이하게 디딤대 설치 3. 덕트의 내부에 선로 받침대를 60cm 내지 150cm의 간격으로 설계 확인 4. 바닥 덕트 외의 덕터는 내부에 유지·보수 작업용 조명 또는 전기콘센트가 설치		
업무용 건축물 바닥 덕트와 배관	1. 구내선이 7.5m를 넘는 실내는 바닥덕트, 배관 설치 1) 바닥덕트 또는 배관은 실내의 용도와 규모를 고려하여 성형 또는 망형으로 설치 2) 바닥덕트 또는 배관의 매구간 교차점 또는 완곡부에 각 1개씩의 실내접속함을 설치 - 실내접속함의 간격은 7.5m 이내, 직선관로로서 선로작업에 지장이 없는 경우에는 간격을 12.5m 이내 2. 접속함 및 인출구는 상면에 돌출되거나 침수되지 않도록 설치		

10장

17. 국선단자함

항목	내용	결과	근거
국선 단자함 설치	1. 국선은 구내선과의 분계점에 설치된 주단자함 또는 주배선반에 수용 설치 2. 국선은 주배선반에 수용하도록 설계 1) 광섬유케이블 또는 300회선 미만의 동케이블을 수용하는 경우 : 주단자함 또는 주배선반 2) 300회선 이상의 동케이블을 수용하는 경우 : 주 배선반 3. 국선단자함에 구내케이블을 수용하기 위한 단자를 설계여부. 4. 공사시방서에 국선단자함에서 보호기를 통하여 국선과 구내케이블간의 회선접속의 설치		접지설비·구내통신설비·선로설비 및 통신공동구등에 대한 기술기준 제29조
국선 단자함 요건	1. 국선단자함은 기술기준에 적합하도록 설치 1) 국선단자함은 국선수용 단자, 단자반 및 보호기를 설치할 수 있는 충분한 공간 및 구조를 갖추어야 하며 관로의 분계점과 가장 가까운 곳에 설치 2) 국선단자함은 실내에 설치하고 선로를 수용할 단자함의 하부는 바닥으로부터 30cm 이상 되도록 설치 3) 설치를 하지 않아야 하는 장소 가. 세면실, 화장실, 보일러실, 발전기계실 나. 분진·유해가스 및 부식증기를 접하는 장소 다. 소화 호수시설을 갖춘 벽장 내 4) 절연저항 : 50MΩ 이상 5) 단자 또는 접속어댑터 : 배선 케이블 등급과 동등 이상의 성능 6) 회선표시물 : 각인 또는 표시판, 개폐장치: 잠금장치 구비된 문 7) 보호장치 : 휴지 기능, 피뢰 기능 및 접지 기능 8) 전원단자 : AC 전원단자 9) 국선단자함과 장치함을 별도로 설치하는 경우 국선단자함과 장치함 구간에 28mm 이상 배관 1개 이상 설치 2. 400×500×80mm형 국선단자함 - 크기 : 0.2m2 이상, 한 변의 길이 400mm 이상(깊이 80mm 이상) 3. 700×800×130mm형 국선단자함(종합유선방송 수신설비 수용 시) - 크기 : 0.56m2 이상, 한 변의 길이 700mm 이상(깊이130mm 이상) - 단자함 내부 절연보조장치 및 통풍구, 용도별 설비수용을 위한 격벽 설치		

18. 중간단자함 및 세대단자함

항목	내용	결과	근거
중간 단자함 및 세대 단자함 설치	1. 중간단자함 설치위치는 적정하게 설치 1) 제28조제5항제4호의 규정에 부적합한 배관의 굴곡점 2) 선로의 분기 및 접속을 위하여 필요한 곳 2. 세대단자함 설치위치는 적정하게 설계 1) 공동주택에는 세대별로 세대단자함을 설티 2. 세대 내에서 분기가 없는 기숙사 및 주택법시행령 제10조제1항제1호에서 규정하는 원룸형 주택의 모든 요건 주택 제외		접지설비·구내통신설비·선로설비 및 통신공동구등에 대한 기술기준 제30조

19. 주거용 건축물의 구내 배선

항목	내용	결과	근거
주거용 건축물 구내 배선	1. 주거용 건축물에 설치하는 구내배선은 적합하게 설치 1) 한 개의 공동주택인 경우에는 [별표 11]의 제1호 표준도에 준하여 설계 2) 두 개 이상의 공동주택이 하나의 단지를 형성할 때는 [별표 11]의 제2호 표준도에 준하여 설치 3) 국선단자함이 설치된 공동주택에서 각 공동주택별로 구내간선케이블을 설치하여 동단자함에 배선하여 설치 4) 세대단자함에서 각 인출구까지는 성형배선 방식으로 설치 5) 국선단자함에서 세대 내 인출구까지 꼬임케이블을 배선할 경우에 구내배선설비의 링크 성능은 100MHz 이상의 전송특성이 유지되도록 설치 6) 동단자함이 설치 된 경우에는 링크성능 구간은 동단자함에서 세대 내 인출구까지로 설치 7) 홈네트워크설비를 설치하는 경우에는 홈네트워크 주장치와 홈네트워크 기기간에 꼬임케이블, 신호전송용케이블 등을 사용하여 통신소통에 지장이 없도록 설치 8) 제30조제1항 각호에 해당하지 아니하여 국선단자함 또는 동단자함에서 세대단자함 또는 인출구까지 직접 배선하는 경우 수평배선계의 케이블 설치		접지설비 · 구내통신설비 · 선로설비 및 통신공동구등에 대한 기술기준 제33조

20. 업무용과 기타 건축물의 구내 배선

항목	내용	결과	근거
업무용건축물과 기타 건축물 구내 배선	1. 업무용과 기타건축물에 설치하는 구내배선은 기준에 적합하게 설치 1) 한 개의 건축물인 경우에는 [별표 12]의 제1호 표준도에 준하여 설치 2) 하나의 부지에 두 개 이상의 건축물이 있는 경우에는 [별표 12]의 제2호 표준도에 준하여 설치 3) 국선단자함이 설치된 건축물에서 각 건축물별로 구내간선케이블을 설치하여 동단자함에 배선하도록 설치 4) 층단자함에서 각 인출구까지는 성형배선으로 설치 5) 국선단자함에서 인출구까지 꼬임케이블의 링크성능은 100MHz 이상의 전송특성이 유지되도록 설치 6) 동단자함이 설치된 경우 링크성능 구간은 동단자함에서 인출구까지 설치 7) 제30조제1항 각호에 해당하지 아니하여 국선단자함 또는 동단자함에서 인출구까지 직접 배선하는 경우는 수평배선계의 케이블 설치방식으로 설치		접지설비·구내통신설비·선로설비 및 통신공동구등에 대한 기술기준 제33조

21. 광케이블과 꼬임케이블

<table>
<tr><th>항목</th><th>내용</th><th>결과</th><th>근거</th></tr>
<tr>
<td>광 케이블 링크 성능 기준</td>
<td>
1. 광케이블은 구내통신선로의 링크성능 기준 [별표 6]을 시방서에 표기 설계
2. 공사시방서에 케이블은 다음의 성능 이상급 설치
1) 공동주택 및 업무용건축물
<table>
<tr><th>종류</th><th>파장 (nm)</th><th>채널손실</th></tr>
<tr><td rowspan="2">단일모드</td><td>1,310</td><td>7dB 이하</td></tr>
<tr><td>1,550</td><td>7dB 이하</td></tr>
<tr><td rowspan="2">다중모드</td><td>850</td><td>13dB 이하</td></tr>
<tr><td>1,300</td><td>9dB 이하</td></tr>
</table>
주) 링크성능은 집중구내통신실에서 광섬유케이블의 종단(세대단자함 또는 인출구)까지의 기준임
2) 공동주택 외 주거용 건축물 및 기타건축물
<table>
<tr><th>종류</th><th>파장 (nm)</th><th>채널손실</th></tr>
<tr><td rowspan="2">단일모드</td><td>1,310</td><td>3.45dB 이하</td></tr>
<tr><td>1,550</td><td>3.45dB 이하</td></tr>
</table>
주) 링크성능은 국선단자함에서 광섬유케이블의 종단(세대 단자함 또는 인출구)까지의 기준임
</td>
<td></td>
<td rowspan="2">접지설비 · 구내통신설비 · 선로설비 기술기준 제33조</td>
</tr>
<tr>
<td>꼬임 케이블 성능 기준</td>
<td>
꼬임케이블은 100.0MHz 이상의 전송특성을 갖도록 설치
<table>
<tr><th rowspan="2">[별표6]
측정항목</th><th rowspan="2">측정주파수(MHz)</th><th colspan="3">케이블 등급별 기준값</th></tr>
<tr><th>100 MHz</th><th>250 MHz</th><th>500 MHz</th></tr>
<tr><td rowspan="5">반사손실
(dB, 이상)</td><td>1</td><td>17.0</td><td>19.0</td><td>19.0</td></tr>
<tr><td>16.0</td><td>17.0</td><td>18.0</td><td>18.0</td></tr>
<tr><td>100.0</td><td>10.0</td><td>12.0</td><td>12.0</td></tr>
<tr><td>250.0</td><td>-</td><td>8.0</td><td>8.0</td></tr>
<tr><td>500.0</td><td>-</td><td>-</td><td>6.0</td></tr>
<tr><td rowspan="5">감쇠
(dB, 이하)</td><td>1.0</td><td>3.0</td><td>3.0</td><td>3.0</td></tr>
<tr><td>16.0</td><td>9.1</td><td>8.0</td><td>8.2</td></tr>
<tr><td>100.0</td><td>24.0</td><td>21.3</td><td>20.9</td></tr>
<tr><td>250.0</td><td>-</td><td>35.9</td><td>33.9</td></tr>
<tr><td>500.0</td><td>-</td><td>-</td><td>49.3</td></tr>
<tr><td rowspan="5">근단 누화손실
(dB, 이상)</td><td>1.0</td><td>60.0</td><td>65.0</td><td>65.0</td></tr>
<tr><td>16.0</td><td>43.6</td><td>53.2</td><td>53.2</td></tr>
<tr><td>100.0</td><td>30.1</td><td>39.9</td><td>39.9</td></tr>
<tr><td>250.0</td><td>-</td><td>33.1</td><td>33.1</td></tr>
<tr><td>500.0</td><td>-</td><td>-</td><td>26.1</td></tr>
<tr><td rowspan="5">근단 누화 전력합
손실(dB, 이상)</td><td>1.0</td><td>57.0</td><td>62.0</td><td>62.0</td></tr>
<tr><td>16.0</td><td>40.6</td><td>50.6</td><td>50.6</td></tr>
<tr><td>100.0</td><td>27.1</td><td>37.1</td><td>37.1</td></tr>
<tr><td>250.0</td><td>-</td><td>30.2</td><td>30.2</td></tr>
<tr><td>500.0</td><td>-</td><td>-</td><td>23.2</td></tr>
</table>
</td>
<td></td>
</tr>
</table>

원단감쇠대누화비 (dB, 이상)	1.0	57.4	63.3	63.3
	16.0	33.3	39.2	39.2
	100.0	17.4	23.3	23.3
	250.0	-	15.3	15.3
	500.0	-	-	9.3
원단감쇠대누화 비전력합 (dB, 이상)	1.0	54.4	60.3	60.3
	16.0	30.3	36.2	36.2
	100.0	14.4	20.3	20.3
	250.0	-	12.3	12.3
	500.0	-	-	6.3
전달지연(ns, 이하)	10.0	555	555	555
전달지연변이 (ns, 이하)	10.0	50	50	50

22. 회선 종단장치

항목	내용	결과	근거
회선 종단 장치	1. 주거용건축물의 통신용 인출구는 모듈러잭이나 동축커넥터 또는 광인출구 등으로 종단하도록 설치 2. 업무용 및 기타건축물의 통신용 인출구는 각 실별 단위로 모듈러잭이나 동축커넥터 또는 광인출구의 통신용 인출구 또는 통신용 단자함으로 종단하도록 설치 3. 인출구는 통신용선로, 방송공동수신설비, 홈네트워크설비 등을 하나의 인출구로 종단할 경우에는 선로상호간 누화로 인한 통신소통에 지장이 없도록 설치		접지설비 · 구내통신설비 · 선로설비 및 통신공동구등에 대한 기술기준 제31조

23. 구내통신선의 배선

항목	내용	결과	근거
구내 통신 선의 배선	1. 건물간선케이블 및 수평배선케이블은 100MHz 이상의 전송대역을 갖는 꼬임케이블, 광섬유케이블 설치 2. 옥외의 구내간선케이블은 옥외용 꼬임케이블, 옥외용 광섬유케이블 설치 3. 공동구, 지하주차장 등 외부 환경에 영향이 적은 지하에 설치되는 경우에는 옥내용 케이블 설치		접지설비 · 구내통신설비 · 선로설비 및 통신공동구등에 대한 기술기준 제32조

24. 선로성능 유지

항목	내용	결과	근거
선로 성능 유지	1. 공사시방서에 통신용선로, 방송공동수신설비, 홈네트워크설비 등을 동일 배관에 함께 수용할 경우에는 선로상호간 누화로 인하여 통신소통에 지장이 없도록 설치 2. 공사시방서에 구내배선에 사용하는 접속자재는 배선케이블 등급과 동등 이상의 제품을 설치		접지설비 · 구내통신설비 · 선로설비 및 통신공동구등에 대한 기술기준 제33조

25. 회선 수 확보

항목	내용	결과	근거
공통	1. 구내통신선로설비에는 충분한 회선을 확보하여 설치 1) 구내로 인입되는 국선의 수용 회선 수 2) 구내회선의 구성 회선 수 3) 단말장치 등의 증설을 반영한 회선 수		방송통신설비의 기술기준에 관한 규정 제20조
주거용 건축물 회선 수	1. 주거용건축물 회선수 확보하여 설치 1) 국선단자함에서 세대단자함 또는 인출구까지 단위세대당 1회선(4쌍 꼬임케이블 기준) 이상 또는 광섬유케이블 2코아 이상 2) 광다중화 기능을 갖는 국선단자함과 동단자함이 있는 경우에는 국선단자함에서 동단자함까지 광섬유케이블 8코아 이상, 동단자함에서 세대단자함이나 인출구까지 단위세대당 1회선(4쌍 꼬임케이블 기준) 이상 또는 광섬유케이블 2코아 이상		
업무용 건축물 회선 수	1. 업무용 건축물 회선 수 확보하여 설치 1) 국선단자함에서 세대단자함 또는 인출구까지 업무구역(10m^2) 당 1회선(4쌍 꼬임케이블 기준) 이상 또는 광섬유케이블 2코아 이상 2) 광다중화 기능을 갖는 국선단자함과 동단자함이 있는 경우에는 국선단자함에서 동단자함까지 광섬유케이블 8코아 이상, 동자함에서 세대단자함이나 인출구까지 업무구역(10m^2) 당 1회선(4쌍 꼬임케이블 기준) 이상 또는 광섬유케이블 2코아 이상		
주거용과 업무용 외의 건축물	1. 주거용과 업무용 외의 용도를 갖는 건축물 회선 수 확보하여 설치 1) 건축물의 용도를 고려하여 주거용과 업무용 회선 수 확보기준을 신축적으로 적용하여 설치		

2 이동통신구내선로설비공사

1. 접속함

항목	내용	결과	근거
접속함	1. 설치 위치 : 급전선 또는 광케이블의 포설 및 철거가 용이하도록 접속함 설치 1) 배관의 길이가 40m를 초과할 경우 2) 제28조제5항제4호의 규정에 부적합한 배관의 굴곡점		접지설비 · 구내통신설비 · 선로설비 및 통신공동구등에 대한 기술기준 제36조
	1. 성능은 기술기준에 적합하게 설치 - 절 연 저 항 : 50MΩ 이상 - 두께 1.5mm 이상의 연강판 또는 동등 이상 - 문 : 여닫이식		접지설비 · 구내통신설비 · 선로설비 및 통신공동구등에 대한 기술기준 제36조

2. 급전선의 인입배관

항목	내용	결과	근거
급전선의 인입배관	1. 급전선 또는 광케이블을 인입하기 위한 배관 등은 [별표 7]의 제1호부터 제3호의 표준도에 준하여 설치 1) 옥외 안테나(옥상 또는 지상에 설치하는 안테나를 말하며 이하 같다)에서 기지국의 송수신장치 또는 중계장치(이하 "중계장치 등"이라 한다)까지 급전선 또는 광케이블을 설치하기 위한 시설은 배관, 덕트 또는 트레이로 설치 2) 옥외 안테나에서 중계장치 등까지 설계하는 배관은 건물 내 통신배관실을 이용하여 설치하는 경우 외 다음 각 목에 적합하게 설치 - 급전선을 수용하는 배관의 내경은 36mm 이상 또는 급전선 외경(다조인 경우에는 그 전체의 외경)의 2배 이상이 되어야 하며, 3공 이상을 설치 - 광케이블을 수용하는 배관의 내경은 22mm 이상이어야 하며, 예비공 1공 이상을 포함하여 2공 이상을 설치하도록 설치 3) 배관 및 덕트는 제28조제4항제1호, 제5항 및 제6항의 규정을 준용하여 설치하도록 설치 - 구내통신선로설비의 배관이 제28조제5항제2호의 요건을 만족하고 상호 소통에 지장이 없는 경우에는 공동으로 사용할 수 있도록 설치		접지설비 · 구내통신설비 · 선로설비 및 통신공동구등에 대한 기술기준 제35조

3. 배관시설

항목	내용	결과	근거
배관시설 구조	이동통신구내선로설비를 구성하는 배관시설은 설치된 후 배선의 교체 및 증설시공이 쉽게 이루어질 수 있는 구조로 설치		방송통신설비의 기술기준에 관한 규정 제18조

4. 중계기설치를 위한 장소확보 공통사항

항목	내용	결과	근거
장소 확보	1. 규정 제17조의2 및 제17조의3에 따른 대상 시설에는 송수신용 안테나, 중계장치 등의 설치 또는 운영을 위하여 기준에 적합한 장소를 확보하여 설치 1) 옥외 안테나의 설치를 위하여 전파의 송수신이 가장 양호한 곳으로서 각각 $4m^2$ 이상의 면적을 갖는 1개소 이상의 설치장소. 다만, 분계점에 가까운 맨홀에서 중계장치 등까지 광케이블을 통해 신호를 전달하는 경우에는 해당 없음 2) 중계장치 등의 설치를 위하여 분진이나 유해가스로부터 격리된 각각 $2m^2$ 이상의 면적(높이 2m 이상)을 갖는 1개소 이상의 설치장소 3) 설치장소는 옥외안테나 또는 중계장치 등의 설치 및 유지·보수를 위한 작업 등에 지장이 없도록 설치		접지설비·구내통신설비·선로설비 및 통신공동구등에 대한 기술기준 제39조

10장

5. 공동주택 및 공동주택 외 건축물 중계기 설치 장소

<table>
<tr><th>항목</th><th>내용</th><th>결과</th><th>근거</th></tr>
<tr><td rowspan="2">공동주택</td><td>1. 중계기 설치 장소를 적합하게 선정하여 설치
<table><tr><th>설 치 대 상</th><th>설 치 장 소</th></tr><tr><td>가. 규정 제24조의2제1항에 따라 협의하여 지상층에 이동통신구내중계설비를 설치하기로 한 주택 및 시설</td><td>각 지하층 및 과학기술부장관이 정하여 고시하는 기준에 적합한 지상층</td></tr><tr><td>나. 가목에 해당하지 않는 지하층이 있는 주택 및 시설</td><td>각 지하층</td></tr></table>1) 기지국의 송수신장치 또는 중계장치를 옥상에 설치하는 경우에는 단지 내 1개소 이상의 장소를 확보하여야 하며, 지하층에 설치하는 경우에는 지하층 바닥 면적의 합계 5,000m2 당 1개소 이상의 장소를 확보하여 설치
2) 옥상의 기지국 송수신장치 또는 중계장치를 별도의 실 안에 설치하고자 하는 경우에는 실내 적정 온도 유지를 위해 환기구 설치
3) 옥상에 옥외안테나 등을 설치하는 경우에는 접지시설 및 전원시설 등이 옥상까지 확보되어야 하며, 옥상을 관통할 때에는 방수 처리
4) 500세대 미만의 공동주택의 경우에는 지상층을 제외한 지하층에만 구내용 이동통신설비를 설치</td><td rowspan="2"></td><td rowspan="2">접지설비·구내통신설비·선로설비 및 통신공동구등에 대한 기술기준 [별표 7] 제2호</td></tr>
<tr><td>공사시방서에 옥외 안테나를 옥상에 설치하는 경우 기간통신사업자는 옥상의 옥외 안테나에서 기지국의 송수신장치 또는 중계장치까지 배관, 덕트 또는 트레이 설치</td></tr>
<tr><td>공동주택 외 건축물</td><td>1. 중계기 설치 장소를 적합하게 선정하여 설계
<table><tr><th>설 치 대 상</th><th>설 치 장 소</th></tr><tr><td>가. 「건축법 시행령」 제2조제17호에 따른 다중이용 건축물(공동주택 제외)</td><td>각 지하층 및 각 지상층</td></tr><tr><td>나. 가목에 해당하지 않는 지하층이 있는 건축물(공중 지하도·터널·지하상가 및 지하주차장 등 지하건축물 포함)</td><td>각 지하층</td></tr></table>1) 건축물에서 기지국의 송수신장치 또는 중계장치의 설치장소는 바닥면적의 합계 10,000m^2 당 1개소 이상의 장소를 확보하도록 설계
2) 구내터널의 기지국 송수신장치 또는 중계장치는 터널 내부 또는 지상에 설치할 수 있도록 설계
3) 구내터널의 지상에 기지국 송수신장치 또는 중계장치를 설치하는 경우 접지시설 및 전원설비 등을 지상에 확보하도록 설계
4) 구내터널 길이에 따라 신호전달이 어려운 경우 2개 이상의 중계장치 설치하도록 설계
5) 구내복수 터널인 경우 각 터널 별 별도의 관로를 설치하고 지상에서 터널 내부로 관통할 때는 방수처리가 되도록 설계</td><td></td><td>접지설비·구내통신설비·선로설비 및 통신공동구등에 대한 기술기준 [별표 7] 제1호</td></tr>
</table>

6. 이동통신 접지시설

항목	내용	결과	근거
접지시설	1. 접지시설은 제5조의 규정 및 [별표 7]의 제1호부터 제3호의 표준도에 준하여 설치 - 접지단자는 중계장치 등이 설치되는 각 층에 중계장치 등으로부터 최단거리에 설치하도록 설치		접지설비 · 구내통신설비 · 선로설비 및 통신공동구등에 대한 기술기준 제37조
	공사시방서에 기간통신사업자는 접지단자로부터 중계장치 등까지 접지선을 설치		

7. 상용전원

항목	내용	결과	근거
상용전원	중계장치 등의 전원은 용량이 4kW 이상으로서 교류 220V 전원단자가 3개 이상이어야 하며, [별표 7]의 제1호부터 제3호의 표준도에 준하여 설계 - 전원단자는 중계장치 등이 설치되는 각 층에 중계장치 최단거리에 설치		접지설비 · 구내통신설비 · 선로설비 및 통신공동구등에 대한 기술기준 제38조
	공사시방서에 기간통신사업자는 전원단자로부터 중계장치 등까지 전원선을 설치하도록 명기		

3 방송 공동수신설비공사

1. 지상파TV, 위성방송, FM라디오방송, DMB방송설비의 공사

1) 비상전원 설비

항목	내용	결과	근거
비상전원설비	1. 에프엠(FM)라디오 및 이동멀티미디어방송의 지하층 수신에 필요한 방송공동수신설비는 정전 시에도 항상 방송수신을 유지할 수 있도록 비상전원 공급이 가능한 회로를 구성하여 설치		방송 공동수신설비의 설치기준에 관한 고시 제4조

2) DMB 방송 중계기의 설치

항목	내용	결과	근거
인입방법	옥상의 DMB 안테나에서 지하층 중계기까지 인입용 배관과 배선은 기술기준에 적합하게 설치		방송 공동수신설비의 설치기준에 관한 고시 제11조제3항, 제12조, 제13조
배관설치	옥외 안테나와 최초 장치함이나 중계기설치 장소까지 36mm 배관 2공(주-1공, 예비-1공)의 배관을 설치		
전원설비	1. 중계기 설치장소에 AC220볼트 전원단자 1개 이상 설치 2. DMB증폭기에 무정전전원설비를 연결하도록 설치		
접속함	1. 접속함 위치는 유지관리가 쉬운 장소에 설치 2. 금속 접속함의 접지저항은 100옴 접지 설치		

3) 안테나설비

항목	내용	결과	근거
방송통신기자재	방송통신기자재는 전파법의 적합인증 제품과 정부인증 규격품을 사용 설치		전파법 제58조의2
방송주파수전송방법	1. 방송 공동수신 안테나 시설은 수신안테나로부터 들어오는 방송의 신호를 주파수의 변환 없이 그대로 전송 설치 1) 지상파TV방송 주파수대역: 54~805.75 MHz 2) FM라디오방송 주파수대역 : 88~107.9 MHz 3) 위성방송 주파수대역: 950~2150MHz 4) 이동멀티미디어방송 주파수대역(174~216MHz)		방송 공동수신설비의 설치기준에 관한 고시 제10조
지상파수신안테나	1. 수신안테나는 지상파방송(TV, FM, DMB), 위성방송 신호를 잘 수신할 수 있도록 설계·제작하고, 기계적·화학적, 내구성이 우수한 안테나 설치 2. 공사 시방서에 수신안테나와 동축케이블의 접속부는 빗물이 침수되지 않는 구조로 접속도록 설치 3. 수신안테나 설치 상세 설계도면을 작성 확인 4. 수신안테나는 모든 채널의 지상파방송, 위성방송 신호를 수신할 수 있도록 안테나를 구성 설치 5. 둘 이상의 건축물이 하나의 단지를 구성하고 있는 경우에는 한조의 수신안테나를 설치하여 이를 공동으로 사용 설치 6. 수신안테나는 벼락으로부터 보호될 수 있도록 설치하되, 피뢰침과 1m 이상의 거리를 두도록 설치 7. 수신안테나를 지지하는 구조물은 풍하중을 견딜 수 있도록 견고하게 설치하도록 설치 8. 풍하중의 산정에 관하여는 「건축물의 구조기준 등에 관한 규칙」 제9조를 준용하여 설치 9. 수신안테나 유지·보수시 추락방지와 접근이 쉽도록 옥상 출입구에서 안테나위치까지 통로 가까운 곳에 설치하도록 설치		방송 공동수신설비의 설치기준에 관한 고시 제11조제3항, 제12조, 제13조

4) 세대별 단자함

항목	내용	결과	근거
세대별단자함	1. 각 세대별 단자함에는 층 장치함으로부터 인입되는 지상파방송, 위성방송 및 종합유선방송을 각각 수신할 수 있도록 선로를 설계하였으며, 그 선로에는 출력단자의 임피던스가 75Ω인 분배기 및 직렬단자를 설치		방송 공동수신설비의 설치기준에 관한 고시 제3조의2

5) 안전조건 설계반영

항목	내용	결과	근거
안전조건	1. 방송 공동수신설비에는 보호기를 설치하도록 설계를 하고 보호기의 성능 및 접지에 관하여는 「방송통신설비의 기술기준에 관한 규정」 제7조를 준용 설치		방송 공동수신설비의 설치기준에 관한 고시 제4조

6) 증폭기 설치 설계

항목	내용	결과	근거
증폭기	1. 지상파 방송용증폭기 1) 증폭기는 수신안테나로부터 입력된 신호를 수신주파수대역별로 분리증폭 한 후 이를 다시 혼합하여 출력하거나 전 대역을 광 대역으로 증폭하는 제품 설치 2) 증폭기는 다음의 기준에 맞게 설치 가. 수동으로 출력신호의 세기를 조정 나. 지상파방송, 위성방송의 신호를 균일하게 증폭 다. 케이블 또는 별도의 전력선으로부터 전원을 공급받을 수 있어야 하고, 공급되는 전원을 수동으로 연결하거나 차단 3) 위성방송용안테나와 연결한 증폭기의 전원은 18V의 전원이 안테나쪽으로 공급이 되는 증폭기 설치 2. 종합유선방송용 구내전송선로설비에 사용되는 증폭기는 다음의 기준에 적합하게 설치 1) 케이블의 특성에 의하여 자연적으로 감쇄된 상향신호 및 하향신호를 분리하여 증폭하는 기능 2) 수동으로 증폭기능을 조정 기능 3) 등화기 및 감쇄기로 입력레벨을 등화 또는 감쇄 기능 4) 전원을 수동으로 연결 또는 차단할 수 있는 기능		방송 공동수신설비의 설치기준에 관한 고시 제11조제3항,제16조, 제25조, 제7조5항

7) 장치함

항목	내용	결과	근거
장치함	1. 장치함은 방송 공동수신 안테나 케이블과 연결하여야 하고 종합유선방송의 구내전송선로 설비에 최초로 접속하는 곳에 설치 2. 방송공동수신안테나 케이블의 분배·분기 또는 접속을 위하여 필요한 곳에 장치함 설치 3. 장치함의 내부에는 절연 보조 장치, 잠금장치 및 통풍구 설치 4. 장치함은 계단이나 복도 실내의 공용부분에 설치 5. 장치함의 크기는 증폭기, 분배기, 분기기, 보호기 및 케이블 등 필요한 설비를 수용할 수 있는 충분한 공간을 확보하여 설치 6. 증폭기·분배기 간에 신호의 간섭이 없도록 설치 7. 장치함은 각 층(지하층 포함)에 설치되는 층 장치함과 접속 설치		방송 공동수신 설비의 설치기준에 관한 고시 제3조의2
층 장치함	층 장치함은 각 세대별 단자함과 접속할 수 있도록 설치 확인. 다만, 지하층에 설치되는 층 장치함의 선로에는 에프엠(FM)라디오 및 이동멀티미디어방송을 수신할 수 있는 중계기용 무선기기를 설치하되, 옥상 등의 수신 안테나와 연결하도록 설치		방송 공동수신 설비의 설치기준에 관한 고시 제3조의2

10장

8) 구내배관의 설치

항목	내용	결과	근거
구내배관	1. 배관은 선로를 보호할 수 있고, 부식에 강한 합성수지관 설치 2. 배관의 안지름은 배관에 들어가는 케이블 단면적의 총합계가 배관 단면적의 32퍼센트 이하가 되도록 설치 3. 배관의 굴곡은 가능하면 완만하게 처리하여야 하고, 곡률반지름은 배관 안지름의 6배 이상으로 설치 4. 장치함부터 세대단자함까지 또는 장치함에서 다른 장치함까지 등 한 구간의 배관은 굴곡 부분은 3개소 이하로 하고, 1개소의 굴곡 각도는 직선상태의 배관이 꺾이는 각도가 90° 이하로 하며, 꺾인 각도의 합계는 180° 이하로 설치 5. 세대단자함부터 직렬단자까지의 배관은 성형배선이 구조로 설치 6. 세대단자함부터 직렬단자까지는 통신용 배관을 단독 설계 7. 건축물의 벽이나 바닥 안에 설치하는 증폭기와 분배기 등의 장치는 외부에서 교체하기 쉬운 장치함에 설치		방송 공동수신설비의 설치기준에 관한 고시 제7조

9) 구내배선

<table>
<tr><th>항목</th><th>내용</th><th>결과</th><th>근거</th></tr>
<tr><td>광케이블</td><td>1. 광(光)케이블
<table>
<tr><td>광섬유 케이블</td><td colspan="2">단일모드광섬유(SMF)</td></tr>
<tr><td>파장(nm)</td><td>1310</td><td>1550</td></tr>
<tr><td>손실(dB/㎞)</td><td>0.5 이하</td><td>0.4 이하</td></tr>
</table>
1) 광배선구간이 짧을 경우에는 광섬유의 크래딩에 가하는 광 파워는 수신기에 과부하를 주지 아니하도록 설치
2) 공동주택(특등급)의 경우에는 전송데이터가 집중되는 구내 간선계는 단일모드 광섬유케이블(SMF)을 설치(권장)</td><td></td><td>방송 공동수신설비의 설치기준에 관한 고시 제11조제3항</td></tr>
<tr><td>구내배선</td><td>1. 구내배선은 동축케이블 또는 광섬유케이블을 사용하고 성형배선 (1:1 단독 배선) 설치
1) 동일 실내에서는 직렬단자를 활용하여 분배 또는 분기할 수 있으나 분배의 횟수를 3개소 이내로 설치
2. 방송 공동수신 안테나 시설 및 종합유선방송 구내전송선로설비의 배선은 장치함까지 각각 단독으로 설치
3. 공동주택(세대 내에서 분기가 없는 기숙사 및 「주택법 시행령」 제3조제1항 제2호의 규정에 따른 원룸형 주택의 모든 요건을 갖춘 주택은 제외한다)인 경우에는 세대단자함까지 따로 설계하고, 세대 내는 성형배선으로 설치
4. 동일 실내에서 방송공동수신 안테나 시설과 종합유선방송 구내전송선로설비의 이용이 동시에 가능하도록 세대단자함부터 직렬단자까지 각각 배선 설치
5. 구내배선 상호간 사용설비와 접속할 때에는 접속기구(커넥터)설치
6. 선로는 전력선간 상호 영향을 받지 않도록 설치</td><td></td><td>방송 공동수신설비의 설치기준에 관한 고시 제7조의2</td></tr>
</table>

콘넥터	1. 동축케이블의 콘넥터 접속 상태가 양호하게 설치 1) 안테나와 연결한 콘넥터의 접속 상태 2) 증폭기와 연결한 콘넥터의 접속 상태 3) 분배기 및 분기기에 연결한 콘넥터의 접속 상태 4) 보호기에 연결한 콘넥터의 접속 상태 5) 신호처리기에 연결한 콘넥터의 접속 상태 6) 중계기용 무선기기에 연결한 콘넥터의 접속 상태 7) 직렬단자에 연결한 콘넥터의 접속 상태		방송 공동수신설비의 설치기준에 관한 고시 제12조, 제7조의2 제3항

10) 분배기, 직렬단자

항목	내용	결과	근거
분배기 분기기	1. 종합유선방송 신호를 임피던스의 변화 없이 분배하거나 분기 설치 2. 유휴분배단자와 유휴분기단자는 사용회선에 영향을 미치지 아니하도록 75Ω으로 종단하도록 설치		방송 공동수신설비의 설치기준에 관한 고시 제11조, 제17조
직렬단자(75Ω) 출력레벨	아날로그채널(FM포함): 55 ~ 85dBμV 디지털 채널(8VSB): 37 ~ 67dBμV 초고화질 채널(OFDM, QAM): 39 ~ 69dBμV 이동멀티미디어방송채널: 23 ~ 53dBμV 디지털위성방송채널: 개정 후 36 ~ 66dBμV - 2017.01.02 개정 (FM, 디지털 채널, 초고화질 채널, DMB, 디지털위성방송 채널의 출력레벨 개정)		

2. 종합유선방송설비공사

항목	내용	결과	근거
전송선로구간	종합유선방송 구내전송선로설비는 도로와 택지 또는 건축물의 경계점으로부터 세대단자함까지로 설치		방송 공동수신설비의 설치기준에 관한 고시 제23조
증폭기	1. 증폭기의 설치 1) 케이블의 특성에 의하여 자연적으로 감쇄된 상향신호 및 하향신호를 분리하여 증폭하는 기능 2) 수동으로 증폭기능을 조정 기능 3) 등화기 및 감쇄기로 입력레벨을 등화, 감쇄기능 4) 전원을 수동으로 연결 또는 차단할 수 있는기능		방송 공동수신설비의 설치기준에 관한 고시 제25조

<table>
<tr><td>분배기
및
분기기</td><td>1. 분배기와 분기기설치 방법을 시방서에 표기 확인
1) 신호를 임피던스의 변화없이 분배, 분기 기능
2) 유휴분배단자와 유휴분기단자는 사용회선에 영향을 미치지 아니하도록 75Ω으로 종단 설치</td><td></td><td>방송 공동수신설비의 설치기준에 관한 고시 제26조</td></tr>
<tr><td>인입
접속점</td><td>종합유선방송사업자 또는 전송망사업자가 설치한 전송선로설비를 구내전송선로설비와 연결하기 위한 접속점은 구내전송선로설비 보호기 인입커넥터로 설치</td><td></td><td>방송 공동수신설비의 설치기준에 관한 고시 제28조</td></tr>
<tr><td>구내
전송
선로
설비의
질적
수준</td><td>1. 디지털종합유선방송신호의 신호를 전송하기 위한 구내전송선로설비의 질적 수준 표를 공사시방서 표기
2. 종합유선방송 구내전송 선로설비의 질적수준
<table>
<tr><td colspan="3">주파수범위</td><td>54 ~ 1,002MHz</td></tr>
<tr><td rowspan="5">출력레벨
(75Ω 연결 시)</td><td colspan="2">아날로그채널</td><td>55 ~ 85dBμV</td></tr>
<tr><td rowspan="4">디지털
채널</td><td>8VSB</td><td>37 ~ 67dBμV</td></tr>
<tr><td>QPSK</td><td>29 ~ 59dBμV</td></tr>
<tr><td>64QAM</td><td>35 ~ 65dBμV</td></tr>
<tr><td>256QAM</td><td>42 ~ 72dBμV</td></tr>
<tr><td>채널 간의
레벨차</td><td colspan="2">인접사용 채널 간</td><td>5dB이내</td></tr>
<tr><td rowspan="5">신호대
잡음비
(S/N비)</td><td colspan="2">아날로그채널</td><td>40dB 이상</td></tr>
<tr><td rowspan="4">디지털
채널</td><td>8VSB</td><td>22dB 이상</td></tr>
<tr><td>QPSK</td><td>14dB 이상</td></tr>
<tr><td>64QAM</td><td>20dB 이상</td></tr>
<tr><td>256QAM</td><td>27dB 이상</td></tr>
</table>
*비고 : 기준 값은 댁내 직렬단자에서의 질적수준이고 측정항목 중 출력레벨은 채널전력을 말한다.</td><td></td><td>방송 공동수신설비의 설치기준에 관한 고시 제30조</td></tr>
</table>

10.3 보험료 정산업무

10.3.1 국민건강보험료, 노인장기요양보험료, 국민연금보험료의 사후정산

① 발주자는 공사, 용역 및 물품제조 계약에 있어 국민건강보험료, 노인장기요양보험료 및 국민연금보험료(이하 “국민건강보험료 등”이라 한다)의 반영, 입찰 및 대가지급에 관하여는 이 절에서 정한 바에 따라야 한다.

② 발주자는 국민건강보험료 등을 건설산업기본법령 등 관련 법령에서 정하는 기준에 따라 예정가격에 각각 반영한다.

③ 입찰공고시 안내 등 : 발주자는 국민건강보험료 등의 사후정산과 관련하여 다음 각 호의 사항을 입찰공고 등에 명시하여 입찰에 참가하려는 자가 미리 열람할 수 있게 해야 한다.

1) 국민건강보험료 등은 건설산업 기본법 등 관련 법령에서 정한 바에 따라 정산하게 된다는 사항(다만, 관련 법령이 없는 경우에는 입찰공고에 따라 사후정산을 하게 된다는 사항)
2) 예정가격에 반영된 국민건강보험료 등의 금액
3) 입찰참가자는 국민건강보험료 등의 금액을 입찰금액(산출내역서 포함)에 조정 없이 반영해야 한다는 사항. 다만, 지방자치단체를 당사자로하는계약에 관한법률시행규칙 제23조의2 각 호에 따른 단순노무용역의 경우에는 예정가격상의 보험료에 낙찰률을 곱한 금액을 기준으로 반영할 수 있다.
4) 기성대가와 준공대가 지급 시 이 절에서 정한 바에 따라 정산을 하게 된다는 사항

10장

10.3.2 정산 절차

① 청구서류 : 발주자는 계약상대자의 기성부분에 대한 대가지급 청구시 국민건강보험료 등의 청구와 관련하여 다음의 서류를 첨부해야 한다.

1) 국민건강보험료 등의 납입확인서(하수급인의 보험료 납입확인서를 포함한다)
2) 전 회분 기성대가에 포함하여 지급된 국민건강보험료 등의 지급액 중 해당부분을 하수급인에게 지급한 사실을 증빙하는 서류

② 정산범위 : 발주자는 계약대가의 지급청구를 받은 때에는 하도급계약을 포함하여 해당 계약 전체에 대한 보험료 납부여부를 최종 확인해야 하며, 이를 확인 후 입찰공고 등에 명시된 국민건강보험료 등의 범위 안에서 정산해야 한다. 다만 관련 공단의 최종 보험료 납입확인서가 준공대가 신청 이후에 발급이 가능한 경우에는 해

당 보험료를 준공대가와 별도로 정산해야 한다.

③ 정산대상과 증빙서류 : 발주자는 계약상대자가 제출한 보험료 납입확인서(사업주와 개인의 부담금을 포함하여 납부한 금액 중 사업주 부담금) 금액을 확인하여 다음 각 호와 같이 정산한다.

1) 일용근로자는 해당 사업장 단위로 기재된 납입확인서의 납입금액으로 정산한다.

2) 상용근로자(직접노무비 대상에 한하며, 계약목적물을 직접 시공하는 현장대리인을 포함한다)는 소속회사에서 납부한 납입확인서로 정산하되 현장작업일지, 감독관 근무일지, 임금대장, 출근부 등 증빙서류를 첨부하여 해당 사업장 계약 이행기간 대비 해당 사업장에 실제로 투입된 일자를 계산하여 보험료를 일할 정산한다.

④ 선금의 사용 : 발주자는 선금을 지급하는 경우 국민건강보험료 등의 납부를 위하여 선금을 우선 사용하게 할 수 있다.

[근거] 지방자치단체 입찰 및 계약집행기준 보험료 사후정산(행정부 예규 제74호)

10.3.3 기성대가와 준공대가의 지급

① 지방자치단체의 장 또는 계약담당자는 공사 · 물품 · 용역, 그 밖에 재정지출의 부담이 되는 계약에서는 검사한 후 또는 검사조서를 작성한 후에 그 대가를 지급하여야 한다. 다만 「지방재정법」에 따라 선금급(先金給)을 지급하거나 국제관례 등 부득이한 사유가 있다고 인정되는 경우에는 그러하지 아니하다.

② 제1항에 따른 대가는 계약상대자로부터 대가지급의 청구를 받은 날부터 대통령령으로 정하는 기한까지 지급하여야 하며, 그 기한까지 지급할 수 없으면 대통령령으로 정하는 바에 따라 해당 지체일수에 따른 이자를 지급하여야 한다. 다만 제24조 제2항에 따라 해당 연도 예산의 범위를 초과하여 시공한 부분에 대한 대가는 계약당사자 간에 합의한 바에 따라 지급한다.

③ 동일한 계약에서 제2항에 따른 이자와 법 제30조에 따른 지연배상금은 상계(相計)할 수 있다.

[근거] 지방자치단체를 당사자로 하는 계약에 관한 법률 제18조

④ 기성대가의 지급

1) 계약상대자 특별한 사유가 없는 한 적어도 30일마다 검사를 완료하는 날까지 기성부분에 대한 대가지급청구서를 계약담당자와 공사감독관에게 동시에 제출할 수 있고, 계약담당자는 기성부분에 대한 대가를 지급하는 경우에는 계약수량, 이행의 전망, 이행 기간 등을 참작하여 적어도 30일마다 지급해야 한다.

2) 발주자는 하수급인, 자재 · 장비업자 및 하수급인의 자재 · 장비업자에게 기성대가 지급 사실을 통보하고, 기 지급한 기성대가가 있는 경우에는 계약상대자에게

하수급인, 자재 · 장비업자 및 하수급인의 자재 · 장비업자의 대금 수령내역(수령자, 수령액, 수령일 등) 및 증빙서류를 제출하게 하여야 한다.

3) 발주자는 검사완료일부터 7일 이내에 검사된 내용에 따라 기성대가를 확정하여 계약상대자에게 지급해야 한다. 다만, 계약상대자가 검사완료일 후에 대가의 지급을 청구한 때에는 그 청구를 받은 날부터 7일 이내에 지급해야 한다.

4) 발주자는 자재에 대하여 기성대가를 지급하는 경우에는 계약상대자로 하여금 그 지급대가에 상당하는 보증서(「지방자치단체를 당사자로 하는 계약에 관한 법률 시행령」 제37조제2항의 상장증권 · 보증서 등을 말한다)를 제출하게 해야 한다.

5) 발주자는 기성부분에 대한 대가를 지급에 따른 청구서의 기재 사항이 검사된 내용과 일치하지 아니할 때에는 그 사유를 명시하여 계약상대자에게 이의 시정을 요구해야 한다. 이 경우 시정에 소요되는 기간은 “다”에 정한 기간에 산입하지 아니한다.

6) 기성대가는 계약단가에 따라 산정 · 지급한다.

⑤ 계약금액 조정 전의 기성대가의 지급

1) 발주자는 물가변동, 설계변경 및 그밖에 계약내용의 변경으로 인하여 계약금액이 당초 계약금액보다 증감될 것이 예상되는 경우로서 기성대가를 지급하려는 경우에는 「지방재정법」 제73조에 따라 당초 산출내역서를 기준으로 산출한 기성대가를 개산급으로 지급할 수 있다. 다만 감액이 예상되는 경우에는 예상되는 감액금액을 제외하고 지급해야 한다.

2) 계약상대자는 기성대가를 개산급으로 지급받고자 하는 경우에는 기성대가 신청시 개산급 신청사유를 서면으로 작성하여 첨부해야 한다.

⑥ 준공 대가의 지급

1) 계약상대자는 공사를 완성한 후 검사에 합격한 때에는 정한 절차에 따라 대가지급을 청구할 수 있다.

2) 발주자는 대가지급의 청구를 받은 때에는 그 청구를 받은 날로부터 7일(공휴일과 토요일은 제외한다) 이내에 그 대가를 지급해야 하며, 그 대가지급기한에도 불구하고 자금사정 등 불가피한 사유가 없는 한 최대한 신속히 대가를 지급해야 한다. 다만 계약당사자와의 합의에 따라 7일을 초과하지 아니하는 범위 안에서 대가의 지급기간을 연장할 수 있는 특약을 정할 수 있다.

3) 천재 · 지변 등 불가항력의 사유로 인하여 대가를 지급할 수 없게 된 경우에는 해당사유가 존속되는 기간과 해당 사유가 소멸된 날로부터 3일까지는 대가의 지급을 연장할 수 있다.

4) 발주자는 대가지급의 청구를 받은 후 그 청구내용의 전부 또는 일부가 부당함을 발견한 때에는 그 사유를 명시하여 계약상대자에게 해당 청구서를 반송할 수 있다. 이 경우에는 반송한 날로부터 재청구를 받은 날까지의 기간은 7일의의 지급

기간에 이를 산입하지 아니한다.

5) 발주자는 준공대가를 지급한 경우에는 하수급인, 자재 · 장비업자 및 하수급인의 자재 · 장비업자에게 이 사실을 통보하고, 계약상대자에게 하수급인, 자재 · 장비업자 및 하수급인의 자재 · 장비업자의 대금 수령내역(수령자, 수령액, 수령일 등) 및 증빙서류를 제출하게 하여야 한다.

⑦ 대가지급 서류

1) 대가의 지급 : 발주자는 공사 · 물품 · 용역 그 밖에 재정지출의 부담이 되는 계약에 있어서는 검사 후나 검사조서를 작성한 후에 그 대가를 지급해야 한다.

2) 대가지급 시 구비서류

가. 세금계산서와 대금청구서

나. 기성검사인 경우 기성검사조서

– 기성 · 기납 대가를 30일마다 지급하는 경우 감독조서로 갈음

– 단 3회마다 1회는 정식검사

다. 선금, 보증금을 지급하는 경우 보증서와 필요한 담보권 확보

라. 세입의 원인이 되는 계약인 경우도 필요한 채권 확보

마. 국세와 지방세 납세증명서(다만 기성검사는 제외)

바. 준공금인 경우 준공검사조서, 하자보증서

사. 채권이 양도된 경우 양도가 되었다는 입증서류

아. 공사하도급 대금지급 입증서류(하도급자 통장사본, 하도급자의 대금수령 확인서 등)

자. 그밖에 계약담당자가 대금지급에 필요하다고 판단되는 서류

10.3.4 지연배상금

① 지방자치단체의 장 또는 계약담당자는 정당한 사유 없이 계약의 이행을 지체한 계약상대자로 하여금 지연배상금을 내도록 하여야 한다.

② 지연배상금의 금액 · 납부방법과 필요한 사항은 시행령을 확인한다.

③ 지방자치단체의 장 또는 계약담당자는 계약상대자가 지연배상금을 내지 아니하면 대가의 지급과 상계 처리할 수 있다.

④ 지방자치단체의 장 또는 계약담당자는 지연배상금의 징수사유가 발생하고 그 금액이 계약금액의 100분의 10 이상인 경우로서 제30조의2에 따라 계약을 해제 또는 해지하지 아니하는 경우에는 계약상대자로 하여금 잔여계약 이행금액에 대하여 계약보증금을 추가로 내도록 하여야 한다.

[근거] 지방자치단체를 당사자로 하는 계약에 관한 법률 제30조

제11장 정보통신설비의 인수 · 인계 감리업무

11.1 정보통신설비의 인수 · 인계 계획

11.1.1 정보통신설비의 인수인계

① 감리원은 공사업자에게 해당 공사의 예비준공검사(부분 준공, 발주자의 필요에 따른 기성부분 포함) 완료 후 14일 이내에 다음의 사항이 포함된 정보통신설비의 인수인계를 위한 계획을 수립하도록 하고, 이를 검토하여야 한다.

1) 일반사항(공사개요 등)
2) 정보통신설비운영지침서(필요한 경우)
   가. 시설물의 규격 및 기능점검 항목
   나. 기능점검 절차
   다. Test 장비확보 및 보정
   라. 기자재 운전지침서
   마. 제작도면 · 절차서 등 관련 자료
3) 시운전결과 보고서(시운전 실적이 있는 경우)
4) 예비준공검사 결과
5) 특기사항

② 감리원은 공사업자로부터 시설물 인수인계 계획서를 제출받아 7일 이내에 검토, 확정해 발주자 및 공사업자에게 통보하여 인수인계에 차질이 없도록 하여야 한다.
③ 감리원은 발주자와 공사업자 간 시설물 인수인계의 입회자가 된다.
④ 감리원은 시설물 인수인계에 대한 발주자 등 이견이 있는 경우, 이에 대한 현상파악 및 필요대책 등의 의견을 제시하여 공사업자가 이를 수행하도록 조치한다.
⑤ 인수인계서는 준공검사 결과를 포함하는 내용으로 한다.
⑥ 시설물의 인수인계는 준공검사 시 지적사항에 대한 시정완료일부터 14일 이내에 실시하여야 한다.

11.1.2 현장문서 인수인계

① 감리원은 당해 공사와 관련한 감리기록서류 중 다음 각 호의 서류를 포함하여 발주자에게 인계할 문서의 목록을 발주자와 협의하여 작성하여야 한다.
1) 준공사진첩
2) 준공도면
3) 품질시험 및 검사성과 총괄표
4) 기자재 구매서류
5) 시설물 인수인계서
6) 기타 발주자가 필요하다고 인정하는 서류
② 용역업자는 발주자와 협의한 현장문서를 감리용역 준공 전 14일 이내에 CD-ROM이나 영구저장매체로 작성하여 발주자에게 인수인계하여야 하며, 용역업자도 이를 보관하여야 한다.
③ 발주자는 본 수행기준 제출받은 CD-ROM 또는 영구저장매체를 시설물이 존속하는 기간까지 보관하여야 한다.

11.1.3 유지관리지침 확인

① 감리원은 발주자(설계자) 또는 공사업자(주요설비 납품자) 등이 제출한 시설물의 유지관리지침 자료를 검토하여 다음 각 목의 내용이 포함된 유지관리지침서를 작성, 공사 준공 후 14일 이내에 발주자에게 제출하여야 한다.
1) 시설물의 규격 및 기능설명서
2) 시설물 유지관리 기구에 대한 의견서
3) 시설물유지관리지침
4) 특기사항

② 당해 용역업자는 발주자가 유지관리상 필요하다고 인정하여 기술자문 요청 등이 있을 경우에는 이에 협조하여야 하며, 전문적인 기술 등으로 외부 전문가 의뢰 또는 상당한 노력이 소요되는 경우에는 발주자와 별도로 협의하여 결정한다.

11.1.4 하자보수에 대한 의견제시

① 용역업자 및 감리원은 공사 준공 후 발주자와 공사업자 간의 시설물의 하자보수 처리에 대한 분쟁 또는 이견이 있는 경우, 감리원으로서의 검토의견을 제시한다.
② 용역업자 및 감리원은 공사 준공 후 발주자가 필요하다고 인정하여 하자보수 대책 수립을 요청할 경우에는 이에 협조하여야 한다.
③ 제①항과 제②항의 업무가 감리기술용역계약에서 정한 감리기간이 지난 후에 수행하여야 할 경우에는 발주자는 별도의 실비를 감리원에게 지급하도록 조치하여야 한다. 다만 하자사항이 감리부실에 기인할 경우에는 그러하지 아니하다.

11.1.5 감리원의 공사시행 단계별 업무안내

단계	업무종류	세부사항	업무담당			
			발주자	지원업무 담당자	감리원	공사업자
공사 착공	감리계약 체결	PQ기준	주관			
		감리업무수행계획서, 감리원배치계획서	승인	검토	작성	
	용지측량, 기공승락, 지장물 이설확인, 용지보상 등의 지원업무를 수행			주관	확인	시행
	감리업무착수 (전반적 사항)		승인	확인	보고	
	업무연락처 등의 보고		확인	확인	보고	작성
	설계도서 등의 검토	감리원에게 보고			확인	검토, 보고
		발주자에게 보고		확인	검토, 보고	검토, 보고
	설계도서 등의 관리				시행	
	공사표지판 등의 설치			확인	승인	시행
	착공신고서		승인	확인	검토, 보고	작성
	공사 및 이해관계자 합동회의	·타부문공사 간섭사항 ·본공사 관련자	주관	주관	검토, 보고	시행

11장

단계	업무종류	세부사항	업무담당			
			발주자	지원업무 담당자	감리원	공사업자
	하도급 관련사항		승인	확인	검토, 보고	요구
	현장사무소, 공사용도로 작업장부지 등의 선정	가설시설물 설치계획표		협의	승인	작성
	현지여건조사				합동 조사	합동 조사
공사 시행	행정업무	발주자에 대한 정기 및 수시 보고사항	접수	확인	보고	작성
		현장정기교육			지시, 확인	주관
		감리원의 의견제시 등	요구	확인	작성, 보고	요구
		민원사항처리 등	요구	요구	작성	시행
		정보통신기술자 등의 교체	요구	조사, 검토	필요성 보고	시행
		제3자 손해의 방지			지시	주관
		공사업자에 대한 지시			주관	시행
		수명사항의 처리	지시	확인	지시, 보고	시행
		사진촬영 및 보관		접수	보고	시행
	기자재관리	주요 기자재 공급원 승인 요청서 검토			승인	시행
		기자재 반입검사			승인	시행
		기자재 불출 등 관리 점검			확인	시행
	공정관리	공정관리계획서			검토, 승인	작성
		공사진도 관리		확인	검토, 보고	작성
		부진공정 만회대책		확인	검토, 보고	작성
		수정 공정계획		확인	검토, 보고	요구, 작성
		준공기한 연기원	승인	확인	검토, 보고	요구, 작성
		공정현황보고(필요시)		요청, 확인	검토, 보고	보고

단계	업무종류	세부사항	업무담당			
			발주자	지원업무 담당자	감리원	공사업자
공사 시행	품질관리	품질관리계획(QMS/EMS)	승인 (감리)	확인	검토 보고	작성
		품질시험계획서			검토, 승인	작성
		증점품질관리			입회 확인	시행
		외부기관에 품질시험의뢰	주관	필요시 입회	검토 확인	시행
	시공관리	시공계획서			승인	작성
		시공상세도			검토, 승인	작성
		금일작업실적 및 명일작업계획서			검토, 확인	작성, 협의
		시공확인			확인,	요구
		검사업무			확인	요구
		현장상황 보고		지시	보고	작성
	안전관리	안전관리 조직편성 및 임무 부여			검토, 승인	작성
		안전점검	주관		지도, 확인	시행
		안전교육			지도	시행
		안전관리 결과보고서			검토	작성
		사고 보고 및 처리	확인	확인	확인, 보고	조치
	환경관리	환경관리			지도, 확인	시행
		제보고 사항		접수	검토, 보고	작성
설계 변경 및 계약 금액의 조정	설계변경	경미한 설계변경		확인	검토, 승인, 보고	작성
		발주자의 지시에 따른 설계변경	지시	지시	검토, 확인, 보고	시행, 보고
		공사업자 제안에 따른 설계변경	승인	확인	검토, 확인, 보고	요구, 작성
		계약금액의 조정	승인	확인	검토, 확인 보고	요구, 작성
		설계변경전 기성고 및 지급기자재의 지급	승인	확인	확인	요구, 작성

11장

단계	업무종류	세부사항	업무담당			
			발주자	지원업무 담당자	감리원	공사업자
기성 및 준공 검사	검사지침	검사자의 임명		확인	보고	요구
		불합격 공사에 대한 재시공 명령		확인	지시, 보고	시행
	기성부분검사절차	기성부분검사원 및 기성내역서 검토		확인	검토, 보고	작성
		감리조서의 작성		확인	작성	
		기성부분 검사		필요시 입회	검사, 보고	입회 및 시행
기성 부분 및 준공 검사	준공검사 절차	시설물 시운전 계획		확인	검토, 승인	작성
		시설물 시운전		필요시 입회	검토, 보고	시행
		예비 준공검사	검사		검토, 보고	시행
		준공도면 등의 검토·확인		확인	검토, 확인	작성, 제출
		준공표지의 설치		확인	지시, 확인	시행
인수 · 인계	시설물 인수 · 인계	시설물 인계 · 인수 계획 수립	접수	확인	검토, 보고	작성
		시설물 인계 · 인수	주관	확인	검토, 입회	작성, 시행
	준공 후 현장문서 인수 · 인계	준공도서 등의 인수	인수	확인	작성, 보고	
	유지관리 및 하자보수	시설물의 유지관리 지침서 등	인수	확인	검토, 보고	작성, 제출
		하자보수에 대한 의견제시	요구	확인	의견 제시	시행, 보고

□ 참고문헌 □

1. 정보통신설비설계 공사실무(상학당, 채해수 저)
2. 정보통신설비기술기준(상학당, 채해수 저)
3. 방송통신설비기술기준에 관한 규정
4. 접지설비 · 구내통신설비 · 선로설비 및 통신공동구 등에 대한 기술기준
5. 정보통신공사업법, 시행령
6. 전력시설물 공사감리업무 수행지침
7. 건설감독자 및 공사관리업무지침
8. 건설기술진흥법, 시행령, 시행규칙
9. 정보통신공사업법시행에 관한 규정
10. 방송공동수신설비의 설치기준에 관한 고시
11. 국가를 당사자로 하는 계약에 관한 법률, 시행령, 시행규칙
12. 지방자치단체를 당사자로 하는 계약에 관한 법률, 시행령, 시행규칙
13. 지방자치단체 입찰 및 계약집행 기준
14. 지방재정법 관련 계약심사제도 안내서
15. 공공감사법률과 시행령 관련 일상감사제도 안내서
16. 엔지니어링 사업대가기준
17. 건축감리 현장참여자 업무지침서
18. 건설공사감리보고서 작성지침
19. 정보통신감리업무 기준

저자약력

■ **채 해 수**

1. 대한민국산업현장교수(노동부장관 위촉, 현재)
2. ICT폴리텍대학 산학협력단 외래교수(현재)
3. 방송통신설비기술기준, 구내통신설비기술기준 연구검토위원(현재)
4. 한국정보통신감리협회 전문위원(현재)
5. 대한민국신지식인 선정(행정자치부장관)
6. 지방행정의 달인 선정(행정안전부장관)
7. 국가직무능력표준(NCS) 구내통신구축계획 공동집필(2015)
8. 국가직무능력표준(NCS) 무선통신시스템구축 공동집필(2018)
9. 고려사이버대학교 외래교수(2013~2017)
10. 숭실사이버대학교 외래교수(2010~2013)
11. 영진전문대학 외래교수(2001~2005)
12. (전)대구광역시 방송통신기술직 공무원
13. 저자 홈페이지 : www.smartcityro.com(스마트시티로)

[저서]

1. 정보통신감리실무(상학당)
2. 정보통신설비설계 공사실무(상학당)
3. 방송통신설비기술기준 이해(상학당)
4. 정보통신장비구축 운영실무(상학당)
5. 정보통신설비설계 해설(상학당)
6. 유비쿼터스 무선통신시스템 기술기준(상학당)
7. 정보통신설비 기술기준(상학당)
8. 정보통신설비기준 · 선로설비기준 이해(상학당)

정보통신감리실무

2021년 6월 15일 2판 1쇄 발행

저 자 채 해 수
발행인 남 승 우

발행처 도서출판 상尙 학學 당堂

서울특별시 동작구 사당로9가길 6
TEL : 02) 595-1692~4
FAX : 02) 595-1394
E-mail : namdoo6@unitel.co.kr
신고 : 2-155호 (1968. 11. 29)

정가 34,000원

ISBN 978-89-6587-212-2 93560